电脑启航必备宝典

高 静 王啸飞 编著

Office 2010 高效办公 新手指南针

专家传授 本书由**资深培训讲师**编写，融合丰富的**使用与教学经验**，传授Office 2010的使用方法与技巧

内容全面 从基本操作入手，讲解**Word 2010**、**Excel 2010**、**PowerPoint 2010**三大办公应用软件的知识，让您快速掌握Office的使用方法

知识丰富 近**150**个知识点操作，采用**图解**、**视频讲解双模式**，让您轻松解决日常工作中存在的问题；近**280**个“视野拓展”与每页内容环环相扣，大大扩展读者的视角

42集总时长近**120**分钟的视频教学，

以及案例所需的素材和源文件，

让您享受有趣、轻松的学习过程

CD 手把手 视频教学光盘

印刷工业出版社

北京希望电子出版社
Beijing Hope Electronic Press
www.bhp.com.cn

内容简介

本书以 Windows 7 操作系统为操作背景，以图解实例为表达方式，将大量案例与知识点结合使读者可以轻松实现 Office 2010 办公软件的入门。

全书共分为 10 章，第 1 章为初识 Windows 7、第 2 章为管理计算机中的文件、第 3 章为个性化自己的 Windows 7 系统、第 4 章为 Office 2010 办公软件、第 5 章为 Word 2010 基础应用、第 6 章为 Word 2010 高级应用、第 7 章为 Excel 2010 基础应用、第 8 章为 Excel 2010 高级应用、第 9 章为 PowerPoint 2010 基础应用、第 10 章为 PowerPoint 2010 高级应用。通过精选实例详细介绍了制作技巧，让读者融会贯通、举一反三。

本书面向初级和中级计算机用户，适合计算机培训人员以及各行各业 Office 2010 办公软件的用户使用，也可作为大中专院校或者企业培训辅导教材。

本书配套光盘内容为部分实例的素材文件和视频文件。

图书在版编目（CIP）数据

Office 2010 高效办公新手指南针/高静，王啸飞编著.
—北京：印刷工业出版社，2012.1
ISBN 978-7-5142-0341-7

Ⅰ. ①O… Ⅱ. ①高… ②王… Ⅲ. ①办公自动化—应用软件，Office 2010—基本知识 Ⅳ. ①TP317.1

中国版本图书馆CIP数据核字(2011)第 243137 号

Office 2010 高效办公新手指南针

编　　著：高　静　王啸飞

责任编辑：岳智勇　刘俊杰　　　责任校对：黄如川
责任印制：媛　明　　　　　　　责任设计：韦　纲
出版发行：印刷工业出版社（北京市翠微路2号　邮编：100036）
　　　　　北京希望电子出版社（北京市海淀区上地三街9号嘉华大厦C座610　邮编：100085）
网　　址：www.bhp.com.cn
经　　销：各地新华书店
印　　刷：北京市媛明印刷厂

开　　本：787mm×1092mm　1/16
字　　数：427千字
印　　张：18.5
印　　数：1～3000
印　　次：2012年1月第1版　2012年1月第1次印刷
定　　价：45.00元（配1张CD光盘）
I S B N：978-7-5142-0341-7

Foreword 前言

随着科技的高速发展，计算机产品不断更新，如何掌握其使用方法变得至关重要。而Office办公软件又是计算机软件中的基础，因此应该充分学好。

本书为了顺应时代和广大读者要求，对内容进行了精心的组织和策划，将理论与实践相结合，层次分明、浅显易懂、实例丰富、讲解细致，书中还列出了日常使用Office 2010出现的问题和使用时的技巧。同时采用了分步教学的方法，结合实例将操作中的每一步讲解得清晰明了，用户只需按图示一步步跟随操作即可，解决了读者学习中无从下手的问题。

希望通过本书的学习，让读者能够充分掌握Office 2010办公软件的使用方法。

全书以Windows 7操作系统为操作背景，通过初识Windows 7、管理计算机中的文件、个性化自己的Windows 7系统、Office 2010办公软件、Word 2010基础应用、Word 2010高级应用、Excel 2010基础应用、Excel 2010高级应用、PowerPoint 2010基础应用、PowerPoint 2010高级应用等部分分类讲解。内容涵盖广、编排系统，使读者可以全面了解Office 2010的基础应用。

书中适用于计算机培训人员以及各行各业使用Office 2010办公软件的人员，也可作为大中专院校或者企业培训辅导教材。

此外，本书在编写过程中参考了大量书籍和专业网站等参考资料，以及Office办公软件应用的专业人员帮助，使内容更完整、新颖。

本书由高静、王啸飞编著，在编写过程中，刘东冶、朱印宏、穆婷、李昆、李双、宋国飞、易旭东、亢琳、付岩等协助完成辅助工作及技术支持。由于编者水平有限，书中难免有疏漏之处，敬请广大读者批评指正。

编著者

Contents 目录

Office 2010 高效办公新手指南针

第1章 初识Windows7

Office 2010 高效办公新手指南针

第2章 管理计算机中的文件

Office 2010 高效办公新手指南针

第3章 个性化自己的Windows7系统

第4章 Office 2010办公软件

Office 2010 高效办公新手指南针

第5章 Word 2010基础应用

Office 2010 高效办公新手指南针

第6章 Word 2010高级应用

Office 2010 高效办公新手指南针

Office 2010 高效办公新手指南针

第7章 Excel 2010基础应用

Office 2010 高效办公新手指南针

第8章 Excel 2010高级应用

第9章 PowerPoint 2010基础应用

Office 2010 高效办公新手指南针

第10章 PowerPoint 2010高级应用

Office 2010 高效办公新手指南针

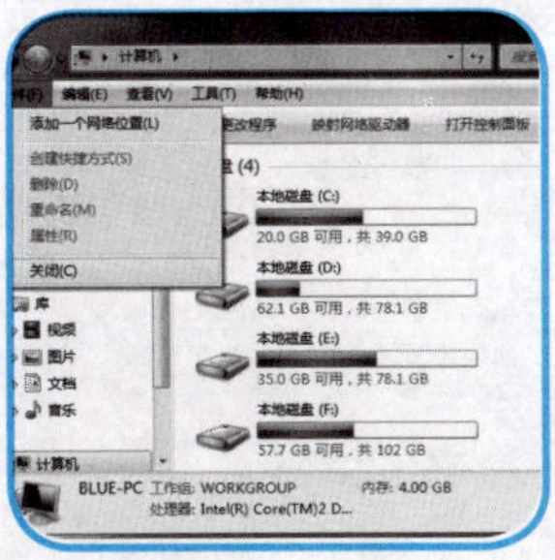

第 1 章

初识Windows 7

本章导读

大家还对Windows 7操作系统一无所知吗？不要着急，就从这里开始学习吧！本章将带领读者走进Windows 7，了解Windows 7的一些基础知识。

本章学习目标

- 认识Windows 7的桌面
- 认识Windows 7的“开始”菜单
- 认识Windows 7的窗口

本章学习重点

- 学会操作Windows 7的桌面
- 学会操作Windows 7的开始菜单
- 学会操作Windows 7的窗口

1.1 认识Windows 7的桌面

进入Windows 7系统之后，映入眼帘的就是Windows 7的桌面。它主要由桌面背景、桌面图标和任务栏三部分组成。下面对其进行介绍。

1.1.1 桌面背景

桌面背景是指Windows 7桌面的背景图案，又称为桌布或者墙纸，下图就是Windows 7系统自带的桌面背景，读者也可以根据自己的喜好更改桌面的背景图案。

提示： 如果想设置喜爱的桌面背景，可以打开想要设置的图片，在该图片上单击鼠标右键，并从弹出的快捷菜单中选择“设置为桌面背景”菜单命令即可将读者喜欢的图片设置成桌面背景。

1.1.2 桌面图标

桌面图标是由一个形象的小图标和说明文字组成的。

视野拓展

桌面图标是它的标识，文字表示它的名称或者功能。

在Windows 7中，各种程序、文件、文件夹等的快捷方式都是用图标来形象表示的。要想打开这些文件、文件夹或者应用程序，只需双击这些图标即可。

例如，双击桌面上的“计算机”图标即可打开“计算机”窗口，如下图所示。

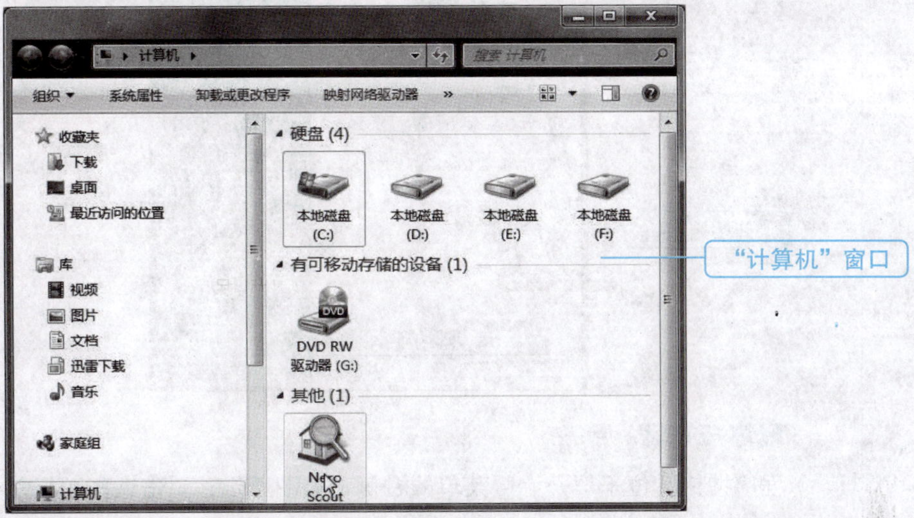

1.1.3 任务栏

任务栏位于桌面的最下方，它主要由“开始”按钮、程序按钮区、通知区域和“显示桌面”按钮4部分组成。下面分别介绍这些按钮。

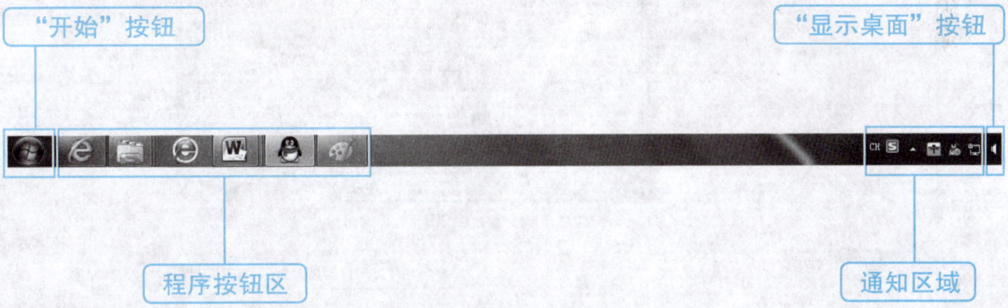

“开始”按钮

单击任务栏最左侧的“开始”按钮，如上图所示，即可弹出“开始”菜单。

视野拓展

程序按钮区放置已经打开的窗口的图标按钮。

“开始”菜单

程序按钮区

程序按钮区位于“开始”菜单的右侧，如图所示，单击这些图标按钮就可以在不同窗口间进行切换。

如果计算机硬件配置支持Aero特效并且打开了该功能，则当鼠标指针指向程序按钮区中的程序按钮时，会在上方显示窗口的缩略图。

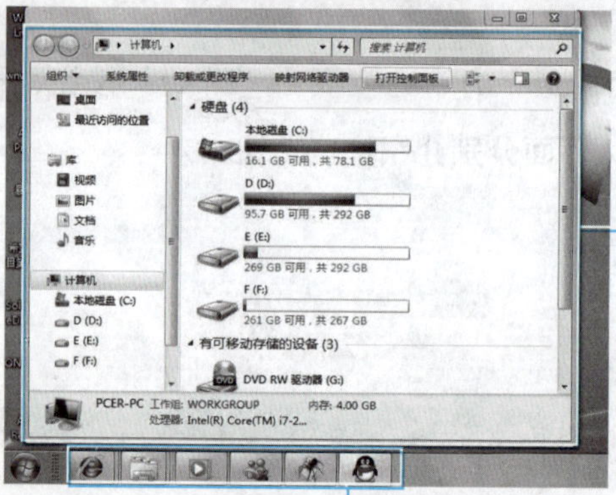

窗口缩略图

程序按钮区

提示：如果希望恢复显示打开的窗口，只需再次单击“显示桌面”按钮即可。

通知区域

通知区域位于任务栏的右侧，除了系统时钟、音量、网络和操作中心等一组系统图标按钮之外，还包括一些正在运行的程序图标按钮，如下图所示。

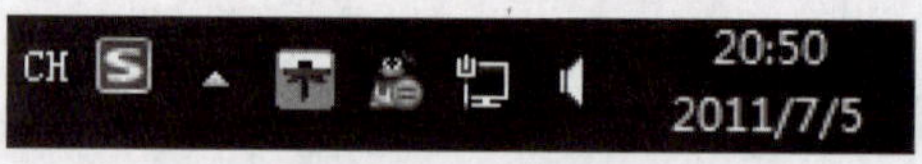

视野拓展

还可以根据需要通过拖曳操作重新排列任务栏上的程序按钮。

“显示桌面”按钮

“显示桌面”按钮位于任务栏的最右侧，单击该按钮可以快速地显示桌面。单击该按钮可以将所有打开的窗口最小化到程序按钮区中，并显示桌面。

1.2 认识Windows 7的“开始”菜单

“开始”菜单是Windows 7系统启动程序的捷径通道。“开始”菜单中几乎包含了计算机中所有的应用程序，该菜单由“固定程序”列表、“常用程序”列表、“所有程序”菜单、“启动”菜单、“搜索”框和“关闭选项”按钮组成。下面就来认识Windows 7的开始菜单。

1.2.1 “固定程序”列表

“固定程序”列表中的程序会固定地显示在“开始”菜单中，通过它可以快速打开其中的应用程序。也可以根据需要向该列表中添加程序。此菜单中默认的固定程序只有两个，分别是“Windows Media Center”（即多媒体中心）和“入门”。

1.2.2 “常用程序”列表

“常用程序”列表中默认情况下会存放7个常用的程序，随着对一些程序的频繁使用，在该列表中会列出10个最常用的应用程序。也可以根据需要设置“常用程序”列表中能够显示的

视野拓展

“常用程序”列表中的程序如果超过了10个，它们会按照使用时间的先后顺序依次替换排列。

程序的最大值。

1.2.3 "所有程序"菜单

"所有程序"菜单显示系统中安装的所有应用程序。打开"开始"菜单，将鼠标指针移到"所有程序"选项上即可显示"所有程序"的子菜单。

在"所有程序"子菜单中分为可以直接运行应用程序的菜单和程序组菜单两种。它们的区别是：在子菜单中标有文件夹图标的项为程序组，未标的项为应用程序。程序组是应用程序

视野拓展

可以使用启动菜单来快速打开相应的程序。

的集合，单击选择程序组选项，即可弹出应用程序列表。比如单击“360安全卫士”程序组，即可弹出在该程序组下面的应用程序列表，如下图所示。

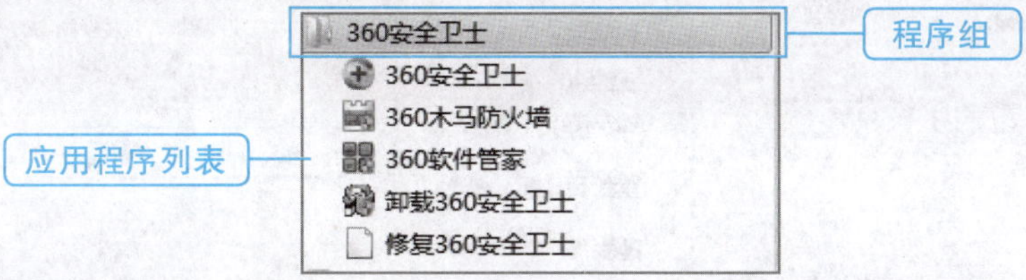

1.2.4 “启动”菜单

在“启动”菜单中列出了几个特殊的链接，如“文档”、“图片”、“音乐”以及“计算机”等。

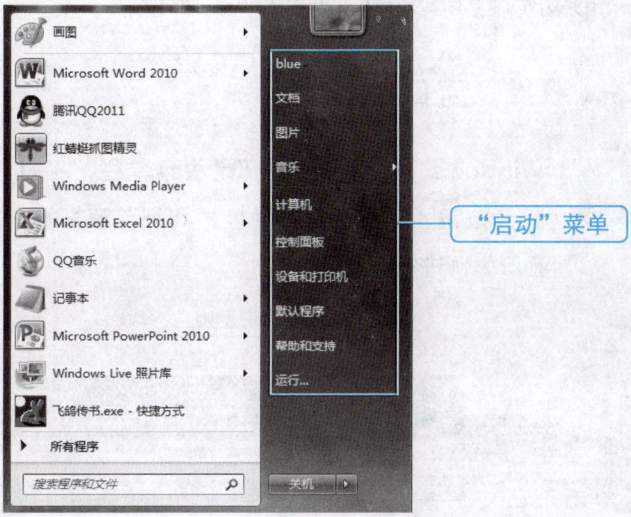

1.2.5 “搜索”框

当找不到需要的文件或文件夹时，就需要使用Windows 7提供的搜索功能。在搜索框中输入要查找文件或文件夹的关键字，单击按钮即可对所要找的文件或文件夹进行搜索。

1.2.6 “关闭选项”按钮

在“关闭选项”按钮区中包含了“关机”按钮和“关闭选项”按钮。单击“关

视野拓展

在Windows 7中，几乎所有操作都是通过窗口的操作来实现的。

机”按钮 关机 ，即可关闭计算机；单击“关闭选项”按钮 ，即可弹出“关闭选项”列表。

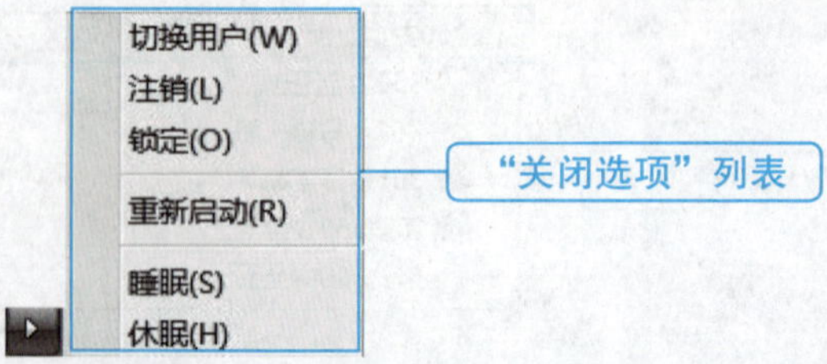

1.3 认识Windows 7的窗口

计算机屏幕上的矩形区域就是Windows窗口，它是用于显示文件和程序内容的场所。下面就来认识Windows的窗口。

1.3.1 窗口的组成

Windows 7的窗口一般都是由菜单栏、工具栏、导航窗口、状态栏、工作区、控制按钮区、搜索栏、地址栏和细节窗格等几部分组成，下面以“本地磁盘C”窗口为例进行介绍。

菜单栏

可以通过选择“组织”→“布局”→“菜单栏”命令将菜单栏显示出来。

视野拓展

第一次打开“本地磁盘C”时，会找不到菜单栏，这是因为菜单栏默认状态下是隐藏的。

菜单栏由文件、编辑、查看、工具和帮助菜单组成，每个菜单又由多个子菜单选项组成。单击某个菜单按钮便会弹出相应的菜单，从中可以选择相应的菜单命令完成相应的操作。例如选择“查看”选项，然后从弹出的“查看”下拉菜单中选择“列表”菜单命令，即可将当前窗口的图标显示方式由“平铺”显示改为“列表”显示。

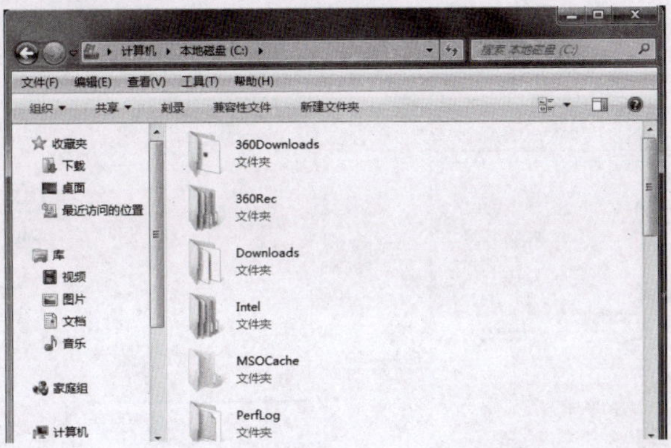

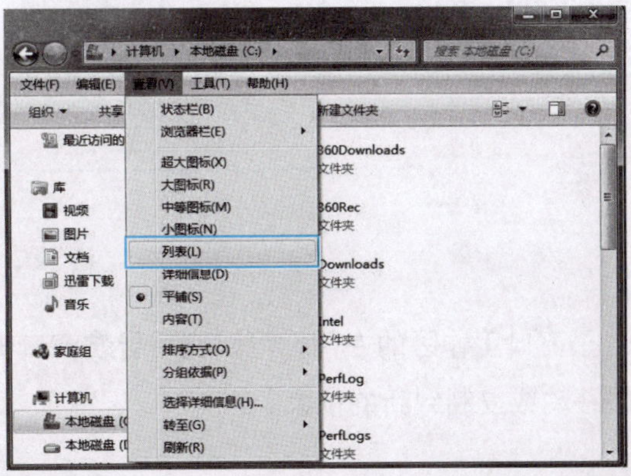

视野拓展

有些工具按钮的右侧有一个下三角按钮▾，说明单击该工具按钮可以弹出下拉列表。

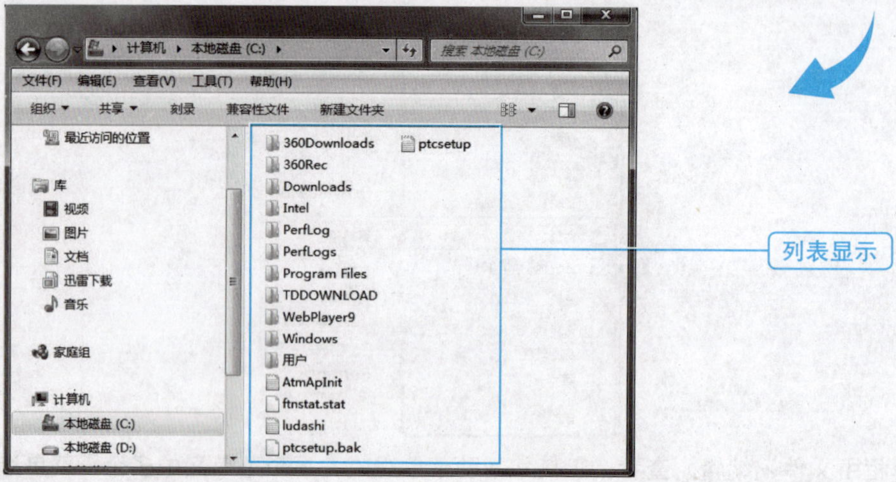

工具栏

工具栏由常用的命令按钮组成，单击相应的按钮即可执行相应的操作。例如单击“组织”按钮，即会弹出“组织”下拉列表。

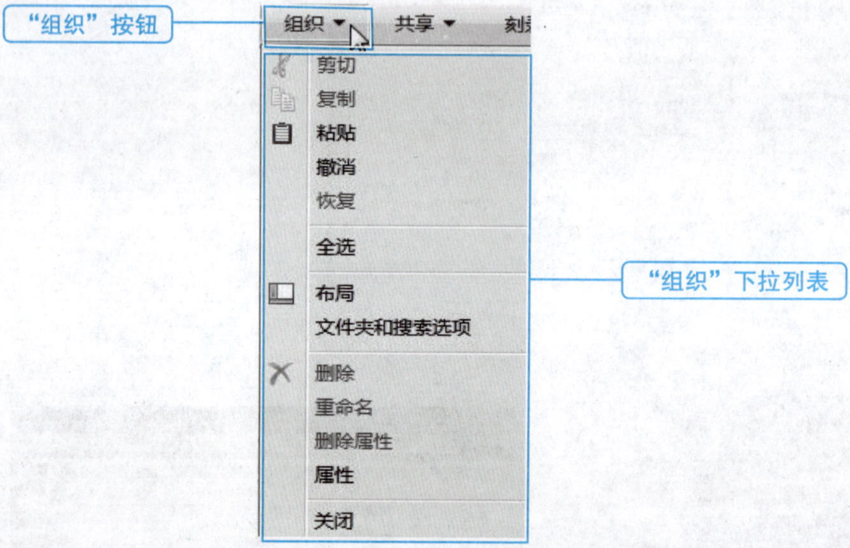

导航窗口

导航窗口位于窗口工作区的左侧，可以使用导航窗口查找文件或文件夹，还可以在导航窗口中将项目直接移动或复制到新的位置。

视野拓展

当工作区的窗口中显示的内容太多时，就会在窗口的右侧出现垂直滚动条，单击滚动条两端的▲和▼按钮，或者拖曳滚动条都可以使窗口中的内容垂直滚动。

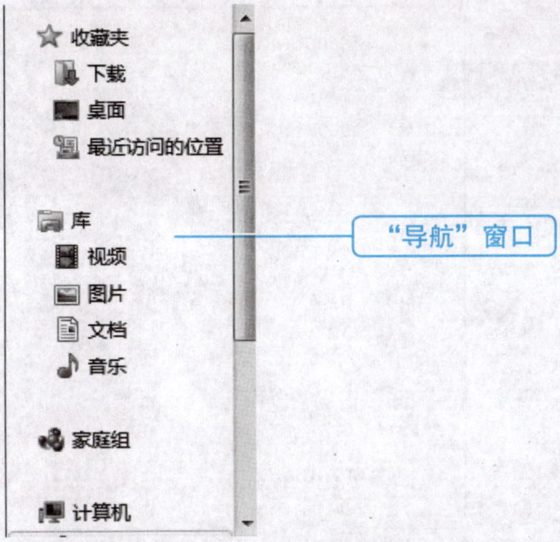

状态栏

状态栏位于窗口的最下方，主要用于显示当前窗口的相关信息或被选中对象的状态信息。可以通过选择"查看"→"状态栏"菜单命令控制状态栏的显示和隐藏。

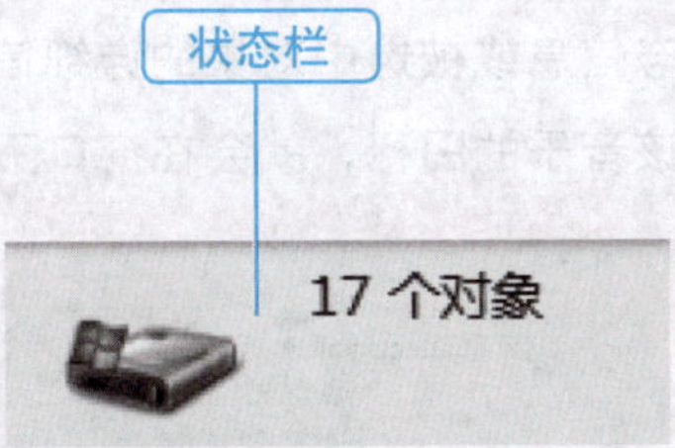

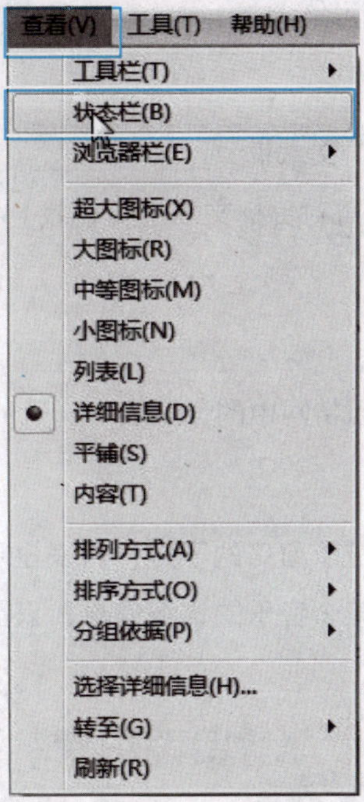

工作区

工作区是整个窗口的主体部分，用于显示窗口中的操作对象和操作结果。双击窗口中的对象图标即可打开相应的窗口。

视野拓展

当工作区的窗口中显示的内容太多时，就会在窗口的右侧出现垂直滚动条，单击滚动条两端的▲和▼按钮，或者拖曳滚动条都可以使窗口中的内容垂直滚动。

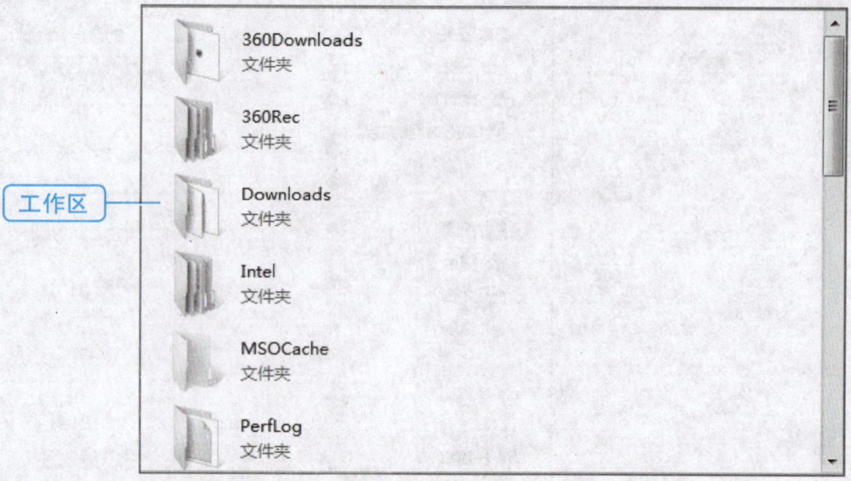

控制按钮区

在控制按钮区中有3个控制按钮，分别为“最小化”按钮、“最大化”按钮（当窗口最大化时，该按钮变为“向下还原”按钮）和“关闭”按钮，它们的使用方法将在下一小节中介绍。

搜索栏

在“搜索”文本框中输入所要查找的目标名称，按回车键或者单击“搜索”按钮即可对目标文件进行查找。

地址栏

地址栏用来显示文件和文件夹所在的路径，通过它还可以访问因特网中的资源。

细节窗格

细节窗格位于窗口的下方，用来显示窗口的状态信息或被选中对象的详细信息。例如显示“音乐库”中某个音乐的详细信息，只需单击一下该音乐的图标，就会在窗口下方出现它的详细信息。

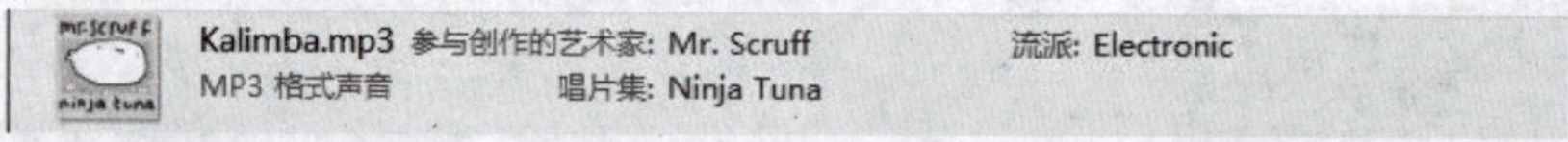

1.3.2 窗口的基本操作

窗口的基本操作主要包括打开窗口、关闭窗口、改变窗口大小、移动窗口以及切换窗口

视野拓展

熟悉窗口的基本操作对于操作计算机来说是非常重要的。

等，下面就来分别介绍这些操作。

打开窗口

在Windows 7系统中，打开窗口的方法有很多种，下面以打开“计算机”窗口为例进行介绍。

打开“计算机”窗口的方法有如下4种。

- 双击桌面上的“计算机”图标，即可打开“计算机”窗口。
- 在桌面上的“计算机”图标上单击鼠标右键，从弹出的快捷菜单中选择“打开”菜单命令也可以打开“计算机”窗口。

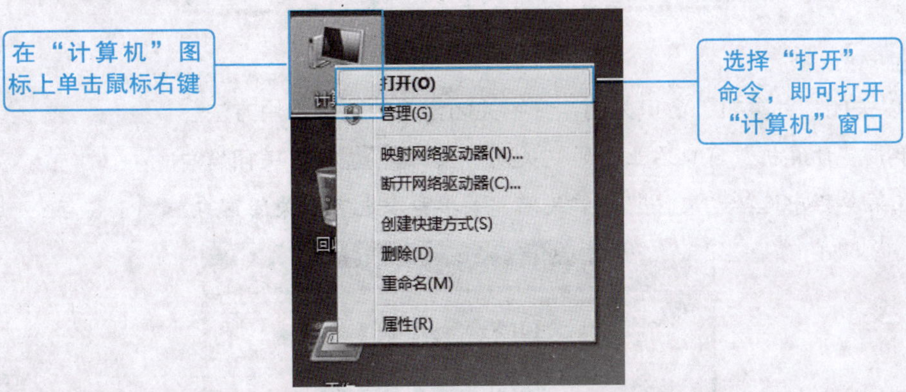

- 单击“开始”按钮，从弹出的“开始”菜单中选择“计算机”菜单命令也可以打开“计算机”窗口。

- 单击任务栏上的“Windows资源管理器”图标，弹出“库”窗口，然后单击左侧“细节窗格”中的计算机按钮也可以打开“计算机”窗口。

视野拓展

按Alt+F4组合键可快速关闭窗口。

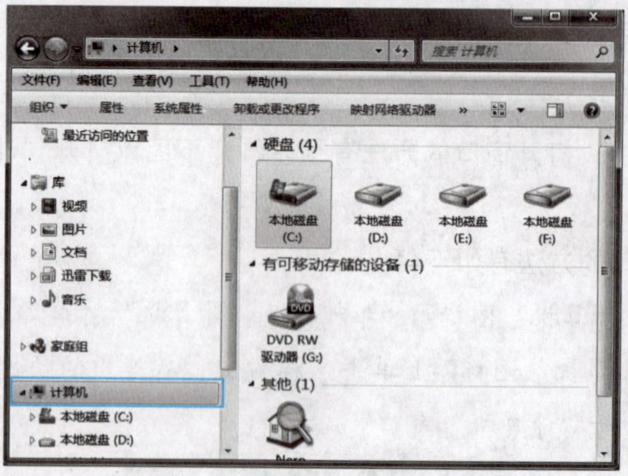

关闭窗口

下面以关闭“计算机”窗口为例，介绍关闭窗口的几种常用方法。

- 单击“计算机”窗口右上角的“关闭”按钮 × 即可关闭窗口。
- 在菜单栏中选择“文件”→“关闭”菜单命令也可以关闭窗口。

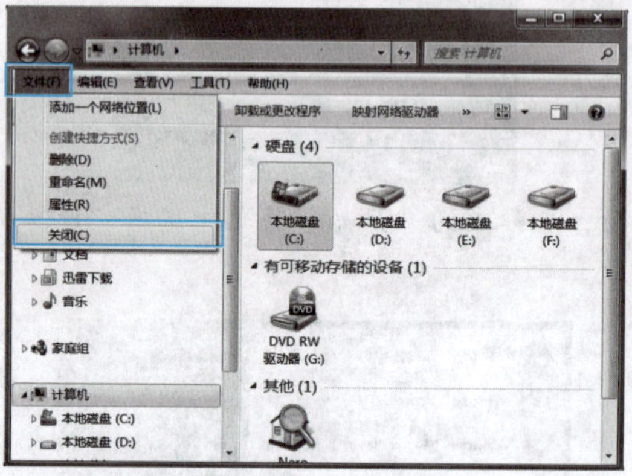

- 在窗口标题栏的空白区域单击鼠标右键，从弹出的快捷菜单中选择“关闭”菜单命令也可关闭窗口。

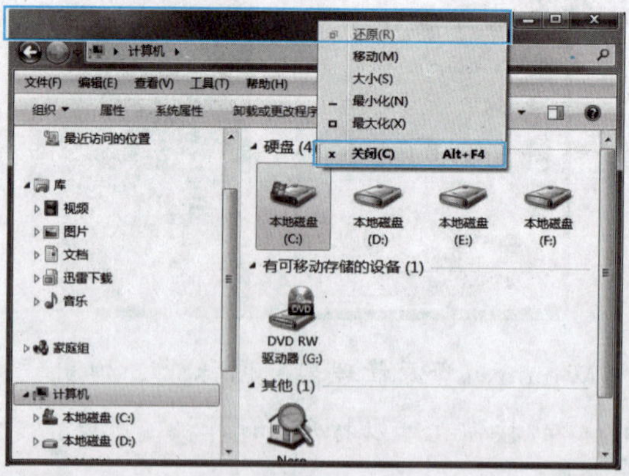

视野拓展

需要手动改变窗口的大小时，可以将鼠标指针移至窗口四周的边框上，当指针呈双向箭头显示时，按住鼠标左键并拖曳即可进行调整。

改变窗口的大小

在对窗口进行操作的过程中，可以根据需要对窗口的大小进行调整。下面以“计算机”窗口为例介绍改变窗口大小的具体方法。

- 利用控制按钮

前面已经介绍过窗口的3个控制按钮，在这里可以利用“最小化”按钮和“最大化”按钮来调整窗口的大小。

(1)“最小化”按钮

单击窗口右上角的“最小化”按钮即可使窗口最小化。此时最小化的“计算机”窗口以图标按钮的形式缩放到任务栏的程序按钮区中。单击“计算机”图标按钮即可将该窗口恢复到原始的大小。

(2)“最大化”按钮

单击“最大化”按钮即可将“计算机”窗口放大到整个屏幕大小，这样可以看到窗口中的更多内容。此时“最大化”按钮变成了“向下还原按钮”，单击该按钮即可将“计算机”窗口恢复到原始大小。

- 手动调整

当窗口没有处于最大化或者最小化状态时，可以通过手动调整的方式随意地调整窗口的大小。具体操作如下：

Step 01 将鼠标指针移至窗口状态栏的右下角或左下角，当指针呈或形状显示时，按住左键拖曳鼠标即可按比例改变窗口的大小。

Step 02 将鼠标指针移至窗口左侧或右侧的边框上，当指针呈形状显示时，按住左键拖曳鼠标即可改变窗口的宽度。

Step 03 将鼠标指针移至窗口的上边框或下边框上，当指针呈形状显示时，按住左键拖曳鼠标即可改变窗口的高度。

移动窗口

窗口的位置是可以根据需要随意移动的，当要移动窗口的位置时，只需将鼠标指针移至窗口的标题栏上，然后按住鼠标左键并拖曳到合适的位置再释放鼠标即可。

切换窗口

虽然在Windows 7系统中可以同时打开多个窗口，但是当前活动窗口只能有一个。因此在操作过程中经常需要在当前活动窗口和非活动窗口之间进行切换。切换窗口的方法有以下几种。

- 利用Alt+Tab组合键

视野拓展

利用Alt+Esc组合键可以直接在各个窗口之间切换，但不会出现窗口图标方块。

若想在众多程序窗口中快速切换到需要的窗口，可以通过按Alt+Tab组合键实现。具体的操作步骤如下所述。

按Alt+Tab组合键，此时将弹出窗口图标方块，如果计算机支持Aero特效，则会弹出窗口缩略图方块。按住Alt键，再按Tab键逐一挑选窗口缩略图方块，当方框移动到需要使用的窗口缩略图方块时松开按键，即可打开相应的窗口。

- 利用Alt+Esc组合键

也可以通过按Alt+Esc组合键在窗口之间切换。

- 利用程序按钮区

每运行一个程序，就会在任务栏上的程序按钮区中出现一个相应程序的图标按钮。

通过单击其中的程序图标按钮，即可在各个程序窗口之间进行切换。例如单击程序按钮区中的Word图标按钮 即可打开Word窗口。

1.4 本章小结

本章介绍了Windows 7的一些基本知识，包括认识Windows 7的桌面、认识Windows 7的开始菜单以及认识Windows 7的窗口。需要掌握对计算机桌面、开始菜单和窗口等的一些基本操作。这些都是在开始学习Office 2010之前必不可少的。下一章将会进一步介绍计算机操作的基础知识，以便对它进入更深一步的了解。

1.5 趁热打铁

现在做一些练习检验一下自己的学习状况吧。

1. 动手尝试修改桌面背景。

2. 熟悉窗口的基本操作。

视野拓展

当某些窗口不再使用时，应该将这些窗口及时关闭，以免占用系统资源。

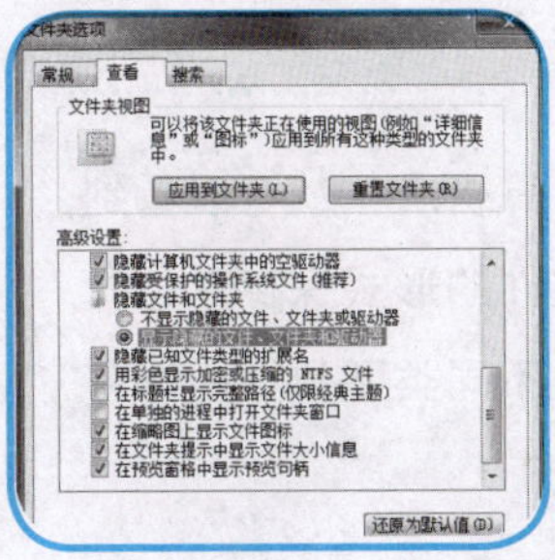

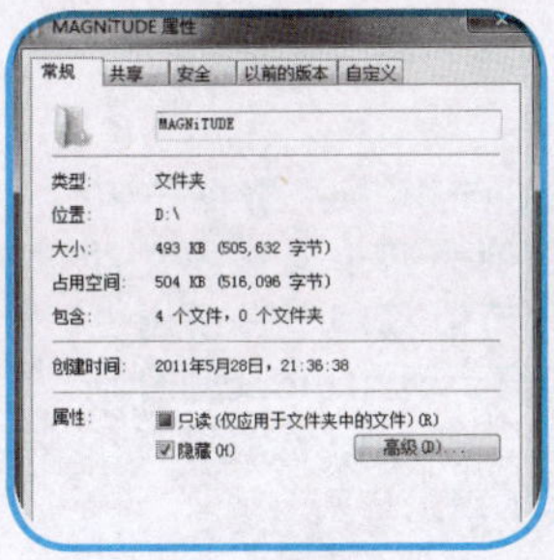

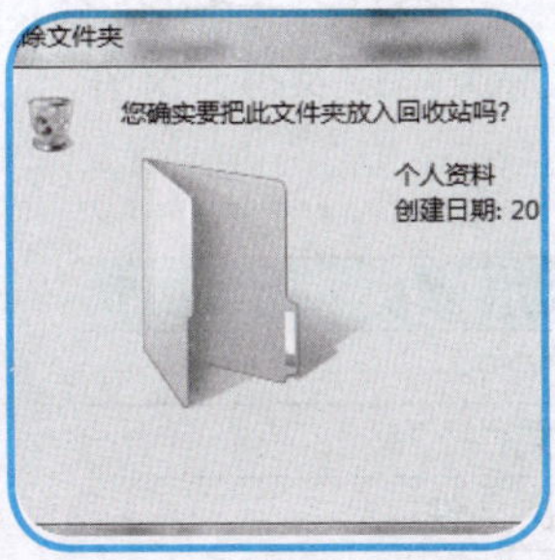

第2章

管理计算机中的文件

本章导读

安装的操作系统、各种应用程序以及编排的信息和数据等，都是以文件形式保存在计算机中的。文件与文件夹的管理也是学习计算机时必须掌握的基础操作。本章将介绍计算机中的文件和文件夹以及文件与文件夹的管理操作。

本章学习目标

- 认识文件和文件夹
- 文件和文件夹的显示
- 文件和文件夹的基本操作
- 文件和文件夹的高级操作

本章学习重点

- 掌握文件与文件夹的管理方法
- 掌握基本操作与高级操作

2.1 认识文件和文件夹

文件用于存储计算机中的各种信息与数据，文件夹则用于对文件进行分类管理。在学习管理计算机中的文件之前，首先需要了解文件与文件夹的相关概念。

2.1.1 文件

由于计算机中包含的数据和信息种类繁多，所以打开计算机后，就可以看到各种不同的文件。在计算机中创建数据和信息后，都是以文件的形式保存在计算机的指定位置。计算机中每个文件都有各自的文件名，并且不同类型数据所保存的文件类型也不同。

文件名

在Windows操作系统中，每个文件都有自己的文件名，系统也是依据文件名对文件进行管理的。完整的文件名由“文件名称+扩展名”组成，文件名用于识别该文件，扩展名则用于定义不同的文件类型。

在这两个文件图标中，“借书”和“写书说明”分别为两个文件的文件名，通过文件名可以直观地分辨出文件包含了什么内容；而txt和doc则分别为文件的扩展名，不一样的扩展名，文件的图标也会不同。

文件类型

文件类型是根据扩展名来决定的，不同类型的数据其保存的文件类型也不同，计算机中的文件种类繁多，在学习计算机时，必须对常见的文件类型进行初步了解，从而在查看文件时通过扩展名就可以大致判断出文件类型以及打开文件需应用的程序。常见的文件类型及其扩展名如下表所示。

扩展名	文件类型	扩展名	文件类型
DOC	Word文档	WAV	声音文件
TXT	文本文件	HLP	帮助文件
PDF	Adobe Acrobat文档	WRI	写字板文件
GIF	动态图像文件	HTM	Web网页文件
DAT	数据文件	XLS	Excel表格文件
PM	Page Maker文档	ICO	图标文件

视野拓展

在新建文件夹中，文件类型与系统中安装的应用程序有关，应用程序安装后会自动添加文件类型。

续表

扩展名	文件类型	扩展名	文件类型
PPT	Power Point演示文件	ZIP	ZIP压缩文件
FON	点阵字体文件	BMP	位图文件
DBF	数据库文件	MID	MIDI音乐文件
RTF	文本格式文档	COM	MS.DOS应用程序
AVI	视频文件	DLL	动态链接库文件
INI	系统配置文件	EXE	应用程序文件
JPG	压缩图像文件	TMP	临时文件
BAK	备份文件	TIF	图像文件

2.1.2 文件夹

计算机中存储了数量庞大且种类繁多的文件，Windows 7将这些文件按照一定规则分类存放在不同的文件夹中，从而便于有效管理。

文件夹的存放原则

文件夹中可以存放程序、文档以及快捷方式等各种文件。它一般采用多层次结构（树状结构），在这种结构中每一个磁盘有一个根文件夹，它包含若干文件和子文件夹。文件夹不但可以包含文件，而且可以包含子文件夹，这样依次类推就可以形成多级文件夹结构，既可以将不同类型和功能的文件分类存储，又方便文件查找。可以使用文件夹分门别类地存放和管理计算机中的文件，如资料、图片、歌曲及电影等文件。使用文件夹的另一大优点就是为文件的共享和保护提供了方便。

在同一文件夹中不能存放相同名称的文件或文件夹，例如，文件夹中不能同时出现两个“记账本.doc”的Word文档，同样也不能同时出现两个“记账本”的子文件夹。但是不同的文件夹可以存放相同名称的文件或文件夹。

一般情况下，每个文件夹都会对应一块磁盘空间。文件夹路径则用于指出文件夹在磁盘中的存放位置，例如字体文件夹的存放路径为“计算机\本地磁盘（C：）\Windows\Fonts”。

文件夹的种类

根据文件夹的性质可以将其分为标准文件夹和特殊文件夹两种。

- 标准文件夹

标准文件夹就是平常使用的用于存放文件和文件夹的容器，当打开标准文件夹时，它会以窗口的形式出现在屏幕上；当关闭它时，则会收缩为一个文件夹图标。还可以对文件夹中的对象进行移动、复制和删除等操作。

视野拓展

在选取连续的文件或文件夹时，可以通过按住鼠标左键拖曳进行框选的方法选择文件。对于全部选定操作，不能选定包含隐藏属性的文件或文件夹。

- 特殊文件夹

特殊文件夹是Windows系统所支持的另一种文件夹格式，它不会与磁盘上的某个目录相对应。特殊文件夹实质上就是应用程序，例如“控制面板”、“打印机”和“网络”等。

提示：计算机中文件的存储结构和现实中的文件柜是一样的。可以将文件放到文件夹中，而后将文件夹再放到文件柜中，也可以直接将文件放到文件中。

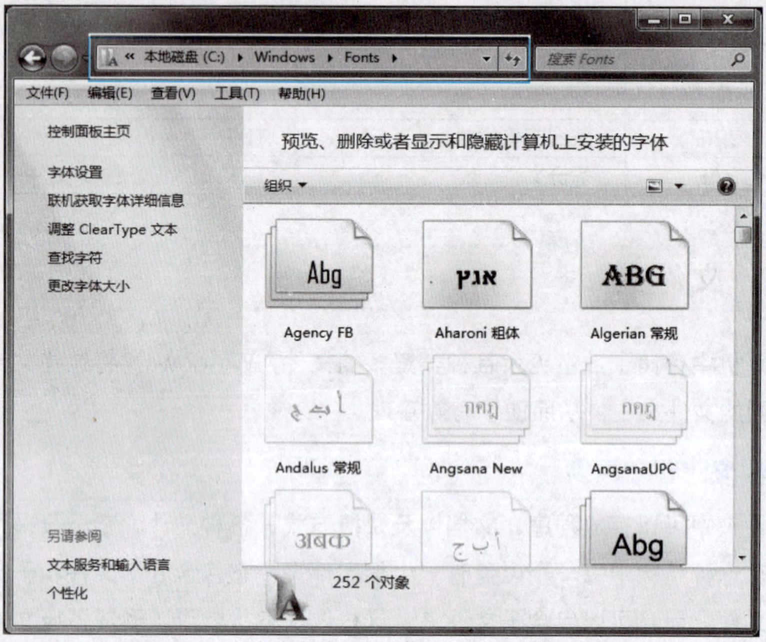

2.2 文件和文件夹的显示

对文件进行任何管理操作之前，必须打开相应的文件浏览窗口。在Windows 7中，是通过“计算机”窗口浏览来管理文件和文件夹的。

2.2.1 文件和文件夹的显示方式

浏览文件和文件夹的过程中，可以对查看方式、排列顺序等进行调整，根据自己的要求来显示文件与文件夹，将更加便于对文件和文件夹的查看与管理。

设置单个文件或文件夹的显示方式

如果要设置单个文件或文件夹的显示方式，需要先选定单个文件或文件夹。具体操作如下所述。

视野拓展

在查看文件或文件夹的属性对话框中，选中“只读”复选框，文件就加写了保护，这时只能阅读而不能修改这个文件。

操作步骤

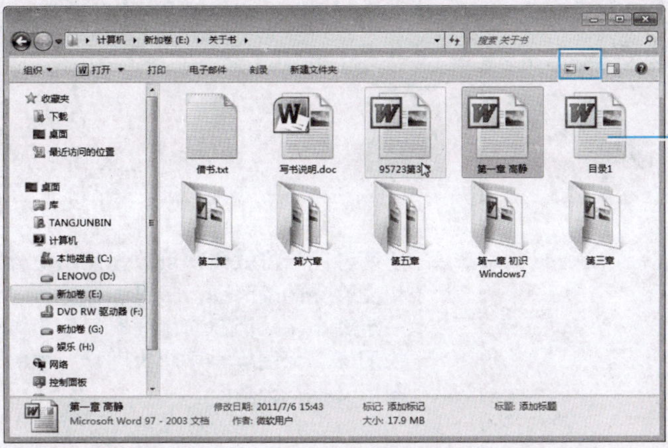

1 打开文件或文件夹所在的磁盘，选中需要设置的文件或文件夹，单击“更改您的视图”按钮。

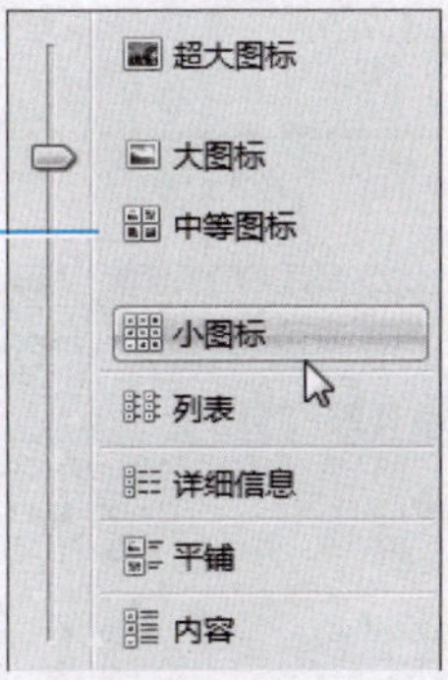

2 选中需要设置的视图方式即可。

设置所有文件或文件夹的显示方式

设置所有文件或文件夹的显示方式与设置单个文件或文件夹的显示方式方法相同，需要先选中所有的文件或文件夹（按Ctrl+A组合键即可选中所有文件或文件夹）。

调整不同的图标大小，所能获得的查看效果也不同，下面对Windows 7中的各种文件和文件夹图标的查看方式进行介绍。

- 超大图标

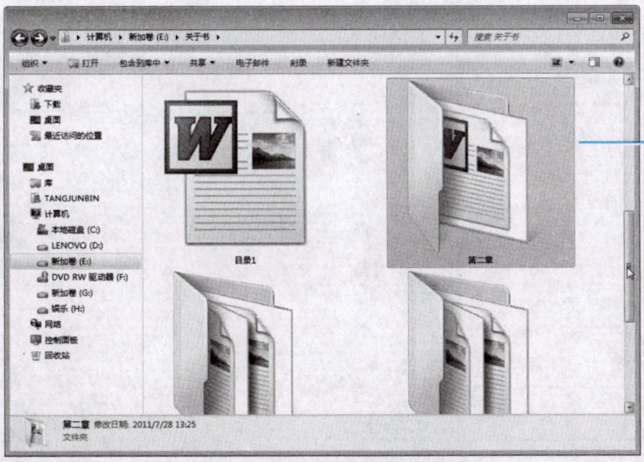

以超大图标来显示的文件和文件夹，通过图标即可查看文件夹中包含的文件的缩略图；如果是图片文件，还可以清晰地显示出图片的大型缩略图。

视野拓展

在查看文件或文件夹的属性对话框中，选中“隐藏”复选框，一般状态下便不会显示该文件了。

- 大图标与中等图标

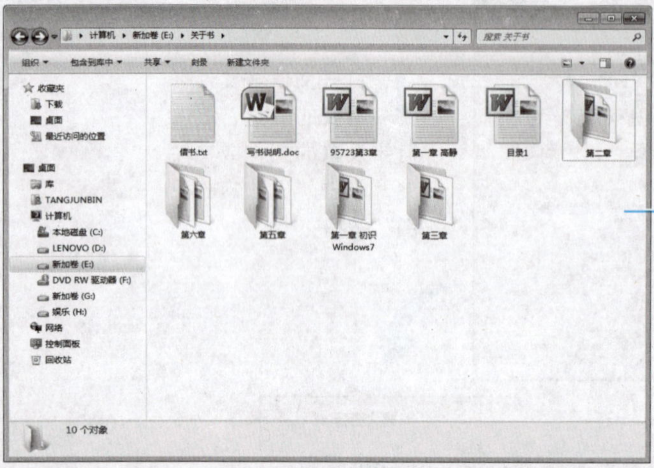

这两种图标方式同样可以显示出文件和文件夹的缩略图，只是图标进行了一定缩小，从而窗口中同时显示更多的图标。大图标小于超大图标，中等图标又小于大图标。

- 小图标

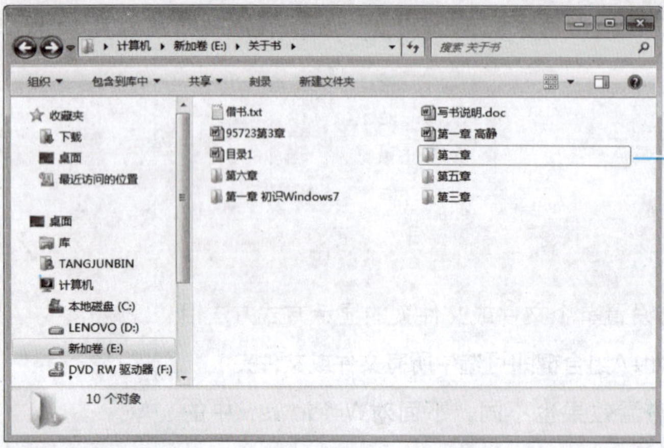

小图标以更小的图标显示文件与文件夹，当窗口中包含文件和文件夹的数量太多时，可以使用小图标以同时显示出更多的文件和文件夹。

- 平铺

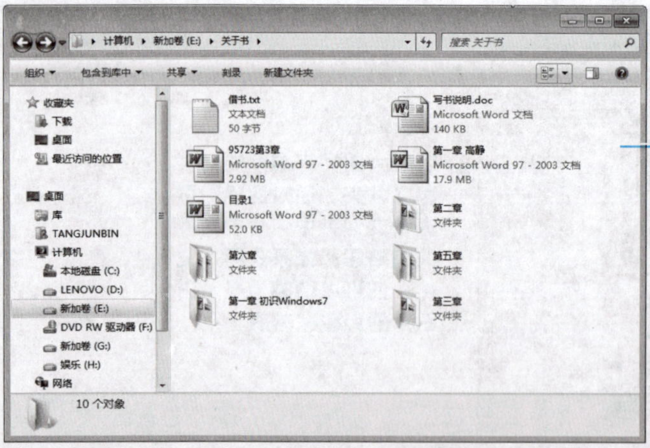

平铺显示与“中等图标”相同，但平铺显示时，每个文件和文件夹名称下方均显示相关的信息，如类型、大小等。

视野拓展

在查看文件或文件夹属性对话框中，存档属性是系统的默认选项，选中后系统会对它及时备份（即原样复制一份），可以在原文件损坏后进行恢复。

● 列表与详细信息

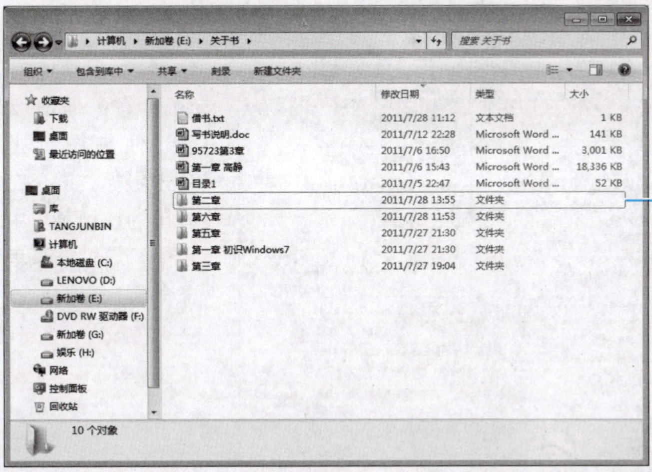

列表是以纵向排列方式显示所有图标，而详细信息则是以列表方式显示文件和文件夹的图标、修改日期、类型以及大小等信息。

● 内容

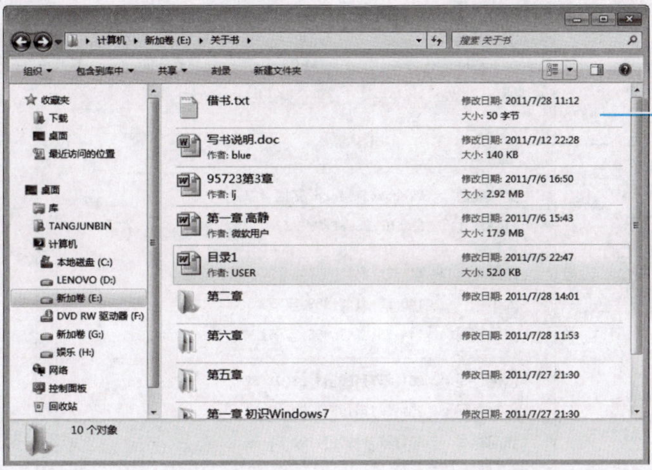

内容查看方式以纵向显示文件图标及其文件名和修改时间。

2.2.2 查看文件和文件夹

在管理计算机中文件的过程中，经常需要查看文件或文件夹的详细信息，以进一步了解文件详情，如文件类型、打开方式、大小、占用空间以及创建修改时间信息；对于文件夹，则可查看其中包含的文件和子文件夹数量。

查看文件和文件夹的属性

查看文件或文件夹属性的具体操作步骤如下所述。

视野拓展

在窗口空白处单击鼠标右键，在弹出的快捷菜单中选择“查看”菜单命令，在子菜单中选择查看方式。

操作步骤

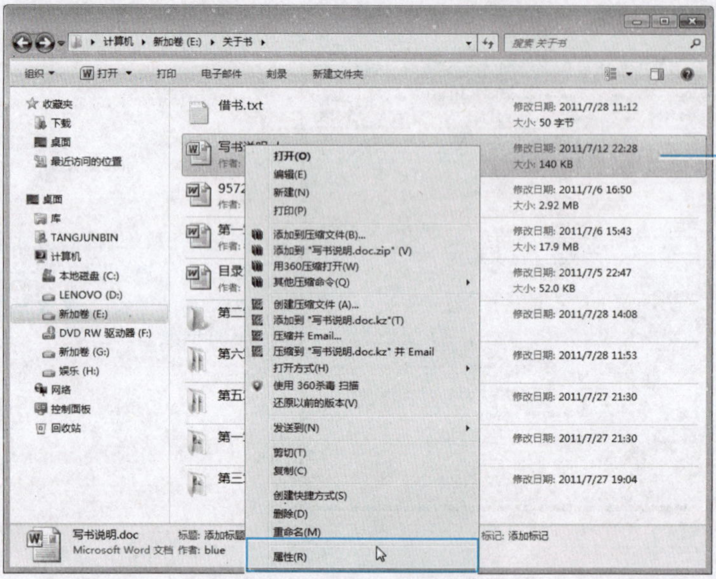

1 在文件或文件夹图标上单击鼠标右键，在弹出的快捷菜单中选择“属性”菜单命令。

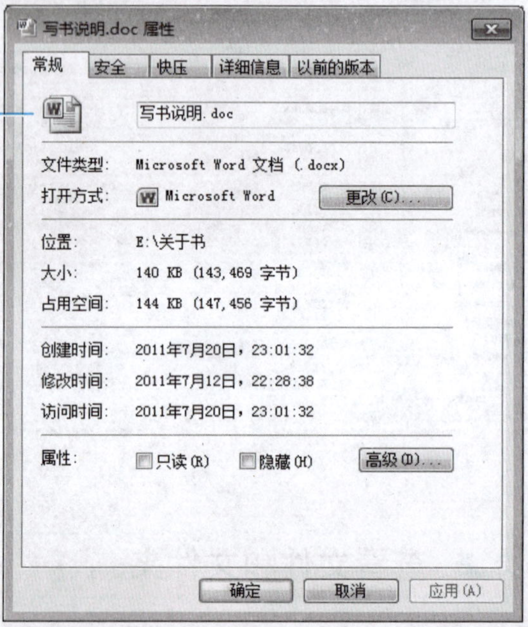

2 打开文件夹属性对话框，在“常规”选项卡中即可查看到文件夹的详细信息。

查看文件和文件夹的内容

查看文件和文件夹的方法有两种，一是用鼠标双击要查看的文件或文件夹；二是在要查看的文件或文件夹上单击鼠标右键，在弹出的快捷菜单中选择“打开”菜单命令即可。

视野拓展

在某些方面，库与文件夹相似。例如，打开库时会看到一个或多个文件。但是，无法将文件或文件夹存储在库中。在库中可以“包含”位于不同位置的文件夹，以便可以在一个地方看到这些文件。

2.3 文件和文件夹的基本操作

对文件和文件夹的基本操作包括新建、重命名、复制、移动和删除。本节将介绍这些操作。

2.3.1 新建文件或文件夹

新建文件

新建文件有很多方法，本小节介绍基础的创建方法。下面以新建一个文本文件为例介绍具体的操作步骤。

操作步骤

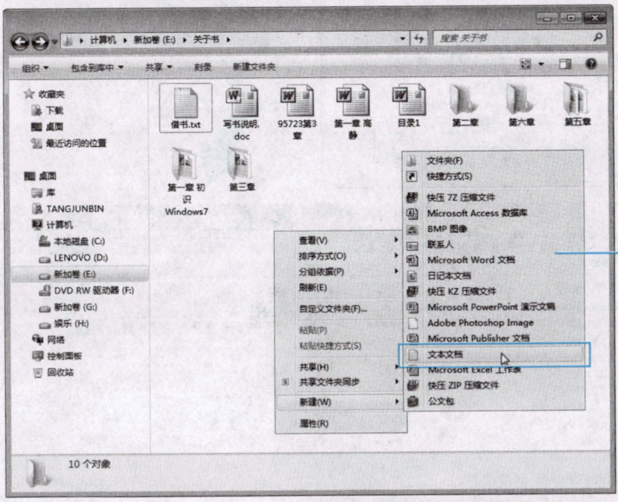

1 打开要新建文件的磁盘，在窗口空白处单击鼠标右键，在弹出的快捷菜单中选择“新建”→“文本文档”菜单命令。

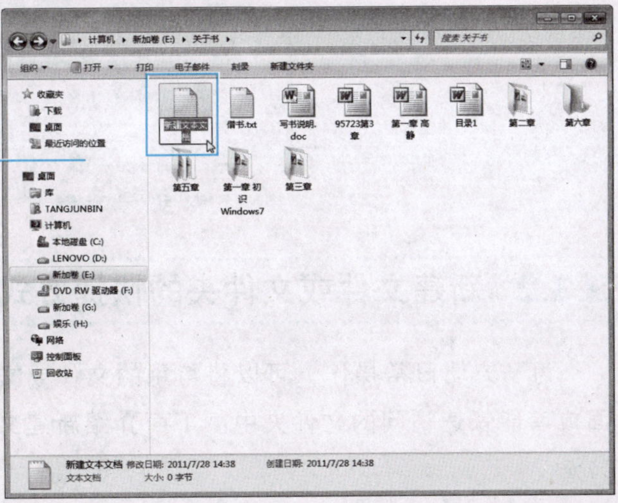

2 系统在磁盘中建立一个新的文本文档，刚建立的文件处于更改文本名状态。这时可以直接输入新的文件名，也可以单击空白处保留这个默认的名称。

视野拓展

对于新建的文件，可以通过在该文件上单击鼠标右键，从弹出的快捷菜单中选择“重命名(M)”菜单命令来修改该文件的名字。

新建文件夹

操作步骤

文件夹用于分类存放文件，在管理计算机中的文件过程中，可根据需要新建分类文件夹，然后将各类文件分别放置到不同文件夹中。新建文件夹的具体操作如下所述。

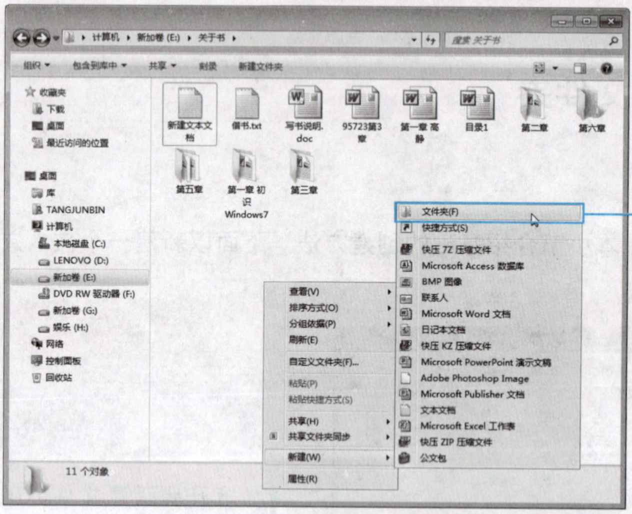

1 打开要新建文件的磁盘，在窗口空白处单击鼠标右键，在弹出的快捷菜单中，选择"新建"→"文件夹"菜单命令。

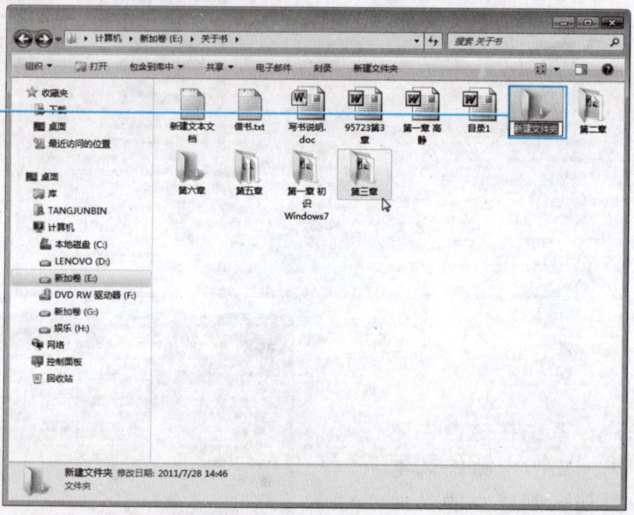

2 此时可在窗口中建立一个新文件夹，文件夹名称处于可编辑状态，输入新的名称后，单击窗口任意位置即可。

2.3.2 新建文件或文件夹的快捷方式

为了方便日常操作，可以将常用的文件或文件夹的快捷方式存放到桌面或者能快速访问的文件夹中。下面介绍新建文件和文件夹的快捷方式的方法。

视野拓展

如果无法为文件更名，可能是因为这个文件正被使用，系统不允许修改文件的名称；或者就是同一个文件夹中出现了同名的文件，这时就要更换一个文件名了。

新建文件的快捷方式

例如新建“工作”文件夹的快捷方式，具体操作步骤如下所述。

操作步骤

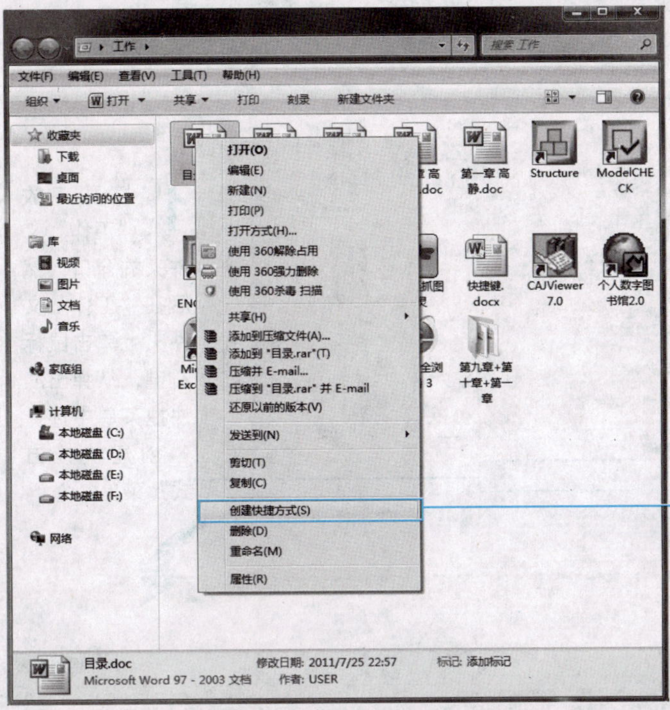

1 打开存放“目录”文件的窗口，然后在“目录”文件上单击鼠标右键，从弹出的快捷菜单中选择“创建快捷方式”菜单命令。

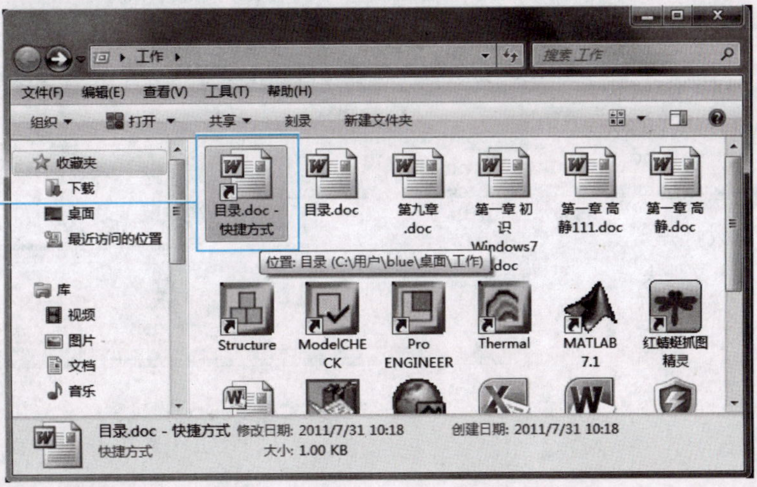

2 在该窗口中新建了一个名为“目录.doc – 快捷方式”的快捷方式，双击该快捷方式就可以打开“目录”文件夹。

视野拓展

文件名最长可以使用255个字符，空格符、各种控制符和/、\、<、>、*、?等字符不能用在文件名中。

操作步骤

新建文件夹的快捷方式

例如新建“工作”文件夹的快捷方式，具体操作步骤如下所述。

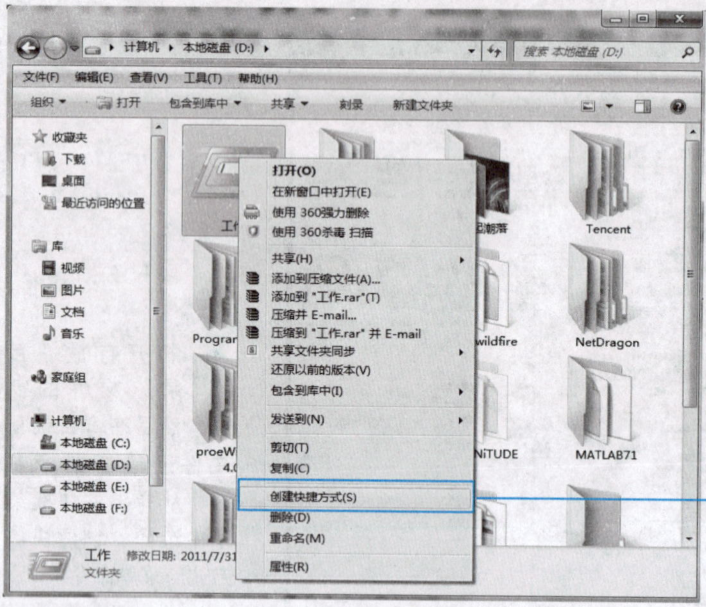

1 打开存放“工作”文件夹的窗口，然后在“工作”文件夹上单击鼠标右键，从弹出的快捷菜单中选择“创建快捷方式”菜单命令。

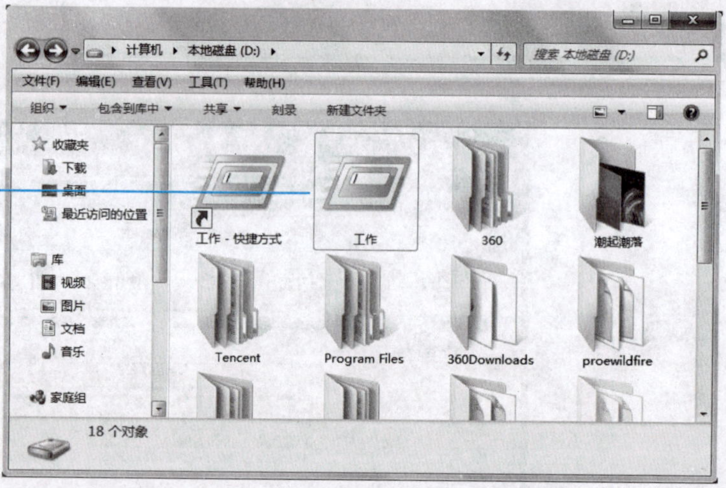

2 该窗口中新建了名为“工作－快捷方式”的快捷方式，双击该快捷方式就可以打开“工作”文件夹。

此外，可以在文件或文件夹上单击鼠标右键，从弹出的快捷菜单中选择“发送到”→“桌面快捷方式”菜单命令，即可将其快捷方式存放在桌面上。

视野拓展

如果想将文件或文件夹的快捷方式存放到桌面上，可以用鼠标拖曳将其拖至桌面上即可。

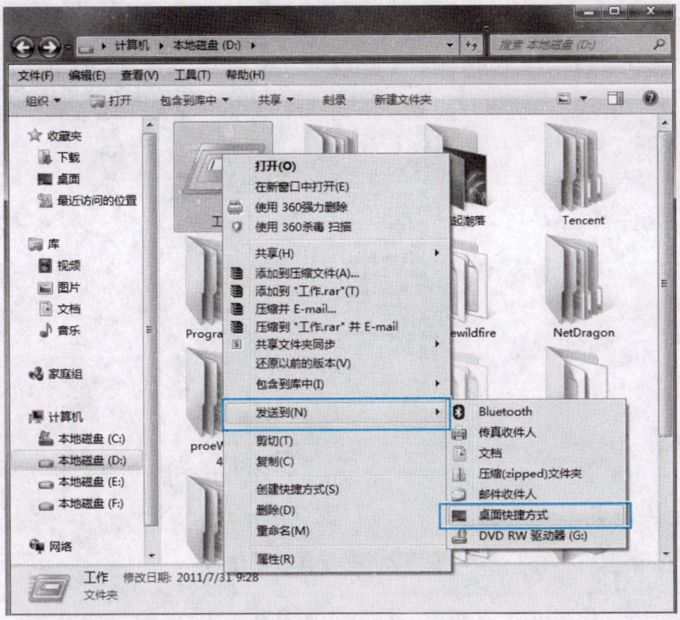

2.3.3 重命名文件或文件夹

重命名文件与文件夹，就是将已有文件或文件夹的名称更改为其他名称。

单个文件或文件夹的重命名

文件或文件夹命名的方法有以下3种。

- *在需要更名的文件上连续两次单击鼠标左键可进行重命名*

操作步骤

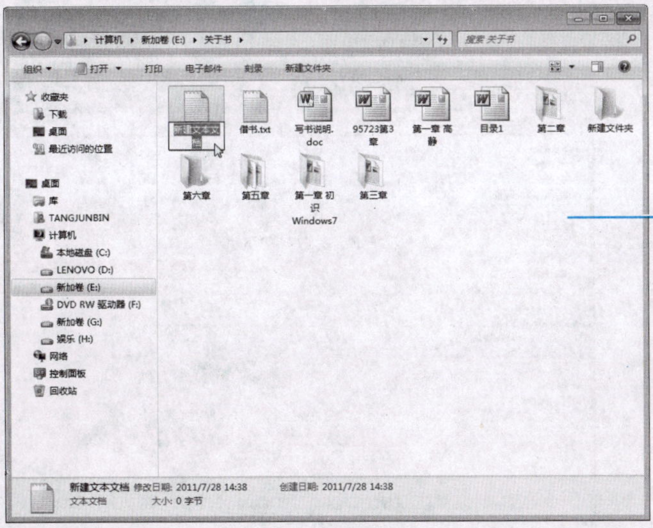

1 单击要更改名称的文件，然后再单击文件名，就进入了文件重命名状态。

Windows 7系统对文件名中字母的大小写在显示时有所不同，但在使用时不区分。

提示： 要注意的是，这里两次单击的间隔不能太短，否则系统会认为是双击打开文件的动作。第一次单击是选中图片，第二次单击后就可以重命名了。

2 输入新文件名即可，最后单击空白处保存文件名。

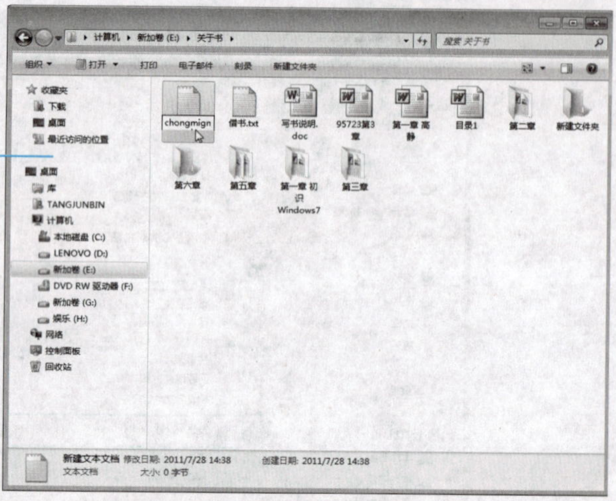

操作步骤

- 通过快捷菜单重命名

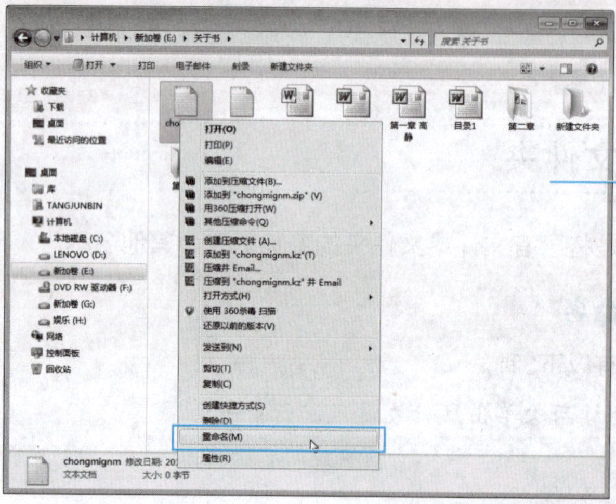

1 单击选中需要重命名的文件，然后单击鼠标右键，在弹出的快捷菜单中选择"重命名"菜单命令。

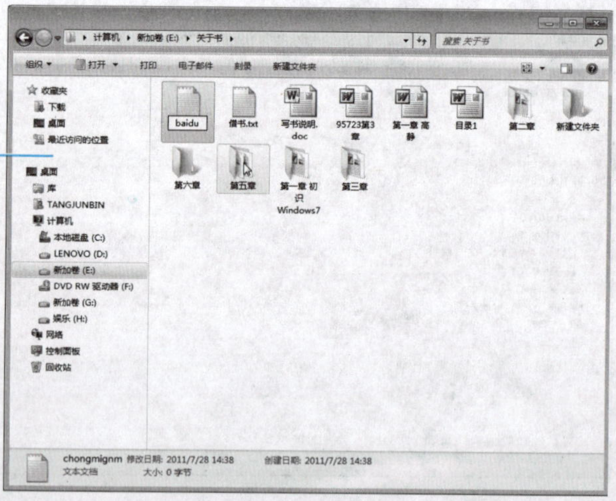

2 文件就进入了重命名的状态，此时输入新名称即可。

视野拓展

通过鼠标两次单击进行文件或文件夹的重命名时，第二次单击一定要单击文件的文件名，如果仍然单击缩略图是没有效果的。

- 直接按快捷键重命名

首先单击选中文件，然后按快捷键F12，这时文件就会处于重命名状态，只要输入要更改的新名称即可。

多个文件或文件夹的重命名

多个文件或文件夹重命名与单个文件或文件夹命名的方法相同。

提示：更改文件或文件夹名称时，注意更改的名称不能与当前窗口中的其他文件或文件夹的名称相同；重命名文件或文件夹时，则不能与当前窗口中其他类型相同文件或文件夹的名称相同。

2.3.4 复制与移动文件或文件夹

复制文件或文件夹

复制文件或文件夹是指将文件或文件夹复制一份到其他位置，多用于文件的复制或备份。复制文件与文件夹的具体操作方法如下所述。

操作步骤

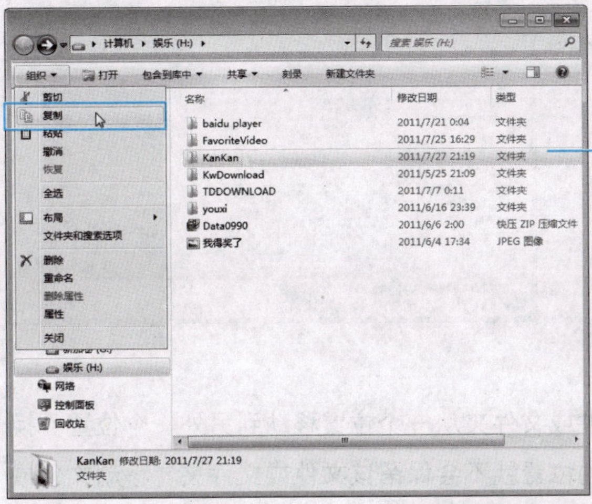

1 选中要复制的文件夹，单击工具栏中的“组织”按钮，在菜单中选择“复制”菜单命令。

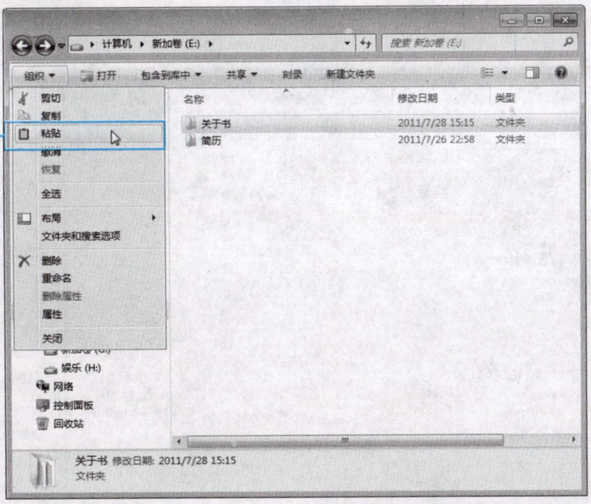

2 打开要复制到的目标磁盘或目录窗口，在“组织”菜单中选择“粘贴”菜单命令。

视野拓展

选择多个文件或文件夹的方法是：选择一个文件或文件夹后，按住Ctrl键，再单击其他文件或文件夹，被单击的文件或文件夹就会被选中。

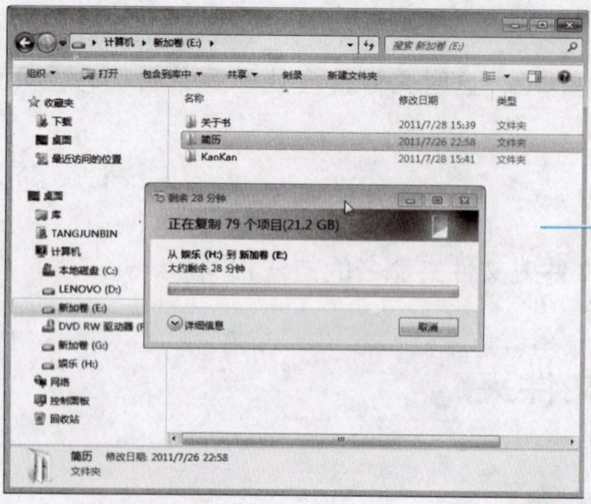

3 开始复制所选文件夹，如果文件夹较大的话，会弹出“复制”对话框显示文件夹的复制进度。

提示： 也可以通过快捷键来快速复制文件与文件夹。选中要复制的文件或文件夹，按Ctrl+C组合键进行复制，然后切换到目标窗口中，按Ctrl+V组合键进行粘贴。

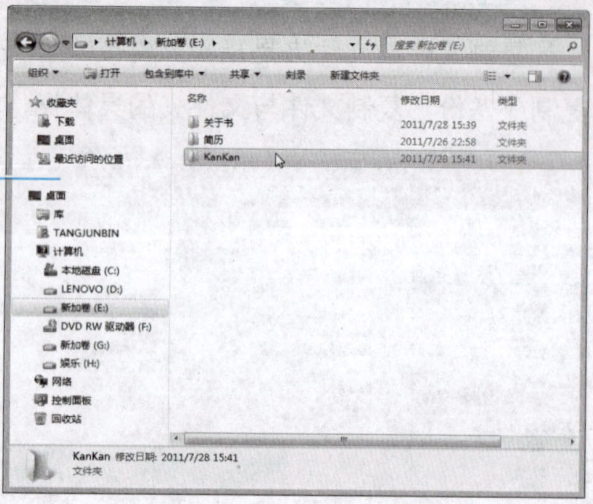

4 复制完毕后，可以看到窗口中已经显示出复制后的文件夹。而原窗口中的文件夹并没有受到任何影响。

移动文件或文件夹

移动文件或文件夹是指将文件或文件夹从一个位置移动到另外一个位置。换句话说，文件或文件夹原来所在的位置就不会保留该文件或文件夹。移动文件或文件夹的步骤如下所述。

操作步骤

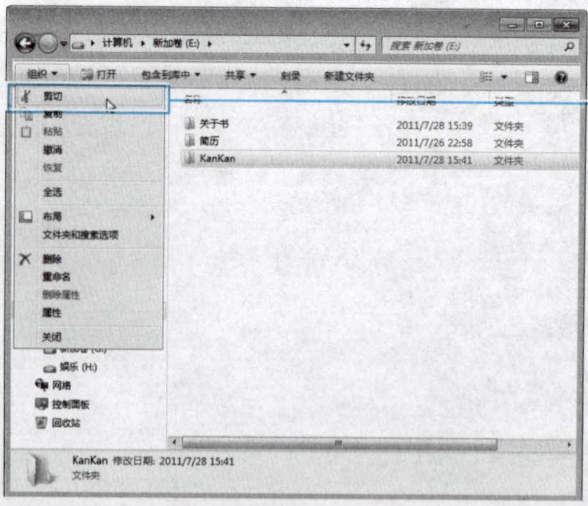

1 选中要复制的文件夹，单击工具栏中的“组织”按钮，在弹出的菜单中选择“剪切”命令。

视野拓展

可以通过按住Shift键或Ctrl键选择多个文件或文件夹，然后选择“复制”命令，或按住Ctrl+C组合键，可同时复制多个文件或文件夹。

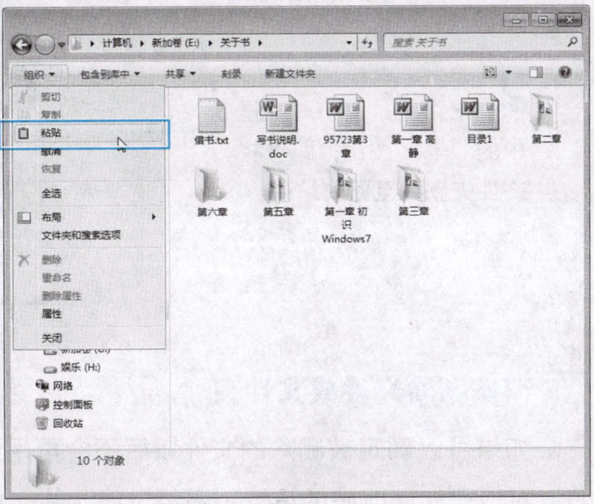

2 打开要复制到的目标磁盘或目录窗口，在“组织”菜单中选择“粘贴”菜单命令。

提示：复制与移动文件夹的不同之处在于，复制文件夹后，源文件夹仍保存在原位置没有任何变化；剪切文件后，文件夹将会从原位置删除，并转移到新的位置。

2.3.5 删除与恢复文件或文件夹

使用计算机的过程中，及时清理计算机中的无用文件是非常必要的。对于无用的文件或文件夹，可以随时将其从计算机中删除，这样可以节省很多存储空间。删除文件或文件夹有以下几种方式。

删除文件或文件夹至回收站

回收站是存放垃圾文件的地方。所谓垃圾文件，就是不再需要或者操作失败的文件。回收站是经常会用到的文件夹，因此必须掌握其功能和用法。下面介绍回收站的还原和删除功能的操作方法，以及如何不经过回收站，直接删除文件。

删除文件或文件夹至回收站的具体操作方法如下所述。

操作步骤

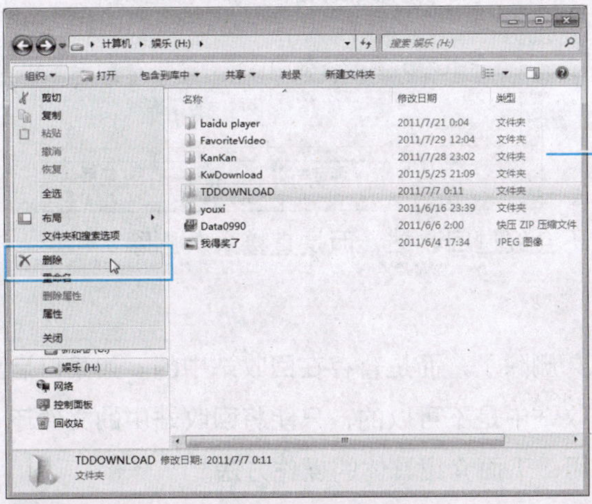

1 用鼠标单击要删除的文件或文件夹图标，在“组织”菜单中选择“删除”菜单命令。

视野拓展

可通过按住Shift键或Ctrl键选择多个文件或文件夹，然后执行“删除”命令，或按Delete键，或直接拖至回收站，可同时删除多个文件或文件夹。

2 打开“删除文件夹”对话框，单击对话框中的“是”按钮，即可将文件夹删除至回收站中。

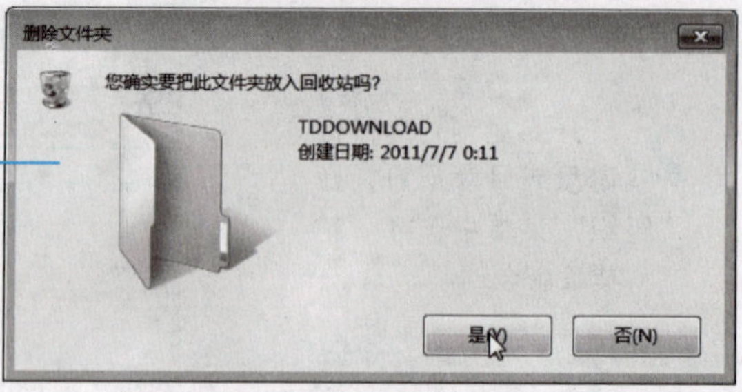

彻底删除文件或文件夹

如果可以确定被删除的文件以后不会再用到，那么为了省去清空回收站的操作，可以改变回收站的设置，不经过回收站，将文件直接永久删除。

操作步骤

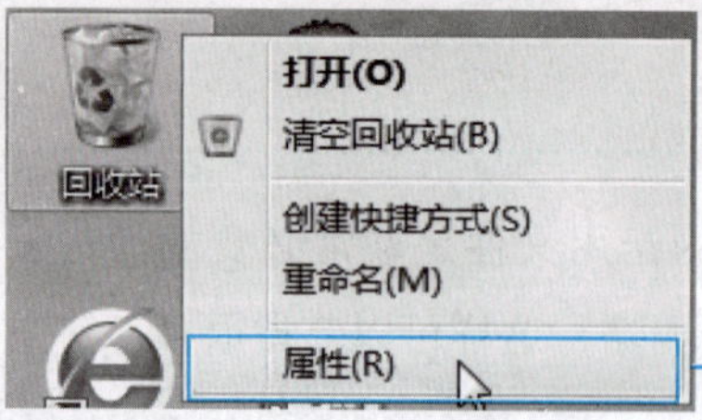

1 首先选择回收站，并单击鼠标右键，在弹出的快捷菜单中选择“属性”菜单命令，打开“回收站 属性”对话框。

2 在“回收站 属性”对话框中，选中“不将文件移到回收站中。移除文件后立即将其删除”单选按钮，并单击“确定”按钮保留设置。

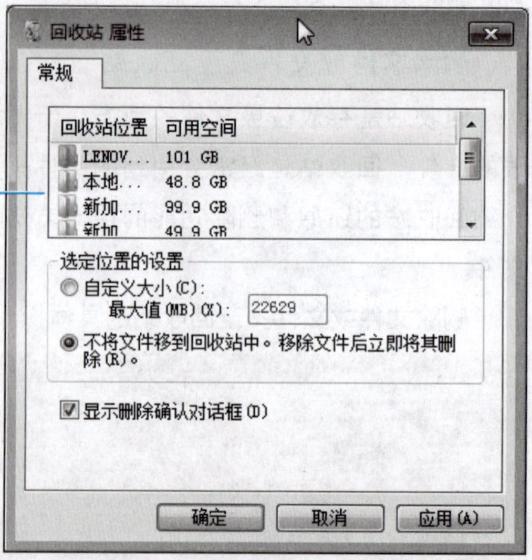

这样，当删除文件时，文件就不会经过回收站，而是直接永久删除。

恢复文件或文件夹

在回收站中的文件并不是被永久删除了，而是暂存在回收站中的。如果日后需要用到当初被删除的文件，在回收站中是不可以的，只能将回收站中的文件还原到原来的文件夹中，才能继续使用，下面介绍具体的操作方法。

视野拓展

在没有设置不经过回收站直接删除的选项时，可以在选择好文件后，通过按Shift+Delete组合键来直接彻底删除文件。

操作步骤

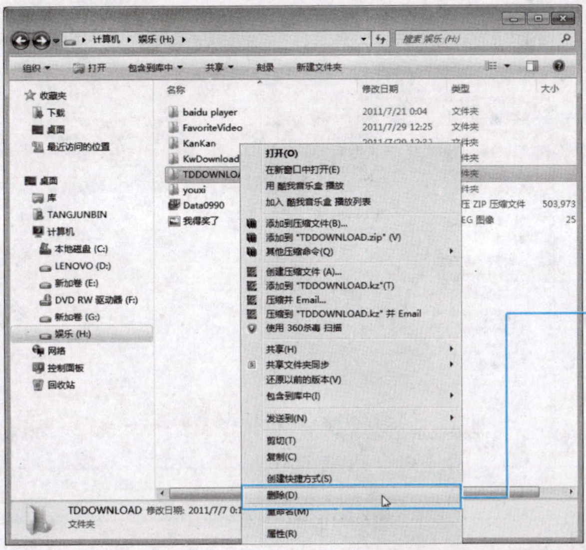

1 首先在H盘中删除文件夹“TDDOWNLOAD”。

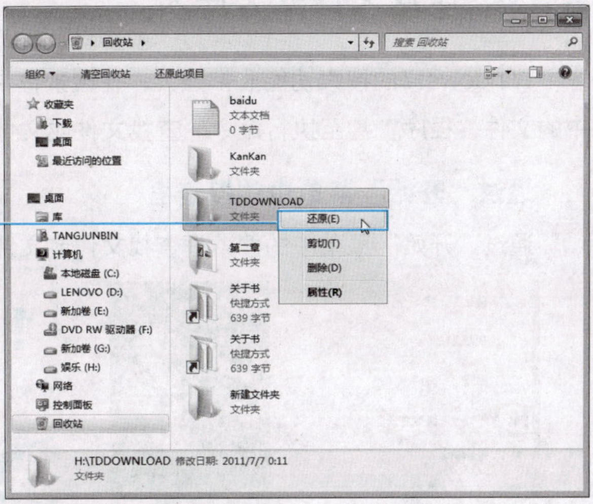

2 打开回收站，选择需要还原的文件，并单击鼠标右键，在弹出的快捷菜单中选择“还原”菜单命令。

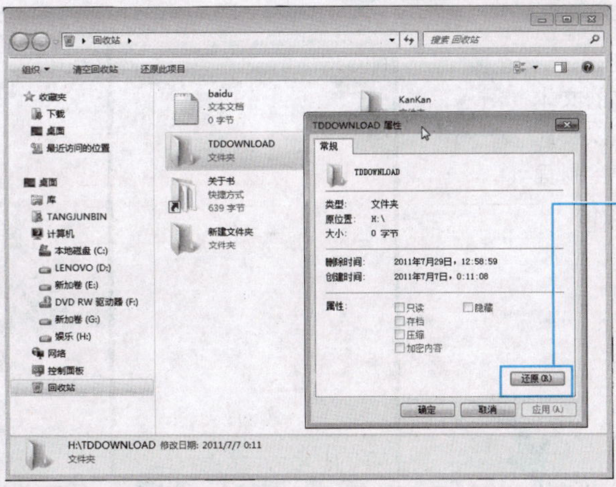

3 文件就会还原到原来的文件夹中。如果忘记了被删文件的原位置，可以在还原之前查看文件的属性，然后在属性对话框中直接单击“还原”按钮还原文件。

视野拓展

设置所有文件和文件夹显示方式之前，必须先对单个文件夹的显示方式进行更改，否则系统中所有文件和文件夹的显示方式均采用默认设置。

4 还原之后，就可以在原磁盘中找到并使用被删除的文件。

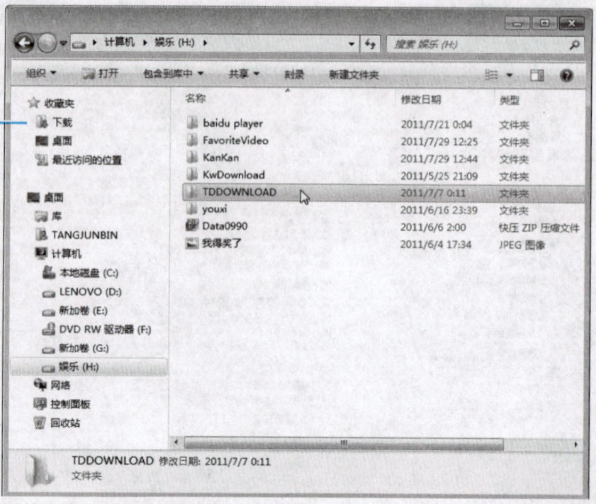

2.3.6 查找文件或文件夹

Windows 7的搜索功能非常强大，在搜索框中输入关键字，就可以查找系统中的文件、程序，甚至执行命令。查找文件或文件夹的方法如下所述。

通过“开始”菜单中的搜索框

通过“开始”菜单中的搜索框查找文件或文件夹的具体操作步骤如下所述。

操作步骤

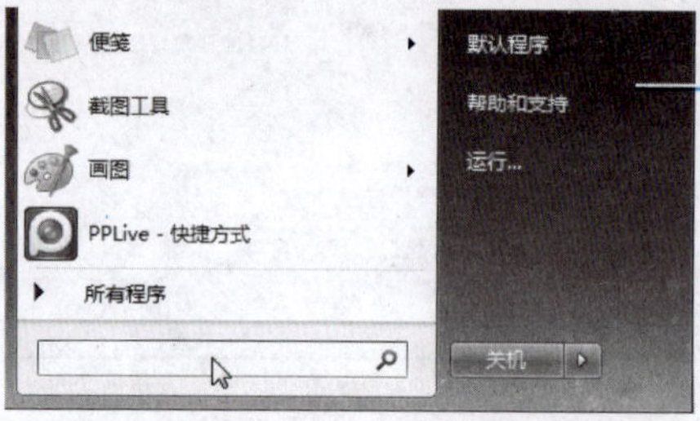

1 单击“开始”按钮，弹出“开始”菜单。

2 “开始”菜单左下方的文本框就是搜索字段，可以在此输入要查找的关键字“控制面板”，搜索界面就会发生变化。

视野拓展

在一般的文件夹窗口中，也能直接输入关键字进行查找，而不一定要打开特定的搜索程序。

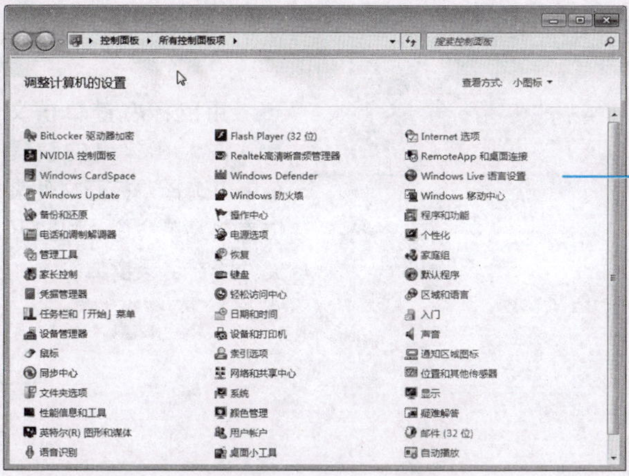

3 按回车键就会出现搜索结果。

使用窗口中的搜索框

通过计算机窗口右上角的搜索框也可以快速地在当前窗口位置搜索指定的文件。以在计算机中搜索名称为“关于书”的文件夹为例，其具体的操作方法如下所述。

操作步骤

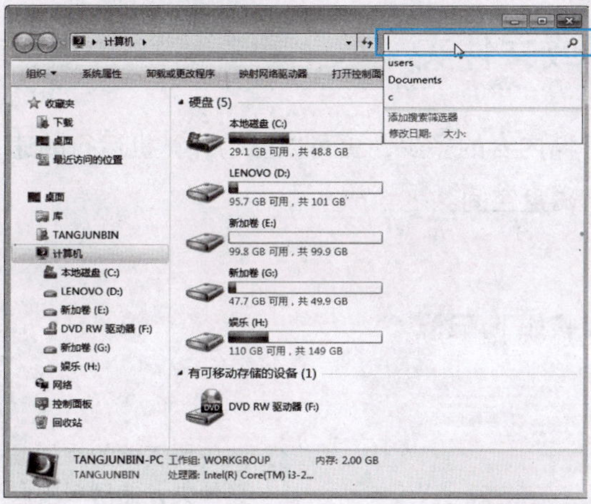

1 打开“计算机”窗口，在右上角的搜索框中输入要搜索的关键词的第一个字符“关”，窗口中自动筛选出包含字符“关”的文件与文件夹。

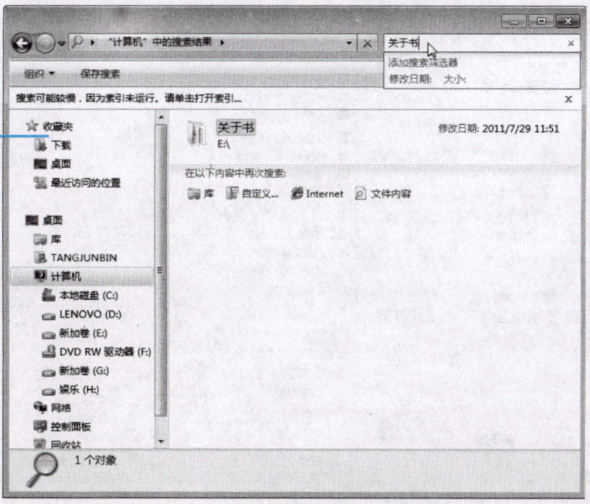

2 继续输入字符，系统会根据输入的内容自动继续搜索名称中包含“关于书”的所有文件与文件夹，并显示文件与文件夹的相关信息。

提示：通过搜索框进行搜索时，首先需要进入相应的搜索范围窗口，如打开“计算机”窗口直接进行搜索，那么搜索范围为所有磁盘；进入C盘窗口中进行搜索，则搜索范围为整个C盘；同样，如果进入下级文件夹中进行搜索，如Windows目录，则搜索范围仅为Windows目录。

视野拓展

通过“开始”菜单的搜索框进行搜索时，搜索结果中仅显示已建立索引的文件。计算机上的大多数文件会自动建立索引。

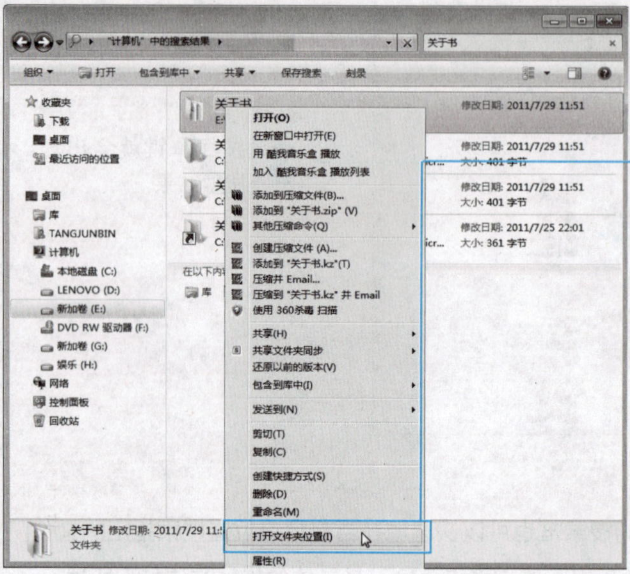

3 用鼠标右键单击文件，在弹出的快捷菜单中选择"打开文件夹位置"菜单命令，可打开文件所在目录窗口。

2.3.7 压缩与解压缩文件或文件夹

磁盘的空间大小不但可以影响存储内容的多少，更可以影响计算机运行的速度，而文件或文件夹的压缩可以节省磁盘空间。

压缩文件或文件夹

压缩文件或文件夹的具体操作步骤如下所述。

操作步骤

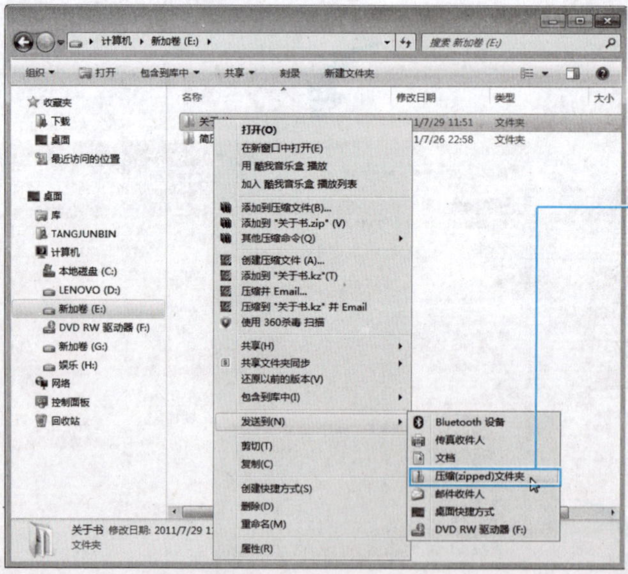

1 选中要压缩的文件或文件夹，然后单击鼠标右键，在弹出的快捷菜单中选择"发送到"→"压缩（zipped）文件夹"菜单命令。

视野拓展

默认情况下，文件或文件夹被压缩后，其名称以蓝色显示。按住Shift键或Ctrl键选择多个文件或文件夹后选择"压缩（zipped）文件夹"命令，可同时压缩多个文件或文件夹。

2 出现显示压缩进度的对话框。

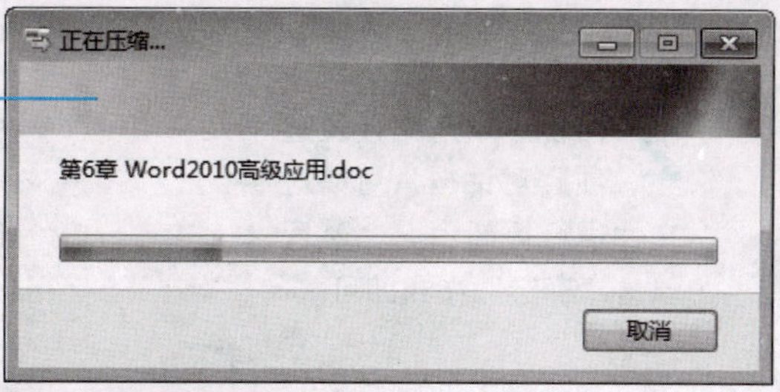

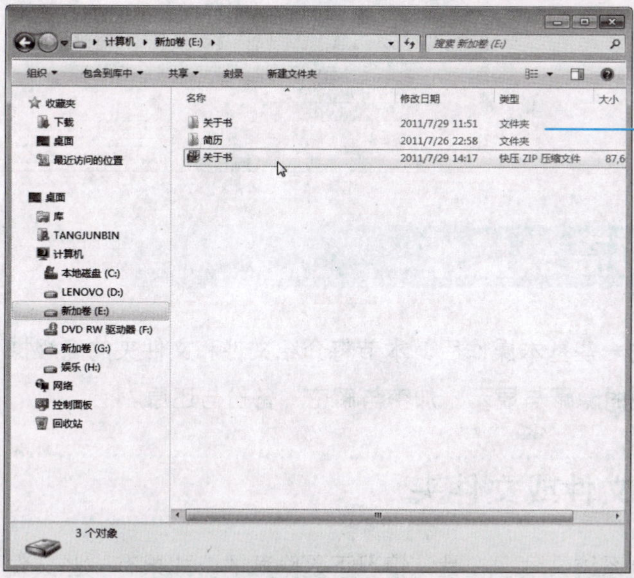

3 压缩完成后，就会自动关闭压缩进度对话框。接着再查看原来的文件夹，就会发现其中新增了一个名为“关于书”的压缩文件。

解压缩文件或文件夹

文件压缩后，当需要使用该文件时，就要解压缩，以提取全部文件。

操作步骤

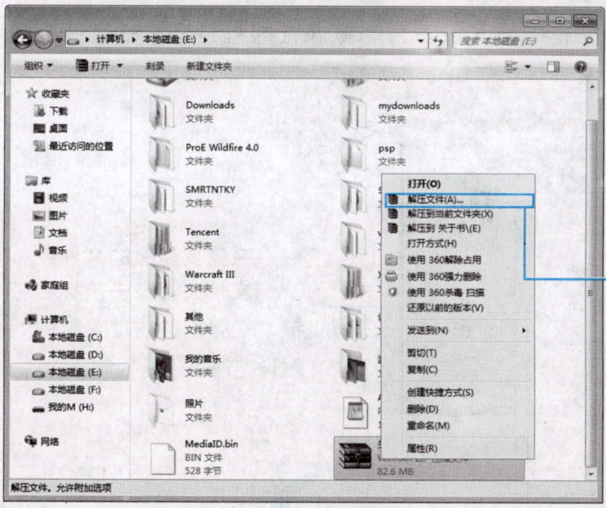

1 选中压缩文件，在该文件上单击鼠标右键，从弹出的快捷菜单中选择“解压文件”菜单命令。

视野拓展

采用直接拖放方式添加到压缩文件夹中的文件将不被压缩；选择“添加到压缩文件”命令向压缩文件夹中添加的文件将被压缩。

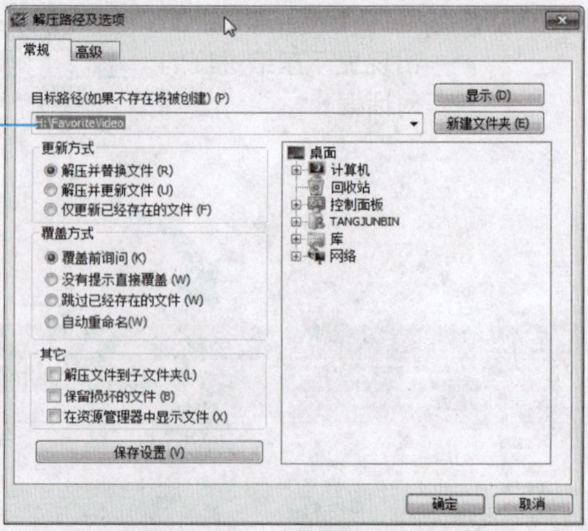

2 出现“解压路径及选项”对话框，可以对文件进行重新命名，然后单击“确定”按钮即可。

2.4 文件和文件夹的高级操作

了解了文件和文件夹的一些基本操作后，本节将介绍文件和文件夹的高级操作，主要介绍文件或文件夹的隐藏与显示、加密与解密、备份与还原。

2.4.1 显示与隐藏文件或文件夹

计算机中一些受保护的系统文件，在默认情况下是隐藏的。如果有一些文件不愿被其他人看到，也可以将其隐藏起来。

隐藏文件或文件夹

在文件或文件夹的属性对话框中将其设置为隐藏属性即可将文件或文件夹隐藏起来，具体操作步骤如下所述。

操作步骤

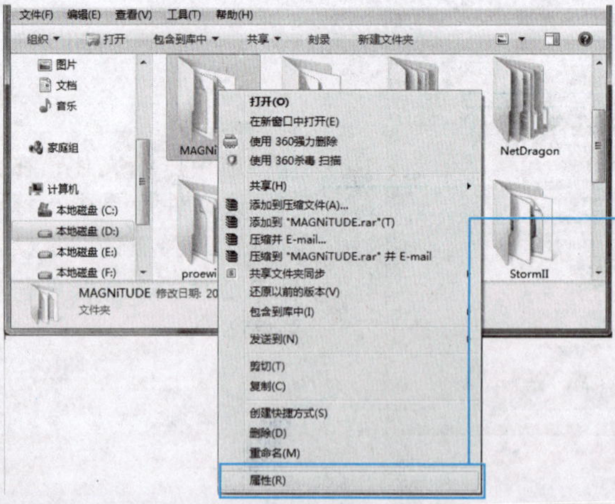

1 在需要隐藏的文件或文件夹上单击鼠标右键，在弹出的快捷菜单中选择“属性”菜单命令。

视野拓展

在“压缩文件名和参数”对话框中，选中“压缩后删除源文件”复选框，从而节省大量磁盘空间。

2 弹出“属性”对话框，在“常规”选项卡中，选中“属性”选项区中的“隐藏”复选框，单击“确定”按钮。

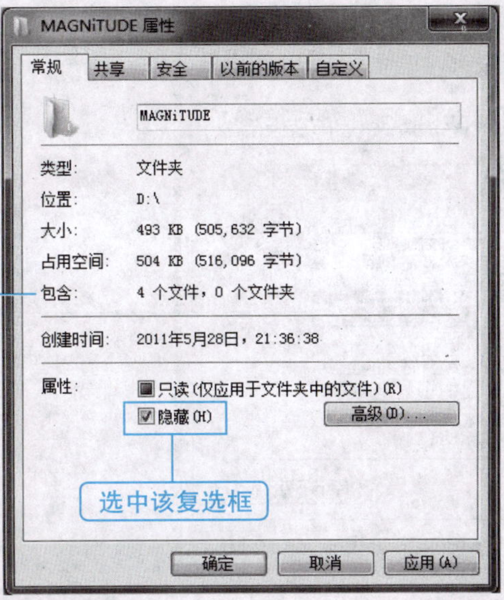

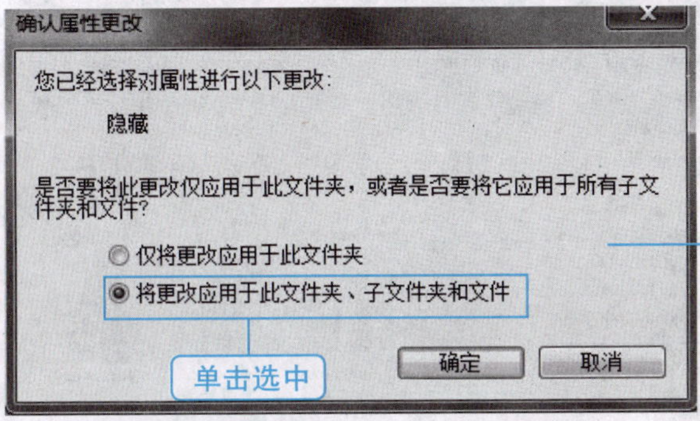

3 在弹出的“确认属性更改”对话框中，选中“将更改应用于此文件夹、子文件夹和文件”单选按钮，然后单击“确定”按钮即可隐藏所选文件夹。

显示隐藏的文件或文件夹

如果想要显示被隐藏的文件或文件夹，需要在“文件夹”选项对话框中进行设置，具体操作步骤如下所述。

操作步骤

1 单击“组织”按钮，在弹出的下拉列表中选择“文件夹和搜索选项”。

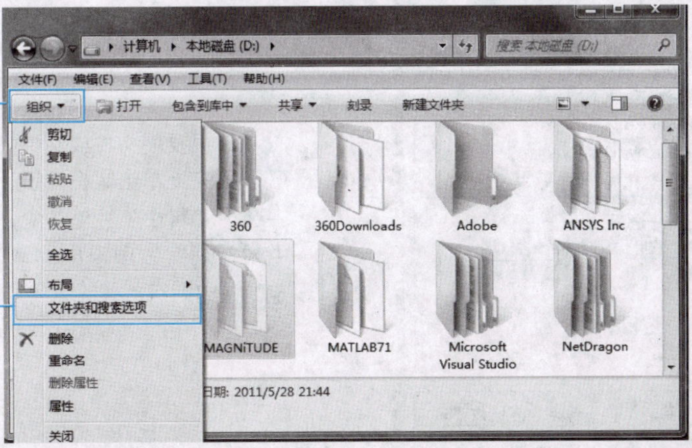

视野拓展

隐藏后的文件或文件夹在默认情况下是看不到的，可以通过设置文件属性将这些隐藏的文件或文件夹显示出来，然后进行查看。

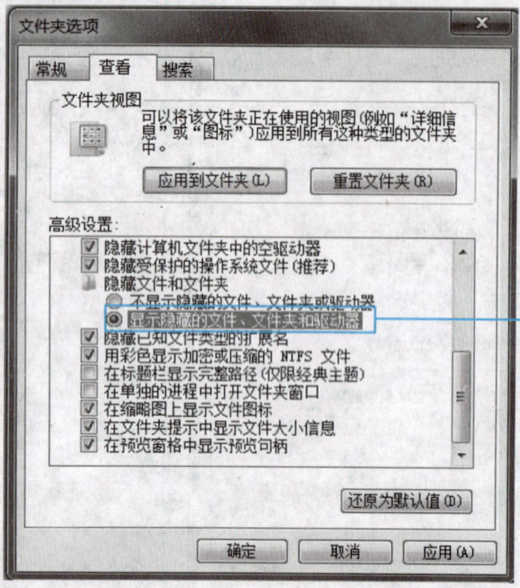

2 弹出"文件夹选项"对话框，切换到"查看"选项卡，在"高级设置"列表框中选中"显示隐藏的文件、文件夹和驱动器"单选按钮，然后单击"确定"按钮。

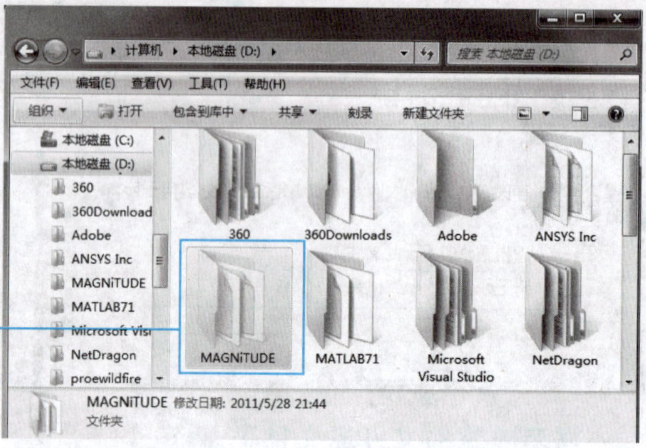

3 此时被隐藏的文件或文件夹以半透明的形式显示。

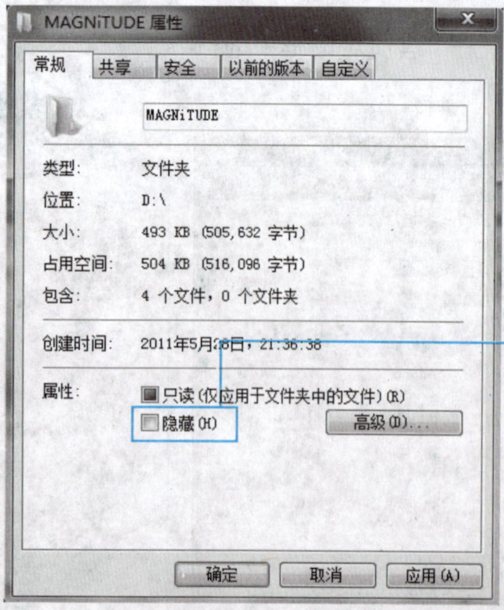

4 如果要使文件或文件夹正常显示，则在文件或文件夹上单击鼠标右键，在弹出的"属性"对话框中选择"属性"菜单命令，在弹出的对话框中取消选中"常规"选项卡中的"隐藏"复选框，单击"确定"按钮即可。

视野拓展

当文件或文件夹以半透明的形式显示时，还不能单击查看该文件夹，要进行该文件或文件夹的属性设置。

2.4.2 加密与解密文件或文件夹

在Windows 7中，可以通过加密文件或文件夹来保护隐私。与一般加密软件不同，EFS加密不是靠输入正确的密码来确认的，而是在登录到Windows时就已经进行了。

加密文件或文件夹

下面介绍加密的方法，具体操作步骤如下所述。

操作步骤

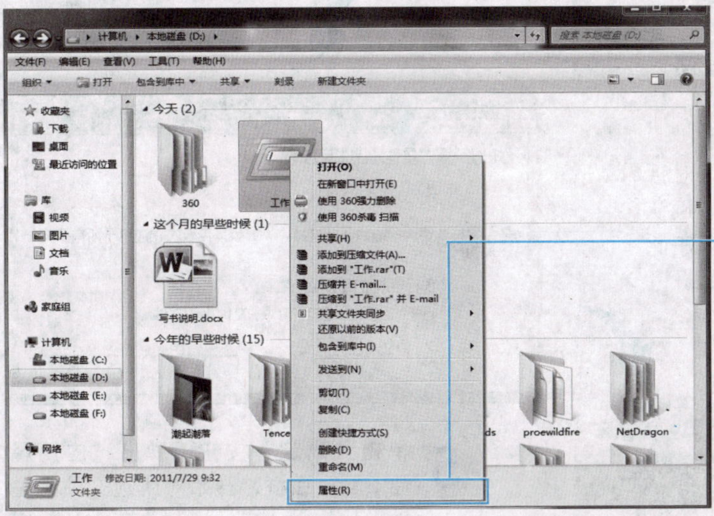

1 在要加密的文件或文件夹上单击鼠标右键，从弹出的快捷菜单中选择“属性”菜单命令。

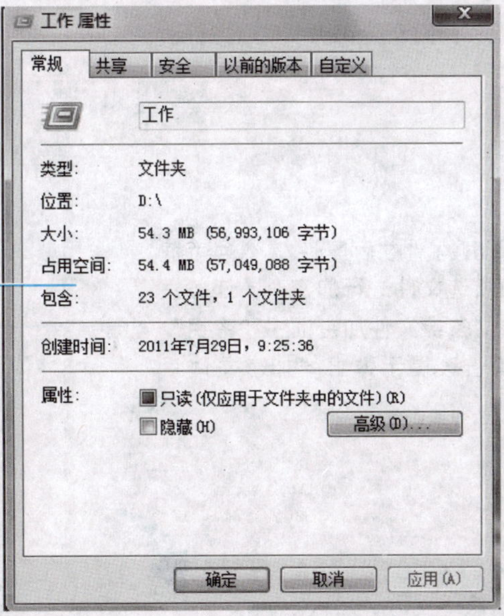

2 单击“属性”对话框中的 高级(D)... 按钮。

视野拓展

加密文件系统(EFS)是Windows的一项功能，用于将信息以加密格式存储到硬盘。加密文件系统只能在使用NTFS文件系统的硬盘上使用。

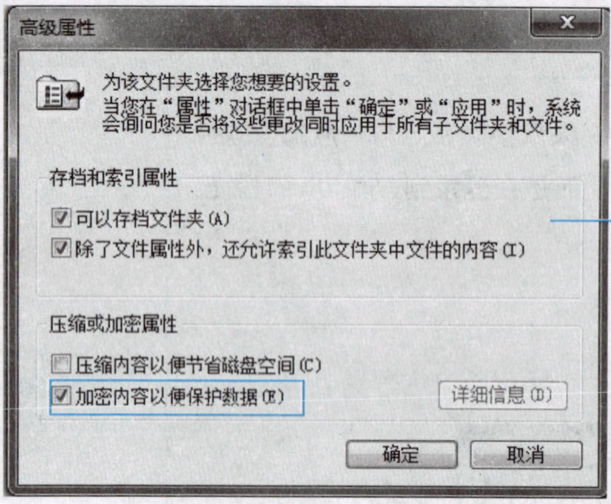

3 弹出“高级属性”对话框，在“压缩或加密属性”选项区中选中“加密内容以便保护数据”复选框。

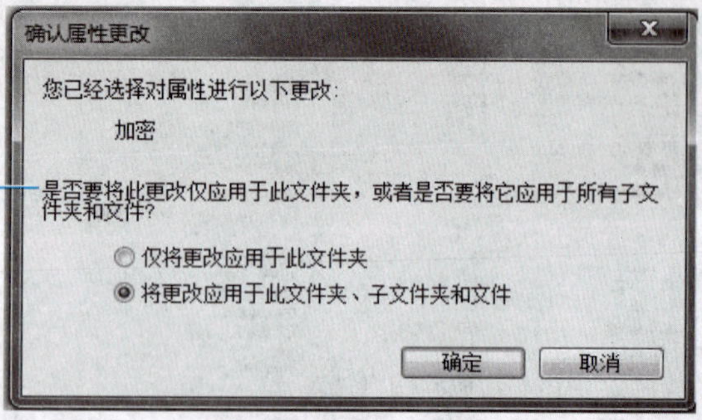

4 单击“确定”按钮返回“属性”对话框，再单击“确定”按钮，弹出“确认属性更改”对话框，选中“将更改应用于此文件夹、子文件夹和文件”单选按钮。

5 单击“确定”按钮，弹出“应用属性...”对话框，开始对所选文件夹进行加密，加密完成后，被加密的文件夹名称呈绿色显示。

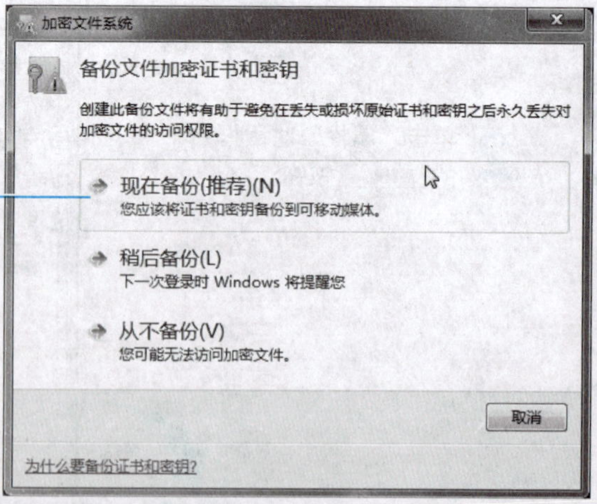

6 另外，在弹出的“应用属性...”对话框中，开始对所选文件进行加密时，任务栏的通知区域弹出“备份文件加密证书和密钥”的信息提示，单击该提示弹出“加密文件系统”对话框。

视野拓展

如果将EFS加密过的文件复制或移动到不使用NTFS文件系统的计算机或硬盘分区中，该加密文件将被解密。

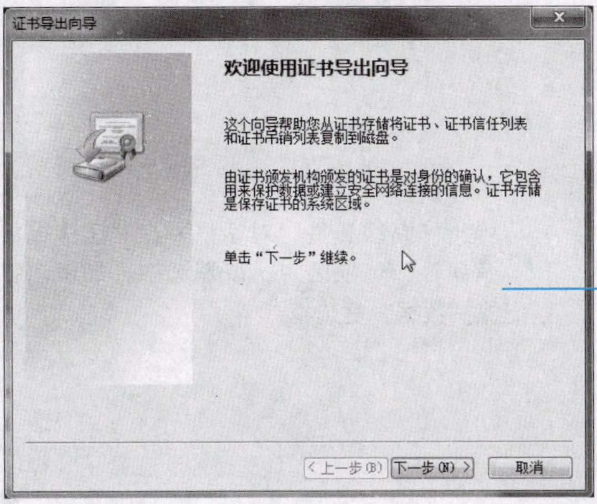

7 可以选择是否备份文件加密证书和密钥。如果选择“现在备份（推荐）”选项，将弹出“证书导出向导”对话框，再按照向导的提示进行操作即可。

解密文件或文件夹

取消文件或文件夹的加密，具体操作步骤如下所述。

操作步骤

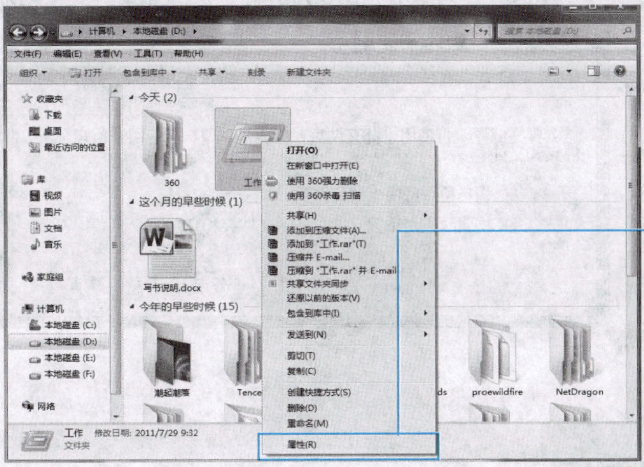

1 在要解密的文件或文件夹上单击鼠标右键，从弹出的快捷菜单中选择“属性”菜单命令。

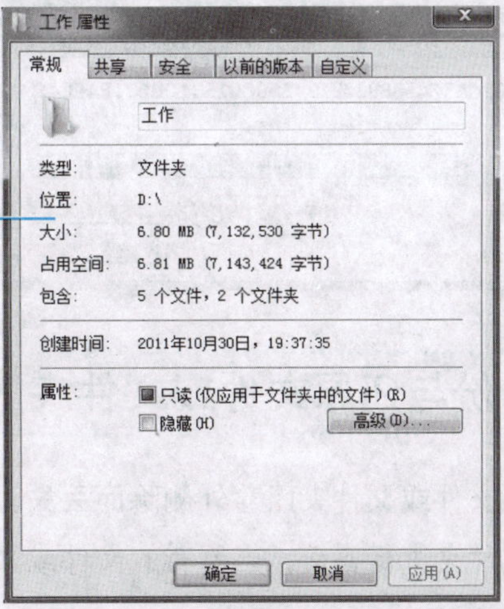

2 单击“工作属性”对话框中的 高级(D)... 按钮。

视野拓展

如果将加密文件添加到压缩文件夹中，则提取之后这些文件将变为未加密状态，这可能会导致无意中泄露自己的个人信息或敏感信息。因此，应避免压缩加密文件。

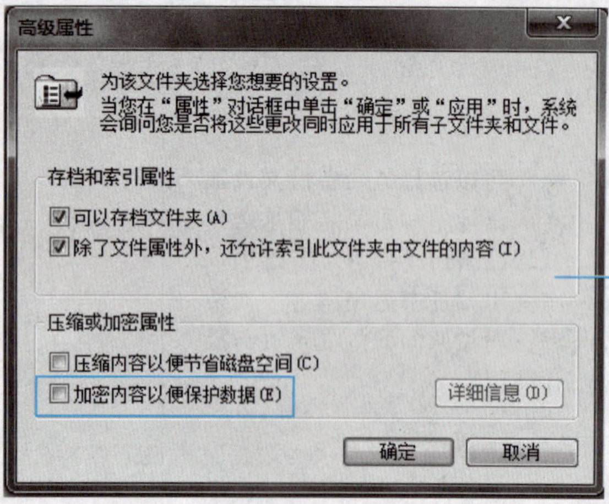

3 弹出"高级属性"对话框，在"压缩或加密属性"选项区中，取消选中"加密内容以便保护数据"复选框。

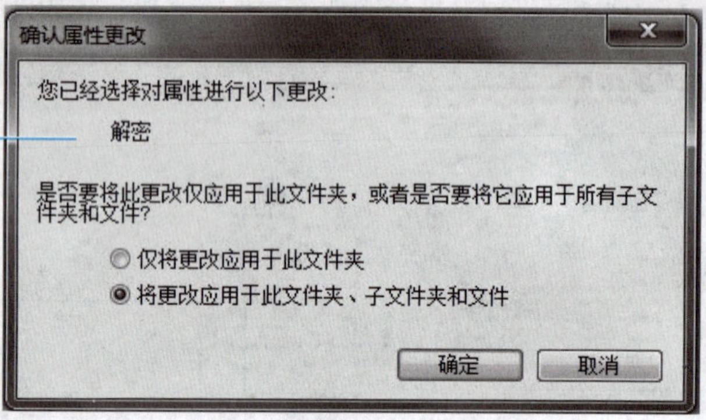

4 单击"确定"按钮返回"属性"对话框，再单击"确定"按钮，弹出"确认属性更改"对话框，选中"将更改应用于此文件夹、子文件夹和文件"单选按钮。

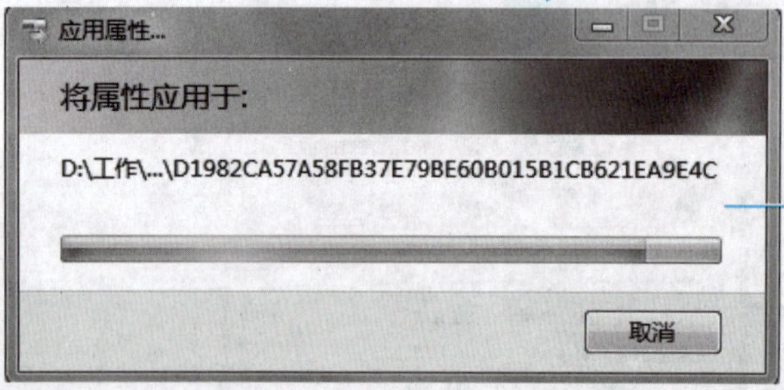

5 单击"确定"按钮后，弹出"应用属性..."对话框，开始对所选文件夹进行解密操作，解密完成后对话框自动关闭，所选文件夹即被恢复为未加密的状态。

2.4.3 备份与还原文件或文件夹

为了避免文件或文件夹因意外删除而丢失，或者因被病毒感染而被更改等，可以对一些重要的文件或文件夹进行备份，当原有的文件或文件夹出现问题时，可以通过还原备份的文件或

视野拓展

直接双击文件或文件夹图标，也可通过WinRAR程序解压文件。

文件夹来弥补损失。

备份文件和文件夹

应该定期对一些有重要内容的文件或文件夹进行备份，下面介绍手动备份的具体操作步骤。

操作步骤

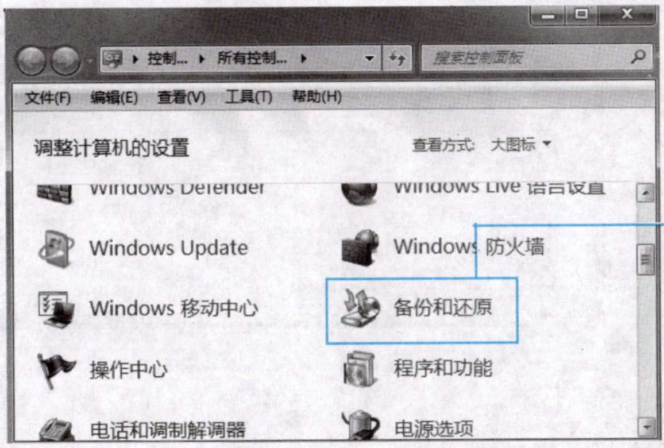

1 单击计算机左下角的“开始”按钮后，从弹出的“开始”菜单中选择“控制面板”菜单项，弹出“控制面板”窗口，选择“备份和还原”选项。

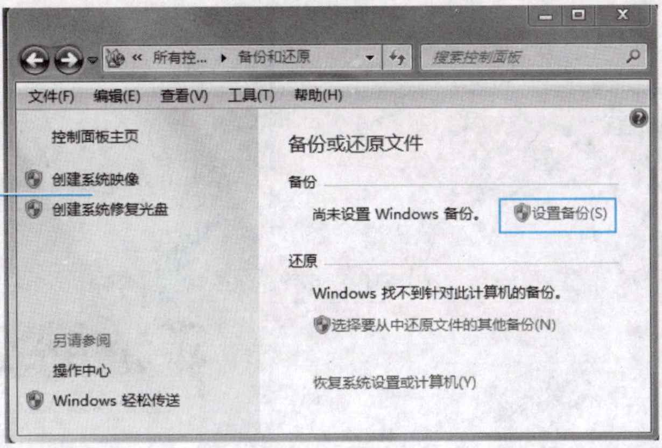

2 在弹出的“备份和还原”对话框中，如果从未创建过Windows 7备份，窗口中会显示“尚未设置Windows备份”的提示信息，单击“设置备份”按钮。

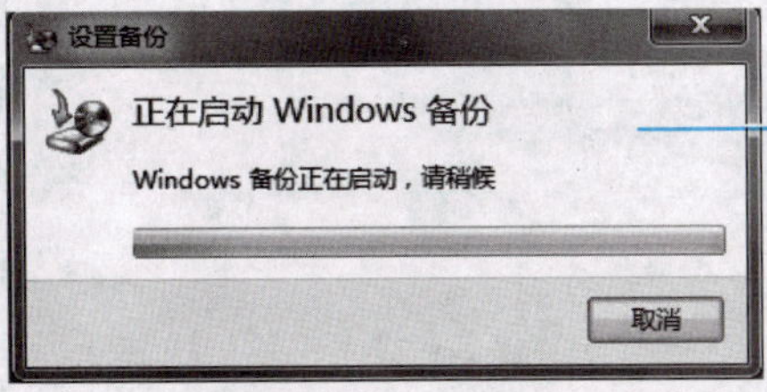

3 弹出“设置备份”对话框，提示正在启动Windows备份。

视野拓展

如果文件所在的库保存在以下位置，则不会包含在备份中：位于网络上其他计算机的驱动器上，位于与保存备份相同的驱动器上或者位于不是使用NTFS文件系统格式化的驱动器上。

4 启动Windows备份完成后，弹出“选择要保存备份的位置”面板，从中选择要备份的位置后单击“下一步”按钮。

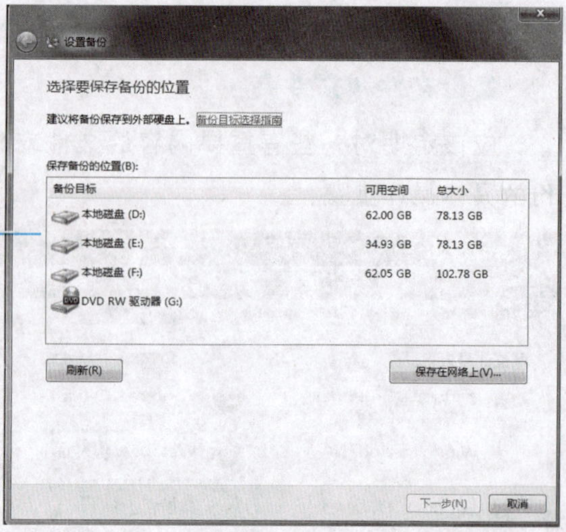

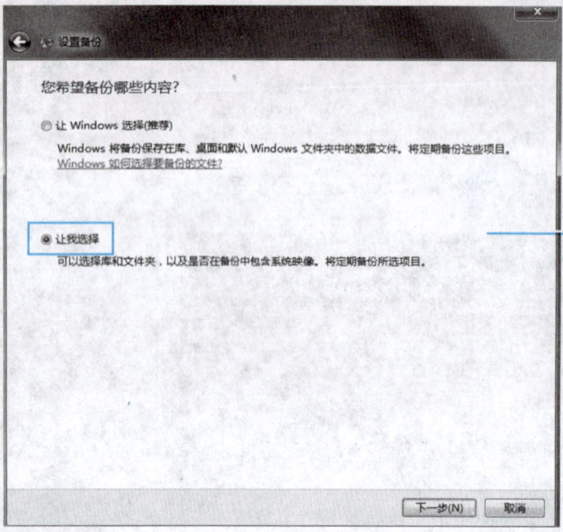

5 在弹出的对话框中，选中“让我选择”单选按钮，然后单击“下一步”按钮。

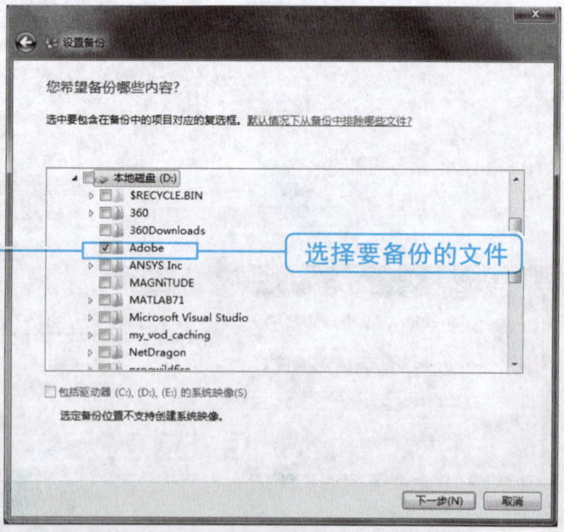

6 在弹出的“您希望备份哪些内容？”面板中，选择要备份的文件，然后单击“下一步”按钮。

视野拓展

保存备份的位置取决于可用的硬件以及要在备份中保存的信息。Windows备份支持的备份目标的类型包括内部硬盘驱动器、外部硬盘驱动器、可写CD或DVD、USB内存驱动器和网络位置。

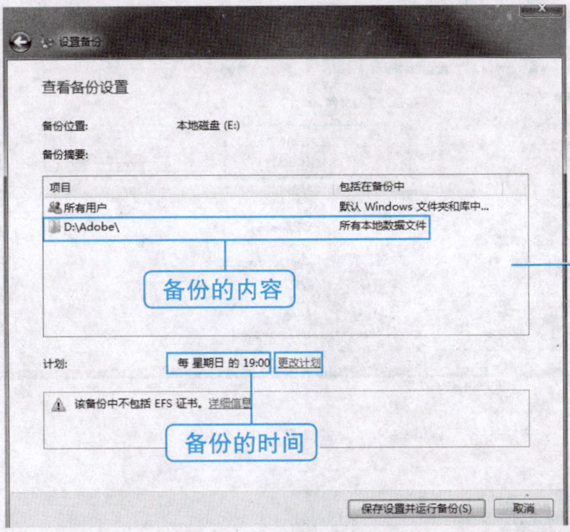

7 弹出“查看备份设置”面板，在“备份摘要”列表框中显示了备份内容，在列表框下方显示了备份时间。单击“更改计划”按钮，弹出“您希望多久备份一次？”面板。

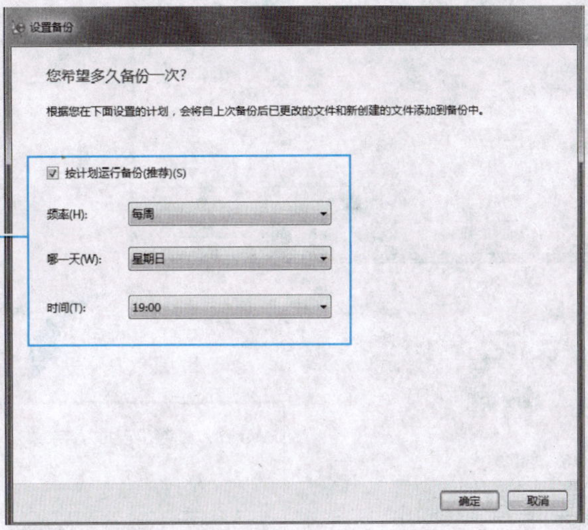

8 在弹出的面板中，可以设置更新备份的频率和时间。

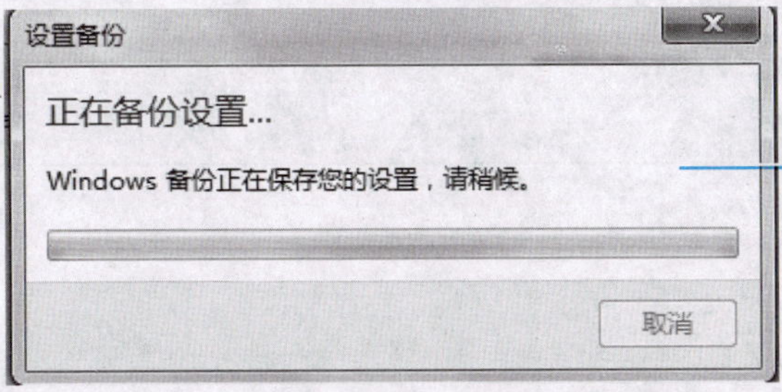

9 设置完毕后单击“确定”按钮，返回“查看备份设置”面板，单击“保存设置并运行备份”按钮，弹出“正在备份设置”面板，随后弹出“备份和还原”窗口。

提示：建议将重要的文件备份到外部硬盘或网络共享文件夹等安全的存储位置。因为如果备份到当前操作系统所在的硬盘中，一旦硬盘意外损坏，所备份的信息将全部丢失。

视野拓展

当选择备份的内容时，程序文件、存储在使用FAT文件系统格式化的硬盘上的文件、回收站中的文件和小于1GB的驱动器上的临时文件不能被备份。

10 “备份或还原文件”窗口中显示正在进行的备份。

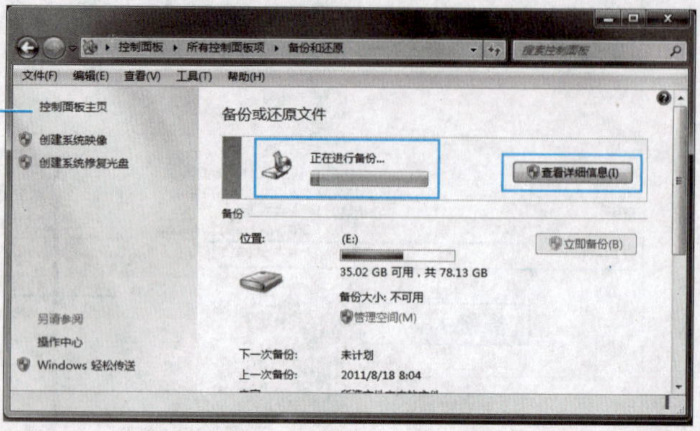

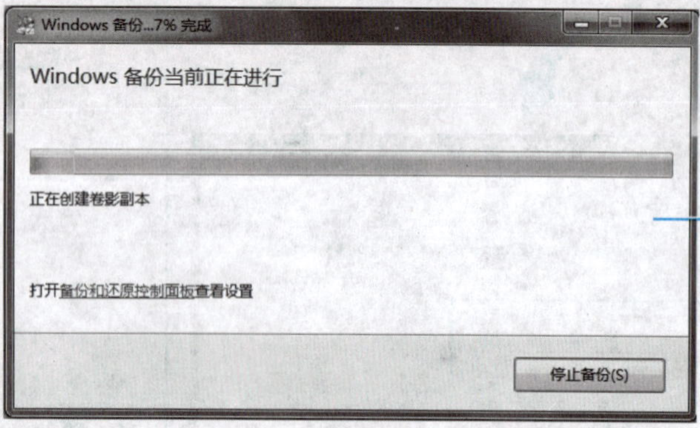

11 单击“查看详细信息”按钮，弹出“Windows备份当前正在进行”面板，其中显示了备份的进度。

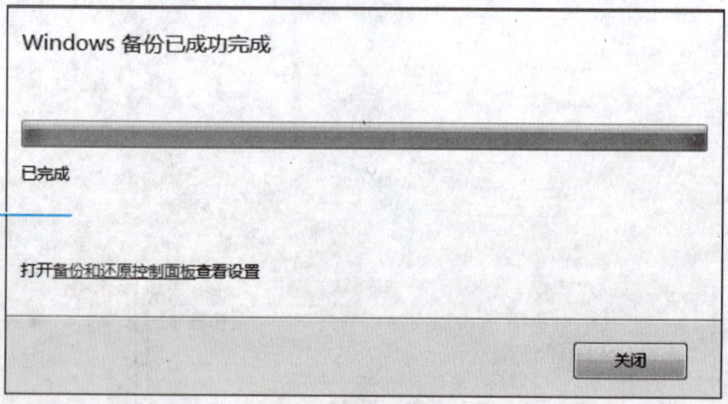

12 当备份完毕后，弹出“Windows备份已成功完成”对话框，单击“关闭”按钮即可完成对所选文件及文件夹的备份操作。

还原文件和文件夹

还原文件和文件夹的具体操作步骤如下所述。

视野拓展

打开“备份和还原”窗口后，可以看到窗口中显示出上一次备份的内容和时间等。

操作步骤

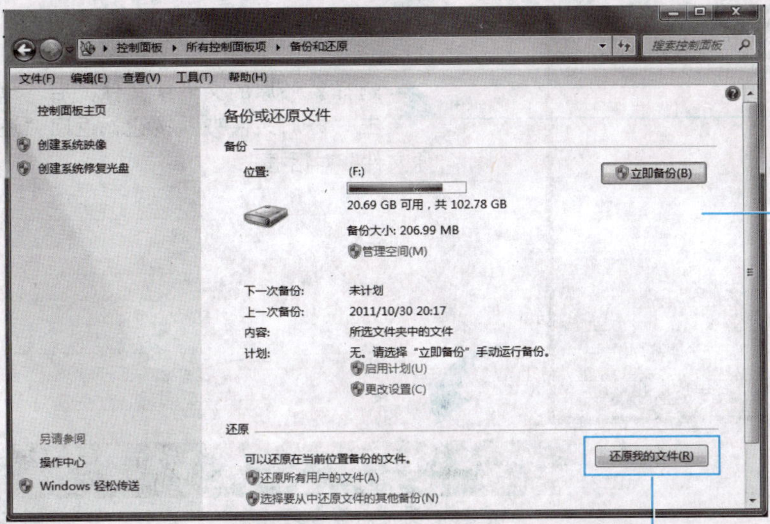

1 单击计算机左下角“开始”按钮后，从弹出的“开始”菜单中选择“控制面板”菜单项，弹出“控制面板”窗口，单击“备份和还原”图标，打开“备份或还原文件”窗口。

2 单击“还原我的文件”按钮，弹出“浏览或搜索要还原的文件和文件夹的备份”对话框。

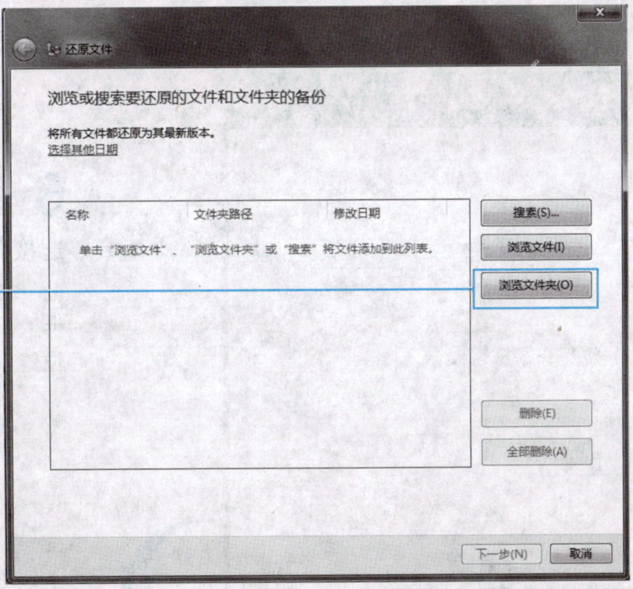

3 单击“浏览文件夹”按钮，弹出“浏览文件夹或驱动器的备份”对话框。

视野拓展

为了避免覆盖原位置的同名文件，在进行还原时，也可以先修改原文件或文件夹的名字。

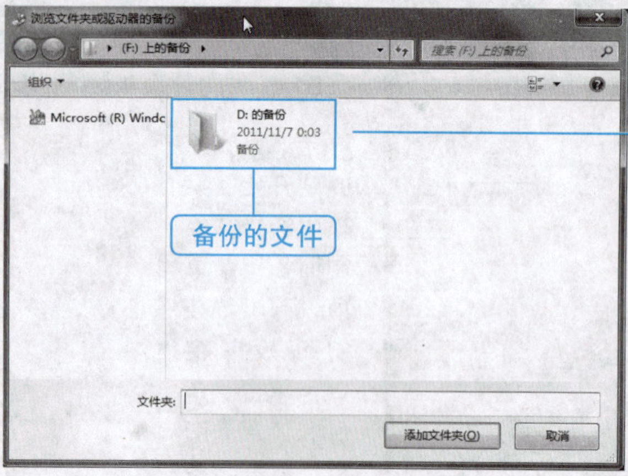

4 选择要还原的文件或文件夹后，单击“添加文件夹”按钮，返回“还原文件”对话框。

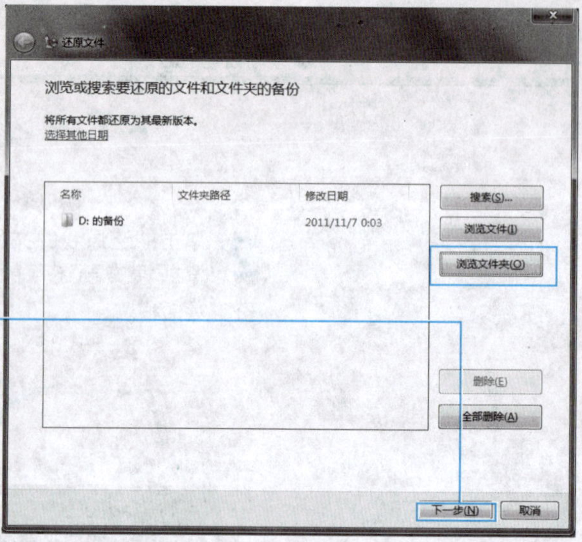

5 可以看到所选的文件夹已经添加到列表框中，单击“下一步”按钮，进入“您想在何处还原文件？”对话框。

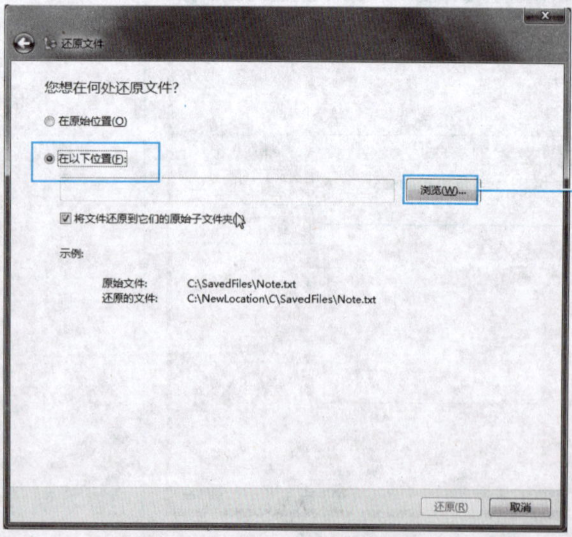

6 为了避免覆盖原位置的同名文件，可以选中“在以下位置”单选按钮，然后单击“浏览”按钮 浏览(W)...，弹出“浏览文件夹”对话框，在列表框中选择还原文件存放的位置。

视野拓展

将文件和文件夹在不同分区磁盘之间进行拖动时，Windows的默认操作是复制，在同一分区中拖动时，Windows的默认操作是移动。

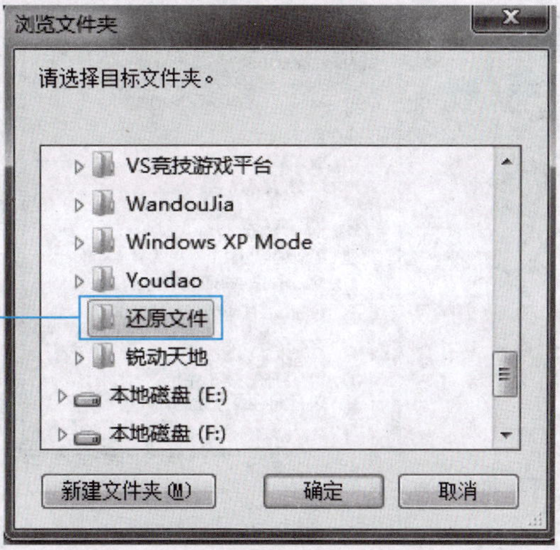

7 设置完毕后单击“确定”按钮，返回“您想在何处还原文件？”对话框，单击“还原”按钮，开始还原文件，还原完毕后，弹出“已还原文件”对话框。

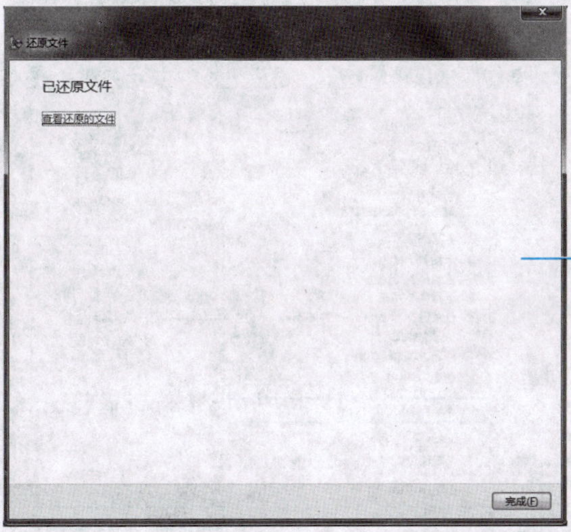

8 单击“完成”按钮即可完成还原文件的操作。

2.5 趁热打铁

现在做一些练习来检验一下自己的学习状况吧。

2.5.1 实例演练

本章主要介绍了对文件和文件夹的基本操作与高级操作，下面以文件夹为对象进行操作，演示具体的操作步骤。

视野拓展

可以在打开Windows文件夹后，在窗口任意空白位置单击鼠标右键，在弹出的快捷菜单中，选择“查看”→“平铺”菜单命令设置文件夹的显示格式。

操作步骤

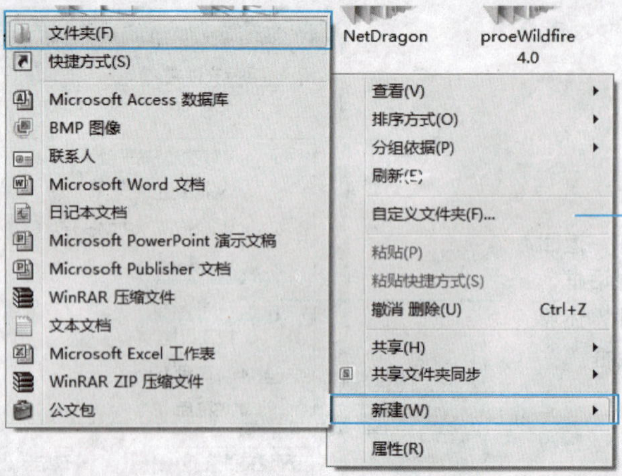

1 在计算机中任意磁盘的空白处，单击鼠标右键，从弹出的快捷菜单中，选择“新建”→“文件夹”菜单命令，在弹出的对话框中的文件夹名中输入“个人资料”，按回车键完成命名。

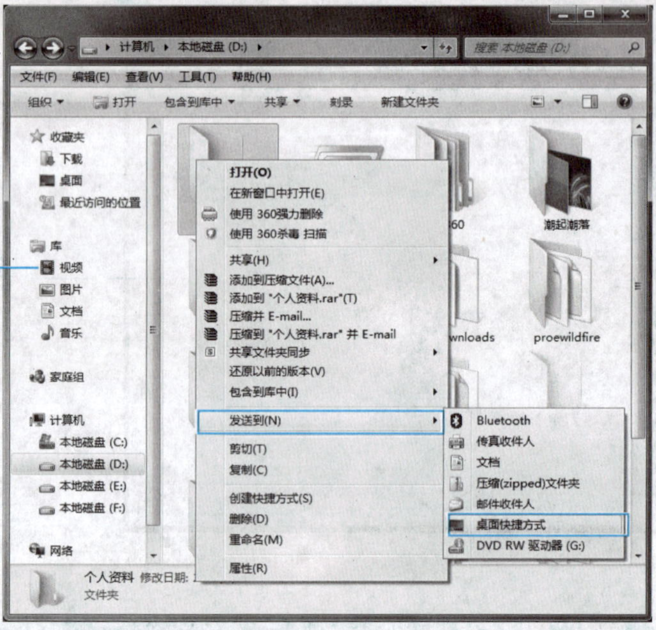

2 选中“个人资料”文件夹，单击鼠标右键，在弹出的快捷菜单中，选择“发送到”→“桌面快捷方式”菜单命令。

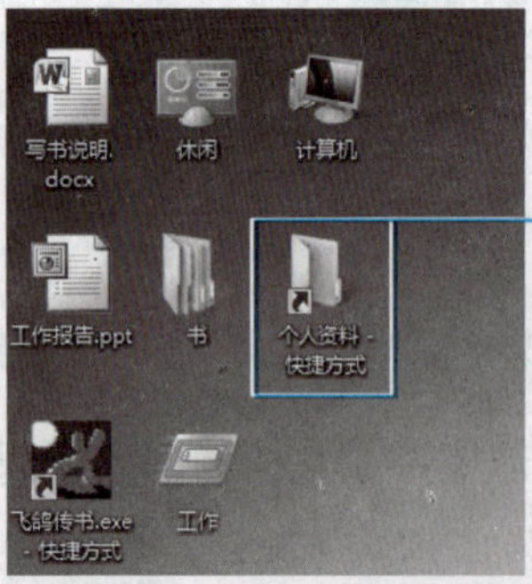

3 在桌面上已创建了“个人资料”文件夹的快捷方式，双击即可打开“个人资料”文件夹。

视野拓展

通过库访问文件夹时，某些选项（包括更改文件夹图标的功能）将不可用。

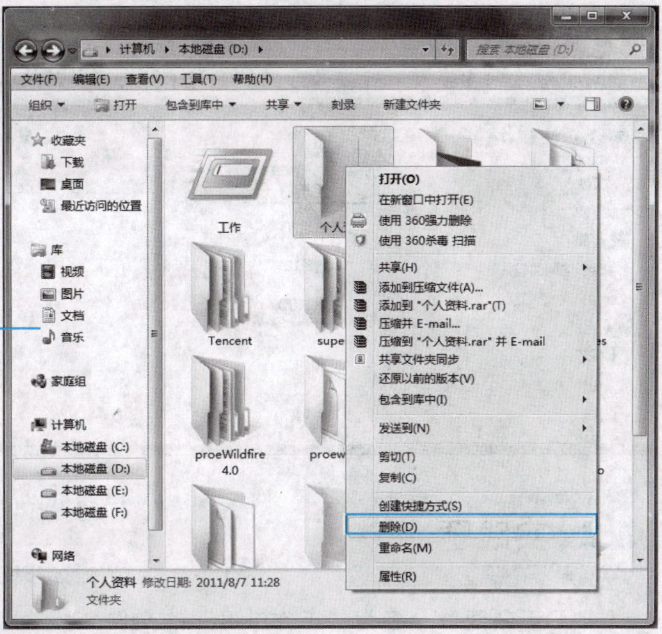

4 选中“个人资料”文件夹，单击鼠标右键，在弹出的快捷菜单中，选择“删除”菜单命令。

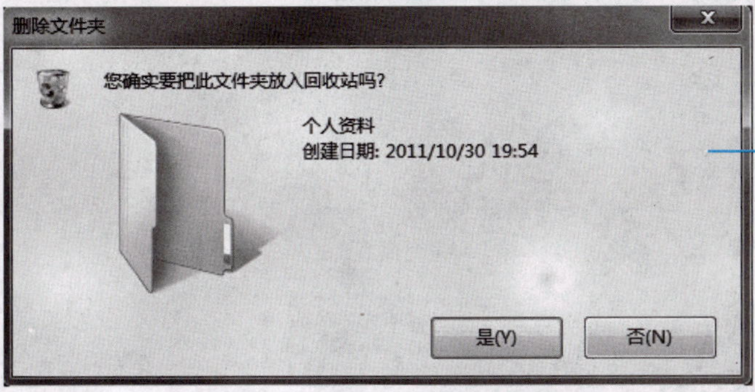

5 在弹出的提示对话框中，单击是(Y)按钮确认删除。

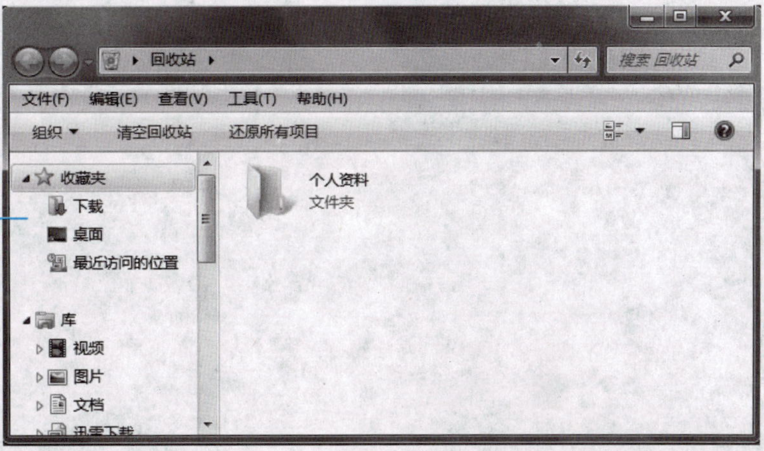

6 打开“回收站”窗口，从中选择需要恢复的文件，如选择“个人资料”文件夹。

视野拓展

若要显示后缀名，可在“我的电脑”窗口中选择“工具”→“文件夹选项”菜单命令，在“文件夹选项”对话框的“查看”选项卡的列表框中取消选中“隐藏受保护的操作系统文件（推荐）”复选框。

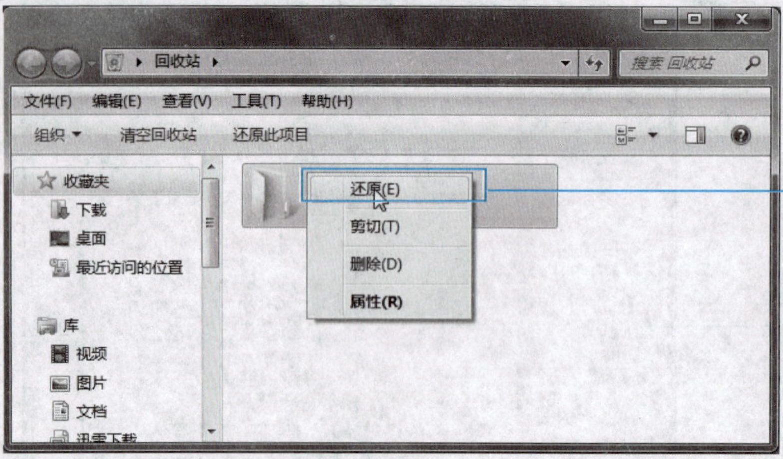

7 在“个人资料”文件夹上单击鼠标右键，从弹出的快捷菜单中选择“还原”菜单命令，即可将文件夹还原到删除时的位置。

2.5.2 实践题

1. 在D盘新建一个名为“工作进度”的文件夹，然后创建快捷方式存放至桌面。
2. 新建一个文件夹，命名为“个人信息”，然后将此文件夹隐藏起来。

视野拓展

若想还原文件，但不小心清空了回收站，则可以使用DiskGenius、EasyRecovery Professional等软件，部分文件还有恢复的可能。

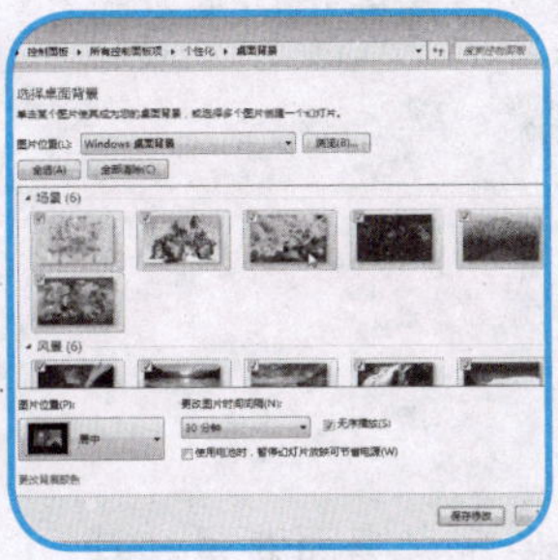

第3章 个性化自己的Windows 7系统

本章导读

相信看过Windows 7操作系统之后，必定会被其华丽的界面吸引。但是再漂亮的界面，用久了也会产生视觉疲劳。通过Windows 7的个性化功能，能制作一套属于自己的独特的Windows 7界面。本章就来介绍如何个性化自己的Windows 7系统，及创建一个丰富多彩、千变万化的Windows 7界面。

本章学习目标

- 个性化桌面
- 个性化开始菜单
- 个性化任务栏
- 个性化输入设备

本章学习重点

- 掌握Windows 7系统桌面的设置方法
- 掌握键盘和鼠标的设置方法

3.1 个性化桌面

炫目的桌面、个性化的图标、不同于小箭头的鼠标指针，当发现计算机桌面有着与众不同的特色时，该多么高兴。Windows 7默认的界面外观并不一定能满足每个用户的个人习惯，所以可以根据习惯设置个性化桌面，其中包括设置桌面图标、图标尺寸、窗口颜色、桌面背景图片以及声音主题等。而要实现以上各种效果，其实只需在计算机中修改几个外观设置即可。

3.1.1 设置个性化的桌面背景

使用系统自带的桌面背景

操作步骤

在Windows 7操作系统中可以使用系统自带的桌面背景自定义桌面背景，其操作方法如下所述。

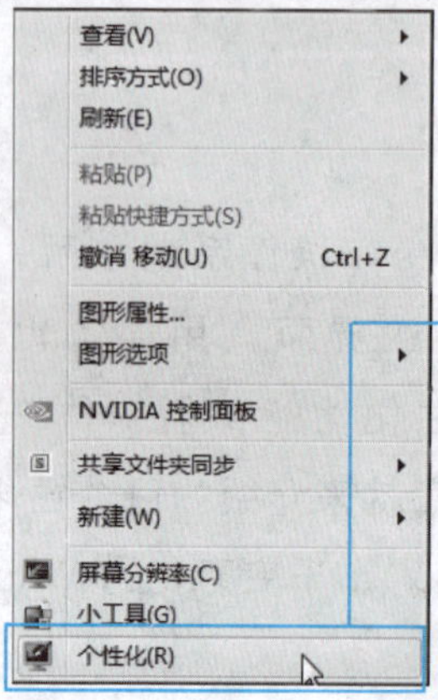

1 在桌面空白处单击鼠标右键，在弹出的快捷菜单中选择“个性化”菜单命令。

博学先生，我的计算机桌面也可以设置成像你的那样漂亮吗？

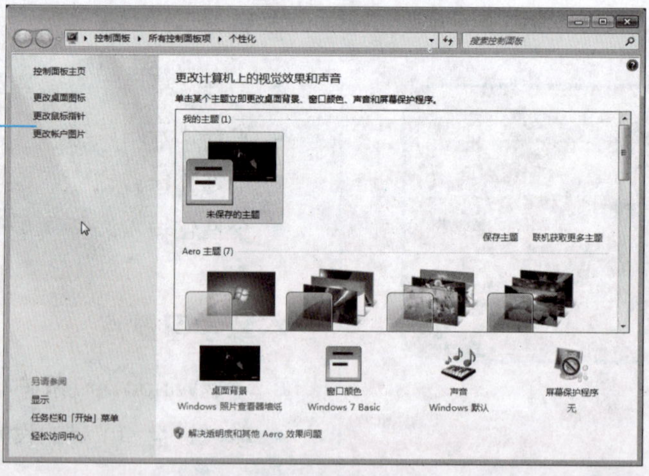

2 单击“个性化”窗口下方的“桌面背景”图标。

当然可以，下面就来教你怎么设置。

视野拓展

可以将所保存的共享主题发送给使用Windows 7的朋友和家人，若要使用共享主题，只需双击共享主题文件（文件后缀名为.themepack）即可。

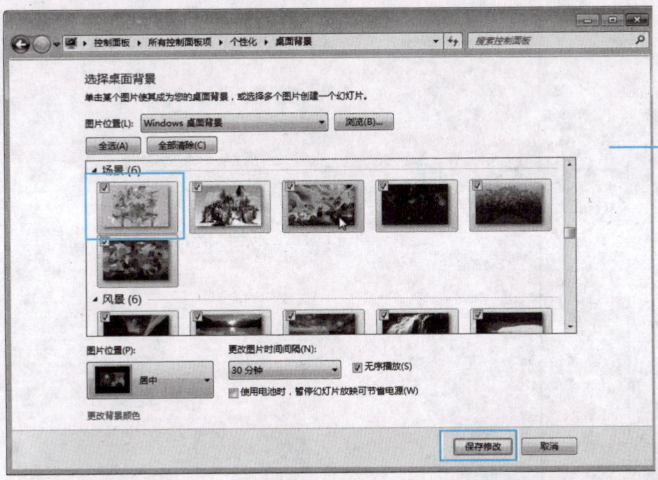

3 选中任意图片选项，单击“保存修改”按钮即可。

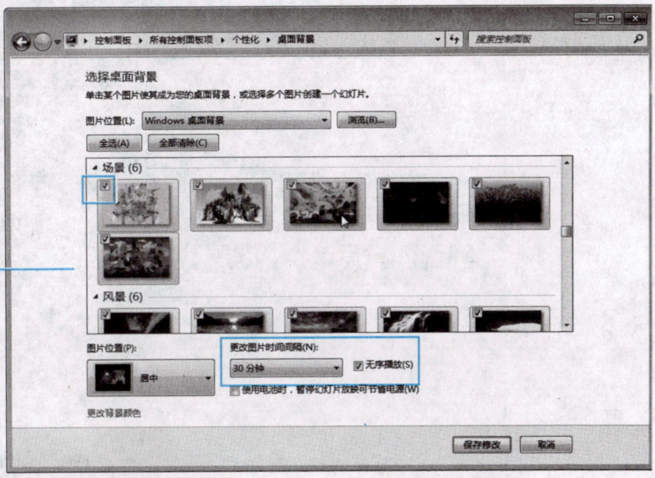

4 如果需要自定义多张桌面背景，选中相应图片左上角的复选框；在“更改图片时间间隔”的下拉菜单中可以设置切换间隔时间，还可以设置无序播放选项；设置完毕后，单击“保存修改”按钮。

5 设置完毕后，桌面背景会根据设置好的时间间隔自动切换。

将自己喜欢的图片设置为桌面背景

还可以将喜欢的图片设置为计算机的桌面背景，操作步骤如下所述。

视野拓展

如果使用的是笔记本电脑，则可以设置使用电池供电时不自动切换桌面背景，以延长待机时间。

操作步骤

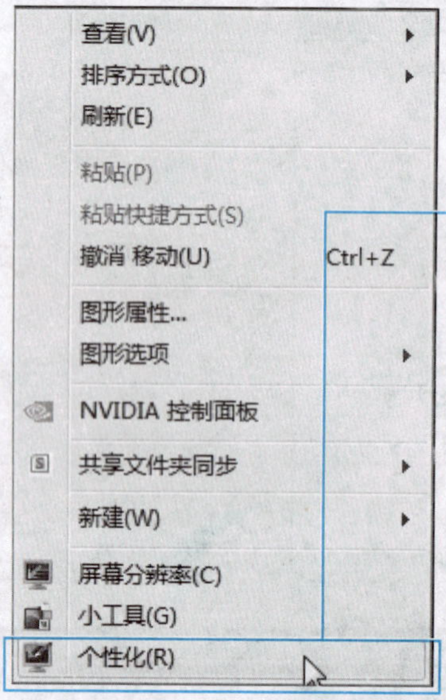

1 在桌面空白处单击鼠标右键，从弹出的快捷菜单中选择“个性化”菜单命令。

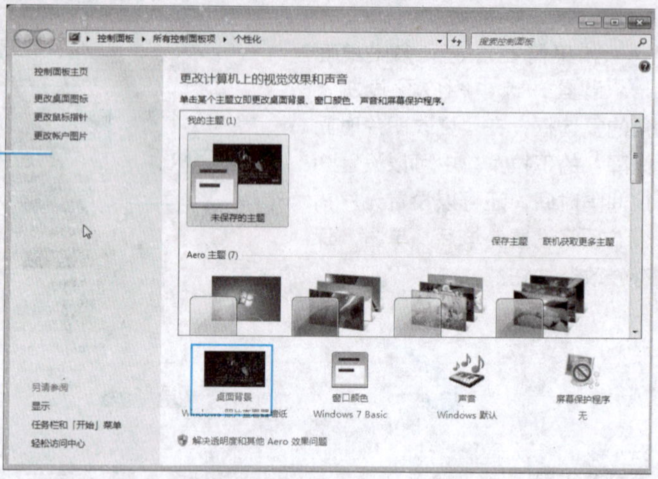

2 单击“个性化”窗口下方的“桌面背景”图标。

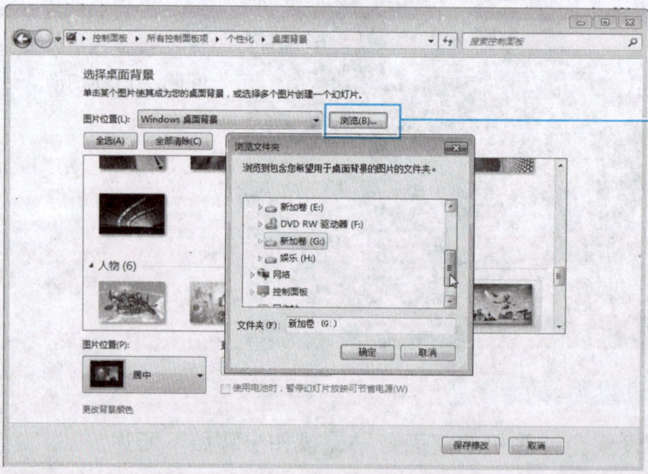

3 单击“图片位置”下拉列表框右边的“浏览”按钮可以直接找到放置图片的文件夹。

视野拓展

可以通过单击“浏览”按钮选择包含自定义图片的文件夹作为一组桌面背景。

4 接着会在下边的框中显示“图片库”中的图片，从中选择自己喜欢的图片。

5 设置完毕后，桌面背景自动显示自己喜欢的图片。

3.1.2 设置个性化桌面图标

桌面图标主要包括“计算机”、“网络”、“用户文件夹”、“控制面板”以及“回收站”图标。可以更改图标的外观样式，从而使桌面更加个性化。

添加桌面图标

除了常用的系统图标之外，常常会有一些常用的程序或文件，如音乐播放器、常玩的游戏等，可以添加相应的快捷方式到桌面。具体的操作步骤如下所述。

视野拓展

在选择桌面背景图片的时候，最好根据分辨率及图片大小进行选择，否则有时候图片太小或分辨率不同，都会达不到所需的效果。

操作步骤

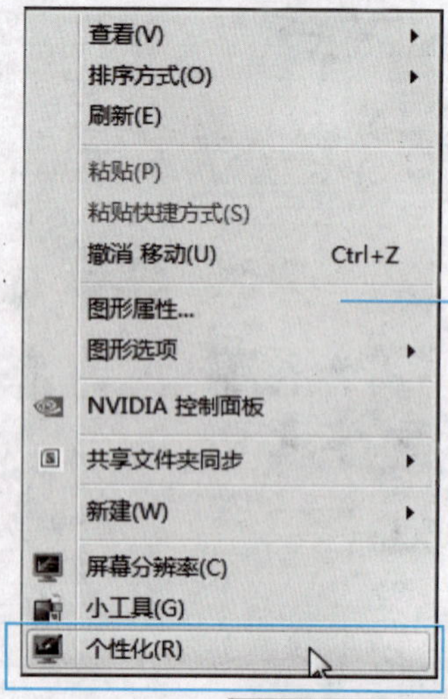

1 在桌面空白处单击鼠标右键，在弹出的快捷菜单中选择“个性化”菜单命令。

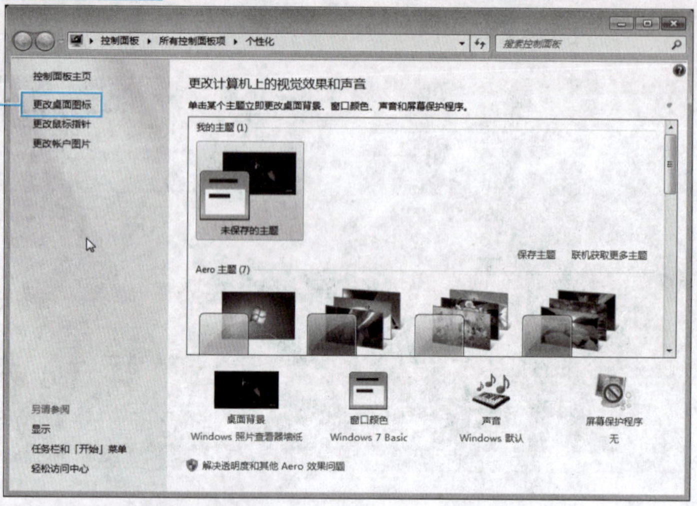

2 单击“个性化”窗口中的“更改桌面图标”文字链接。

3 在“桌面图标设置”对话框中选择需要添加的图标，并选中其复选框，单击“确定”按钮即可。

视野拓展

Windows 7将“显示桌面”按钮设计到任务栏最右侧的目的在于帮助实现“盲操作”，即只要将鼠标指针移动到屏幕右下角即可显示桌面。

排列桌面图标

随着操作系统使用时间的增加，桌面上的快捷方式也会越来越多。如果任由这些快捷方式杂乱无章地排列在桌面上，既影响系统桌面的美观，同时又降低了工作效率。这时可以通过重新排列图标，使桌面变得整洁美观，具体操作步骤如下所述。

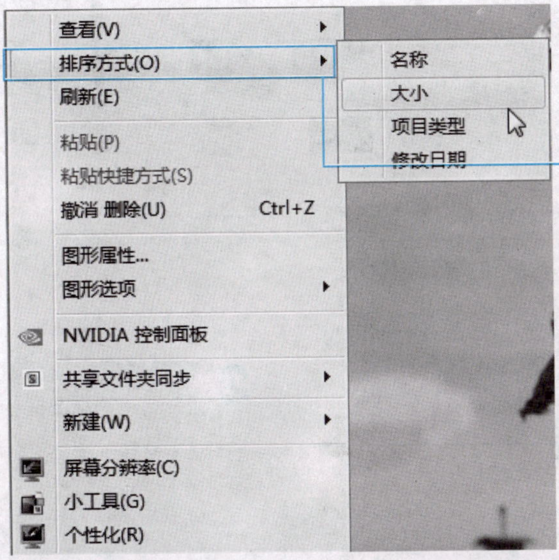

在桌面空白处单击鼠标右键，在弹出的快捷菜单中选择“排序方式”菜单命令。“排序方式”有“名称”、“大小”、“项目类型”和“修改日期”四种。从中选择其中的一个命令，就会执行相应的操作。

更改桌面图标的显示样式

更改桌面图标显示样式的操作步骤如下所述。

操作步骤

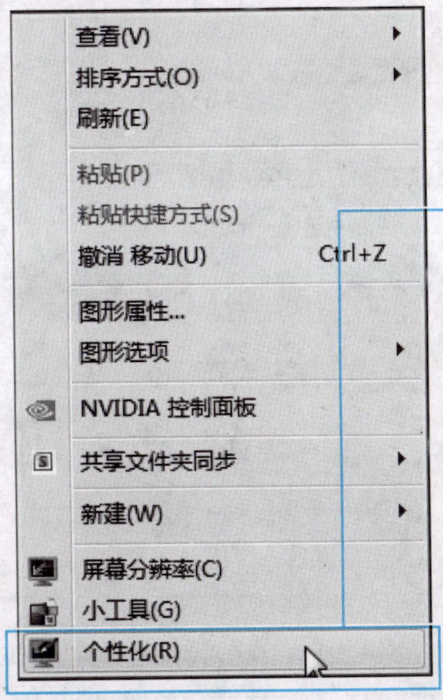

1 在桌面空白处单击鼠标右键，在弹出的快捷菜单中选择“个性化”菜单命令。

视野拓展

如选择“项目类型”菜单命令，则文件按照项目类型进行排序。

2 单击“个性化”窗口中的“更改桌面图标”文字链接。

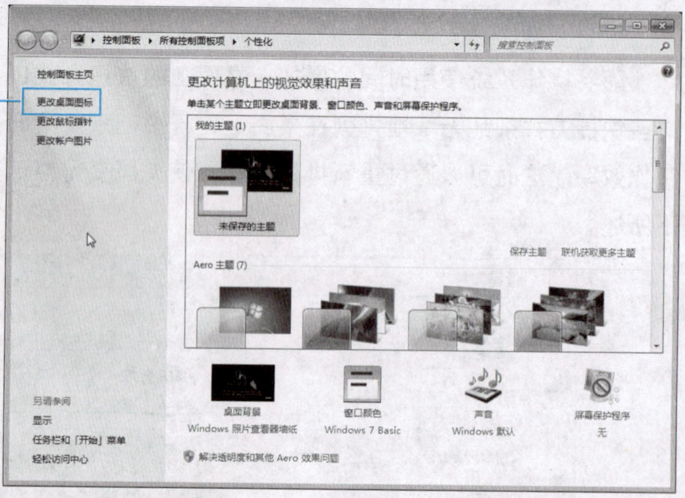

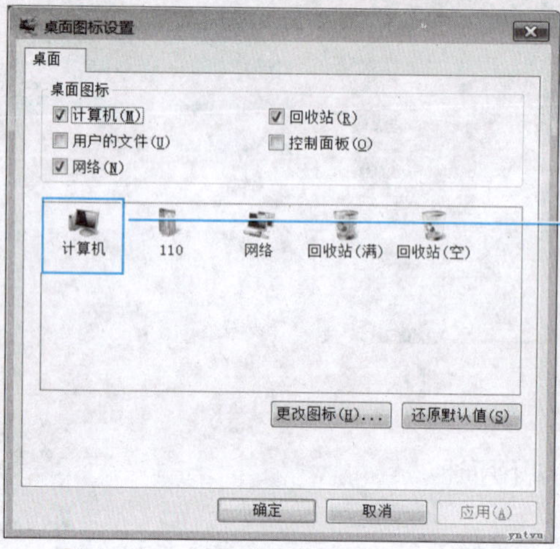

3 打开“桌面图标设置”对话框，在列表框中选择要更改的图标，单击“更改图标”按钮。

提示：Windows 7系统桌面上的图标大小是可以变化的，在按住Ctrl键的同时，滚动鼠标的滚轮，即可以将其调整到所需要的大小。

4 弹出“更改图标”对话框，从中选择要更改的图标样式，单击“确定”按钮即可更改桌面上“计算机”的图标样式。

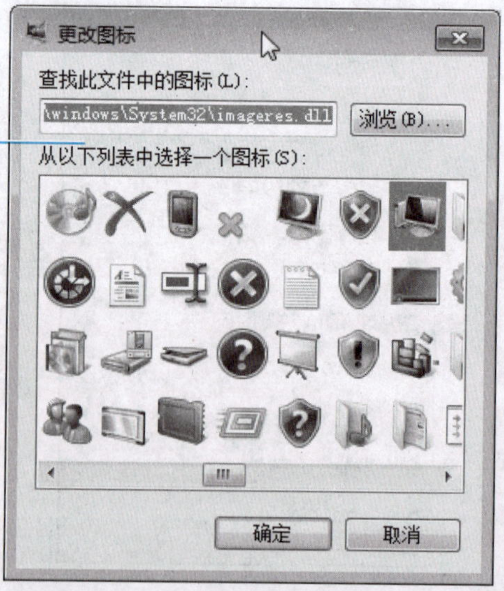

视野拓展

如果想使用传统Windows中的“菜单栏”，可按Alt键将其调出。

删除桌面图标

如果桌面上存在大量的图标，不但会影响系统的运行速度，也会降低工作效率。所以有必要将桌面上一些不必要的图标删除，具体的操作步骤如下所述。

操作步骤

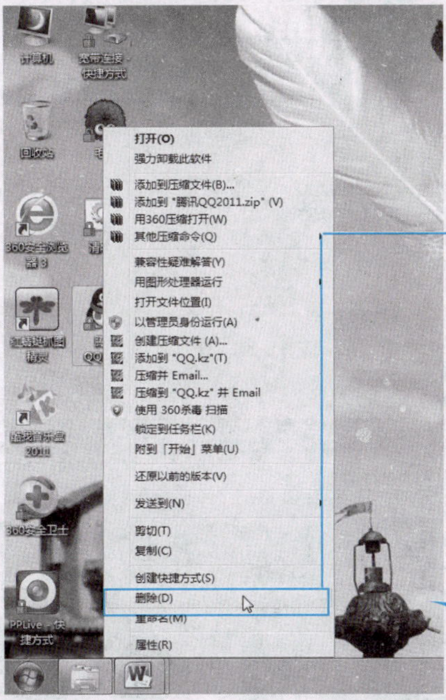

1 在桌面上要删除的快捷方式图标上单击鼠标右键，从弹出的快捷菜单中选择“删除”菜单命令。

2 弹出“删除快捷方式”提示对话框，单击“是”按钮即可。

提示： 桌面图标仅仅是其所代表的程序或文件的快捷方式，因此将其删除不会影响实际的程序或文件。另外，按照上述方法删除的桌面图标，只是被删除到系统的“回收站”中；如果想将其彻底删除，可以在按住键盘上的Shift键的同时，进行上述操作即可。

3.1.3 为桌面添加使用工具

添加桌面工具

Windows 7桌面小工具是一个用来运行桌面小工具的引擎。小工具被微软称为Gadgets，可以执行各种各样的任务，比如显示日期、时间、提示CPU和内存使用情况等。Windows 7自身附带了几个小工具。添加桌面工具的具体操作步骤如下所述。

视野拓展

在Windows Vista中，小工具被约束在桌面的侧边栏中（左或右）。在Windows 7中，侧边栏被取消，小工具可以在桌面上浮动，或是被吸附到桌面的角落。

操作步骤

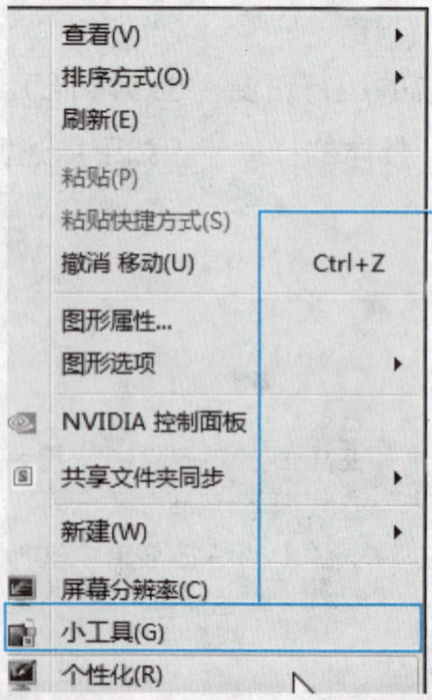

1 在桌面空白处单击鼠标右键，在弹出的快捷菜单中选择“小工具”菜单命令。

2 从弹出的小工具对话框中，可以选择自己喜欢的小工具并双击；或者直接将小工具从对话框中拖曳出来，用户可以将其放置在桌面上的任何位置。

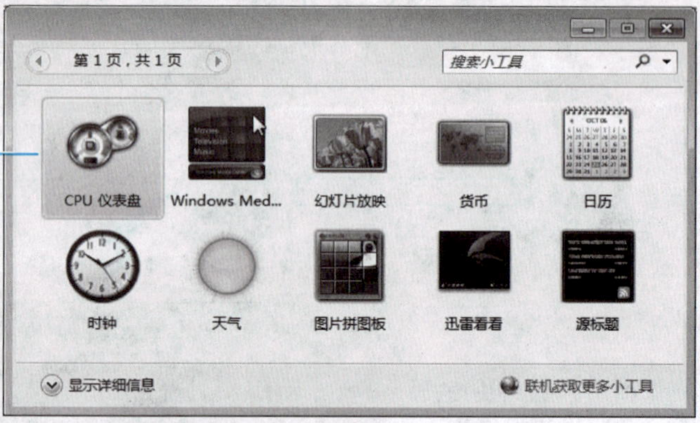

3 所选的小工具就会出现在桌面右上角。

提示： 除此之外，还可以单击小工具对话框右下角的“联机获取更多小工具”选项，通过Internet下载更多的小工具。

设置桌面工具的显示效果

将小工具添加完毕后，可以对其进行相应的设置。不同的小工具有不同的设置选项，但它们的设置都非常简单。下面以时钟的设置为例进行说明。

视野拓展

将鼠标指针移动到对话框左侧或右侧边框上，可调整窗口的宽度；移动到对话框上方或下方边框上，可调整窗口高度；移动对话框到对角上，可同时调整对话框的宽度与高度。

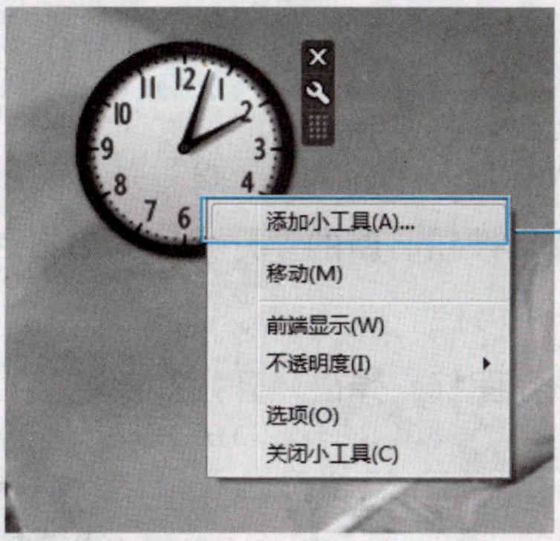

- 前端显示：该命令可以让“时钟”显示在最前端。

- 选项：选择“选项”命令后，会弹出“时钟”对话框。在该对话框中可以选择时钟样式，对“时钟”命令设置时区及是否显示秒针等。

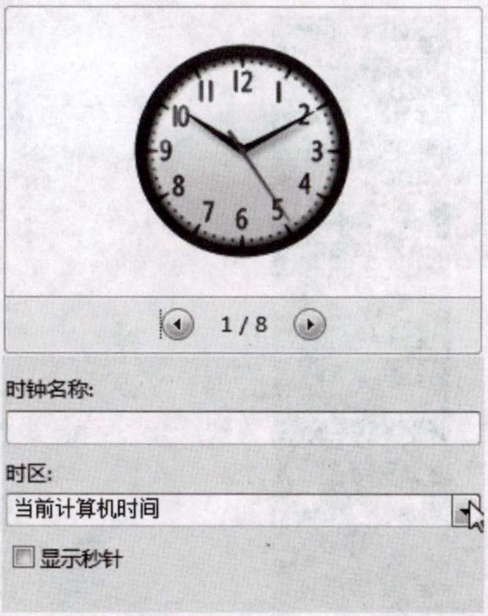

视野拓展

不透明度命令可以设置“时钟”的透明显示效果。

3.2 个性化开始菜单

Windows 7仍然延续了Windows Vista“开始”菜单的风格。“开始”按钮是一个带有Windows徽标的圆形按钮。新的“开始”菜单在之前版本的基础上，加入了许多新特性，使用起来更方便。

单击左下角的“开始”按钮图标，弹出“开始”菜单。

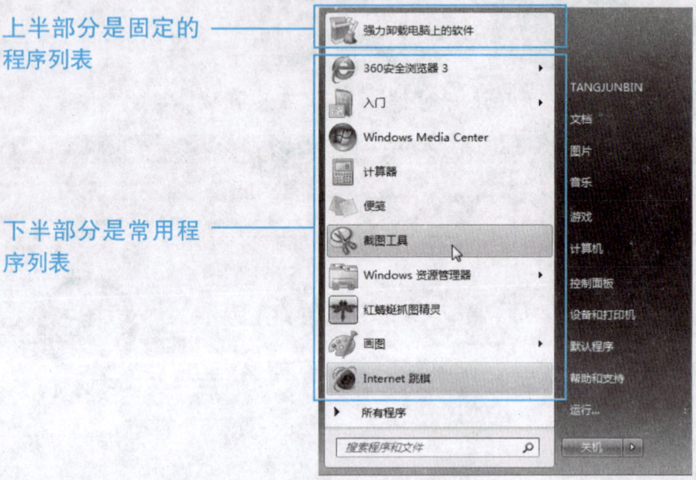

3.2.1 个性化固定程序列表

将常用的程序添加到固定程序列表

工作中经常会用到一些程序，而将这些程序添加到固定程序列表可方便使用。具体的操作步骤如下所述。

操作步骤

1 单击“开始”按钮，弹出“开始”菜单，选择“所有程序”选项。

视野拓展

搜索框除了可搜索程序、文件和文件夹以及通信之外，还可搜索Internet收藏夹和访问过的网站的历史记录。

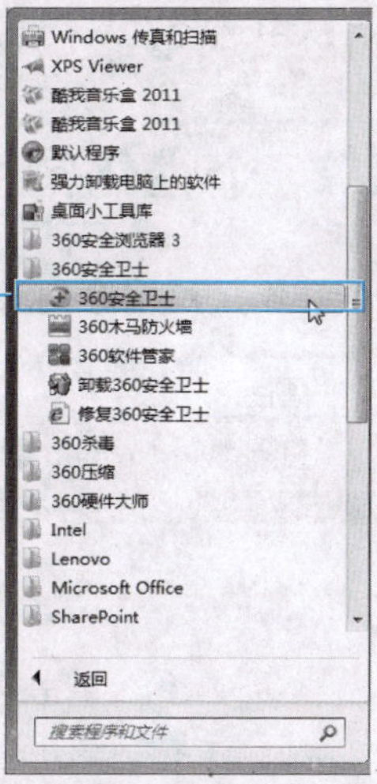

2 在弹出的列表中选择要添加的程序。

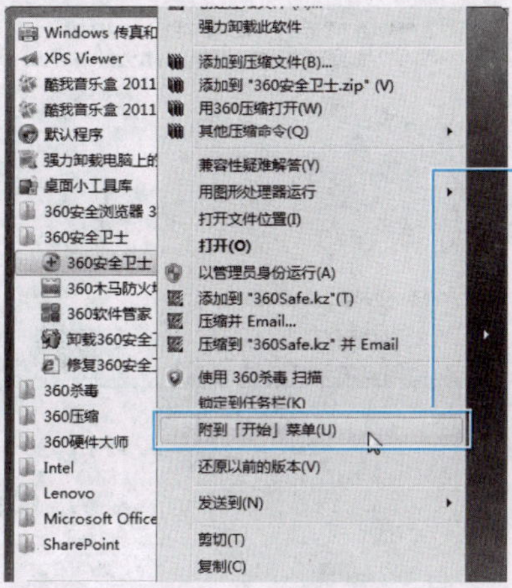

3 单击鼠标右键，弹出快捷菜单，从中选择“附到「开始」菜单”菜单命令。

4 选中的程序将附到固定程序列表中。

删除固定程序列表中的程序

单击“开始”按钮，打开“开始”菜单，从中选择要删除的程序，单击鼠标右键弹出快捷

视野拓展

固定程序列表显示的程序是有限的。默认情况下，固定程序列表中会有“入门”和“Windows Media Center”两项。

菜单，从中选择“从列表中删除”菜单命令即可。

3.2.2 个性化常用程序列表

操作步骤

个性化常用程序列表的操作步骤如下所述。

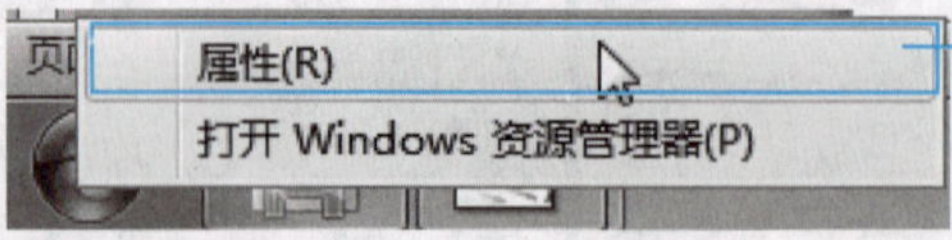

1 在“开始”菜单上单击鼠标右键，从弹出的快捷菜单中选择“属性”菜单命令。

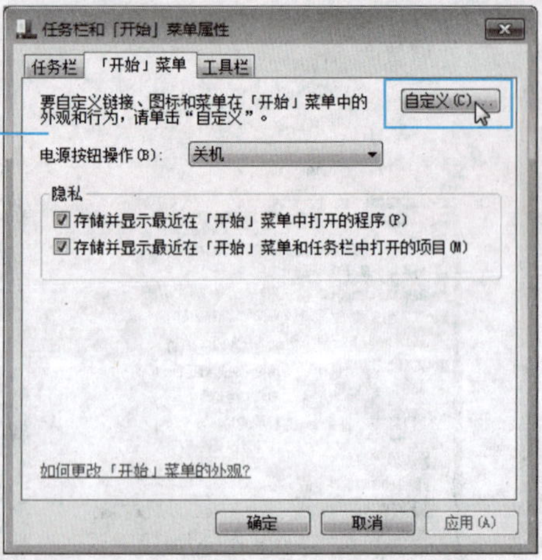

2 单击“自定义”按钮。

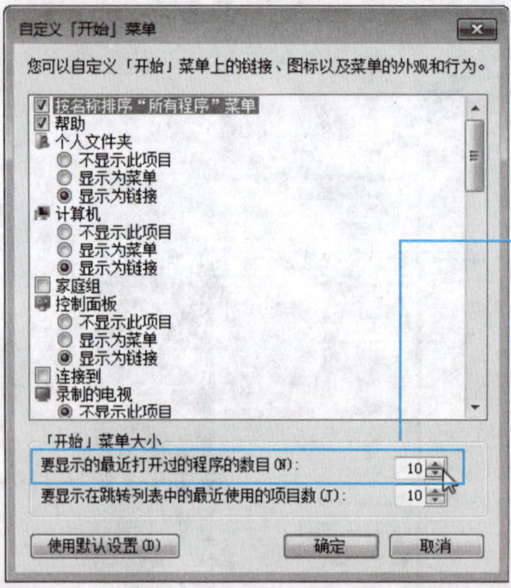

3 在“要显示的最近打开过的程序的数目”选项后面设置程序数目，单击“确定”按钮即可。

“自定义「开始」菜单”对话框中的各选项具体含义如下。

- 按名称排序“所有程序”菜单：在列表框中选中项目前的复选框，项目在“开始”菜单中显示，取消选中则不显示项目。
- 要显示的最近打开过的程序的数目：在数值框中可设定“常用程序”列

视野拓展

常用程序列表中显示的程序数目是可以设定的。可以在数值框中设定“常用程序”列表中显示的最近使用的程序的数目。

表中显示最近使用的程序的数目。

- 使用默认设置：自定义设置后，单击该按钮，可恢复到默认的“开始”菜单设置。

3.2.3　个性化启动菜单

在“开始”菜单的右侧是“启动”菜单，这里列出了常用的一些项目链接，单击这些链接，即可快速打开相应窗口进行操作。

可以将一些常用的项目链接添加到“启动”菜单中，也可以删除一些项目。具体的操作步骤如下所述。

操作步骤

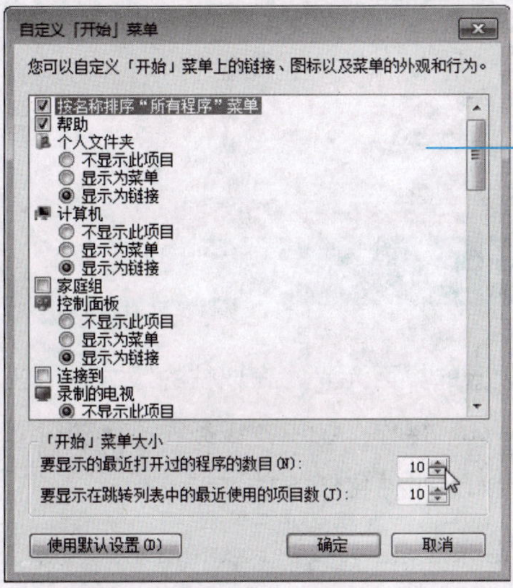

1 按照前面的方法打开“自定义「开始」菜单”对话框，在中间的列表框中可定义显示在“启动”菜单中的项目链接，及其显示外观等。

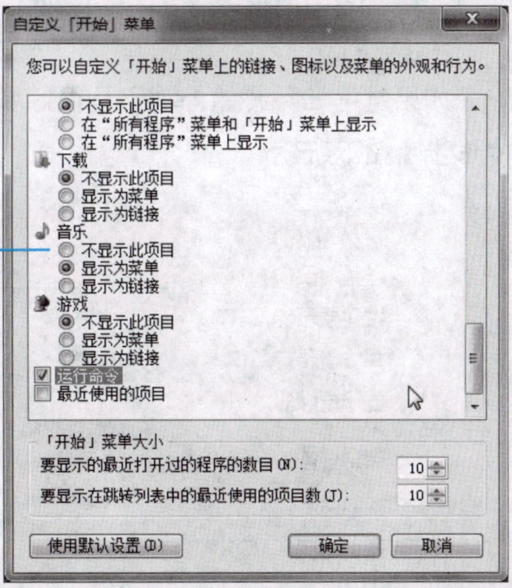

2 选中“音乐”选项下面的“显示为菜单”单选按钮、“游戏”选项下面的“不显示此项目”单选按钮，以及“运行命令”复选框，然后单击“确定”按钮即可。

视野拓展

对于系统图标，可以通过选中单选按钮来选择项目在“开始”菜单中的显示方式。

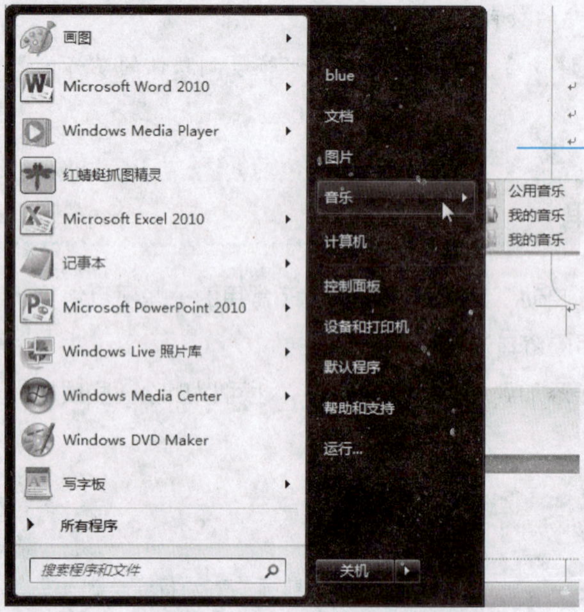

3 打开“开始”菜单，可以看到右侧的“启动”菜单中已经将“运行...”添加进来，并且将“游戏”选项在此菜单中删除了，同时将“音乐”项目显示为菜单显示。

3.3 个性化任务栏

任务栏是Windows操作系统中使用最频繁的桌面元素，在以往的版本中，任务栏的结构基本是一成不变的，而在Windows 7操作系统中，任务栏不仅变得更加灵活，而且作用也更加多样化。下面介绍如何个性化任务栏。

3.3.1 设置任务栏的外观

如果觉得任务栏的外观不是很好看，可以对任务栏的属性进行设置，具体的操作步骤如下所述。

操作步骤

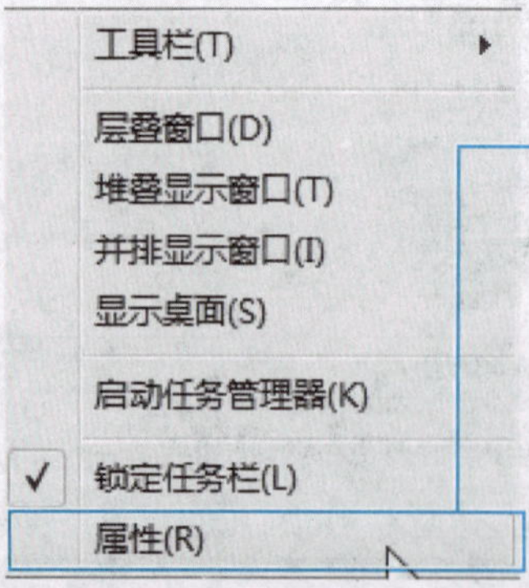

1 在任务栏空白区域单击鼠标右键，从弹出的快捷菜单中选择“属性”菜单命令。

视野拓展

自定义设置后，可以通过单击“使用默认设置”按钮，将菜单设置恢复到默认的“开始”状态。

2 在弹出的“任务栏和「开始」菜单属性”对话框中，根据需要进行设置。

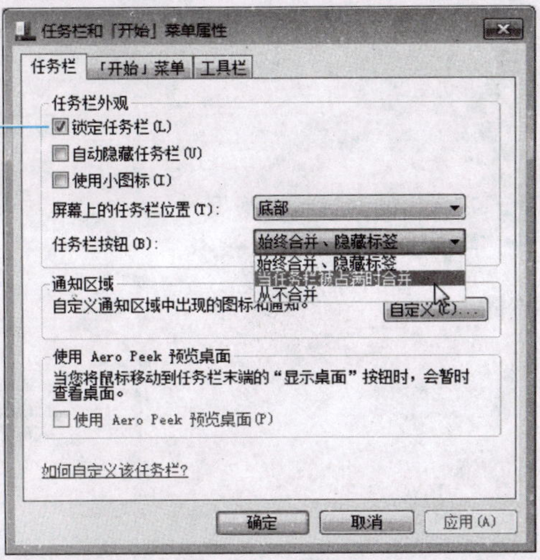

设置任务栏的位置

在“任务栏和「开始」菜单属性”对话框中，可以通过“屏幕上的任务栏位置”一栏的下拉列表，设置任务栏的位置。

更改任务栏图标按钮显示方式

在“任务栏和「开始」菜单属性”对话框中，Windows 7任务栏的按钮默认仅显示图标外观，这是为了节省空间，从而容纳更多的图标。另外，还有“当任务栏被占满时合并”和“从不合并”两种方式可以选择。

3.3.2 自定义通知区域

当然，也可以自定义通知区域，具体操作步骤如下所述。

操作步骤

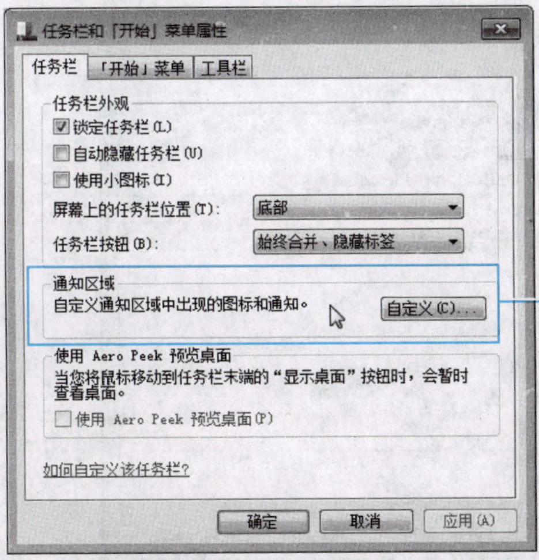

1 在弹出的“任务栏和「开始」菜单属性”对话框中，单击“自定义”按钮。

视野拓展

若在“任务栏和「开始」菜单属性”对话框中选中“自动隐藏任务栏”复选框，则可自动隐藏任务栏。

2 在弹出的对话框中根据需要设置通知行为。

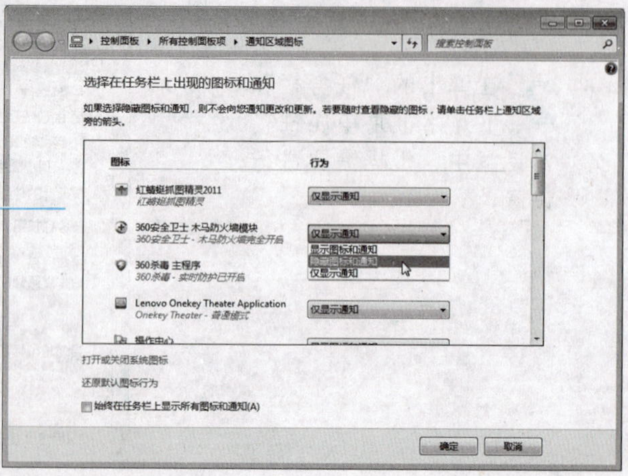

3.3.3 使用Aero Peek预览桌面

当鼠标移动到任务栏末端的“显示桌面”按钮时，会暂时查看桌面。

3.3.4 工具栏的设置

操作步骤

工具栏设置的操作方法如下所述。

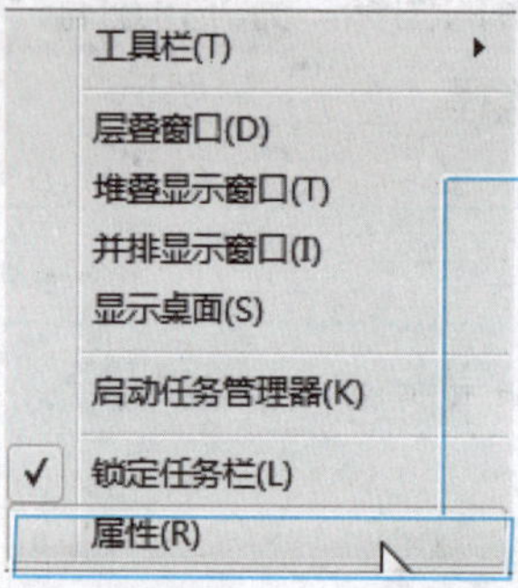

1 在任务栏空白区域单击鼠标右键，在弹出的快捷菜单中选择“属性”菜单命令。

2 将弹出“任务栏和「开始」菜单属性”对话框，单击“工具栏”选项卡，从中选中要添加到任务栏的工具栏。

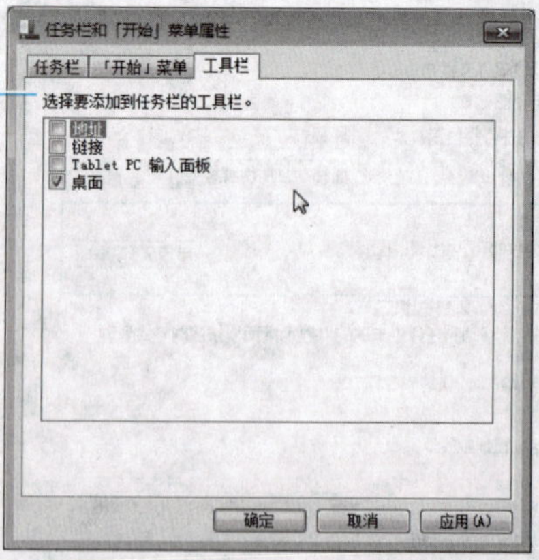

视野拓展

有时会发现任务栏中没有要用的工具，这时可以通过设置工具栏的方法将要用到的工具栏添加到任务栏中去。

3.4 个性化输入设备

鼠标和键盘是计算机的主要输入设备，当进行不同操作时，鼠标指针的形状也会发生相应改变。

3.4.1 鼠标的个性化设置

鼠标指针

Windows 7默认的指针方案为Windows Aero（系统方案），同时，可根据个人喜好选择各种指针方案。具体的操作步骤如下所述。

操作步骤

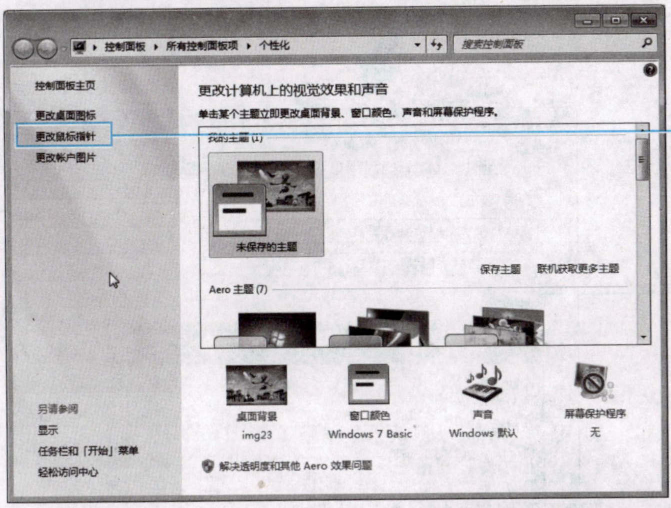

1 在“个性化”窗口侧边栏中，单击“更改鼠标指针”文字链接。

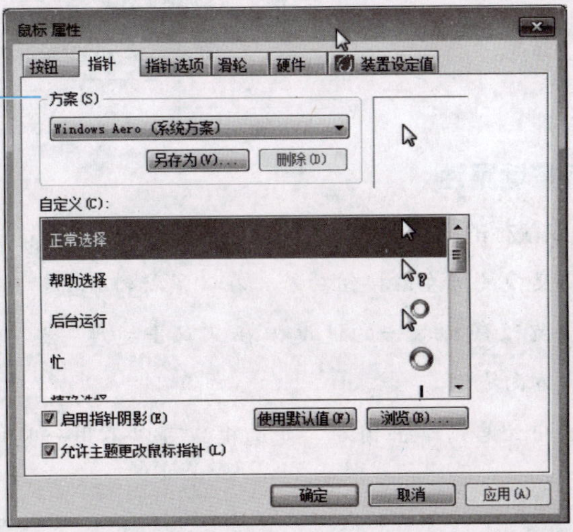

2 弹出“鼠标 属性”对话框，在“方案”选项区中任选一个鼠标方案；当选择好方案后，可以在“自定义”列表框中选择要更改的指针样式，然后单击“浏览”按钮。

视野拓展

如果要在移动指针时使指针显示明显，则在“可见性”选项区中选中“显示指针轨迹”复选框，然后将滑块向“短”或“长”方向移动以减小或增加指针踪迹的长度。

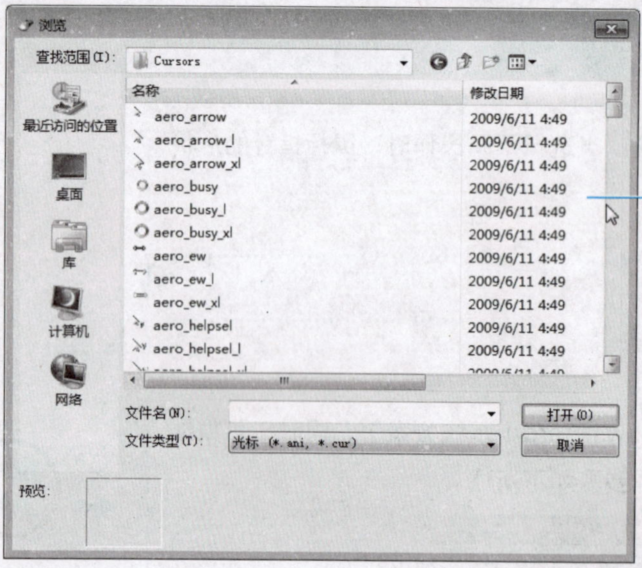

3 弹出“浏览”对话框，从中选择要更改的指针样式，单击“打开”按钮。

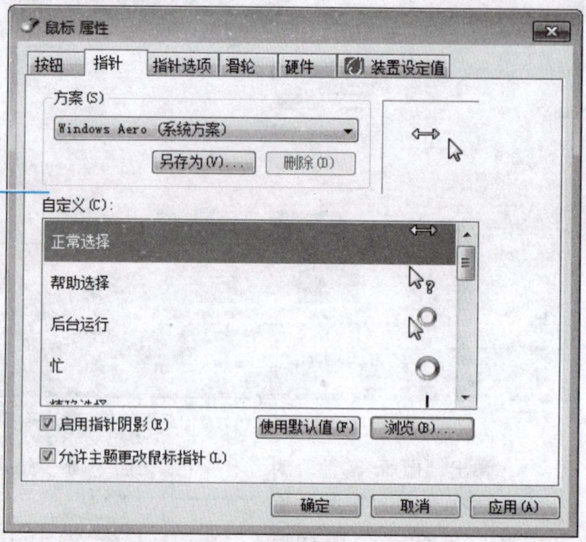

4 返回“鼠标 属性”对话框，单击“确定”按钮。

更改鼠标按键属性

如果要更改鼠标的按键属性，可按以下方法进行操作：

- 如果要交换鼠标左右按钮功能，在“鼠标键配置”选项区中选择即可。
- 如果要更改鼠标双击的速度，在“双击速度”选项区中将“速度”滑块向“慢”或“快”方向拖动。
- 如果选中“启用单击锁定”复选框，可以不用一直按着鼠标左键就能突出显示或拖曳目标。

视野拓展

如果要在缓慢移动鼠标时使指针工作更加精确，可在“移动”选项区中选中“提高指针精确度”复选框。

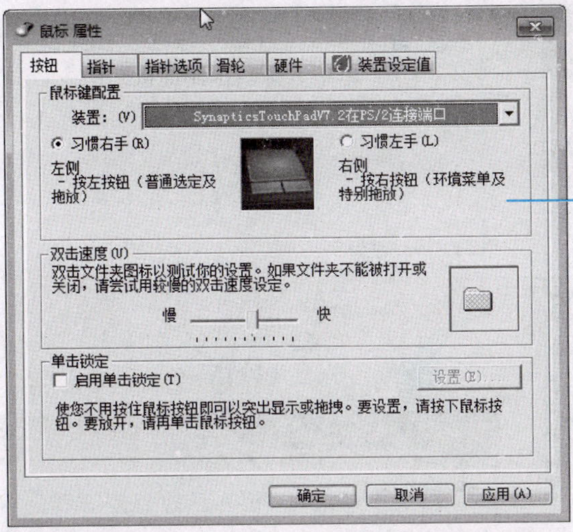

打开“鼠标 属性”对话框，选择“按钮”选项卡，对鼠标按键的一些操作进行自定义，设置完毕后，单击“确定”按钮。

如果要更改鼠标的移动方式，可以按照如下步骤进行。

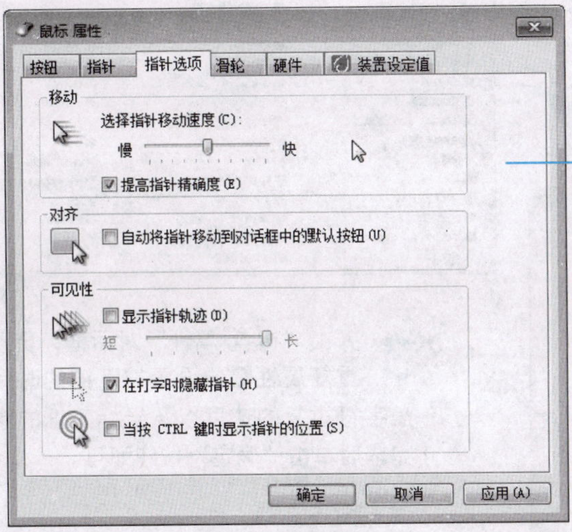

打开“鼠标 属性”对话框，选择“指针选项”选项卡，对鼠标移动速度进行自定义，设置完毕后，单击“确定”按钮。

- 如果要更改鼠标指针移动的速度，则在“移动”选项区中将“选择指针移动速度”滑块向“慢”或“快”方向移动。
- 如果要在出现对话框时加快选择选项的过程，则在“对齐”选项区中选中“自动将指针移动到对话框中的默认按钮”复选框。
- 如要确保指针不会阻挡用户看到输入的文本，则在“可见性”选项区中选中“在打字时隐藏指针”复选框。

3.4.2 键盘的个性化设置

键盘个性化设置的具体操作方法如下所述。

视野拓展

如要通过Ctrl键查找放错位置的指针，可在“可见性”选项区中选中“当按CTRL键时显示指针的位置”复选框。

操作步骤

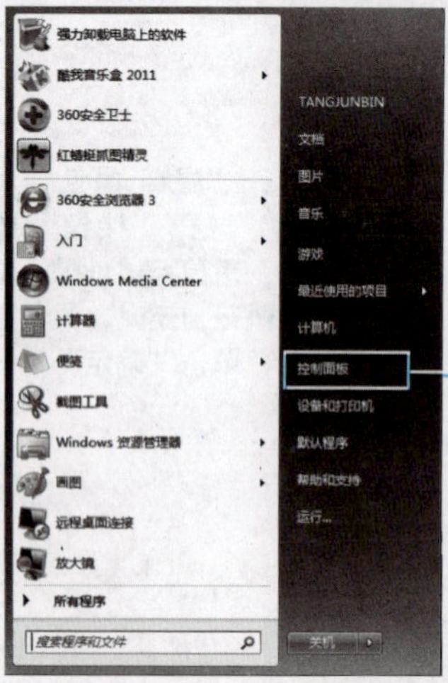

1 单击“开始”按钮，在弹出的菜单中选择“控制面板”命令。

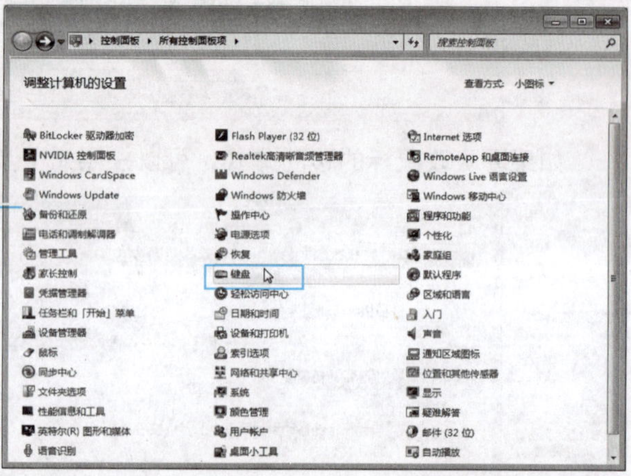

2 弹出“控制面板”窗口，单击“键盘”选项。

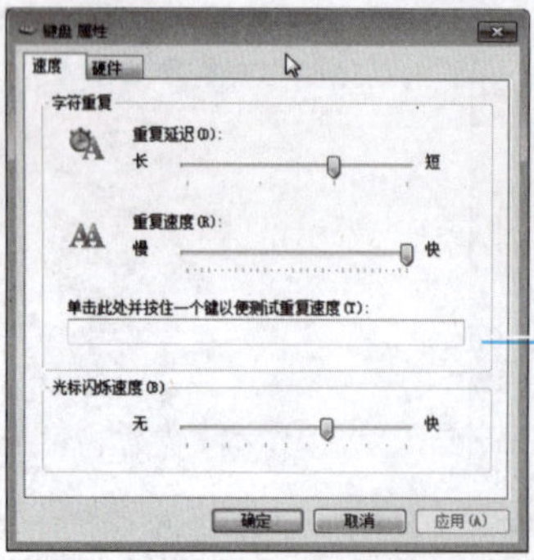

3 弹出“键盘 属性”对话框，更改键盘字符重复属性需要设置按下键的时间长度、键盘字符重复的速度以及光标闪烁的频率，设置完毕后单击“确定”按钮即可。

- 在“光标闪烁速度”选项区中，将其下的滑块向右或向左移动可加快或减慢在输入文本时光标闪烁的速度。

3.5 趁热打铁

现在做一些练习来检验一下自己的学习状况。

1. 简述Windows 7桌面中各个组成部分的名称和作用。

2. 在“开始”菜单单击鼠标右键，在弹出的快捷菜单中选择“属性”命令，对“开始”菜单进行自定义设置。

视野拓展

在“控制面板”窗口可以选择“声音”选项，来设置声音。

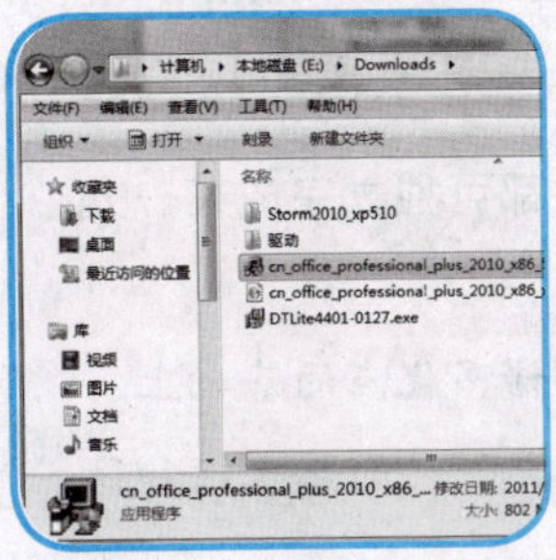

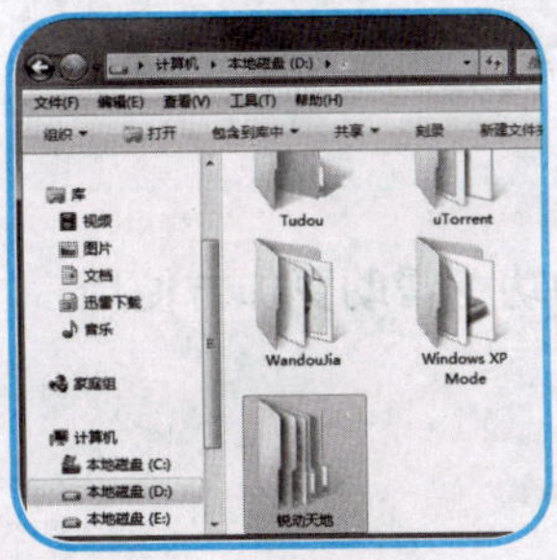

第4章

Office 2010办公软件

本章导读

Office 2010是Microsoft公司推出的智能办公软件，它包括文字处理软件Word 2010、表格处理软件Excel 2010、幻灯片制作软件PowerPoint 2010、信息管理程序Outlook 2010、数据库管理程序Access 2010等。Office 2010不仅保持了以往版本的强大功能，还增加了许多新的功能。

本章学习目标

- Office 2010简介
- Office 2010的安装与卸载
- 启动与退出Office 2010
- Office 2010组件的操作界面

本章学习重点

- 熟练掌握启动与退出Office 2010的方法
- 熟悉Office 2010组件的操作界面

4.1 Office 2010简介

本节主要介绍Office 2010的常用组件以及新增加的功能。

4.1.1 Office 2010各组件及其应用领域

Office 2010包括Word 2010、Excel 2010、PowerPoint 2010、Access 2010、FrontPage 2010和Outlook 2010等组件，每个组件都可独立完成某一方面的工作，下面分别介绍各组件的主要功能。

- Word 2010：主要用于文字处理，在继承Word 2007诸多优点的基础上，以更美观的界面、简洁的操作受到青睐，并且具有更强大的兼容性和稳定性，能快速完成会议通知、合同等文档的编写。
- Excel 2010：是专业的数据处理软件，可以快速完成销售业绩表、公司财务表等表格的计算。
- PowerPoint 2010：可以在其中创建并编辑幻灯片，完成方案、会议报告等演示文稿的制作。
- Access 2010：是一种关系型数据库管理软件，具有消耗资源少、支持SQL指令和简便易用等优点，被广泛用于网站后台数据库管理和办公数据库管理。
- FrontPage 2010：是一款网页制作软件，即使不懂HTML语言，通过使用FrontPage 2010也可以制作出具有专业效果的网站。
- Outlook 2010：是一个桌面信息管理软件，可以组织和使用各种信息，如进行联系人和电子邮件的管理。

4.1.2 Office 2010新特性

Office 2010在Office 2007的基础上，提供了多项新的功能帮助更加方便地处理各类电子文档，使文档更具有专业的水准。

增强的功能区

在Word 2010中，切换到“文件”选项卡，即可展开如下图所示的“文件”菜单界面。与Office 2007相比，Office 2010中“文件”菜单的显示方式更加丰

视野拓展

在Office 2010的功能区中，重新启用了传统的“文件”菜单界面。

富，子菜单的呈现方式更直观。

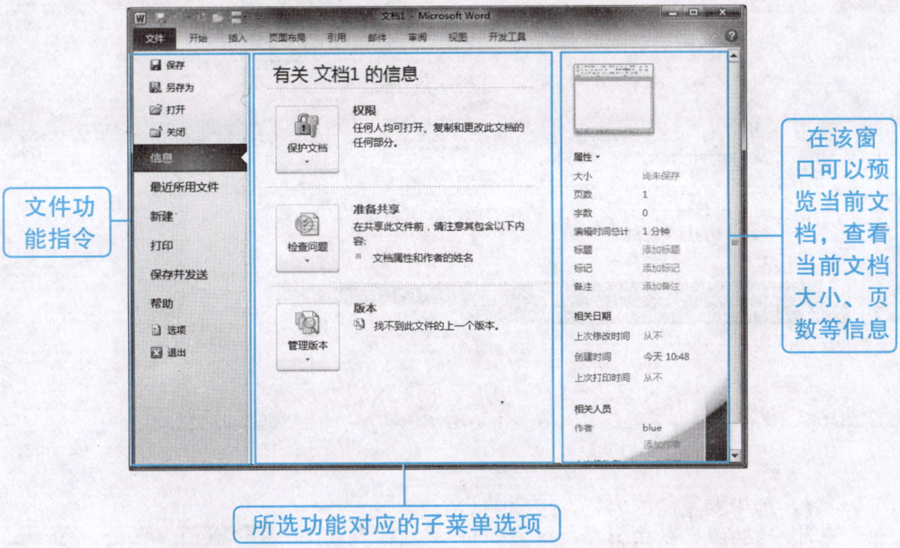

新增屏幕截图功能

Word 2010新增加了屏幕截图功能，可以快速截取屏幕图像，并直接插入到文档中。具体操作方法如下所述。

在“插入”选项卡中，单击“插图”选项组中的“屏幕截图”按钮，在弹出的下拉列表的“可用视窗”栏中，以缩略图的形式显示了当前所有活动的窗口，单击某个窗口缩略图，Word 2010就会自动截取该窗口图片并插入到文档中。

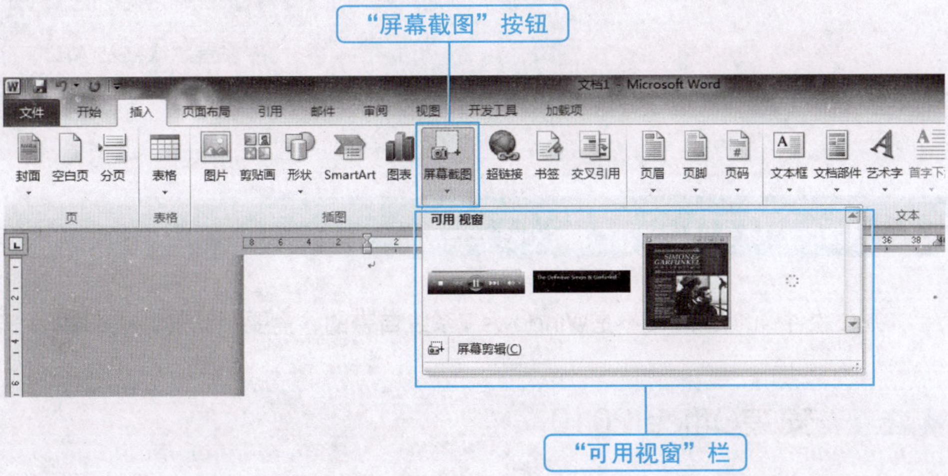

提示：“屏幕截图”功能可智能监视打开并且没有最小化的窗口。

粘贴预览功能

Word 2010提供了粘贴预览功能，具体操作方法如下所述。

视野拓展

粘贴预览功能，在粘贴之前，先预览在文档中粘贴后的效果，避免因为不如预期效果而反复删除或撤销带来的麻烦。

操作步骤

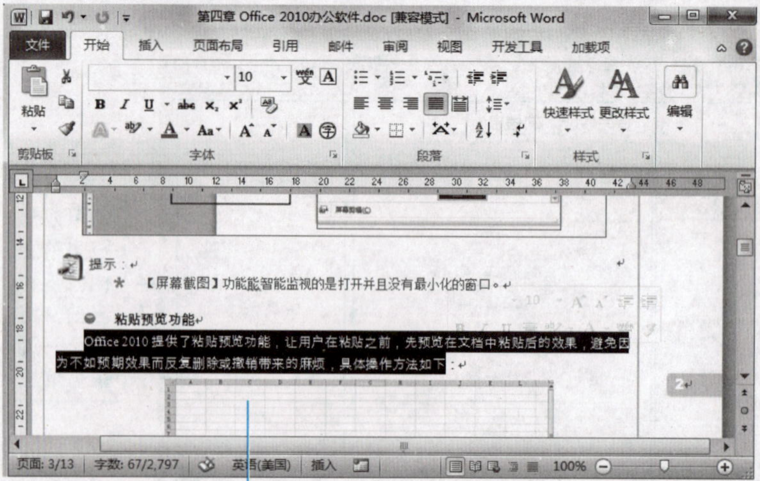

博学先生，Office 2010新增加的功能好神奇啊！

1 选中要复制的内容，按Ctrl+C组合键，然后将光标移动到要粘贴的位置单击鼠标。

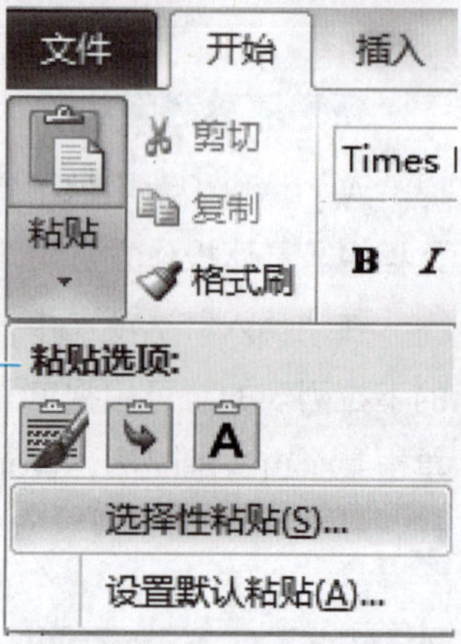

2 在“开始”选项卡的“剪贴板”选项组中，单击“粘贴”下方的 ，在弹出的“粘贴选项”栏中单击 按钮，即可预览粘贴后的效果。

嗯，Office 2010相比以往版本功能更加强大，使用也更加方便。

4.2 Office 2010的安装与卸载

办公软件Office 2010不是Windows 7系统自带的，需要手动安装或卸载。

4.2.1 安装Office 2010

安装Office 2010的方法简单，可以安装所有组件，也可以只安装部分常用的组件。具体的操作步骤如下所述。

视野拓展

安装Office 2010时，在获得Office 2010的安装程序和相关信息后，双击其中的可执行文件，再根据提示进行安装即可。

操作步骤

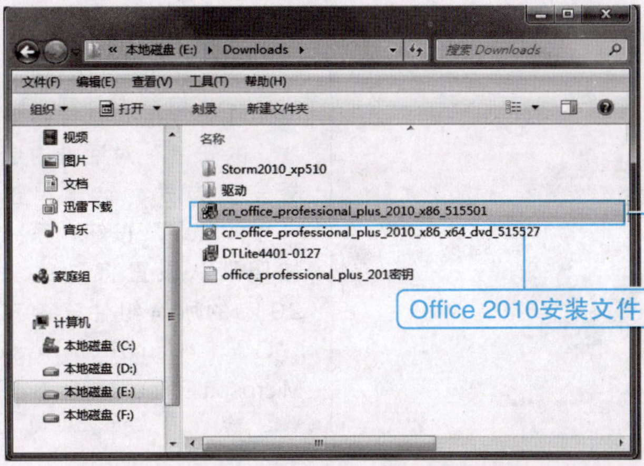

1 打开Office 2010安装文件所在的目录，然后双击安装文件。

2 安装文件开始解压缩，弹出的对话框显示了解压缩的进度。

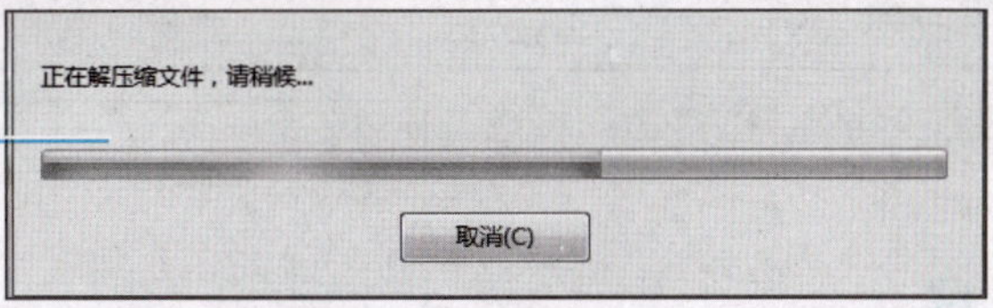

3 启动安装向导，并准备必要的文件。

4 弹出“输入您的产品密钥”对话框，在文本框中输入产品密钥，然后单击“继续”按钮。

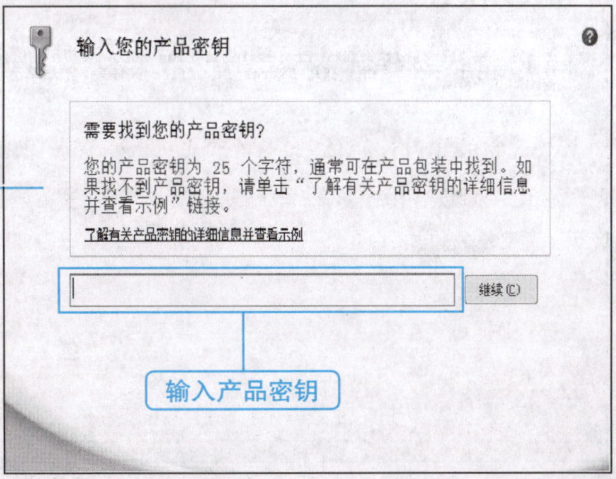

提示： 若在弹出的“选择所需的安装”对话框中选择“自定义”安装方式，可以选择Office 2010的部分组件进行安装而不需要全部安装，并可以修改安装路径。

视野拓展

安装Office 2010与安装Office其他版本软件的操作类似。

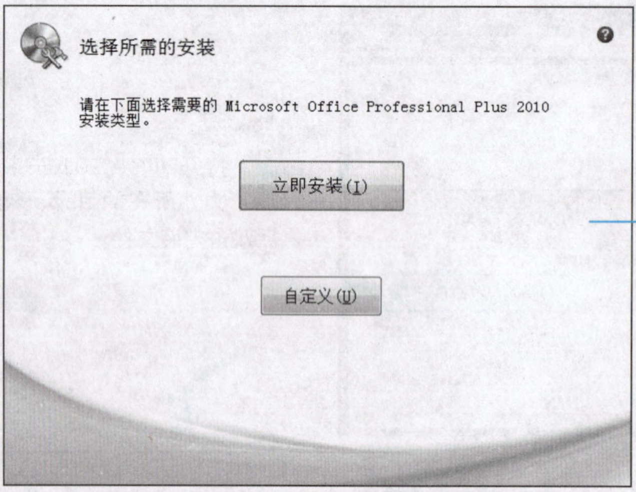

5 在弹出的“选择所需的安装”对话框中选择安装方式，这里单击“立即安装”按钮，系统按照默认设置将Office 2010的所有组件安装在“C:\ Program Files\ Microsoft Office”路径下。

博学先生，安装Office 2010简单吗？

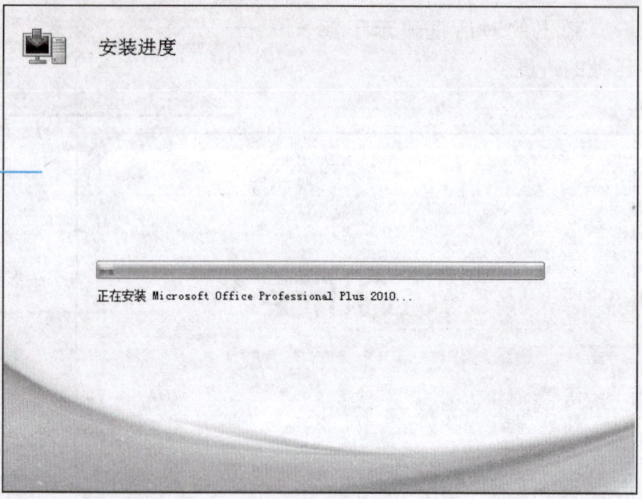

6 开始安装Office 2010程序，弹出“安装进度”对话框，其中显示了程序安装的进度。

嗯，Office 2010安装过程非常简单，设计得很人性化，自己按照安装向导一步步地操作很容易就能安装好的。

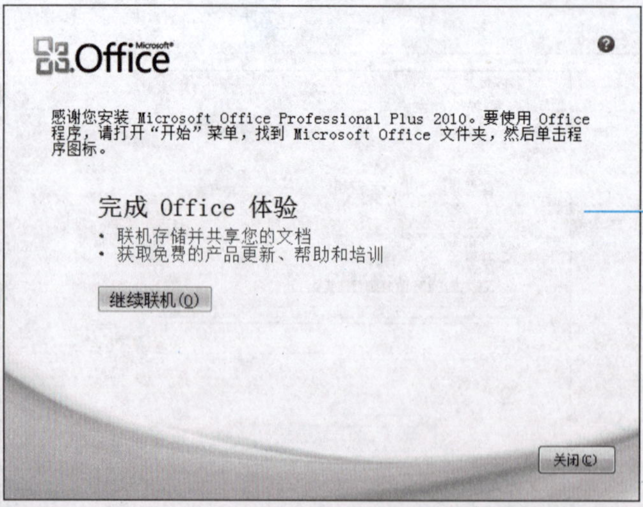

7 安装完成后，弹出对话框提示程序安装完毕，然后单击“关闭”按钮即可。

视野拓展

若选择“自定义”安装，则可以自定义安装相关软件。

4.2.2 卸载Office 2010

Office 2010卸载的具体操作步骤如下所述。

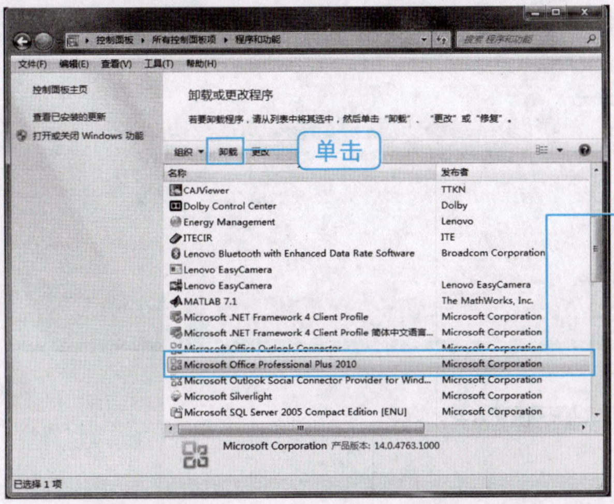

操作步骤

1 打开“控制面板”中的“程序和功能”窗口，在程序列表中选择Office 2010程序选项，这里选择“Microsoft Office Profession Plus 2010”选项，然后单击“卸载”按钮。

2 弹出向导对话框，并准备必要的文件。

3 在接着弹出的“安装”提示对话框中单击“是”按钮。

视野拓展

安装完Office 2010软件后才可以使用，所以学会安装Office 2010是非常必要的。

4 系统开始卸载Office 2010的所有程序组件，并在弹出的对话框中显示卸载进度。

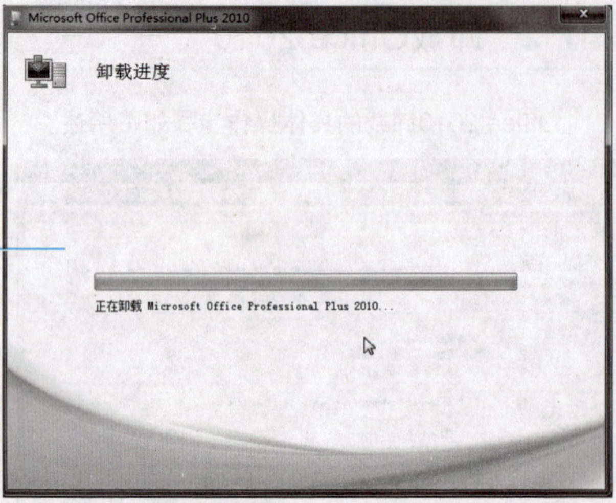

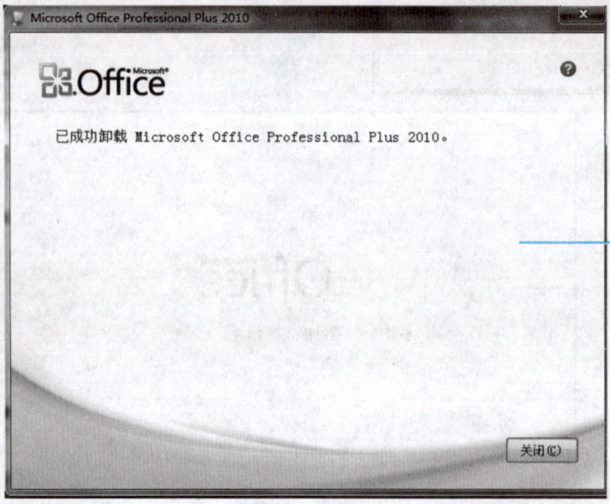

5 卸载完毕后，在弹出的对话框中显示"已成功卸载"，单击"关闭"按钮即可。

4.3 启动与退出Office 2010

安装好Office 2010后，就可以根据需要选择启动不同的软件开始工作或者退出程序。本节主要介绍启动和退出Office 2010的操作方法。

4.3.1 启动Office 2010

下面以Word 2010为例，简单介绍几种启动程序的方法。

视野拓展

当长时间不使用Office 2010软件时，就可以将其卸载，以免占用内存空间。

通过“开始”菜单启动

单击“开始”按钮，选择“开始”→“所有程序”→“Microsoft Office”→“Microsoft Word 2010”命令，即可打开Word 2010窗口。

通过已有的文件启动

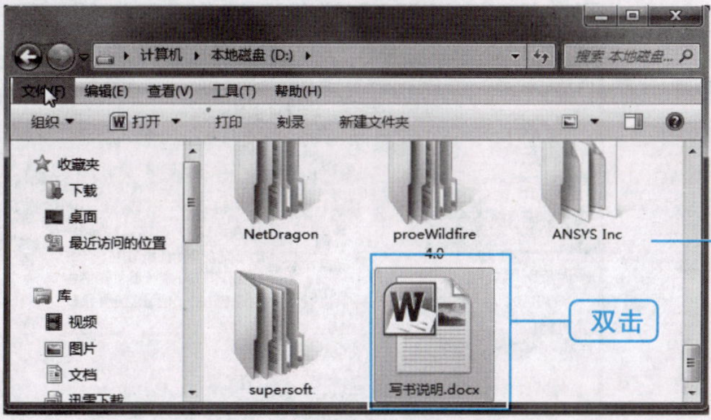

双击计算机中已有的Word文档，即可在打开文档的同时启动Word 2010。

通过“我的计算机”窗口启动

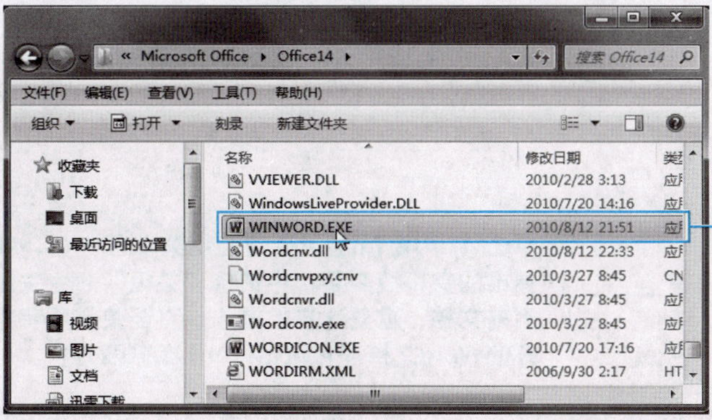

打开“我的计算机”窗口，找到软件存放的位置，单击其可执行文件即可启动，如单击“WINWORD.EXE”即可启动Word 2010。

提示：通常软件安装完成后，在桌面上会自动生成快捷方式图标，双击要启动的快捷方式图标即可快速启动软件。

视野拓展

进行Office 2010卸载时，系统会默认卸载Office 2010的所有组件。

4.3.2 退出Office 2010

当不再使用Office 2010的某个组件时，可以退出此应用程序，下面以Word 2010为例，介绍几种退出程序的方法。

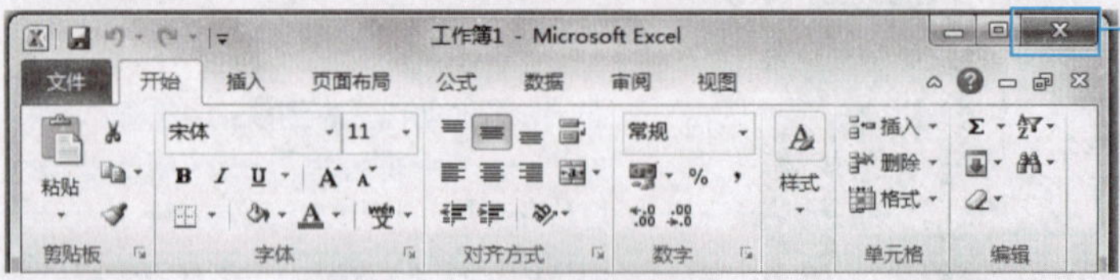

单击Word工作界面标题栏右侧的“关闭”按钮，重复这样的操作，直至关闭所有打开的Word文档即可退出Word 2010程序。

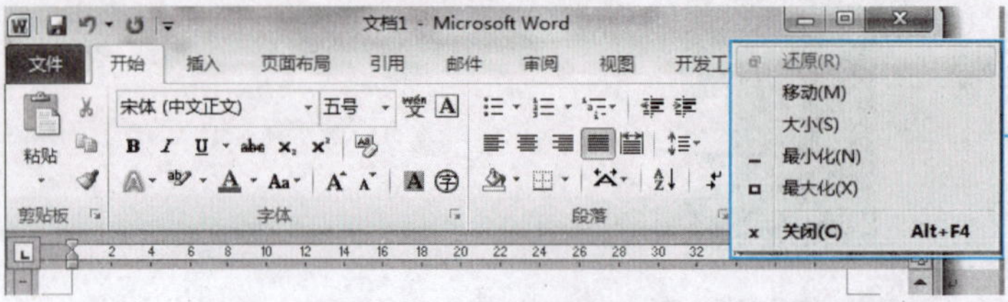

在Word工作界面的标题栏上单击鼠标右键，在弹出的快捷菜单中选择“关闭”命令，重复这样的操作，直至关闭所有打开的Word文档即可退出Word 2010程序。

单击“文件”选项卡，然后选择左侧窗口的“关闭”命令关闭当前文档，重复这样的操作，直至关闭所有打开的Word文档即可退出Word 2010程序。

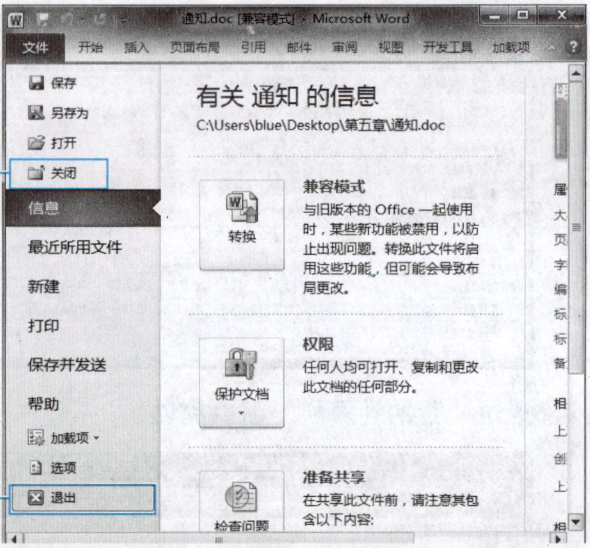

单击“文件”选项卡，然后单击左侧窗口的“退出”命令即可直接退出Word 2010程序。

提示： 按Alt+F4组合键可以快速关闭当前活动的Word工作界面。

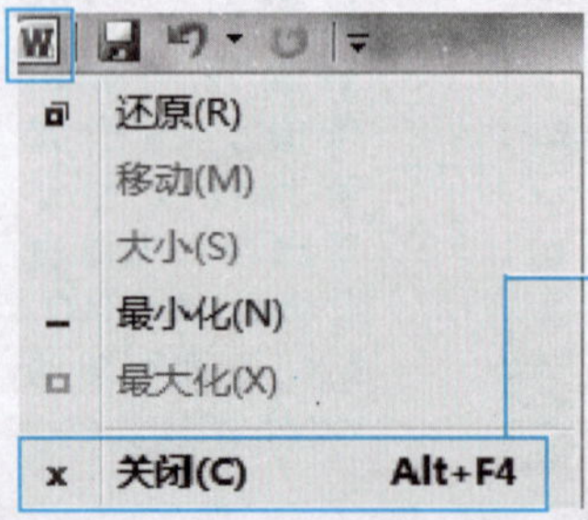

单击Word窗口左上角的控制菜单图标，在弹出的窗口控制菜单中选择“关闭”命令关闭当前文档，重复这样的操作，直至关闭所有打开的Word文档即可退出Word 2010程序。

视野拓展

启动和退出Office 2010是学习Office其他操作的基础。

4.4 Office 2010组件的操作界面

下面以Word 2010为例介绍其工作界面中各个部分的名称和作用。

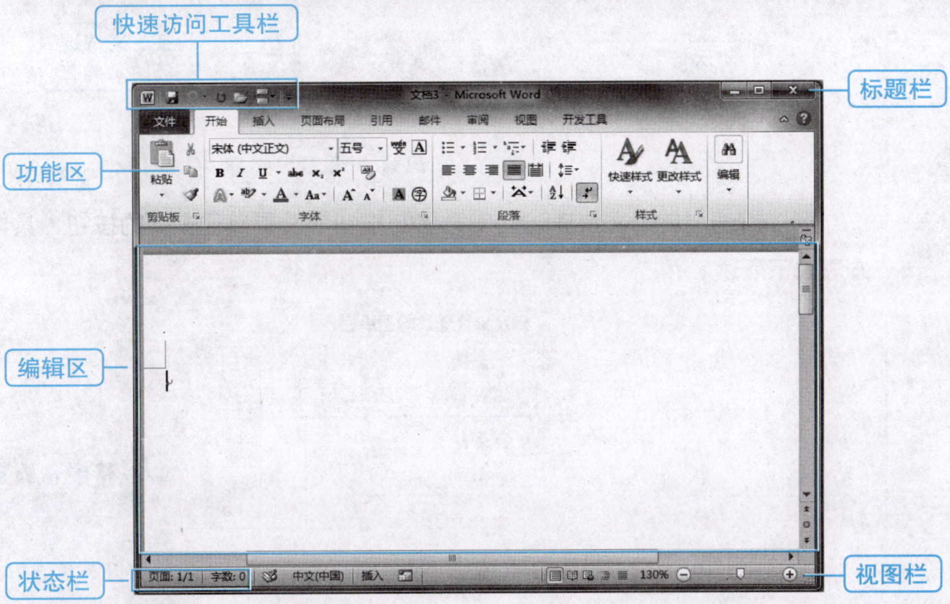

4.4.1 标题栏

可以通过单击“最小化”、“最大化”、“关闭”按钮来控制Word窗口的大小。

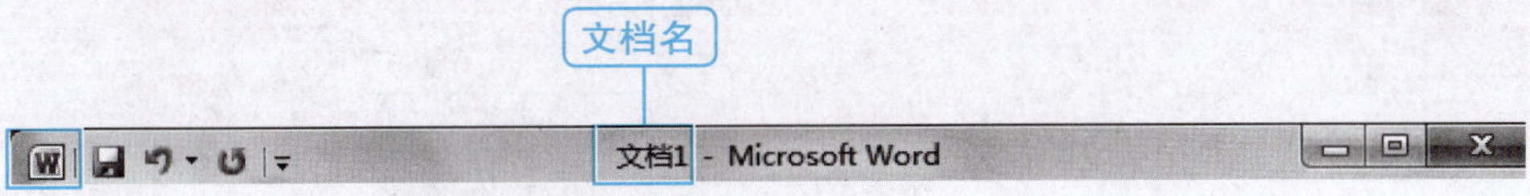

单击标题栏最左侧的控制菜单图标，将会弹出下图所示的窗口控制菜单。

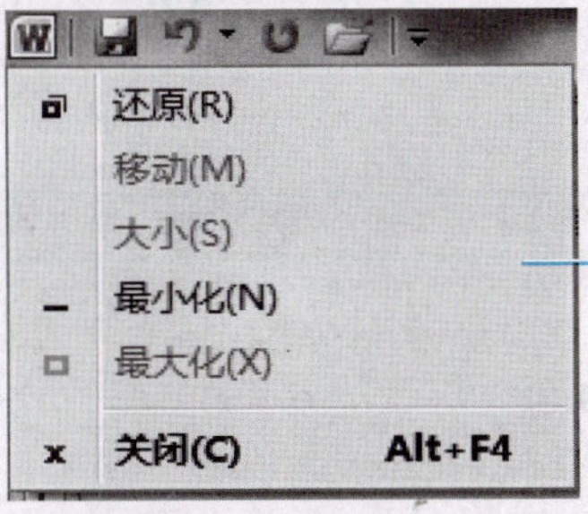

该菜单可对窗口执行还原、最小化和关闭等操作。

视野拓展

启动Office 2010软件以后，就可以在打开的工作界面中进行工作了。

4.4.2 快速访问工具栏

默认情况下，快速访问工具栏中提供了工作中使用频率最高的四个按钮，如下图所示。

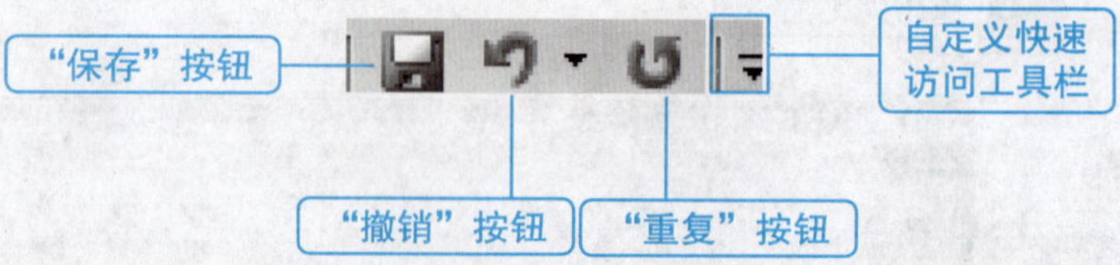

可以通过“自定义快速访问工具栏”按钮▾设置自己需要的按钮，具体操作方法如下所述。

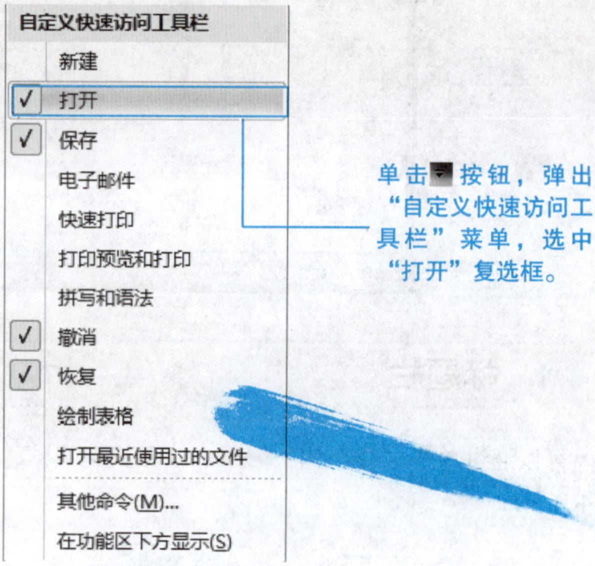

提示： 在Word 2010中，功能区中的各个组件会自动适应窗口的大小，有时还会根据当前的操作对象自动调整显示的按钮内容。

4.4.3 功能选项卡和功能区

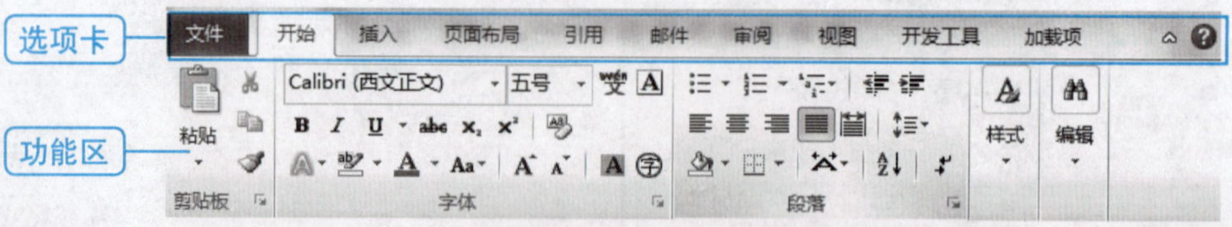

视野拓展

通过标题栏，可以查看文档的名称。

Word 2010中包含了“文件”、“开始”、“插入”、“页面布局”、“引用”、“邮件”、“审阅”、“视图”、“开发工具”、“加载项”10个选项卡。单击功能区中的按钮或选择命令即可完成相应的设置。

4.4.4 帮助按钮

如果在使用的过程中遇到疑问，可以单击Word 2010工作界面右上角的“帮助”按钮打开Word 2010的帮助窗口，然后在其中查找需要的帮助信息。

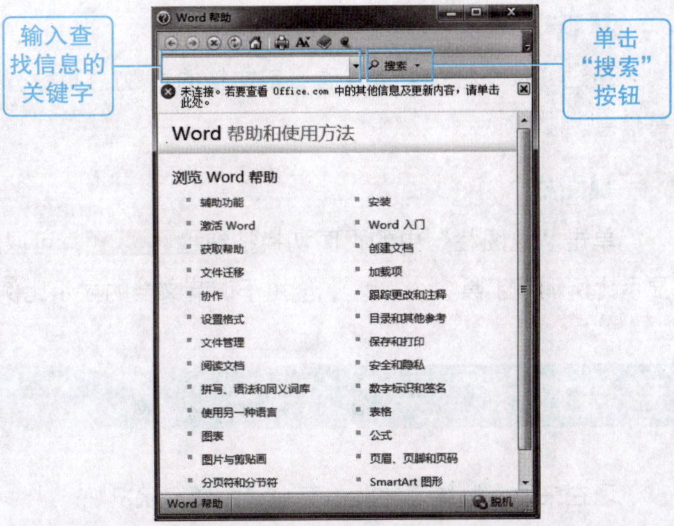

4.4.5 编辑区

文档编辑区位于窗口中央，可以在其中输入和编辑文本。

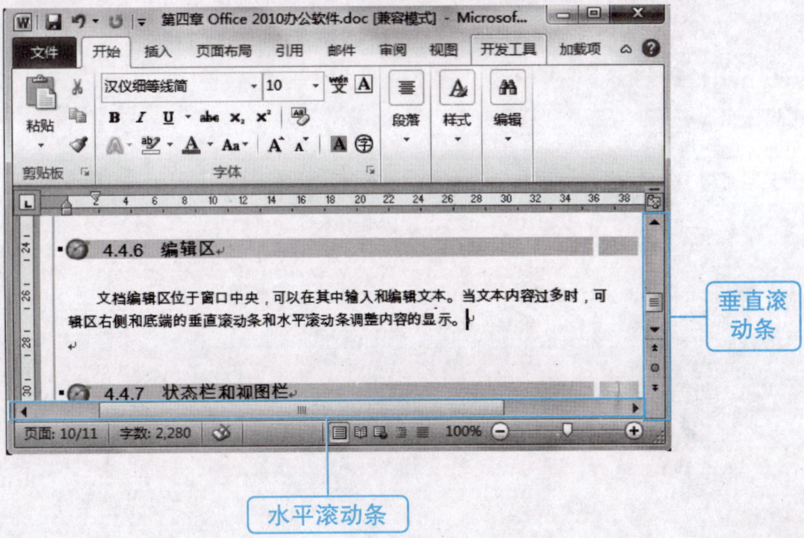

提示： 在垂直滚动条的底端，单击“前一页”或“下一页”按钮，可以将文档向前或向后翻一页。

视野拓展

单击某个功能选项卡，其下方即可显示与其相对应的功能区。

4.4.6 状态栏和视图栏

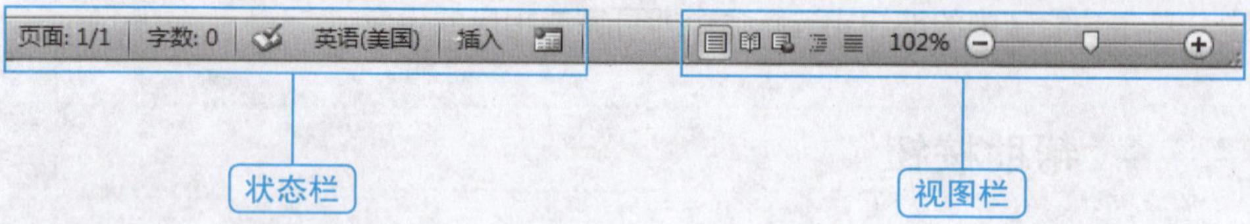

状态栏

通过“状态栏”可以查看当前文档的页数/总页数，字数和当前输入法状态等信息。

视图栏

单击“视图栏”中的视图切换按钮，可以选择文档的视图方式，显示比例调节工具用于调节文档的显示比例。

4.5 趁热打铁

现在来做一些练习检验一下自己的学习状况吧。

1. Office 2010主要包括哪些组件以及各自有什么功能?
2. 说出至少两种启动Word 2010的方法。

视野拓展

当文本内容过多时，可以拖曳编辑区右侧和底端的垂直滚动条与水平滚动条调整内容的显示。

第5章

Word 2010基础应用

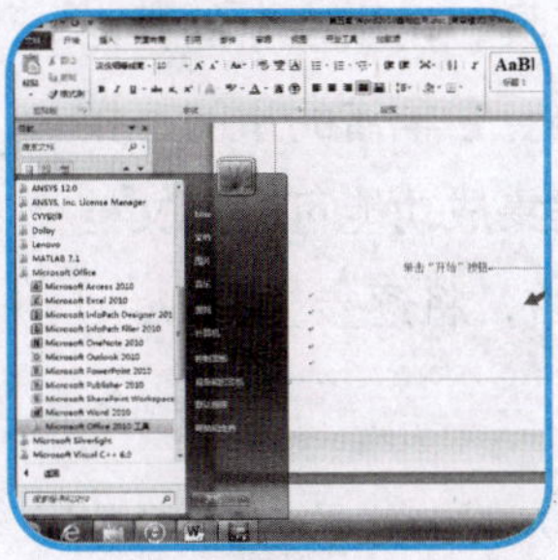

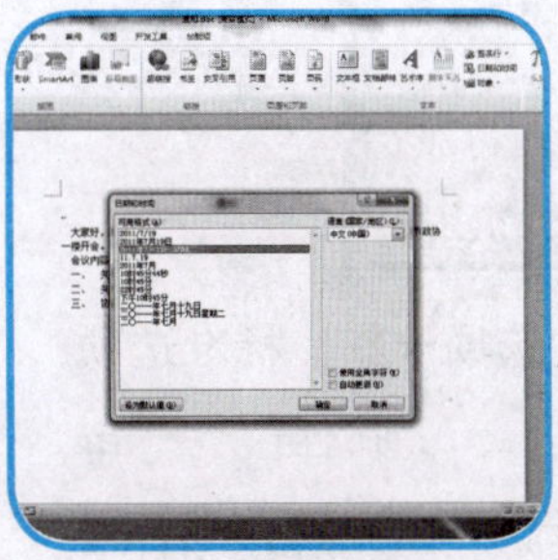

本章导读

Word 2010是Microsoft公司推出的一款功能强大的文字处理软件，是Microsoft Office组件之一。它具有强大的文字处理功能，可以编辑和排版处理文本、图片及表格等各种对象，同时还提供了多种多样的模板以方便使用。

本章学习目标

- 新建文档
- 编辑文档
- 保存文档
- 打开和关闭文档
- 打印文档

本章学习重点

- 学会新建文档，并且对文档进行编辑，最后保存文档
- 学会打开和关闭文档
- 通过本章的学习，学会使用Word 2010打印文档

5.1 认识Word 2010

Word 2010是Microsoft公司最新推出的文字处理软件，是办公自动化套装软件Office 2010中的重要成员之一，它具有强大的文字处理、图片处理及表格处理功能，既能支持普通的商务办公文件和个人文档，又可以帮助专业印刷、排版人员制作版式复杂的文档。同时，它还提供了一套完整的工具，用于在新的界面中创建文档并设置格式，从而帮助制作具有专业水准的文档。它丰富的审阅、批注和比较功能有助于快速收集和管理反馈信息，高级的数据集成功能可确保文档与重要的业务信息源时刻相连。本节以认识Word 2010开始，将逐步介绍Word 2010的使用方法。

5.1.1 Word 2010的视图

成功启动Word 2010后，屏幕上就会出现Word 2010的工作界面。它以全新的工作界面出现在面前，如下图所示。

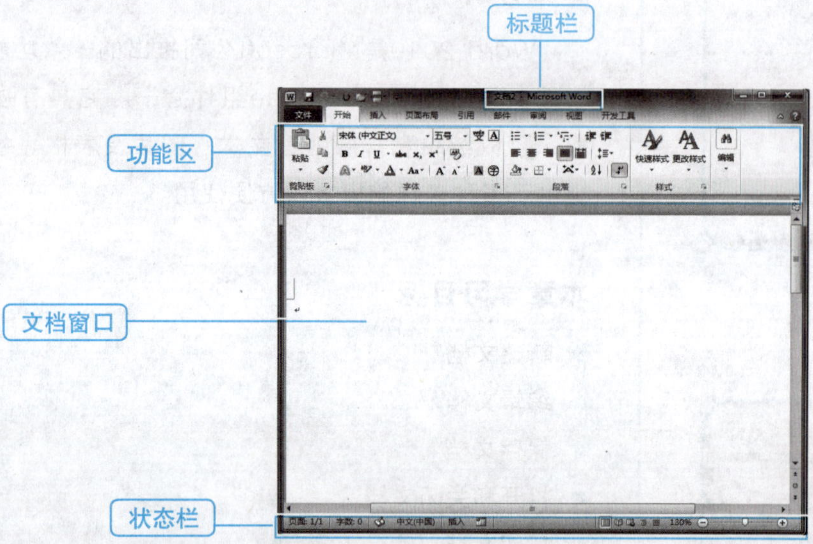

第一次启动Word 2010时，在功能区上可以看到标准的选项卡集，标准选项卡集有9项："开始"、"插入"、"页面布局"、"引用"、"邮件"、"审阅"、"视图"、"开发工具"、"加载项"，如下图所示。下面分别介绍各选项卡所对应的功能或任务。

视野拓展

Word 2010中的"功能区"是用来替代"菜单"和"工具栏"的主要对象。"功能区"位于"标题栏"的下面。

“开始”选项卡

“开始”选项卡包括5个任务“组”：“剪切板”、“字体”、“段落”、“样式”和“编辑”。选择“开始”选项卡后所列出的功能区如下图所示。

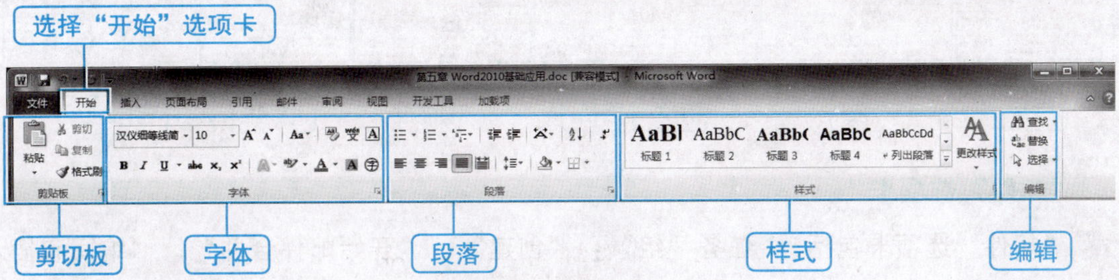

“插入”选项卡

“插入”选项卡包括7个任务“组”：“页”、“表格”、“插图”、“链接”、“页眉和页脚”、“文本”和“符号”。选择“插入”选项卡后所列出的功能区如下图所示。

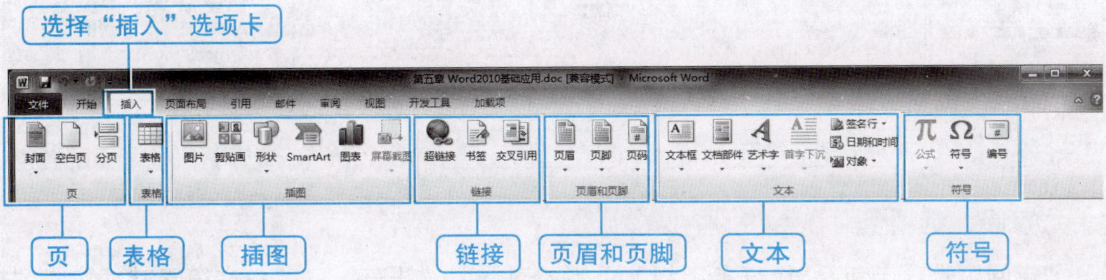

“页面布局”选项卡

“页面布局”选项卡包括6个任务“组”：“主题”、“页面设置”、“稿纸”、“页面背景”、“段落”和“排列”。选择“页面布局”选项卡后所列出的功能区如下图所示。

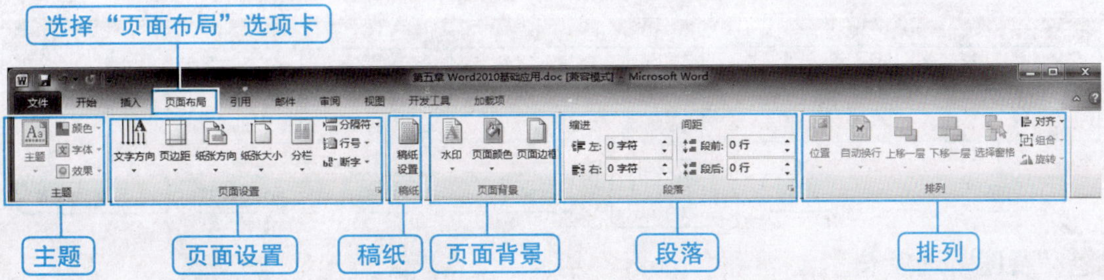

“引用”选项卡

“引用”选项卡包括6个任务“组”：“目录”、“脚注”、“引文与书目”、“题注”、“索引”和“引文目录”。选择“引用”选项卡后所列出的功能区如下图所示。

视野拓展

功能区的功能随设计任务的不同，所打开的“选项卡”也不同，并且还会有很大差异。

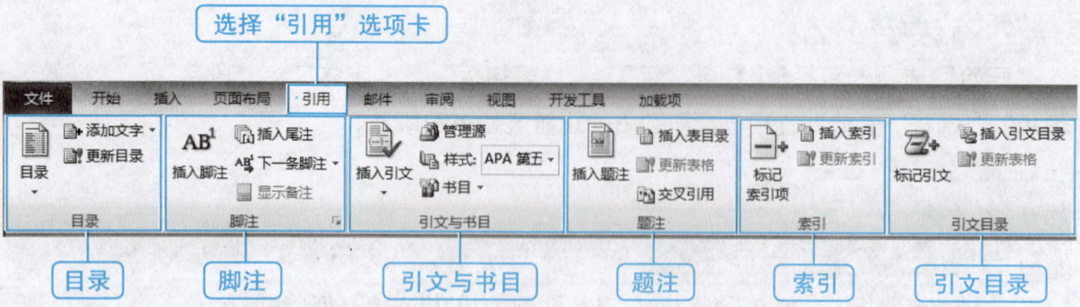

“邮件”选项卡

“邮件”选项卡包括5个任务“组”：“创建”、“开始邮件合并”、“编写和插入域”、“预览结果”和“完成”。选择“邮件”选项卡后所列出的功能区如下图所示。

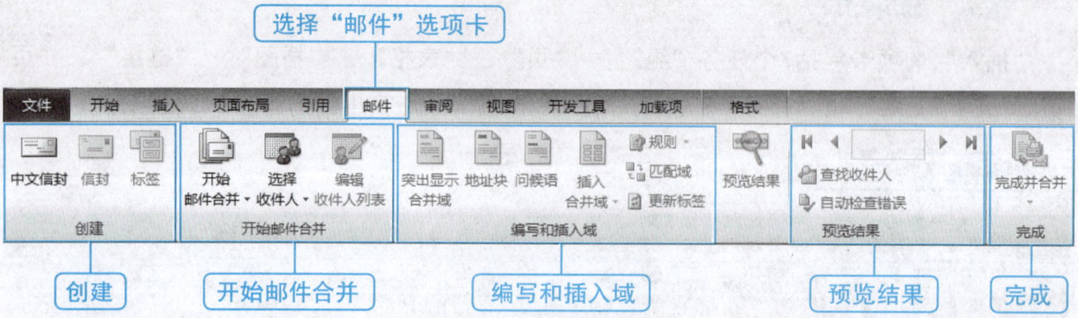

“审阅”选项卡

“审阅”选项卡包括8个任务“组”：“校对”、“语言”、“中文简繁转换”、“批注”、“修订”、“更改”、“比较”和“保护”。选择“审阅”选项卡后所列出的功能区如下图所示。

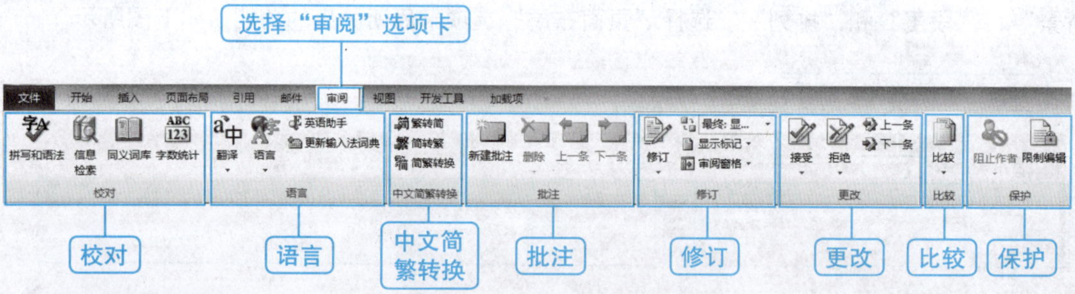

“视图”选项卡

“视图”选项卡包括5个任务“组”：“文档视图”、“显示”、“显示比例”、“窗口”和“宏”。选择“视图”选项卡后所列出的功能区如下图所示。

视野拓展

熟悉这些选项卡后，可以在应用时快速找到完成指定功能的命令。

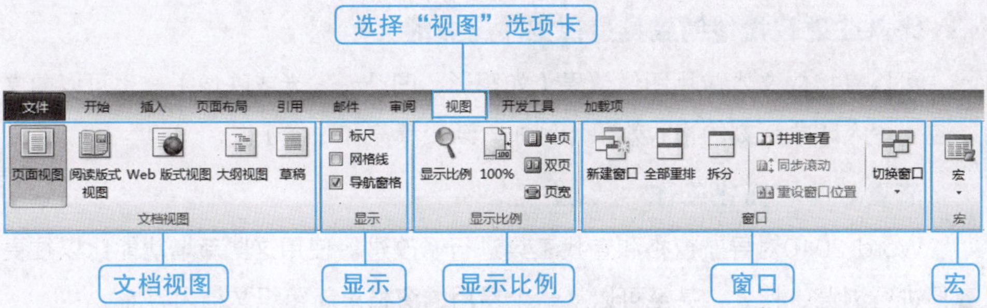

"开发工具"选项卡

"开发工具"选项卡包括6个任务"组"："代码"、"加载项"、"控件"、"XML"、"保护"和"模板"。选择"开发工具"选项卡后所列出的功能区如下图所示。

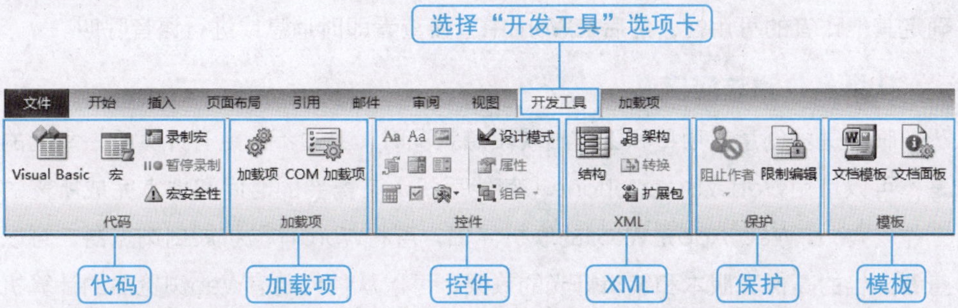

"加载项"选项卡

"加载项"选项卡包括1个任务"组"："菜单命令"。选择"加载项"选项卡后所列出的功能区如下图所示。

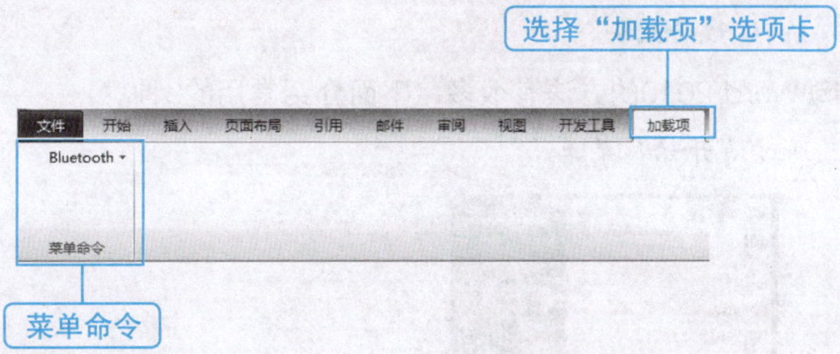

提示：在功能区上除了标准的选项卡之外，还有一种上下文选项卡，它们只在需要执行相关处理任务时才会出现在选项卡界面上。

5.1.2 Word 2010的新特点

与以前的版本相比，Word 2010新增如下功能。

视野拓展

上下文选项卡提供了用于处理所选项目的控件。

比以往更轻松地创建具有视觉冲击力的文档

可以直接向文本应用图像效果（如阴影、凹凸、发光或映像），也可以向文本应用令人印象深刻的格式效果（例如，渐变填充和映像）。

节省时间和简化工作

Word 2010对导航窗格和查找工具进行了改进。使用这些新增功能比以往更容易进行浏览、搜索，甚至可以从一个易用的窗格重新组织文档内容。

更成功地协同工作

使用新增的共同创作功能，可以与其他位置的其他工作组成员同时编辑同一个文档，甚至可以在工作时直接使用Word 2010进行即时通信。由于在全套的Office 2010程序中集成了Office Communicator，因此可以查看联机状态信息，确定其他作者的可用性，然后在Word中直接查看即时消息或进行语音呼叫。

从更多位置访问信息

临时迸发创意或项目和工作出现紧急状况时，身边不一定有计算机，幸运的是，可以使用Web或Smartphone（智能手机）在需要的时间和地点完成所需的工作。Word Web App是Word的联机伴侣，可将Word体验扩展到浏览器，可以查看文档的高保真版本和编辑灯光的效果，可以从任何装有Web浏览器的计算机上访问Word 2010的一些编辑工具，并在熟悉的编辑环境中工作。

5.1.3 启动和关闭Word 2010

启动Word 2010

启动Word 2010的方法有很多，下面介绍常用的3种。

操作步骤

- 通过“开始”菜单

1 单击“开始”按钮。

视野拓展

Word 2010新增和改进的图片编辑工具可以微调文档中的各个图片，使其看起来效果更佳。

2 依次选择“所有程序”→“Microsoft Office”→“Microsoft Word 2010”选项。

3 经过以上操作后，便打开了Word 2010文档。

- 通过桌面快捷方式

打开Office 2010的安装目录，即在安装软件时所设置的安装路径。

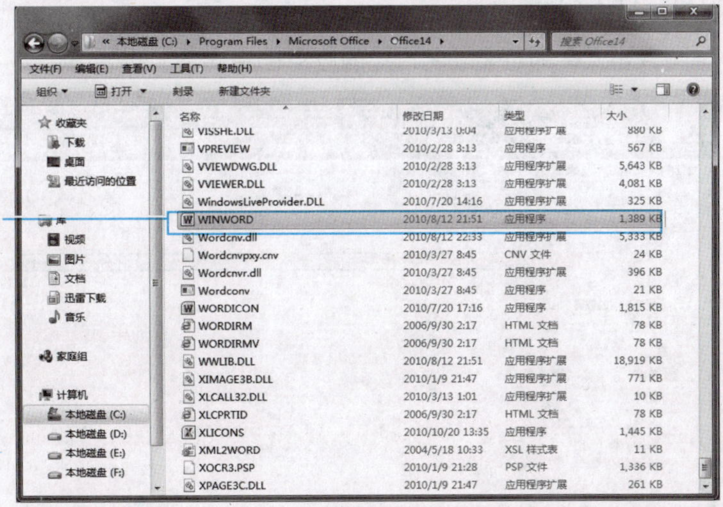

1 在WINWORD图标上单击鼠标右键。

操作步骤

视野拓展

使用经过改进的功能区，可以更加轻松地访问所需命令。还可以创建自定义选项卡以及自定义内置选项卡，同时可以恢复关闭但没有保存文件的草稿文本，只需像恢复最近编辑的草稿一样。

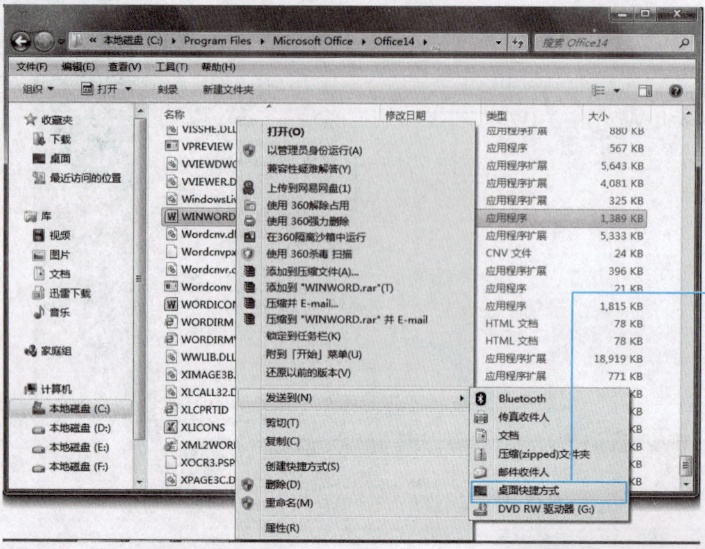

2 在弹出的快捷菜单中选择“发送到”→“桌面快捷方式”命令，即可在桌面上创建快捷方式文件WINWORD.EXE。

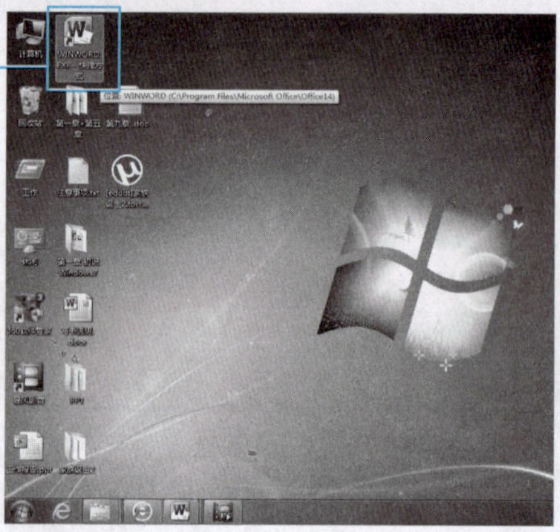

3 双击该文件即可打开Word 2010。

- 双击现有的Word文档

双击文件即可启动其对应的应用程序。

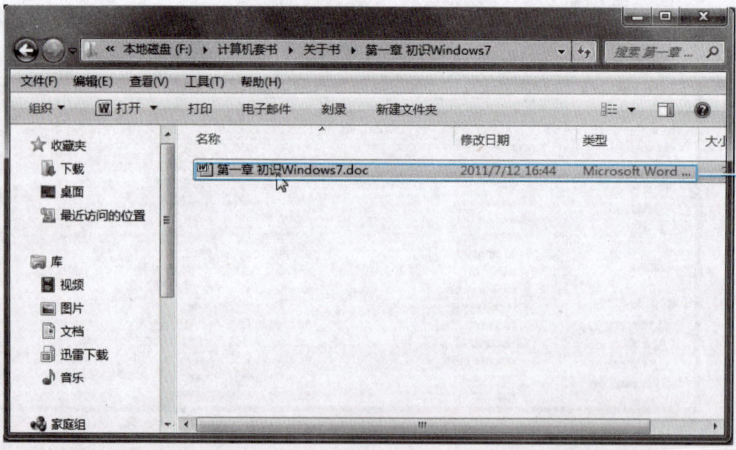

双击该文件即可打开应用程序。

提示： 使用方法1和方法2都会在启动Word的同时建立一个新文件。方法3会在启动Word的同时打开该文件。

视野拓展

也可以通过Windows Live使用共同创作功能，所需的只是一个免费的Windows Live ID和即时消息账户。

关闭Word 2010

退出Word 2010的方法也很多，下面介绍常用的两种。

- 使用“关闭”按钮

当需要关闭Word文档时，可以单击文档操作界面右上角的“关闭”按钮 ，即可关闭该文档。

- 使用右键快捷菜单

在打开的文档的标题栏的任意位置单击鼠标右键，在弹出的快捷菜单中，选择“关闭”命令，同样可以关闭文档。

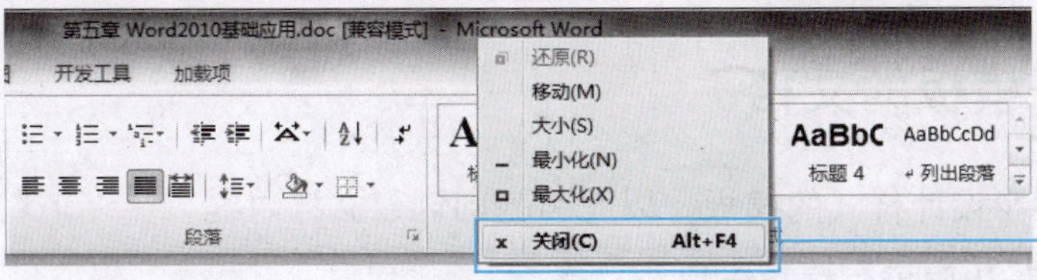

单击“关闭”按钮。

5.2 新建文档

启动 Word 2010后，系统自动新建一篇名为“文档1”的空白文档，可以直接使用它，也可以新建其他类型的文档。Word 2010还提供了一些具有特殊功能的文档，比如博客文章、样本模板、书法字帖等。

5.2.1 新建空白文档

默认情况下，Word 2010程序在打开的同时自动创建一个空白文档。在使用该空白文档完成文字输入和编辑后，如果需要再次新建一个空白文档，则可以按照如下几个步骤进行操作。

操作步骤

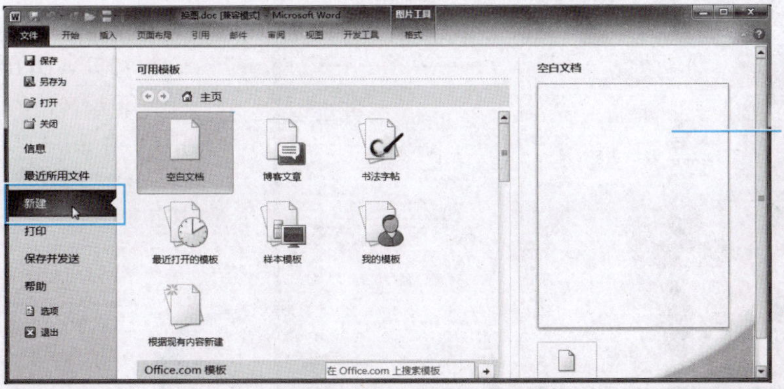

1 打开Word 2010文档，依次单击“文件”→“新建”按钮。

视野拓展

Word提供了很多类似于名片、日历等的模板可供选择，以提高工作效率。

提示： 在Word 2010中的三种类型的Word模板，分别为：.doc模板（兼容Word 97～Word 2003文档）、.dotx模板（未启用宏的模板）和.dotm模板（启用宏的模板）。在“新建文档”对话框中创建的空白文档使用的是Word 2010的默认模板Normal.dotm。

2 选中需要创建的文档类型，完成选择后单击“创建”按钮。

5.2.2 新建基于模板的文档

可以选择一个提供了设计样式的模板，以此为基础创建文档内容。在Word中，可以从多种不同的模板中进行选择以启动文档。

了解模板

每个Word中创建的新文档（即使是空白文档）都是基于模板的，此模板指定了文档的基本格式，如页边距设置和默认文本格式。在创建空白文档时，Word自动运用默认的通用模板Normal1.dotm。

在其他情况下，可以选择一种特定的模板作为新文档的基础。模板不但包含设计元素，也包含标签和起始文字以及信息占位符。例如，可以选择一份传真模板，模板上保留了收件人姓名、传真号码和其他信息预定义的标签和位置。

从模板创建文档

在Word 2010中内置了多种用途的模板（例如会议议程、证书奖状等），可以根据实际需要快速新建出有样式和内容的文档。其操作步骤如下所述。

操作步骤

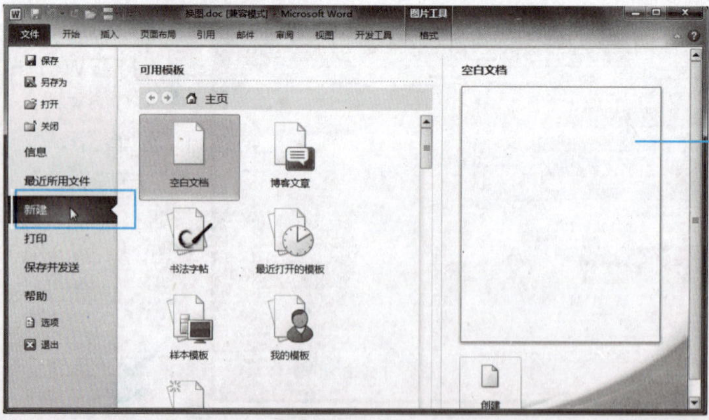

1 打开Word 2010文档，依次单击“文件”→“新建”按钮。

视野拓展

如果计算机连接Internet，在“新建文档”对话框的Microsoft Office Online栏下有许多比较实用的文档模板，如果选择“名片”选项，将自动从Internet上搜索名片模板。从其中选择需要的模板，再单击“下载”按钮即可。

2 打开“新建文档”对话框，在右窗格“可用模板”列表中选择合适的模板，并单击“创建”按钮即可。

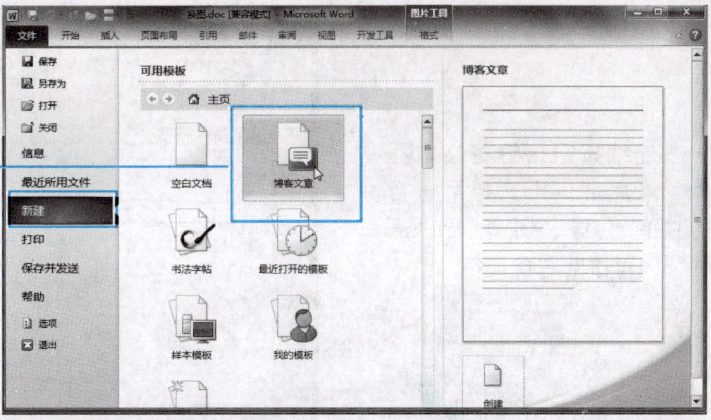

博学先生，这里提供的模板还挺多，那我就对每个模板都创建一个新文档看看都是什么效果。

5.3 编辑文档

本节将详细介绍文档的一些基本编辑操作，包括文本的输入、选择、修改、撤销和恢复、查找和替换等，以便更容易使用计算机编写文档。

5.3.1 输入文档

在“已安装的模板”栏中还有许多其他类型，如简历、传真、信函等。

建立新文档之后就可以在文档中输入文本了。下面介绍常用的文本输入操作，包括输入普通文本、输入特殊符号、输入生僻字和输入日期。

输入普通文本

在输入文本之前，必须先将光标定位到要输入文本的位置，待文本插入点定位好后，切换到自己所要用到的输入法状态，即可在插入点处输入文本。

下面新建一个空白文档，制作一份通知。通过练习掌握文字、标点符号、英文字母和数字等文本的输入方法，以及了解空格键和回车键的作用。具体操作步骤如下所述。

操作步骤

1 在打开的文档编辑区中单击鼠标左键，定位输入文本的位置，待出现不断闪烁的文本插入点即可。

视野拓展

Office应用程序提供了许多模板，有的安装在系统中，有的是联机提供的。

提示：在文档的任何空白处双击鼠标左键就可将插入点定位到需要编辑的位置。

2 连续按空格键将文本插入点定位于文档第一行的中间位置，并输入“通知”，再按回车键换行。

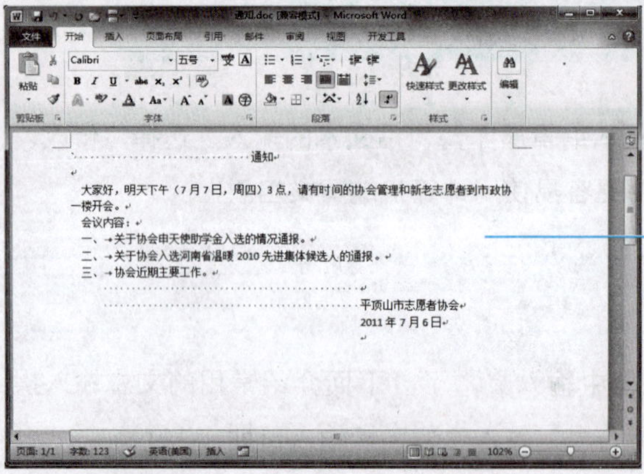

3 在文档中输入通知的内容，效果如左图所示。

输入特殊符号

在文本输入过程中常需要用到一些符号，譬如希腊字母、数学符号等。下面介绍在Word中插入符号“√”的方法。具体的操作步骤如下所示。

操作步骤

1 在文档中单击鼠标左键以确定插入符号的位置。

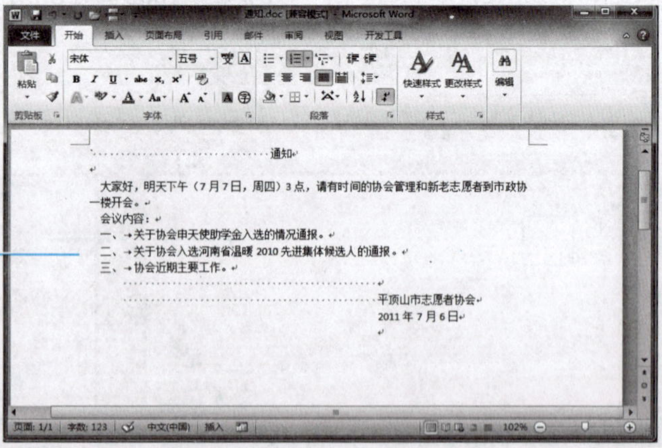

视野拓展

定位光标的方法是将鼠标光标移至文档编辑区，当其变成一条不断闪动的竖线“I”时即可定位。

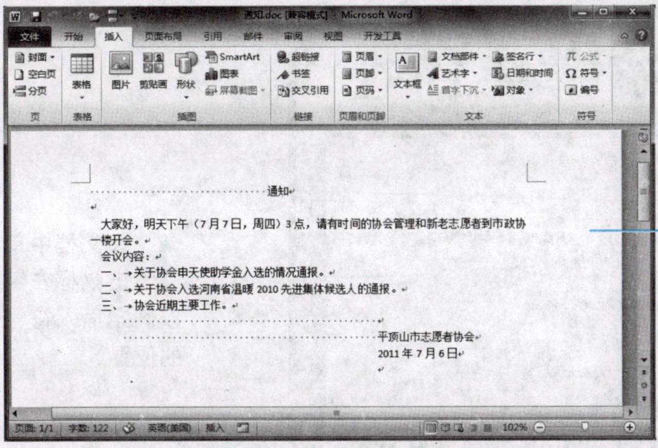

2 在功能区中选择“插入”选项卡。

3 单击“符号”组中的“符号”按钮，弹出符号库。

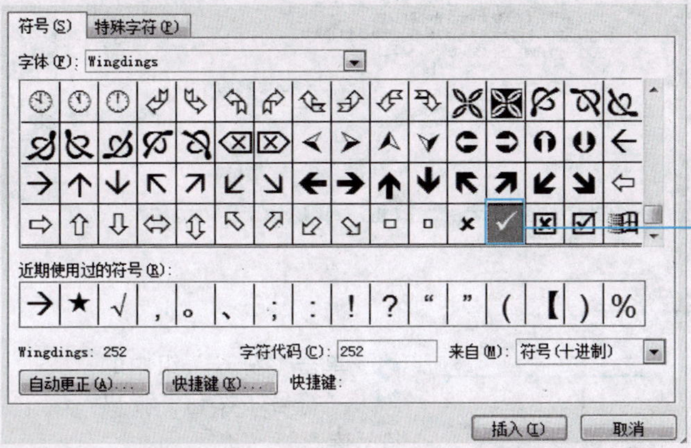

4 单击“符号”库中的“其他符号（M）…”按钮，弹出“符号”对话框。在列表框中选择需要的符号，这里选择“√”符号，单击“插入”按钮将其输入到文档中。

输入生僻字

在Word文档中输入文字时，经常会遇到比较生僻的汉字，这时可以运用Word 2010的插入功能在文档中直接插入。下面介绍在Word中插入生僻字“専”的方法，具体的操作步骤如下所述。

Word 2010的主要功能是可以方便输入和编辑文档。

操作步骤

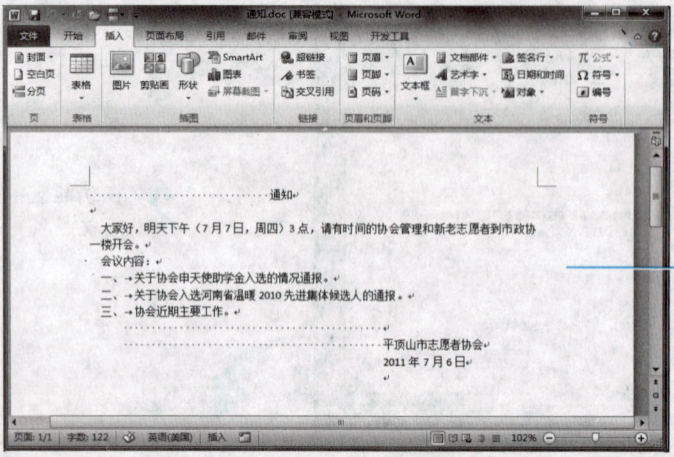

1 在文档中单击鼠标左键以确定插入符号的位置。

2 在功能区中选择“插入”选项卡。

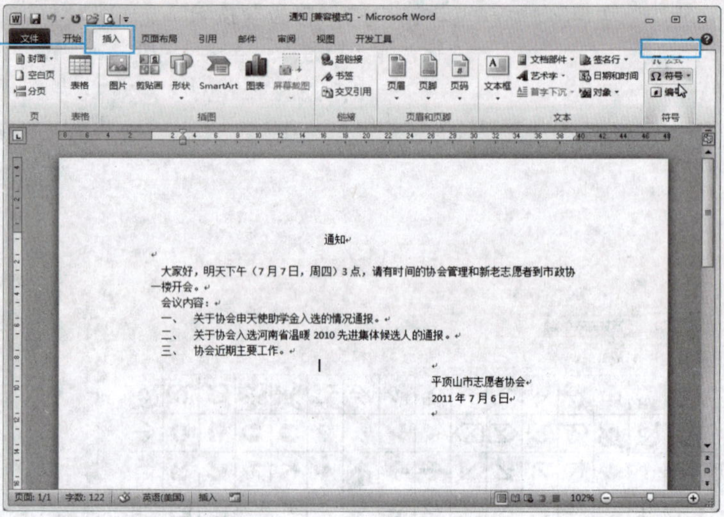

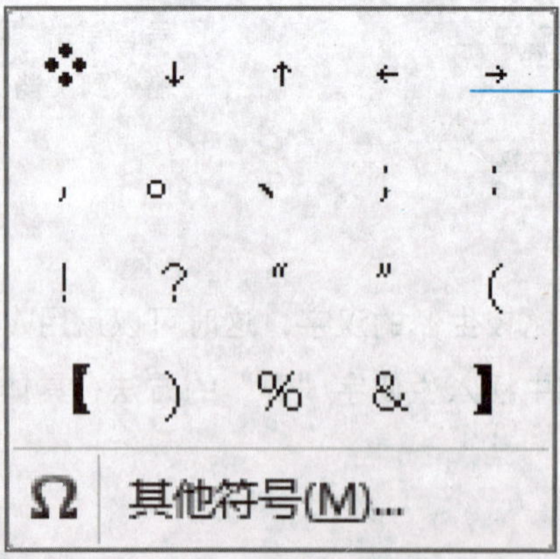

3 单击“符号”组中的“符号”按钮，弹出符号库。

视野拓展

通过“插入”菜单中的符号库即可完成编辑文本时各种生僻字的插入。

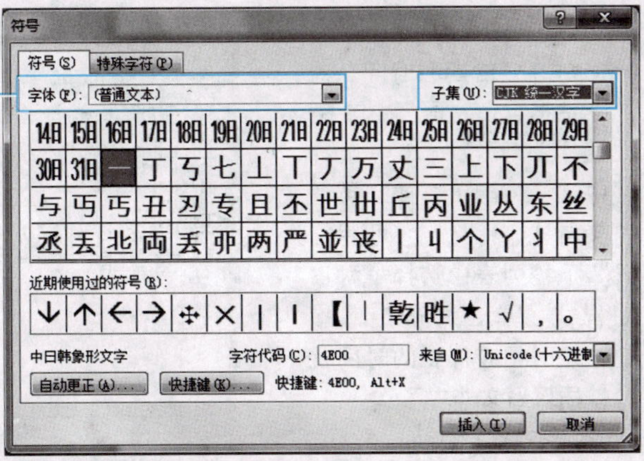

4 在“字体”后面的下拉框中选择“普通文本”选项，在“子集”下拉列表中选择“CJK 统一汉字”选项。

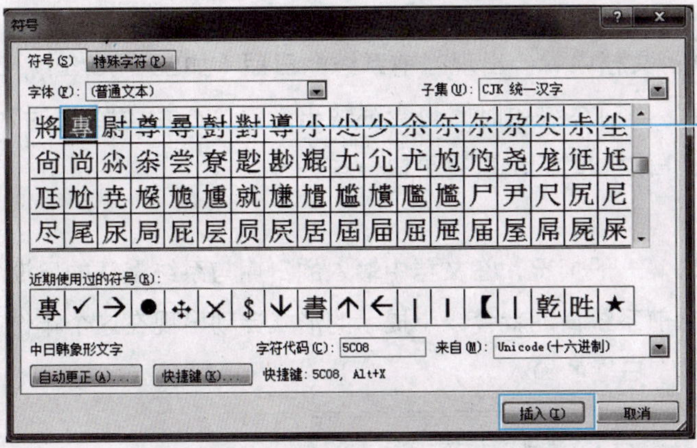

5 在显示生僻字的列表栏中通过拖曳右侧的滚动条，找到需要的生僻字，这里选择“専”字，并单击“插入”按钮，生僻字就插入到文档中了。

输入日期

在Word 2010中插入日期的方法有很多种，下面介绍3种方法。

- 菜单命令输入时间

操作步骤

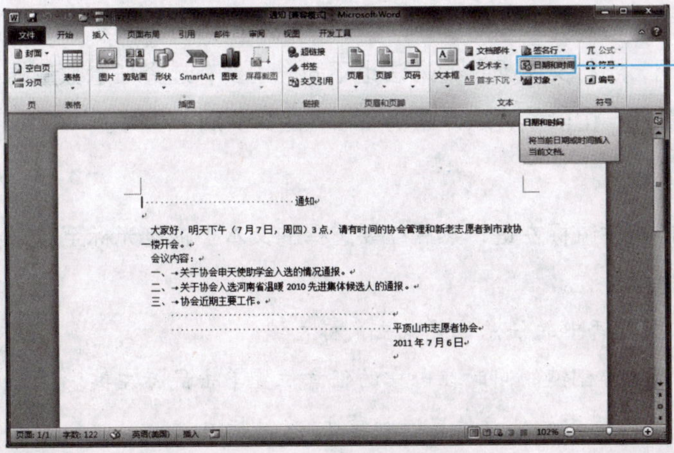

1 选择“插入”选项卡，然后在“文本”组中单击“日期和时间”按钮。

视野拓展

通过对插入菜单中日期和时间的设置即可完成编辑文本时日期的插入。

提示：如果需要时间自动更新，则选中右下角的“自动更新”复选框。

2 打开“日期和时间”对话框，在“语言（国家/地区）”下拉列表中选择“中文（中国）”或“英语（美国）”，在“可用格式”下拉列表中选择一种日期样式，单击“确定”按钮，这时相应样式的时间就会被插入到文档中了。

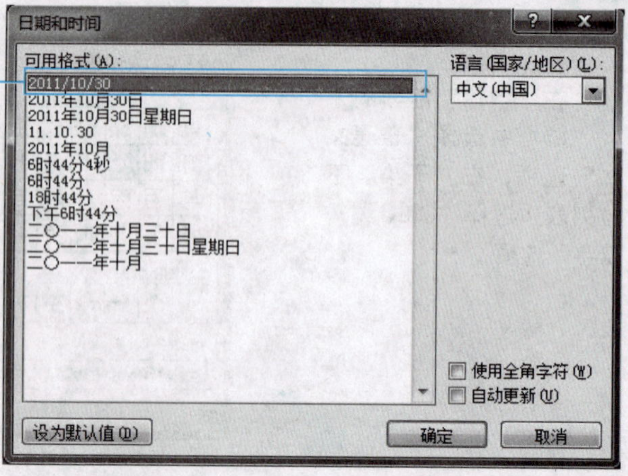

- 快捷键输入日期

按Alt+Shift+D组合键，文档中就会出现当前系统的日期（如2011/9/5），接着按Alt+Shift+T组合键，当前系统的时间也会很快出现在文档中（如21时7分）。而且这种方法可以让日期和时间出现得更快一些。

- 记忆键输入日期

当然还有更简单的方法。一般情况，在文档中输入的日期与系统默认的日期相同时，只要输入年份，当前系统日期就会以小提示的形式自动出现在这个年份的上面，按回车键，就完成了日期的输入。

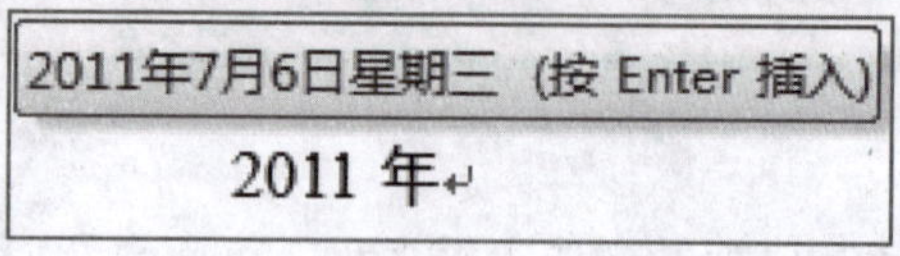

5.3.2 选择文本

根据所选对象的不同，选择文本操作的方法也不同，主要有选择任意数量的文本、选择单行文本、选择一个段落、选择整篇文档、选择页眉页脚等。

选择任意数量的文本

在要开始选择的位置按住鼠标左键，然后在要选择的文本上拖曳光标至结束选择的位置，然后释放鼠标左键。

- 选择一个词语：在词语中的任意位置双击鼠标左键。
- 选择一个句子：按住Ctrl键的同时在句中的任意位置单击鼠标左键。
- 选择一个段落：在段落中的任意位置连续单击3次鼠标左键。

视野拓展

选择文本是处理Word文档过程中经常会用到的方法。

- 选择多个段落：将光标移动到第一段的左侧，当光标变为右向箭头后，按住鼠标左键，同时向上或向下拖曳光标。

选择单行文本

将光标移动到需要选择文本行左侧的空白位置，当光标由不断闪烁的竖线变成右向箭头时单击鼠标左键，即可选择整行文本，选择的行呈蓝色显示。

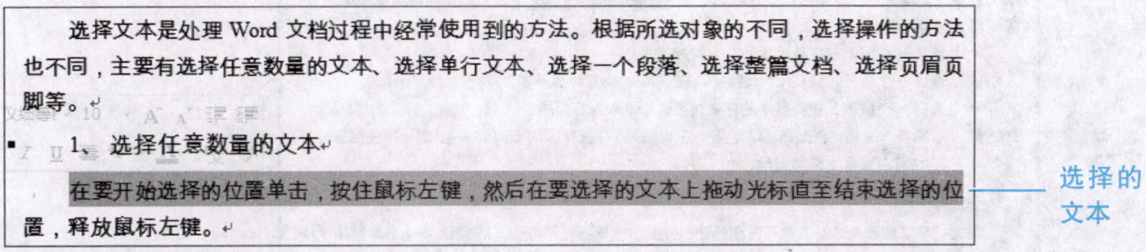

选择多行文本

单击要选择的内容的起始处，将页面转到要选择的内容的结尾处，然后按住Shift键，同时在要结束选择的位置单击鼠标左键即可。

选择整篇文档

选择整篇文档的方法有以下几种。

- 将鼠标光标定位于文档中，然后按Ctrl+A组合键。
- 将鼠标光标移到文档左边的空白位置，当光标由不断闪烁的竖线变成右向箭头时，单击鼠标。
- 按住Ctrl键，单击文本左侧的空白区域。
- 在文档窗口“开始”选项卡的“编辑”工具栏中单击“选择”选项，在弹出的下拉菜单中选择“全选”命令。

选择页眉和页脚

- 在页眉视图中，双击灰显的页眉或页脚文本。将光标移到页眉或页脚的左侧，在光标变为右向箭头后单击即可。

选择脚注和尾注

单击脚注或尾注文本，将光标移到文本的左侧，在光标变为右向箭头后单击。

用Shift键选择文本

首先将光标定位于所选文本的开始位置，然后按Shift键，同时单击所选文本的结束位置，即可选择需要的文本。

视野拓展

页眉视图是文档或其他对象的一种视图，与打印效果一样，页眉、页脚和文本框等项目会出现在它们的实际位置上。

用Ctrl键选择不同区域的文本

用鼠标选择一部分文本后，按住Ctrl键，继续在不同的区域选择需要的文本，呈蓝色显示的文本为选择的文本。在选择后要取消选择的文本，只需在文档的任意位置单击鼠标左键即可。

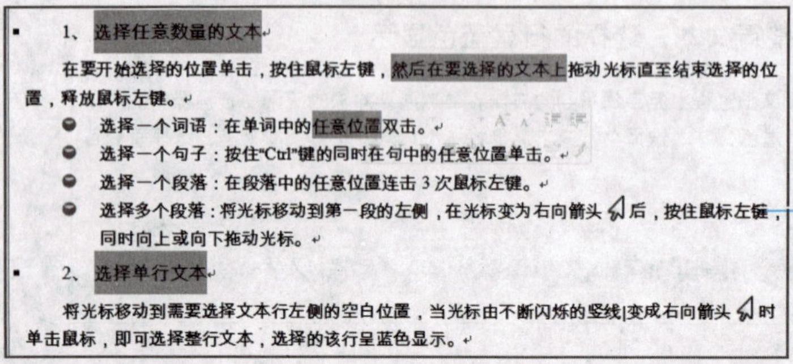
1、选择任意数量的文本

在要开始选择的位置单击，按住鼠标左键，然后在要选择的文本上拖动光标直至结束选择的位置，释放鼠标左键。

- 选择一个词语：在单词中的任意位置双击。
- 选择一个句子：按住"Ctrl"键的同时在句中的任意位置单击。
- 选择一个段落：在段落中的任意位置连击 3 次鼠标左键。
- 选择多个段落：将光标移动到第一段的左侧，在光标变为右向箭头后，按住鼠标左键，同时向上或向下拖动光标。

2、选择单行文本

将光标移动到需要选择文本行左侧的空白位置，当光标由不断闪烁的竖线|变成右向箭头时单击鼠标，即可选择整行文本，选择的该行呈蓝色显示。

选择不同区域的文本

除了使用鼠标进行文本选择之外，键盘也可用来进行文本选择。与鼠标操作相比，键盘操作更快捷、更方便。

- Shift+→组合键：右侧一个字符。
- Shift+←组合键：左侧一个字符。
- Shift+↑组合键：选择从插入点所在位置到上一行与该位置对齐的文本。
- Shift+↓组合键：选择从插入点所在位置到下一行与该位置对齐的文本。
- Shift+Ctrl+→组合键：从光标当前位置选至单词尾。
- Shift+Ctrl+←组合键：从光标当前位置选至单词头。
- Shift+Ctrl+↓组合键：从光标当前位置选至段尾。
- Shift+Ctrl+↑组合键：从光标当前位置选至段头。
- Shift+PgDn组合键：选择到下一屏的所有文本。
- Shift+PgUp组合键：选择到上一屏的所有文本。
- Shift+Home组合键：从光标当前位置选至行首。
- Shift+End组合键：从光标当前位置选至行尾。
- Ctrl+A组合键：整篇文档。

5.3.3 修改文本

在编辑文档时，输入文本有错误就需要修改。如果有需要重复输入的内容，或将文本进行移动，此时可使用Word提供的剪切与复制功能，以便节省重复输入的时间，提高文档的编辑效率。

视野拓展

修改文本可以使用插入、删除等一些基本操作来完成。

插入文本

插入文本的方法是将鼠标光标移动到需要插入文本的位置，当其变成竖线形状时，单击鼠标定位文本插入点，当文档窗口的状态栏显示为插入状态时，即可在插入闪烁点的位置输入新的内容。例如在“祝酒词”文档中的“圆满成功，”文本后插入“为朋友们的健康”，其操作步骤如下所述。

操作步骤

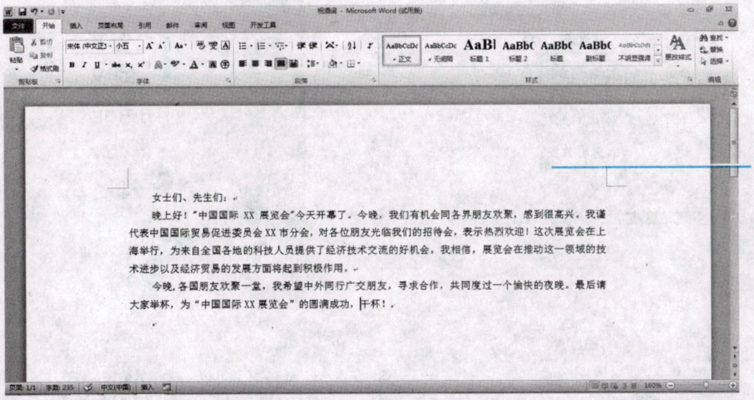

1 打开文档“祝酒词”，将鼠标光标移动到“圆满成功，”文本之后，当鼠标光标变成竖线形状时，单击鼠标定位文本插入点。

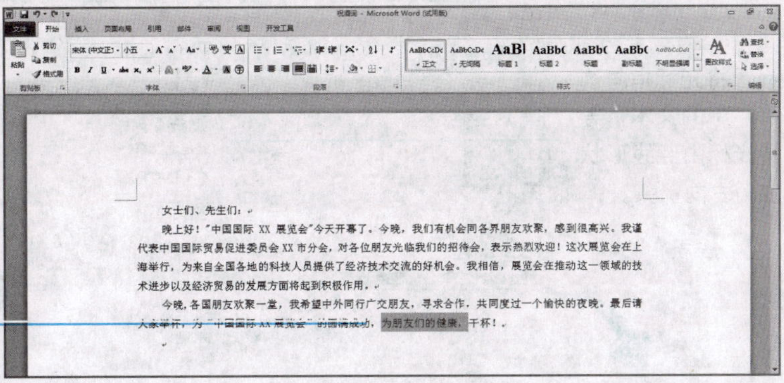

2 切换到相应汉字输入法输入“为朋友们的健康，”文本，即将其插入到了文档中。

删除文本

- Backspace键：删除光标前的单个字符。
- Delete键：删除光标后的单个字符。

移动文本

Word 2010中移动文本的方法有两种。第一种，选择需要移动的文本后，按住鼠标左键拖曳到目标位置。第二种，选择需要移动的文本后，利用剪切与粘贴功能移动文本。下面以文本“静夜思”为例，分别介绍就这两种方法的具体操作。

视野拓展

在进行删除文本操作时，如果要删除的内容较多，则可以先进行选择，再按Delete键或Backspace键即可。

操作步骤

- 通过鼠标拖曳移动文本

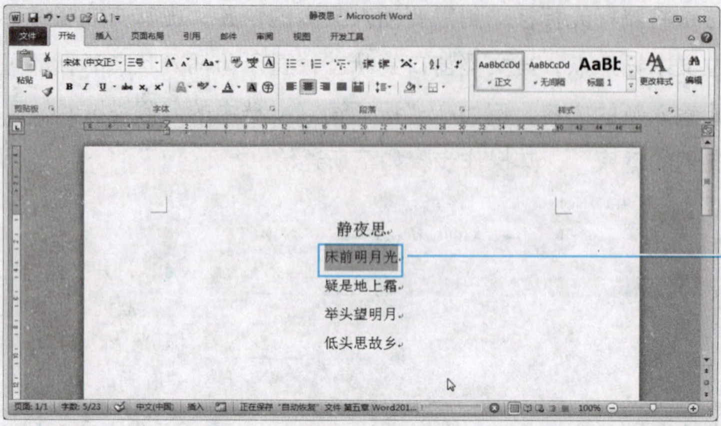

1 选择要移动的文本“床前明月光”。

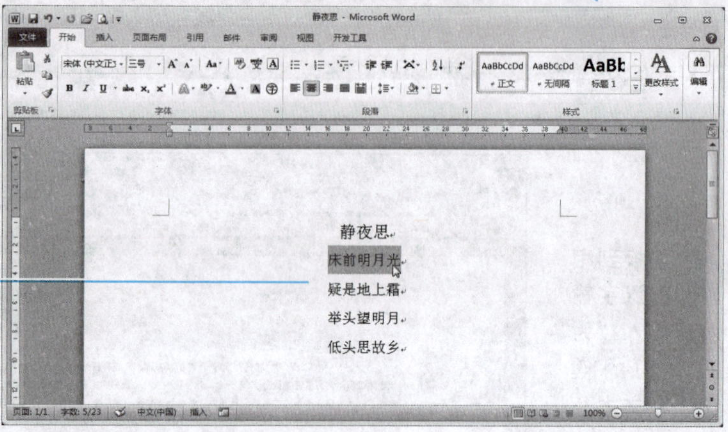

2 将光标指向选中的文本，等待光标由竖线形状变为左向箭头。

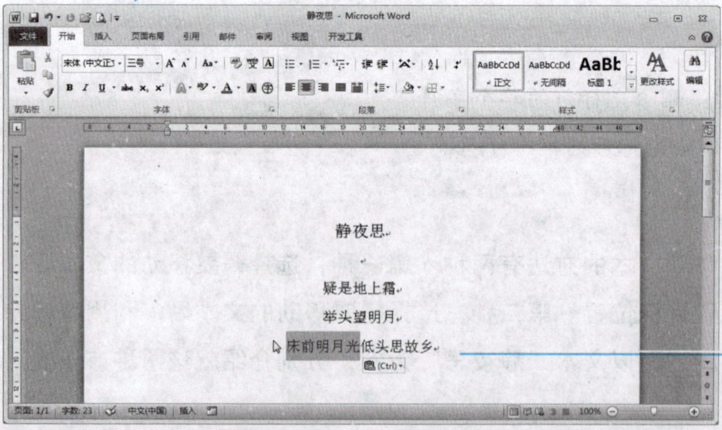

3 按住鼠标左键并拖曳，此时会出现一条竖直的虚线，该虚线代表插入点。

视野拓展

学会移动文本后，将会有助于对文本内容进行修改等操作。

操作步骤

- 通过剪切粘贴功能移动文本

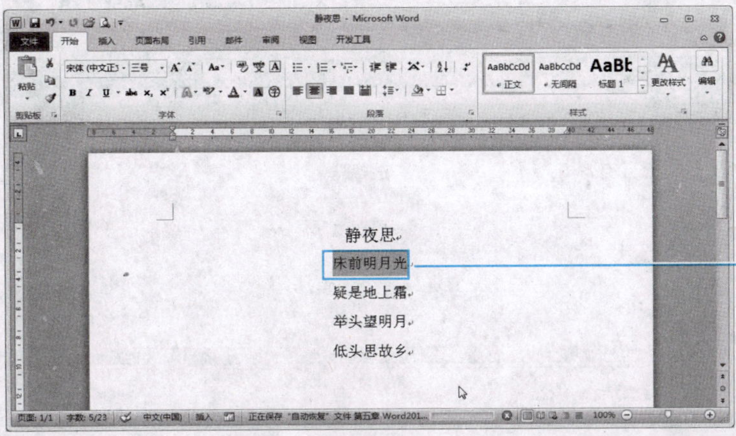

1 选择要移动的文本“床前明月光”。

2 单击“开始”选项卡“剪切板”工具栏中的“剪切”按钮✂，或将鼠标指针移到被选中的文本上，单击鼠标右键，在弹出的快捷菜单中选择“剪切”命令。

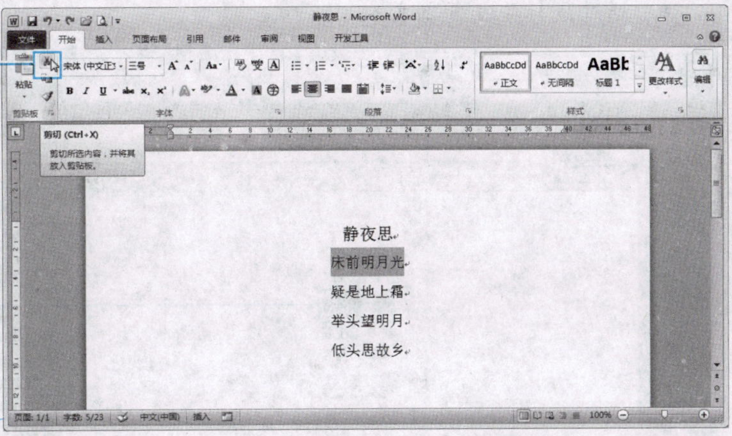

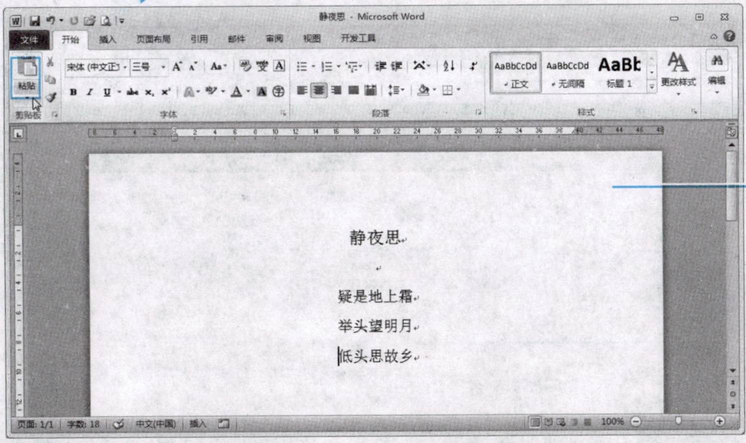

3 在目标位置处单击鼠标左键，然后在“开始”选项卡中单击“剪切板”工具栏中的“粘贴”按钮，或按Ctrl+V组合键。

视野拓展

通过按Ctrl+X组合键，也可完成剪切操作。

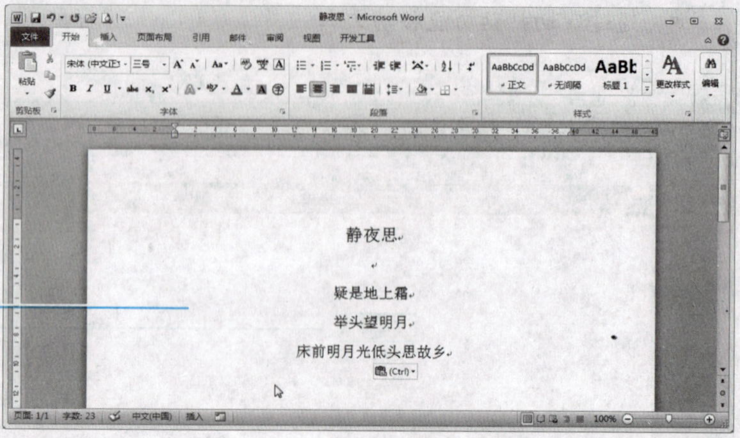

4 实现文本的移动。

复制文本

复制文本的操作方法如下所述。

操作步骤

- 通过鼠标拖曳复制文本

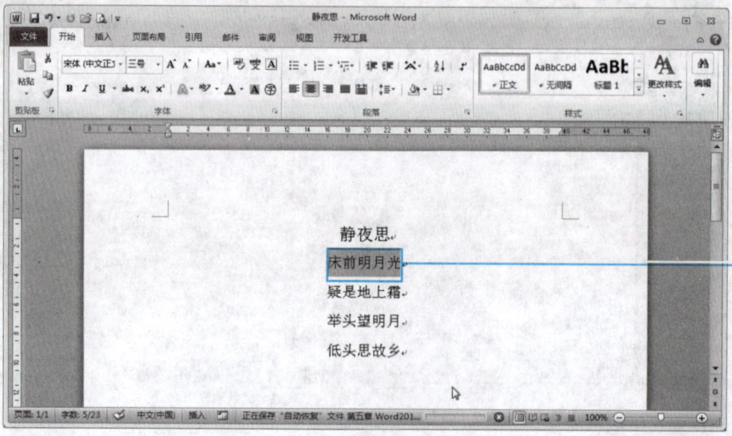

1 选择要复制的文本“床前明月光”。

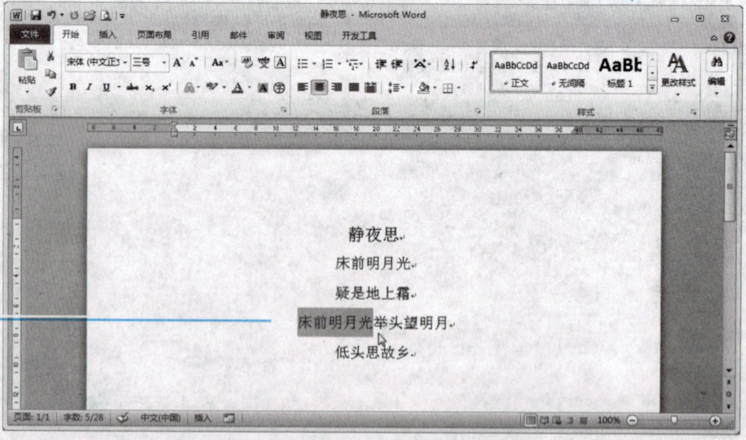

2 按住Ctrl键，同时用鼠标拖曳文本至目标位置，释放Ctrl键和鼠标。

视野拓展

复制文本和移动文本操作类似，既可以通过鼠标拖曳实现，也可以通过剪切板实现，但具体操作方法又有所不同。

操作步骤

● 通过剪切板复制文本

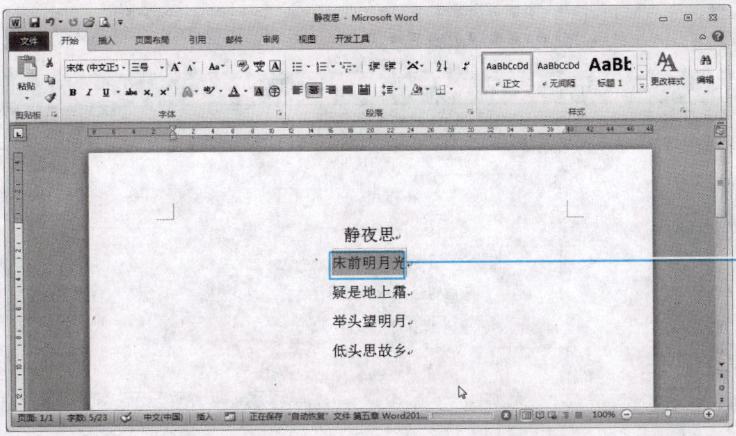

1 选择要复制的文本“床前明月光”。

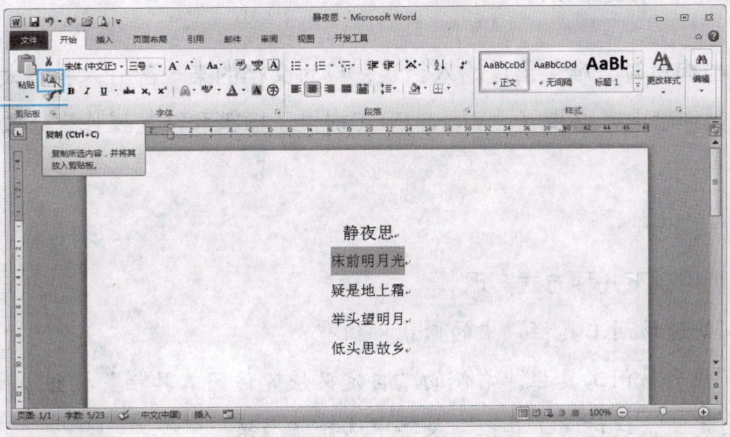

2 单击“开始”选项卡“剪切板”工具栏中的“复制”按钮，或将鼠标指针移到被选中的文本上，单击鼠标右键，在弹出的快捷菜单中选择“复制”命令。

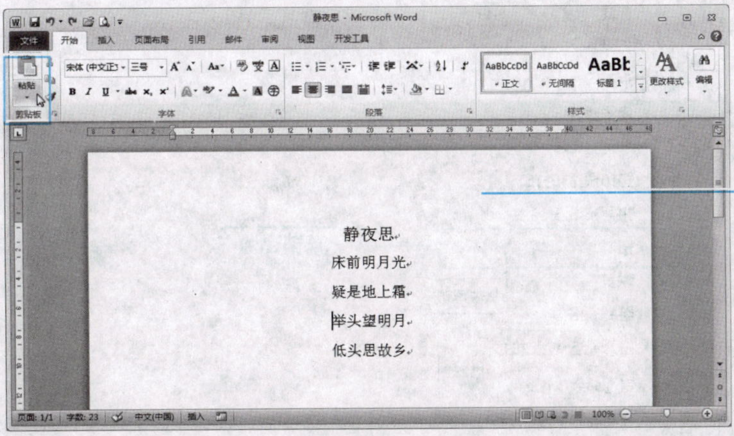

3 在目标位置处单击鼠标左键，然后在“开始”选项卡中单击“剪切板”工具栏中的“粘贴”按钮，或按Ctrl+V组合键。

视野拓展

通过按Ctrl+C组合键也可完成复制操作。

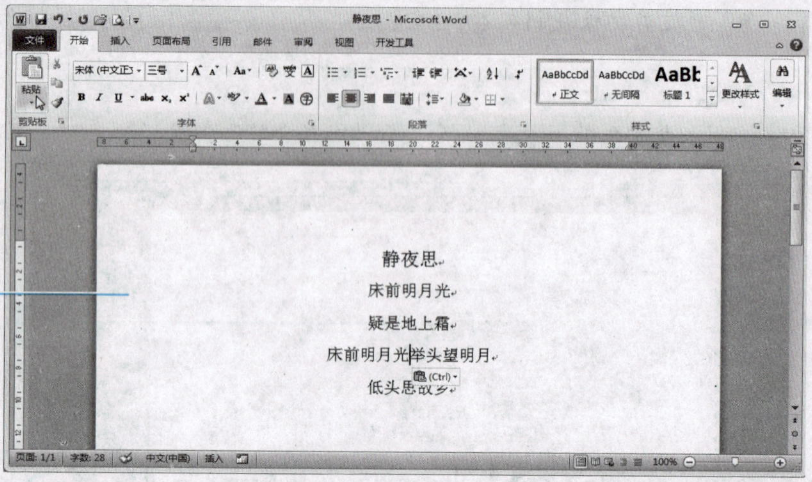

4 实现文本的复制。

5.3.4 撤销和恢复操作

在进行文档编辑时，难免出现输入错误，或对文档的某一部分内容不太满意。因此，撤销和恢复以前的操作就非常必要了。Word 2010提供了撤销和恢复操作来修改这些错误和避免误操作。

撤销操作

撤销操作可用以下几种方式实现。

- 单击“快速访问工具栏”中的撤销按钮。
- 单击“快速访问工具栏”右侧的“自定义快速访问工具栏”按钮 自定义快速访问工具栏 ，在弹出的“自定义快速访问工具栏”菜单中选择“撤销”命令。

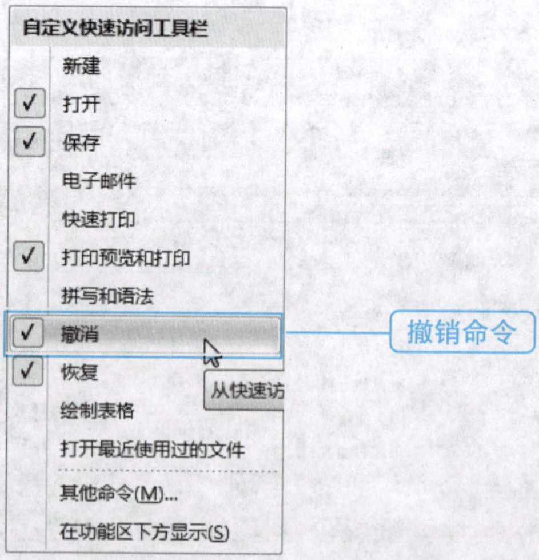

视野拓展

如果需要连续撤销多次，那么连续多次按Ctrl+Z组合键即可。

除此之外，还可以单击“撤销”按钮右侧的下三角按钮，打开下拉列表框。该下拉列表框记录了所有操作，只需单击要撤销的操作即可。

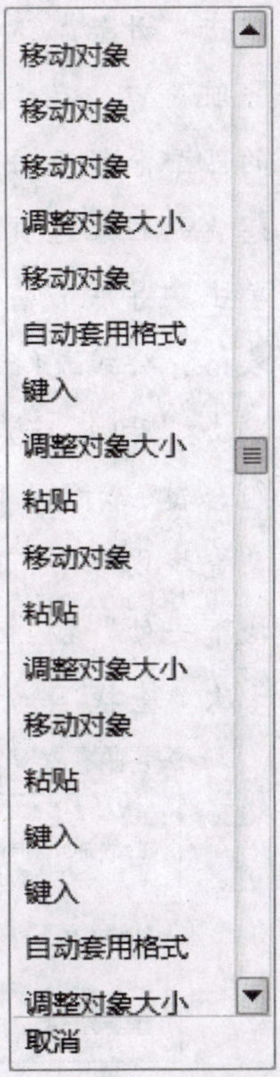

恢复操作

在进行撤销操作后，若想恢复以前的修改，可以使用“恢复”操作。其操作的实现方法有以下3种。

- 单击“快速访问工具栏”中的“恢复”按钮。
- 单击“快速访问工具栏”右侧的“自定义快速访问工具栏”按钮自定义快速访问工具栏，在弹出的“自定义快速访问工具栏”菜单中选择“恢复”命令。
- 连续按多次Ctrl+Y组合键可恢复多步撤销操作。

提示：如果在撤销步骤中，最后一步撤销的是“清除”操作，恢复到此“清除”操作后，“恢复”按钮变成“重新清除”按钮，单击此按钮可进行“清除”操作。

如果最后一步撤销的是“输入”操作，恢复到此操作后，“恢复”按钮变成“无法重复”按钮（暗色）。在正常输入状态，此按钮变为“重复输入”按钮，单击该按钮可重复最后一步的输入操作。

5.3.5 查找和替换操作

Word 2010中提供了文本的查找和替换功能，使用它们可以轻松、快捷地完成文本的查找与替换工作。“查找”和“替换”命令可进行的主要工作包括以下几种。

- 利用“查找”功能，可快速定位文本、格式、特殊字符及其组合，找到要查找的内容。
- 在文档中的若干个位置查找出某个单词、短语、字符串或具有特定格式的文本等内容，并在需要时把它们快速地替换为另一个单词、短语或其他内容。
- 查找或替换特定的格式或样式，如段落格式、边框格式、语言格式、图文框格式或样式。
- 查找或替换特殊字符或特定内容，如制表符、段落标记、脚注引用标记、分节符、域或图形等。

查找操作

查找方法有以下3种。

视野拓展

不仅可以查找文档的普通文本，还可以对文档的格式进行查找和替换，使查找和替换的功能更加强大、有效。

- 单击“开始”选项卡下“编辑”组中的“查找”按钮，打开搜索文档的导航窗口，在搜索框中输入要查找的内容。若找到相关内容则给出找到的匹配总数及每个匹配选项的预览，并在文档中用黄色显示。可以单击想要的匹配选项，文档会自动定位到查找目标处，并以绿色显示。
- 单击“导航”窗口中的放大镜按钮（查找命令）可搜索对象，如图形、表格、公式或修订者。
- 单击“开始”选项卡下“编辑”组中的“替换”按钮，或直接按Ctrl+H组合键，打开“查找和替换”对话框，然后单击“查找”选项卡。在“查找内容”下拉列表框中输入要查找的内容，如“目标”。单击“查找下一处”按钮，即可将光标定位于文档中第一个查找目标处，单击若干次“查找下一处”按钮，可依次查找文档中对应的内容。

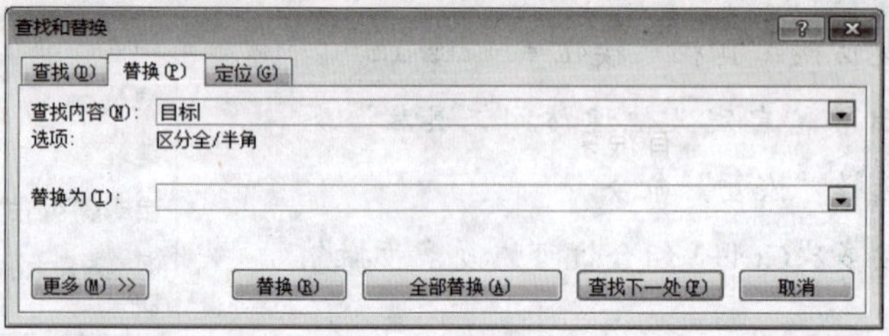

替换操作

替换文本类似于交换东西。而在Word中替换文本就是将文档中查找到的某个字或词等，修改为另一个字或词。例如将文档中的“目标”统一替换为“定位点”，具体操作步骤如下所述。

操作步骤

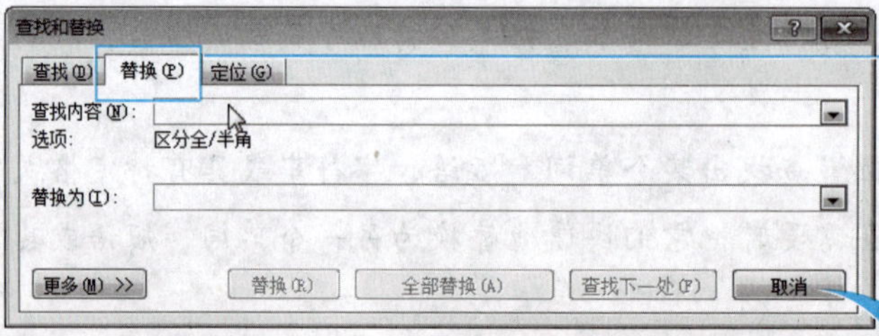

1 将插入点置于文档的开始位置，单击“开始”选项卡下“编辑”组中的“替换”按钮，或直接按Ctrl+H组合键，打开“查找和替换”对话框，选择“替换”选项卡。

2 在“查找内容”下拉列表框中输入要查找的内容“目标”。在“替换为”下拉列表框中输入要替换的内容“定位点”。

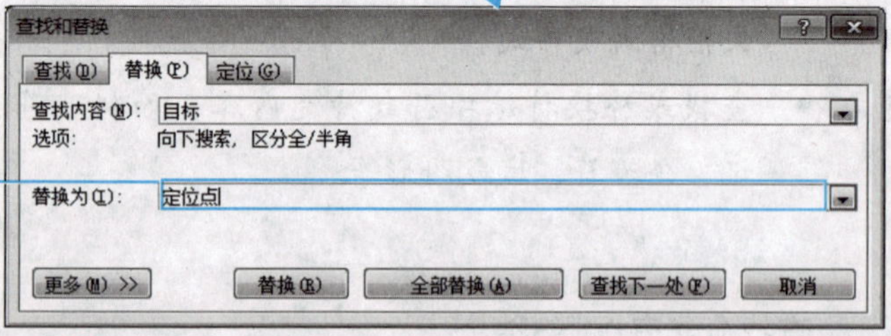

视野拓展

直接按Ctrl+F组合键，也可打开搜索文档的导航窗口进行查找。

下面3个按钮的作用分别如下所述。

- “替换”：从光标所在位置开始向后查找，停留在第一个“目标”文字位置上并进行替换。
- “全部替换”：系统将自动搜索文档中的所有“目标”，并将其替换为“定位点”。
- “查找下一处”：系统向后查找“目标”文字。

5.4 保存文档

编辑完文档之后，在关闭文档之前，应先保存文档。

5.4.1 保存新建的文档

保存新建文档的方法有很多种，下面介绍几种常用的方法。

- 在当前文档中选择“文件”→“保存”命令，如果同一文档之前已经保存过，则当前编辑的内容将按照用户原有的保存路径、名称及格式进行保存；否则，该命令的功能将会等于选择“文件”→“另存为”命令。
- 直接单击快速访问工具栏上的“保存”按钮，或按Ctrl+S组合键。
- 单击“文件”选项卡，在打开的文件管理中心选择“另存为”命令，在打开的“另存为”对话框中选择文档的“保存路径”，如在D盘下的Application子目录；在“文件名”文本框中设置文件的保存名称，如“文档的保存方法”；在“保存类型”下拉列表中选择文件的保存类型，如“Word类型”，这也是系统默认的Word文件格式（扩展名为：.docx）。

5.4.2 另存为其他文档

由于用以前的版本阅读Word 2010编辑的文档，经常会在格式和效果上产生细微的变化，因此可以将Word 2010编辑后的文档保存为以前的Word版本、模板和网页等多种文档格式。其具体方法如下所述。

- 保存为低版本的Word：由于Word 2010生成的文档后缀名为“.docx”，低版本的Word（Word 97～Word 2003）中文档后缀名为“.doc”，所以低版本不支持由Word 2010生成的文档的某些功能。为了让文档在低版本的Word中能够使用，可将其另存为与低版

视野拓展

按快捷键F12，该操作等同于选择“文件”选项卡中的“另存为”菜单命令。

本兼容的副本。

- 保存为模板：以后需要新建具有现有文档内容的新文档时，只需要直接使用“新建文档”对话框即可在“已安装的模板”或“我的模板”中找到。
- 保存为网页：方便Word文档在Internet上发布。

5.4.3 自动保存

要想将正在剪辑的文档设置成自动保存，其操作步骤如下所述。

操作步骤

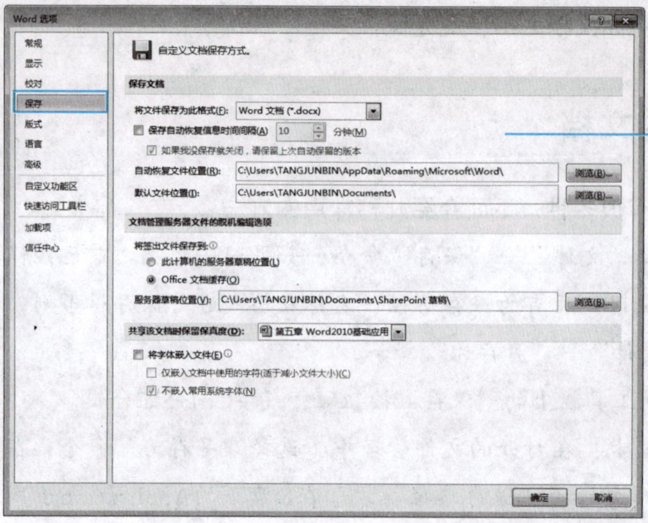

1 单击“文件”选项卡，在弹出的菜单中选择“选项”命令，在弹出的“Word选项”对话框中单击“保存”按钮，打开“保存”面板。

提示： 恢复文件所包含的新信息量取决于Word保存恢复文件的频率。例如，如果每隔10分钟才保存恢复工作，则恢复文件将不包含在发生电源故障或其他问题之前最后9分钟所做的工作。

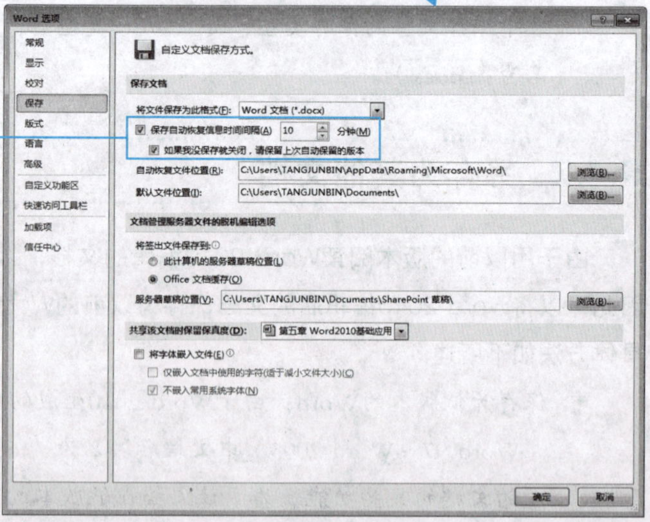

2 在“保存”面板中选中“保存自动恢复信息时间间隔”复选框，并在其后的“分钟”文本框中设置合适的时间数值，单击“确定”按钮。

视野拓展

Word 2010提供了自动恢复功能，以达到自动保存数据或程序状态的目的。

5.5 打开和关闭文档

打开和关闭文档是Word中的基本操作。

5.5.1 打开文档

对于任何文档来说都必须在打开文档之后才能对其进行编辑、修改等操作。下面介绍Word 2010提供的打开文档的几种方法。

- 单击“文件”选项卡，打开文件管理中心，单击其中的“打开”命令选项，在“打开”对话框中选择要打开的文件所在位置，再选中要打开的文件名，然后单击“打开”按钮，或直接双击选中需要打开的文件名即可。
- 直接单击快速访问工具栏上的“打开”按钮。如果“打开”按钮不在快速访问工具栏，可以单击“快速访问工具栏”右侧的“自定义快速访问工具栏”按钮，在弹出的“自定义快速访问工具栏”菜单中选择“打开”命令。
- 通过“计算机”来打开。可通过“计算机”浏览系统文件，找到所需打开的文件，它一定是一个与Word相关联的文件（通常扩展名为.docx或.doc），双击该文件名即可打开它。如果Word未启动，则系统会先自动启动Word应用程序。

提示：Word允许一次打开多个文档。当需要一次打开多个连续的文档时，可按住Shift键进行选择；若一次打开多个不连续的文档，则按住Ctrl键进行选择。

5.5.2 关闭文档

编辑完一篇文档并保存后若要关闭对应文档，可以单击“文件”选项卡，在打开的文件管理中心单击“关闭”按钮，也可以直接单击窗口右上角的“关闭窗口”按钮。在关闭文档时，若文档内容自上次存盘之后没有进行更新，则可顺利关闭；否则在关闭该文档时，将弹出一个对话框，询问用户是否保存所做的更改，单击“保存”按钮，即可保存并关闭该文档；单击“不保存”按钮，将取消对该文档所做的修改并关闭它；单击“取消”按钮，则关闭文档的操作被终止。

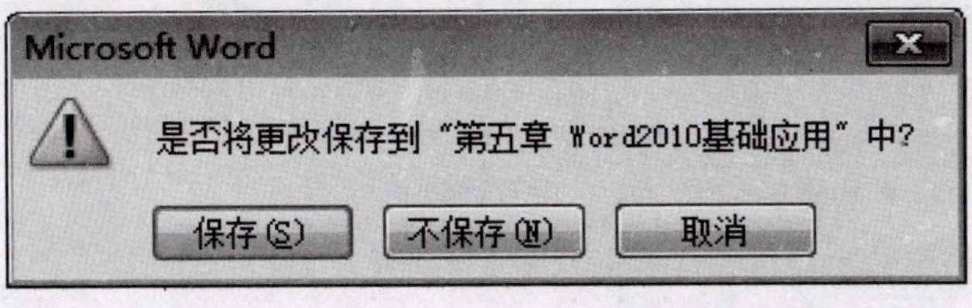

按Ctrl+O组合键也可打开文档。

5.6 打印文档

Word 2010提供了非常强大的打印设置功能。在编辑完文档后，先进行打印预览，按照实际需要进行修改和调整，然后对打印文档的页面范围、打印份数和纸张大小等进行设置后，就可以将文档打印出来。

5.6.1 打印预览

操作步骤

在打印之前，用户需要先预览一下文档打印的效果。其操作步骤如下所述。

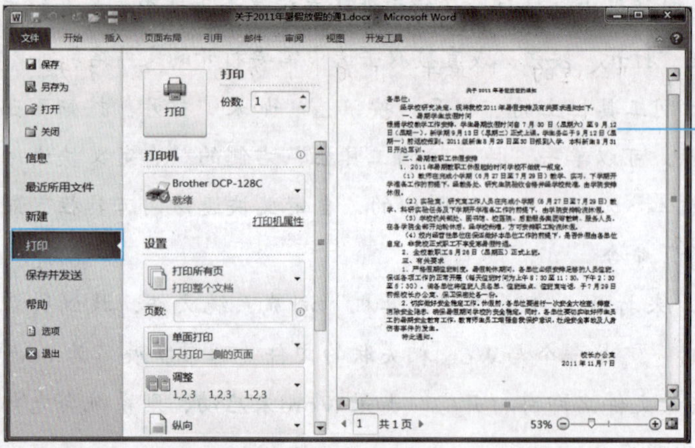

1 打开要打印的文档，选择“文件”选项卡，在打开的文件管理中心选择“打印”命令，打开“打印”窗口。

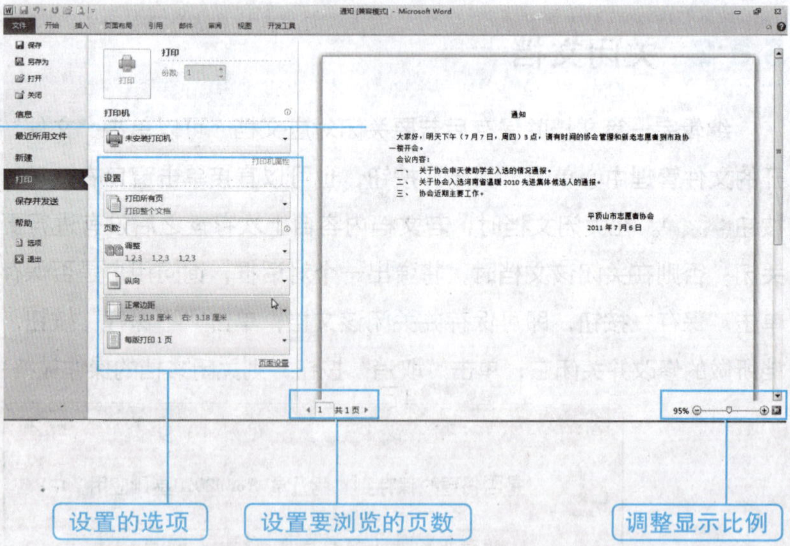

2 打印效果预览。

提示：单击“打印”命令，切换至“打印”选项卡，在“页数”文本框中，可以输入页码、页面范围、节数或节范围，之间用逗号分隔，从文档的开头算起。

视野拓展

可以通过直接单击快速访问工具栏上的“打印预览”按钮，打开“打印”窗口。

5.6.2 设置并打印文档

页面设置

页面设置主要是对打印格式进行相关设置。具体操作主要包括以下几项。

- 纸张大小：单击“页面设置”链接，打开“页面设置”窗口，选择“纸张”选项，在纸张大小下拉列表框中选择合适的纸张大小。
- 纸张方向：单击“纵向”选项下拉列表按钮，在打开的下拉菜单中有“纵向”和“横向”两个选项。或者也可以在“页边距”选项卡中，选择纸张方向（有两种选择：纵向和横向）。
- 页边距：在“页面布局”→“页边距”选项卡中，从下拉菜单中选择所需的页边距设置样式。若没有找到合适的，则单击“自定义页边距”按钮，打开“页面设置”对话框，根据需要设置页边距。

打印

使用默认的打印方式可打印所有页，还可以根据实际需要只打印当前页、打印所选内容或者打印自定义范围。

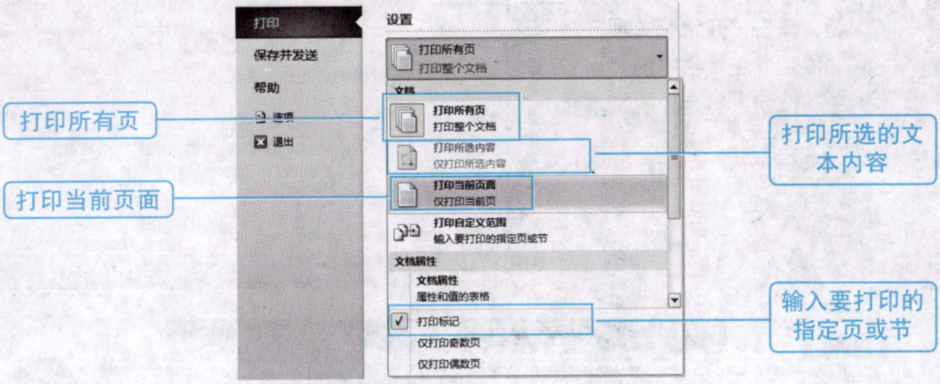

5.7 趁热打铁

现在做一些练习检验一下自己的学习状况吧。

5.7.1 实例演练

本章重点介绍了Word 2010的基本操作，包括文档的创建、编辑、保存、关闭以及打印

视野拓展

所有格式设置好之后，就可以单击“打印”按钮，此时在桌面右下角的“通知区域”中，会显示打印机的图标，同时开始打印文档内容。

等。下面以创建“关于2011年暑假放假的通知”为例来系统演示本章介绍的内容。

操作步骤

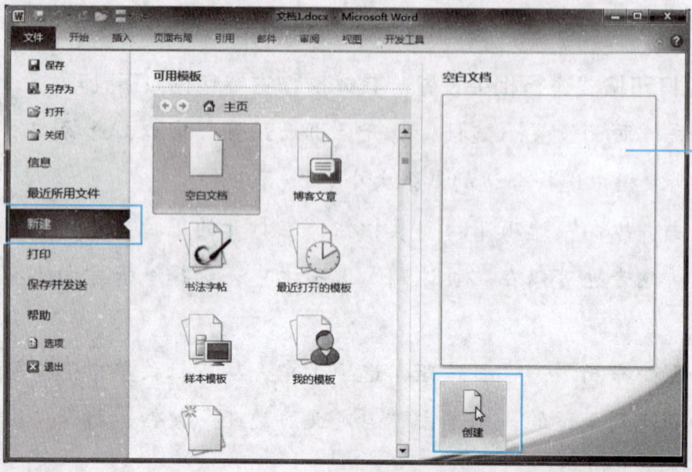

1 启动Word 2010，单击“文件”按钮，在弹出的文件菜单中选择“新建”命令，在“模板”列表中选择“空白文档”选项，单击“创建”按钮。

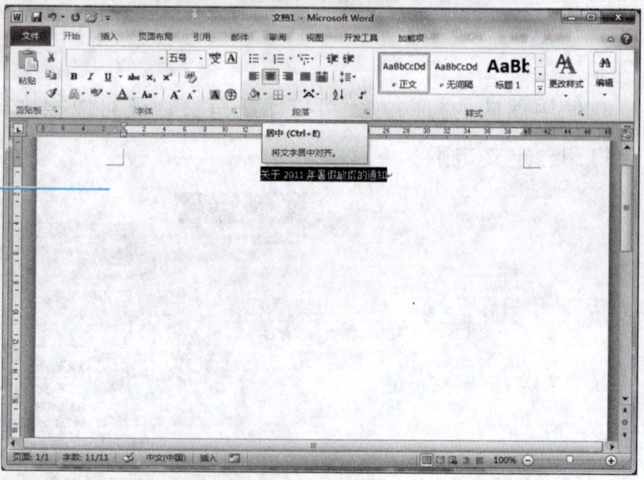

2 在文档中输入文本内容，使用鼠标拖曳的方法选择图中的标题，单击“开始”选项卡“段落”工具栏中的“居中”按钮，将选择的文本居中显示。

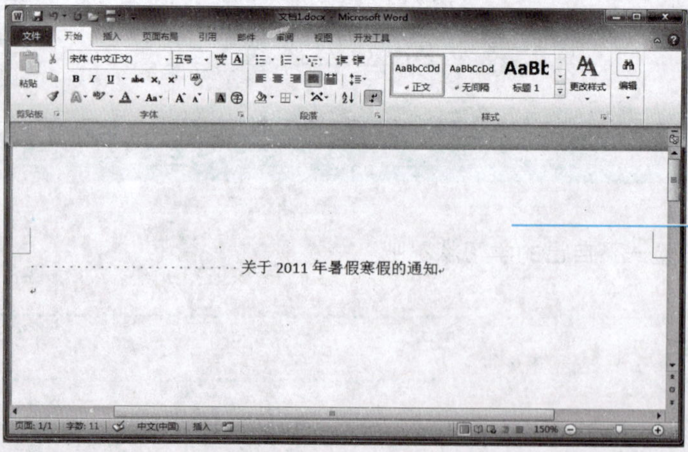

3 按回车键，光标移到下一行的中间，然后按Backspace键将光标移到本行最左边。

视野拓展

启动Word 2010后，将会打开系统默认的Word 2010窗口。

4 输入文本内容，在相应位置按回车键换行。

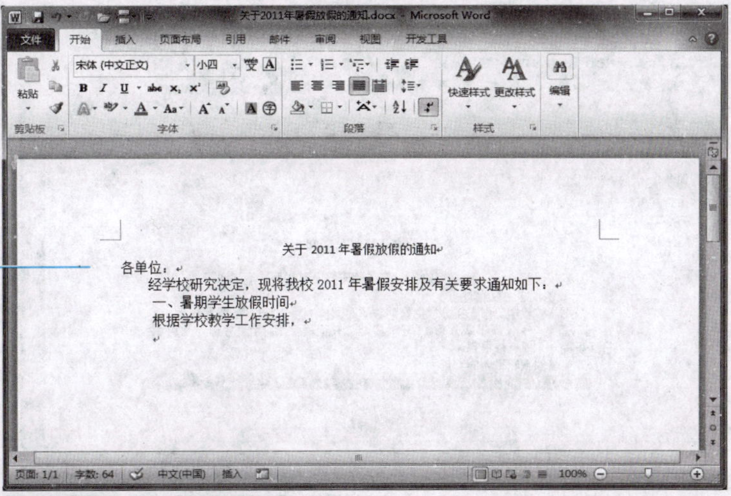

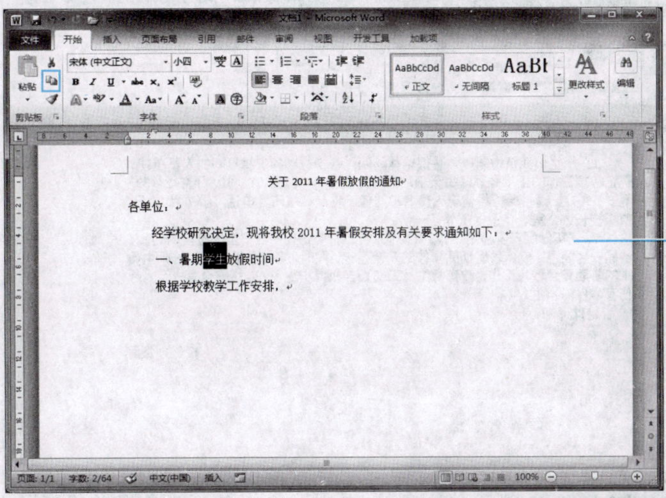

5 在文本中使用鼠标拖曳的方法选择部分文本内容，单击“开始”选项卡“剪贴板”工具栏中的“复制”按钮。

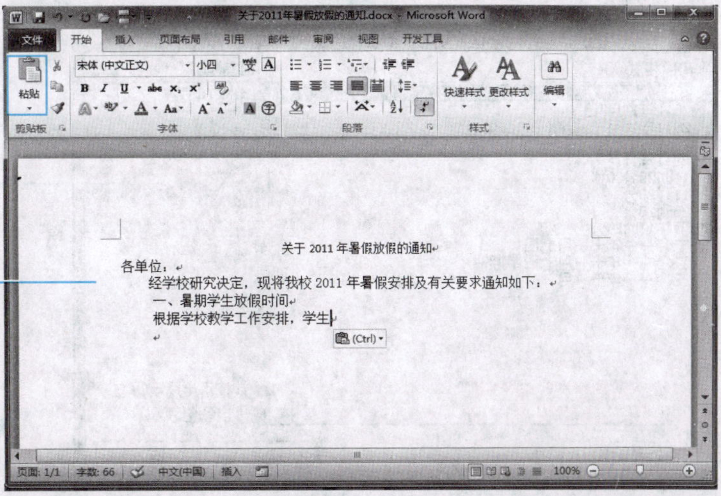

6 将鼠标定位于适当位置，单击“开始”选项卡“剪贴板”工具栏中的“粘贴”按钮，即可将复制的文本粘贴到选定的位置，继续输入后面的内容。

视野拓展

在进行文本编辑时，可以按回车键进行换行操作。

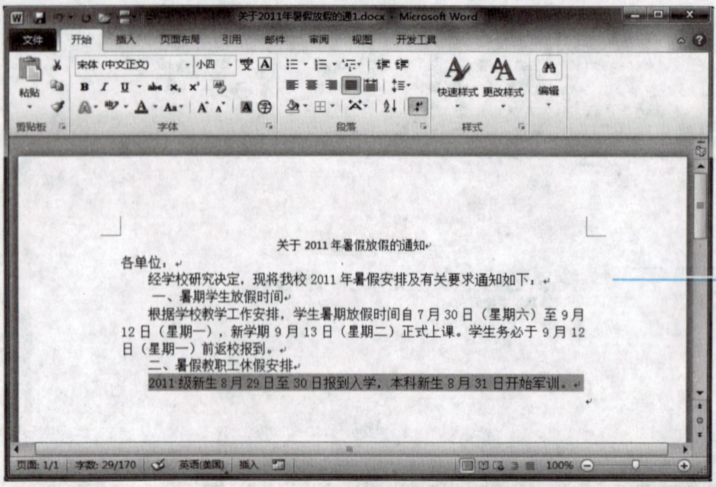

7 选择需要移动的文本，按住鼠标左键，将其拖曳到“报到。”之后，然后释放鼠标左键。

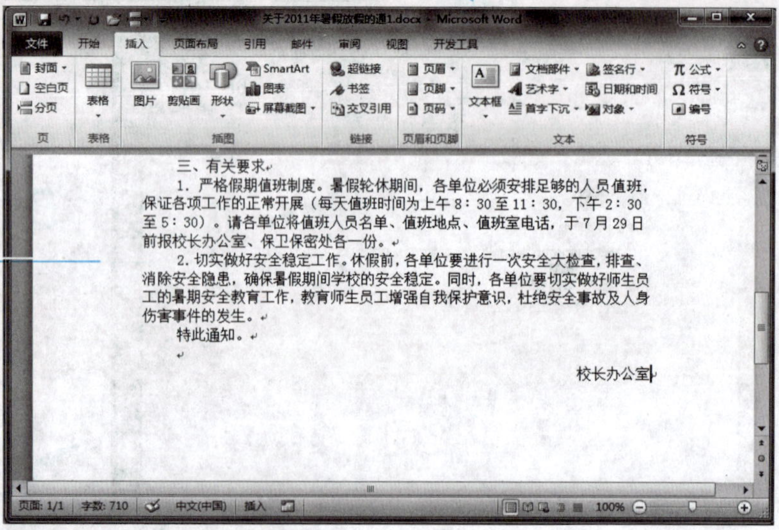

8 继续输入后面的内容至文本落款位置，并按回车键准备输入落款日期。

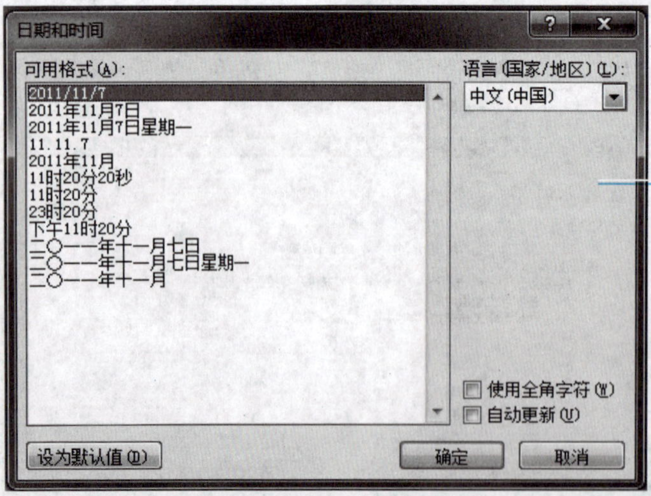

9 单击“插入”选项卡中“文本”工具栏中的“日期和时间”按钮，打开“日期和时间”对话框，从列表中选择所需要的日期格式，单击“确定”按钮。

视野拓展

在进行查找和替换操作时，可以使用通配符。通配符主要有“？”与“*”两个，并且要在英文输入状态下输入。其中“？”代表一个字符，例如，要查找“第2节”，则输入“第？节”即可；“*”代表多个字符，例如，要查找“第1.2.3节”，则输入“第*节”即可。

10 将文本插入点定位于需要开始进行替换工作的位置，单击“开始”选项卡下“编辑”工具栏中的“替换”按钮，打开“查找和替换”对话框，在“查找内容”下拉列表框中输入查找内容“～”，在“替换为”下拉列表框输入“至”，单击“全部替换”按钮。

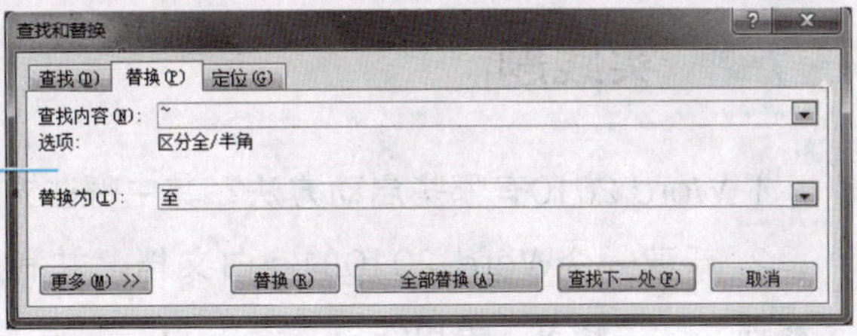

11 在编辑完文本后，单击快速访问工具栏中的“保存”按钮，打开“另存为”对话框，从下拉列表中选择保存位置，在文本框中输入文件名，单击“保存”按钮将文档保存至指定位置。

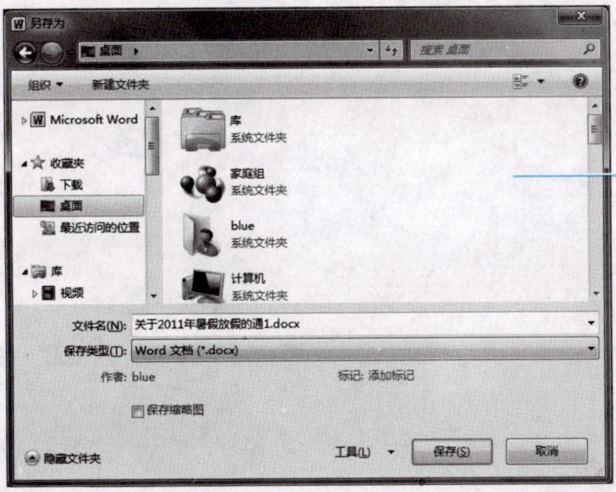

12 单击“文件”按钮，在弹出的菜单中选择“打印”命令，在打开的“打印”对话框中保存默认设置不变，单击“确定”按钮将文档打印出来。

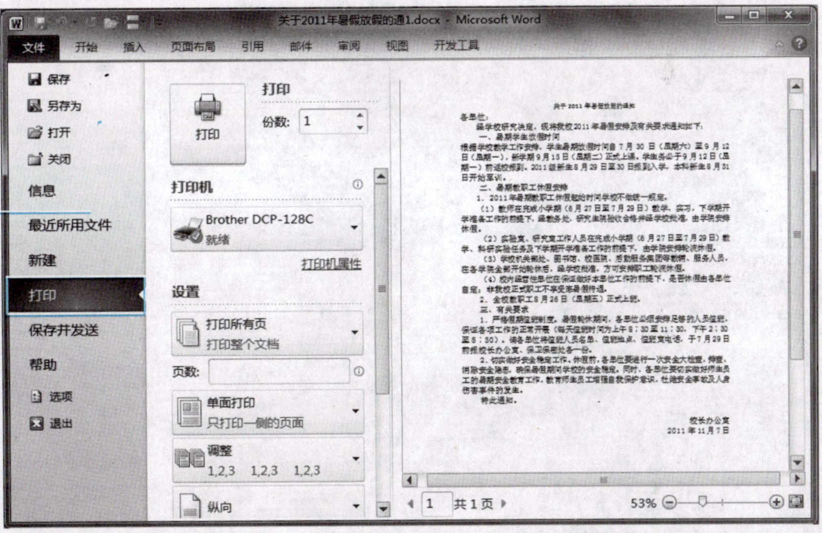

视野拓展

在撤销误操作的过程中，若因失误反而撤销了一些正确操作，可按Ctrl+Y组合键恢复被撤销的操作。

5.7.2 实践题

1. Word 2010有哪些启动方法？其中哪些方法会在启动时自动创建新文件？

2. 新建一个Word 2010的空白文档，并利用输入法输入文本内容，然后执行“复制”、“移动”、“修改”等操作。

3. 文本编辑完成后，分别执行“保存”和“另存为”命令，以不同方式保存文件，看看它们之间有什么区别。

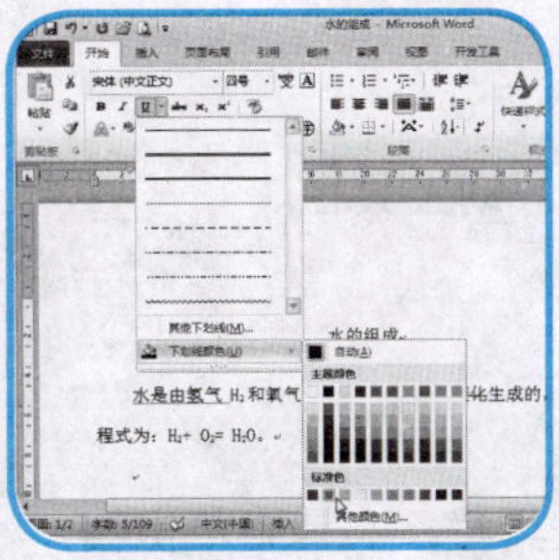

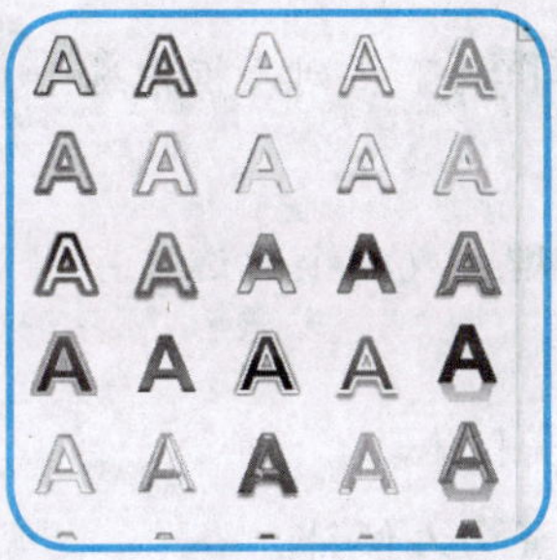

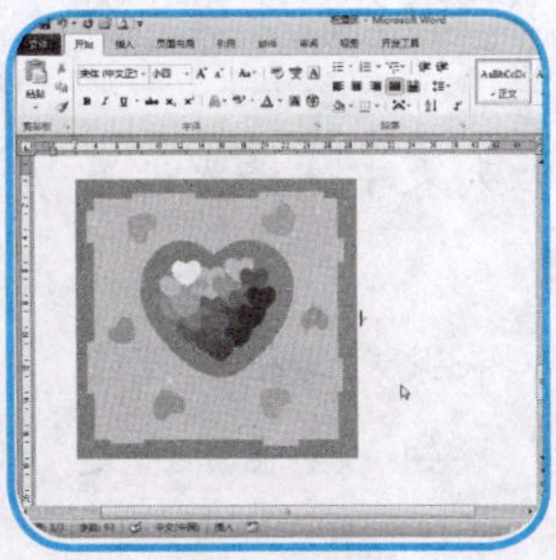

第6章

Word 2010高级应用

本章导读

通过本章内容的学习，要求能够熟练掌握有关Word 2010的高级功能，以便能将文档制作得更加美观。

本章学习目标

- 设置字体和段落的格式
- 设置自动编号和项目符
- 设置边框、底纹和特殊文本
- 复制和清除格式

本章学习重点

- 掌握设置字体和段落格式的方法，学会在文档中插入项目符号和分级列表的操作
- 通过本章的学习，使读者学会设置边框、底纹和特殊文本的方法

6.1 设置字体的格式

在Word 2010中，可以轻松设置字体的格式，让文本显得规范、整洁并美观。

6.1.1 浮动工具栏

Word 2010为了方便对字体格式进行设置，提供了一个浮动工具栏。

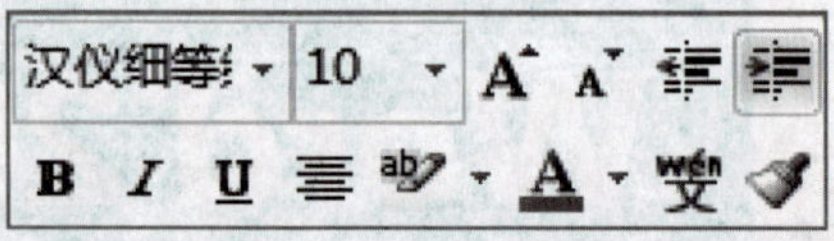

选择需要设置字体格式的文本，将鼠标指针接近浮动工具栏，在其中单击相应的按钮，或在相应的下拉列表框中选择所需的选项即可。具体介绍如下所述。

- 字体下拉列表框：单击右侧的向下箭头，在弹出的下拉列表框中选择不同的字体选项可为文本设置不同的字体效果。
- 字号下拉列表框：单击右侧的向下箭头，在弹出的下拉列表框中选择需要的字号。
- 增大字体按钮和减小字体按钮：单击此按钮可增大或缩小所选文字的字号大小。
- 加粗 B：单击此按钮可为所选的文字设置或取消设置粗体。
- 倾斜 I：单击此按钮可为所选的文字设置或取消设置向右倾斜。
- 下画线 U：单击此按钮可为所选的文字设置或取消设置下画线。
- 以不同颜色突出显示文本：为所选文字设置突出显示，使文字看上去像是用荧光笔作了标记一样。单击右边的向下箭头可打开一个用于突出显示的颜色菜单，从中选择一种颜色。
- 字体颜色 A：单击右侧的向下箭头，在弹出的下拉列表中选择要设置的颜色即可。
- 拼音指南：单击此按钮弹出“拼音指南”对话框，在此对话框中可设置显示所选文字的读音。设置完毕后，单击“确定”按钮，会在所选文字的上方显示其汉语拼音。

提示： 不能自定义浮动工具栏。

下面举例说明如何将Word中的文本“失败是成功之母”中的字体设置为“华文行楷、三号、加粗、蓝色”。其操作步骤如下所述。

视野拓展

浮动工具栏一般会在选择文本后自动出现，只是透明度较低，当把光标移到浮动工具栏时，其透明度会逐渐增大，直至完全可见。

操作步骤

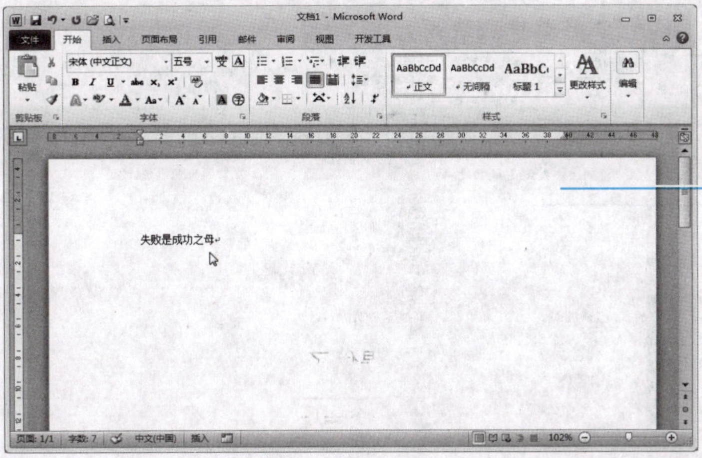

1 在打开的Word 2010窗口中输入文本“失败是成功之母”。

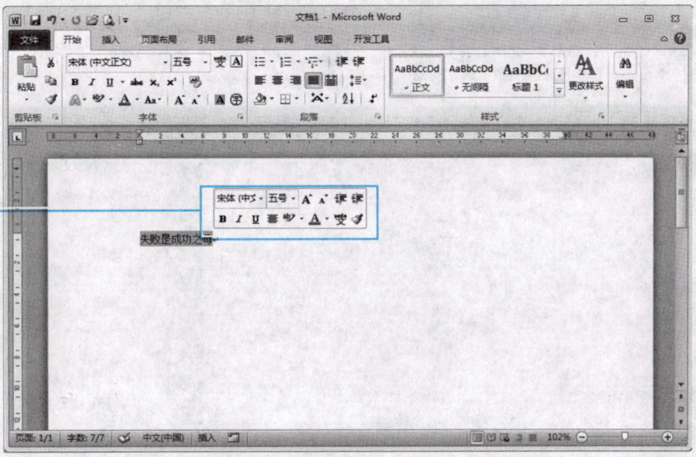

2 选择输入的文本，将鼠标指针接近浮动工具栏使它正常显示。

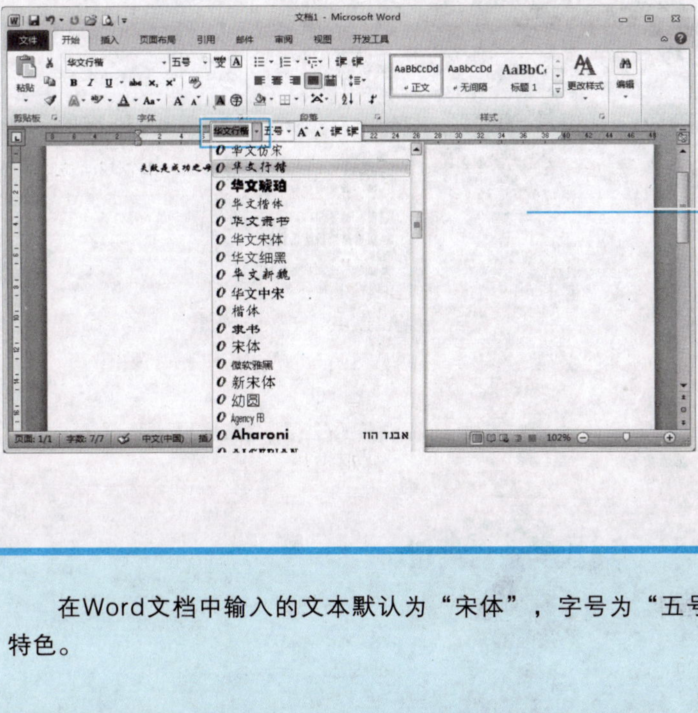

3 单击“字体”下拉列表框右侧的向下箭头，在弹出的下拉列表框中选择“华文行楷”选项。

视野拓展

在Word文档中输入的文本默认为“宋体”，字号为“五号”，不能突出输入内容的层次及特色。

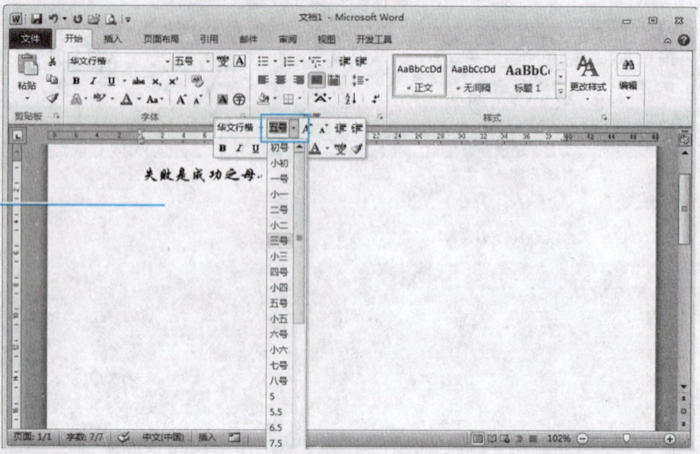

4 单击“字号”下拉列表框右侧的向下箭头，在弹出的下拉列表框中选择“三号”选项。

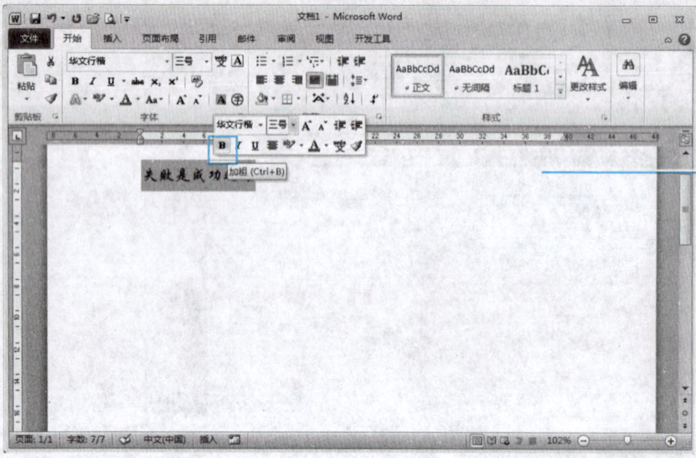

5 单击“加粗”按钮 **B** 。

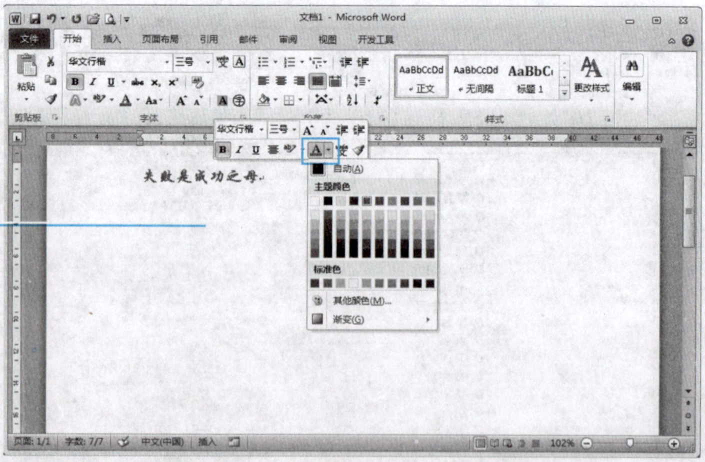

6 单击字体颜色按钮 A · 右侧的向下箭头，在弹出的下拉列表框中选择“蓝色”选项。

视野拓展

Word 2010提供了多种字体供选择。

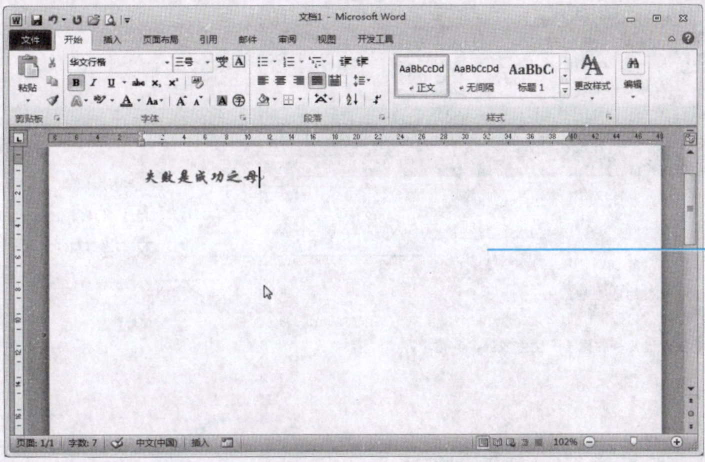

7 用鼠标单击任意空白位置，取消文本选择状态，可查看到设置后的效果。

6.1.2 使用“字体”工具栏

字体工具栏的使用方法与浮动工具栏相同，也是选择文本后在其中单击相应的按钮，或在相应的下拉列表框中选择所需的选项进行字体的设置即可。

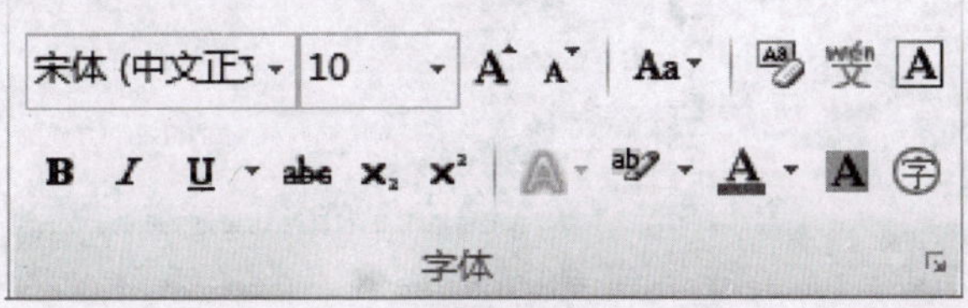

浮动工具栏中的按钮只是“字体”工具栏中按钮的一部分，下面介绍“字体”工具栏中特有的按钮作用。

- 更改大小写 Aa：单击此按钮，在弹出的菜单命令中可选择用于英文及标点符号位置的命令。
- 清除格式：单击此按钮可清除所选字体的所有格式。
- 字符边框 A：单击此按钮会在所选文字周围显示边框。
- 删除线 abc：单击此按钮可为所选文字设置或取消删除线。
- 下标 x_2 或上标 x^2：单击此按钮可将所选文字设置为下标或上标显示。
- 字符底纹 A：单击此按钮为所选文字设置或取消底纹。
- 带圈字符 ㊖：为所选的单个文字设置带圈符号，用于加以强调。文字外面的圈可以设置为圆形、正方形、三角形、菱形等图形。

下面举例说明如何使用上面的介绍按钮功效，操作步骤如下所述。

视野拓展

Word 2010的“开始”选项卡中提供了功能更为全面的字体工具栏。

操作步骤

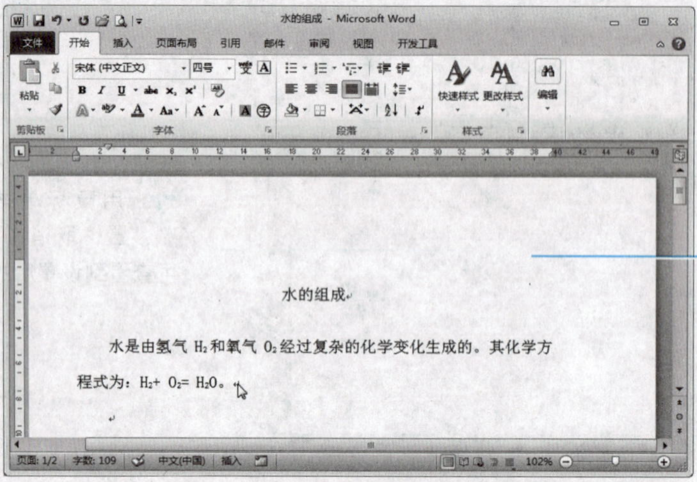

1 在Word 2010文档中输入文本。

2 选择“化学变化”文本，单击“删除线”按钮为其添加删除线。

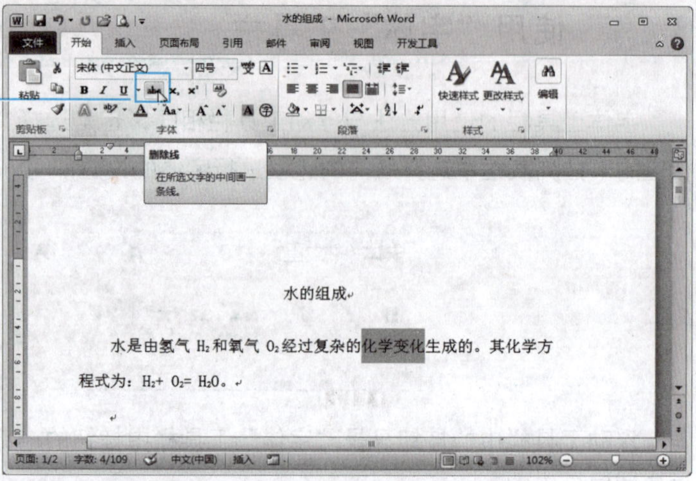

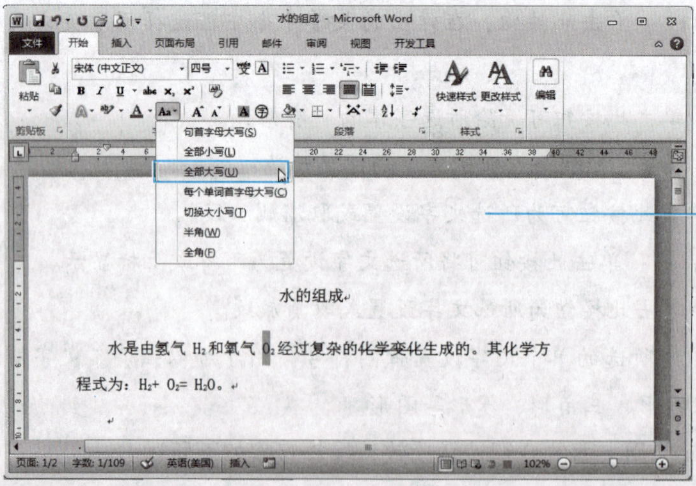

3 选择“O”文本，单击“更改大小写”按钮，在弹出的下拉列表框中选择“全部大写”选项将所选文本全部变为大写。

视野拓展

带圈字符(字)的字母最多可设置为两个。

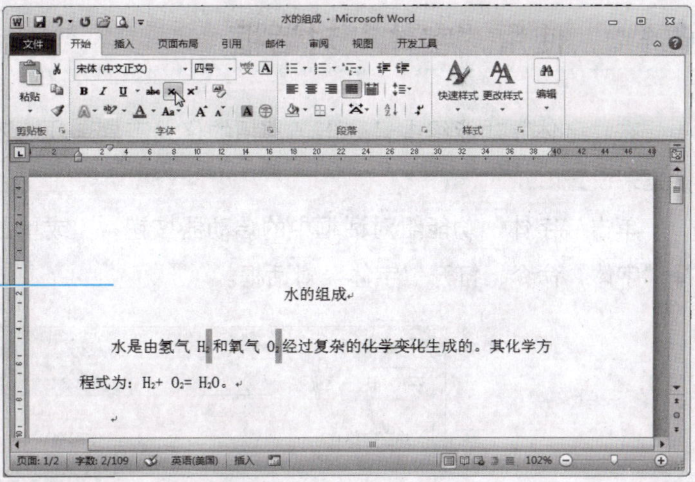

4 用选择不连续文本的方法，选择文档中大写字母“H”和“O”之后的数值“2”，单击“下标”按钮将其设置为下标。

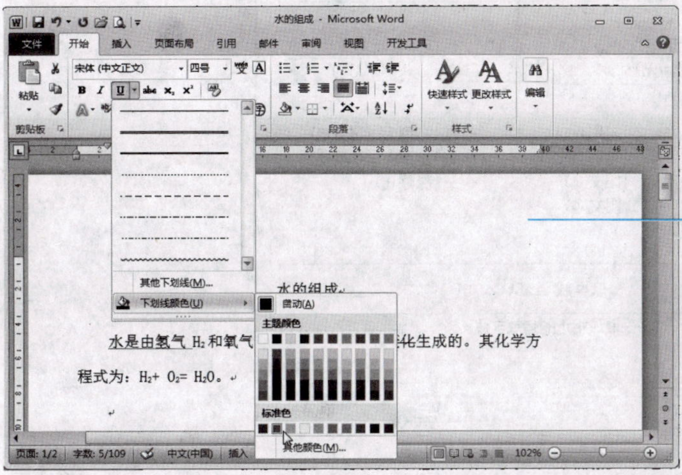

5 选择文本“水是由氢气”，单击“下画线”按钮右侧的向下箭头按钮，在弹出的下拉列表中选择“下画线颜色”选项，可为其添加为红色下画线。

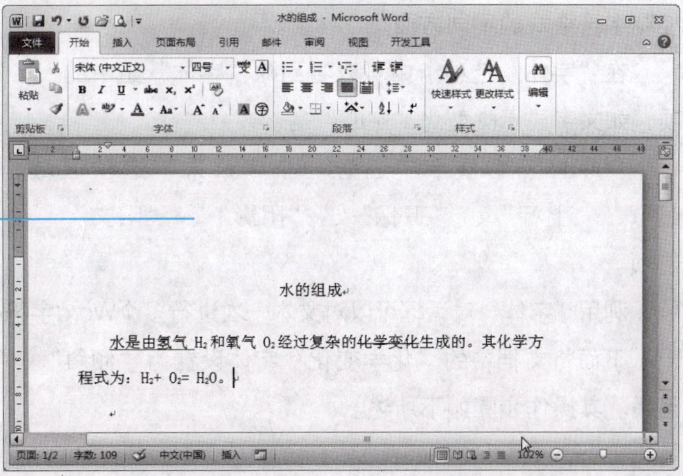

6 设置完毕，查看最终效果。

视野拓展

可以通过使用“下标”按钮来完成对公式或字母等的特定要求。

6.1.3 使用“字体”对话框

在“字体”功能组中只列出了常用的格式工具选项，还有一些格式选项要通过“字体”对话框来设置。

单击“字体”功能组对话框中的启动器按钮，或单击鼠标右键，从打开的快捷菜单中选择“字体”命令，打开“字体”对话框。

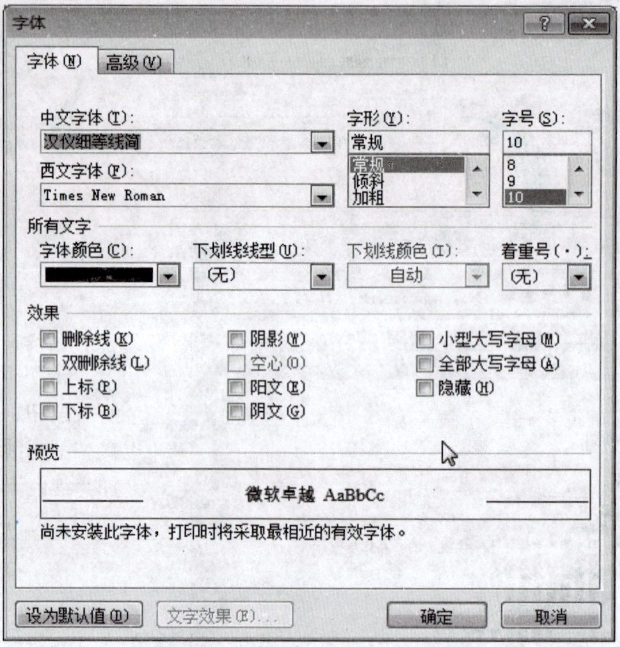

在“字体”对话框中有两个选项卡，分别是“字体（N）”和“高级（V）”，每个选项卡控制字符格式的不同方面。

在“字体”选项卡中可以看到除“字体”组中的大多数字符格式外，还有其他一些格式选项，如文字显示类型为“空心”等。

“字体”选项卡中还有一个“效果”选项区域，其中包括“删除线”、“双删除线”、“上标”、“下标”、“阴影”、“阳文”、“小型大写字母”及“隐藏”文字等选项。

利用“字体”对话框可以对文本一次进行多个Word字符格式选项设置的操作。

下面将文档中的“化学变化”字体设置为“倾斜”、字号设置为“四号”，并加上黄色下画线。其操作步骤如下所述。

视野拓展

可以使用Ctrl+D组合键打开字体对话框。

操作步骤

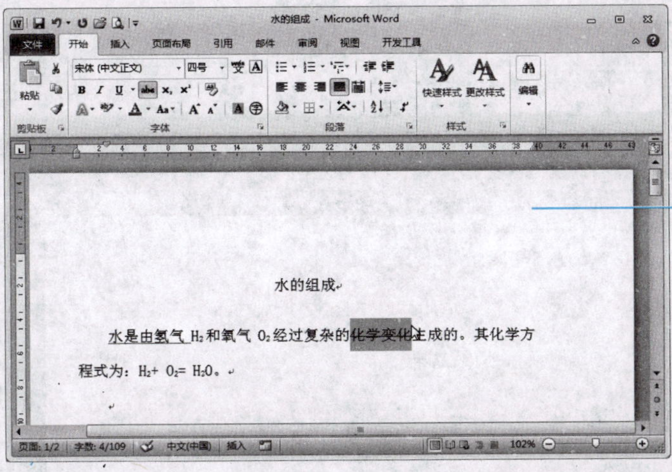

1 打开文档，选择“化学变化”文本。

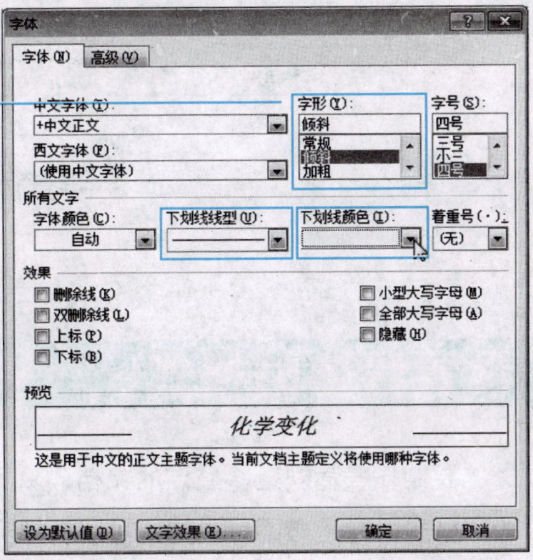

2 单击“字体”工具栏中的 按钮，在打开的“字体”对话框中选择“字体”选项卡，在“字形”下拉列表中选择“倾斜”选项，在“字号”下拉列表中选择“四号”选项，在“下画线线型”下拉列表中选择“————”选项，在“下画线颜色”下拉列表中选择“黄色”选项。

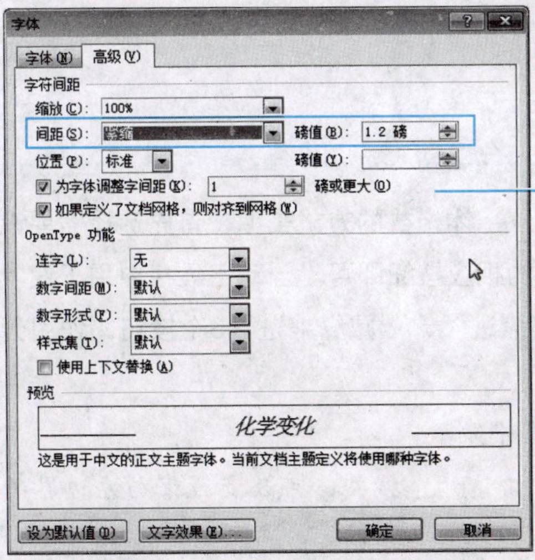

3 单击“高级”选项卡，在“间距”下拉列表中选择“紧缩”选项，在其后的“磅值”微调框中输入“1.2磅”，单击“确定”按钮。

视野拓展

在“字体”对话框底部的“预览”选项区就可以看见应用删除线、双删除线、上标、下标、阴影、阳文、小型大写字母及隐藏文字等选项之后的效果。

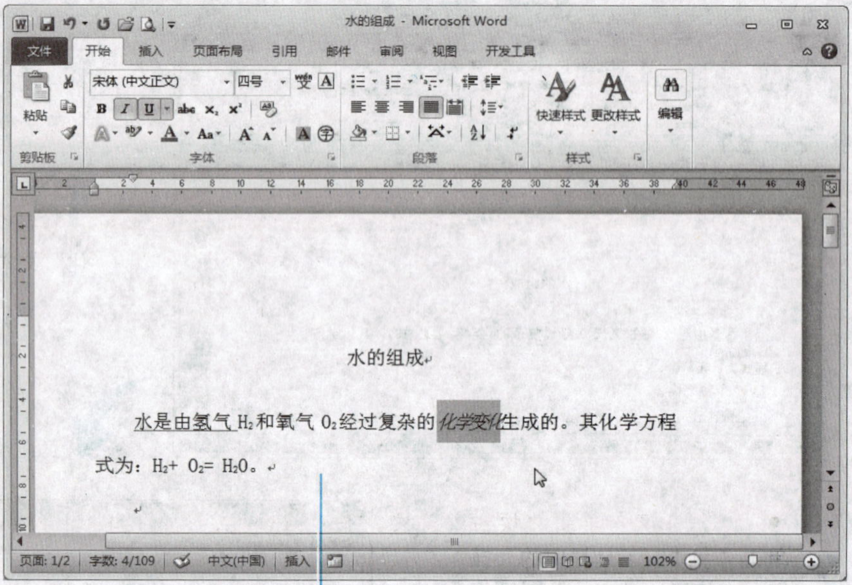

4 回到文档查看设置效果。

6.2 设置段落的格式

要制作一篇规范、整洁的文档，除了要对字体格式进行设置外，设置文档的段落格式同样是必不可少的。可以根据实际需要为段落设置对齐方式、段间距、行间距和缩进方式。

6.2.1 使用浮动工具栏

使用浮动工具栏设置段落格式与设置字体格式的方式类似，首先选择需要设置格式的段落，然后单击浮动工具栏中的相应按钮即可。浮动工具栏中用于设置段落格式的按钮只有“居中”、“增加缩进”、“减少缩进”3个按钮，作用分别如下所述。

- 居中 ≡：单击该按钮，使段落居中显示。
- 减少缩进 ⇤ 和增加缩进 ⇥：单击这两个按钮，可改变段落与左边界的距离。

视野拓展

设置段落格式可以通过单击浮动工具栏中的部分按钮、使用“段落”工具栏和“段落”对话框进行设置。

6.2.2 使用“段落”工具栏

“段落”工具栏中的一些按钮与浮动工具栏中的按钮作用相同，只是它多了许多用于设置段落格式的按钮。

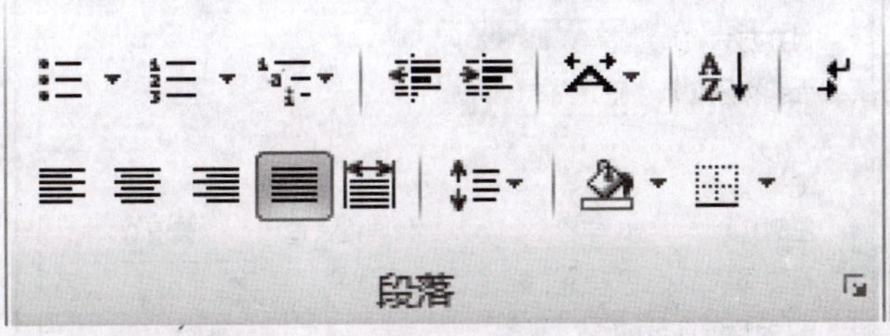

- 左对齐：单击此按钮或者按Ctrl+L组合键，使所选段落左对齐，右边参差不齐。
- 右对齐：单击此按钮或者按Ctrl+R组合键，使所选段落右对齐，左边参差不齐。
- 居中：单击此按钮或者按Ctrl+E组合键，使所选段落居中对齐，左、右两边参差不齐。
- 两端对齐：单击此按钮或者按Ctrl+J组合键，使所选段落两端对齐， 并根据需要增加字间距，这样可以在页面左右两侧形成整齐的外观。这也是系统默认的对齐方式。
- 分散对齐：单击此按钮或者按Ctrl+Shift+J组合键，使所选段落同时靠左边距和右边距对齐，并根据需要增加字间距，其最后一行文本也将均匀分布在左右页边距之间。
- 行和段落间距：单击该按钮，在弹出的下拉列表中可以选择段落中每一行的磅值，磅值越大，行与行之间的间距就越宽，还可以增加段与段之间的间距。

6.2.3 使用“段落”对话框

为了使段落设置得更为精确，通常通过“段落”对话框来设置段落格式，它比“段落”工具栏操作要复杂一些。

要通过“段落”对话框设置文档的段落格式，首先需要选择设置段落格式的段落，单击“段落”工具栏中的按钮，打开“段落”对话框。

- 缩进和间距（I）：可对段落的对齐方式、左右边距缩进量、与其他段落间距进行设置。
- 换行和分页（P）：可对分页、行号和断字进行设置。

视野拓展

“段落”工具栏的用法与浮动工具栏类似，也是选择段落后在其中单击相应的按钮进行段落格式设置。

● 中文版式（M）：可对中文文稿的特殊版式进行设置，如按中文习惯控制首尾字符、允许标点溢出边界等。

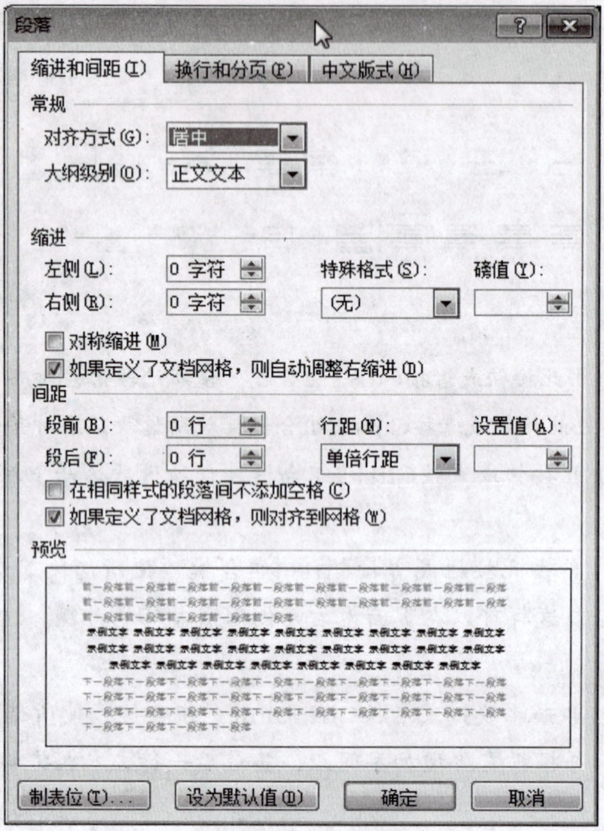

“段落缩进”经常会用在报刊、杂志上。段落缩进是指段落中的文本与页边距之间的距离。Word 2010提供了左缩进、右缩进、首行缩进和悬挂缩进4种缩进方式。下面介绍对其进行介绍。

● 左缩进：指整个段落左边界与页面左边距的缩进量。
● 右缩进：可以设置整个段落右边界与页面右边距的缩进量。
● 首行缩进：指段落中第一行第一个字的起始位置与页面左边距的缩进量。中文段落普遍采用首行缩进方式，一般缩进两个字符。
● 悬挂缩进：设置段落中除首行以外的其他行与页面左边距的缩进量。悬挂缩进用于一些较为特殊的场合，如报刊、杂志等。

下面在文档中使用“段落”对话框来精确设置段落文本的格式。具体操作步骤如下所述。

视野拓展

在“段落”对话框的“缩进和间距”选项卡的“缩进”选项区中可设置段落缩进样式。

操作步骤

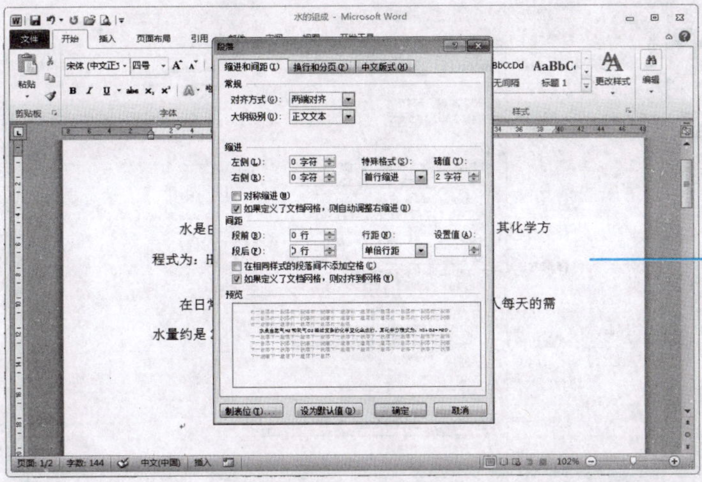

1 打开文档选择标题文本“水的组成”，单击“段落”工具栏右下角的按钮，打开“段落”对话框。

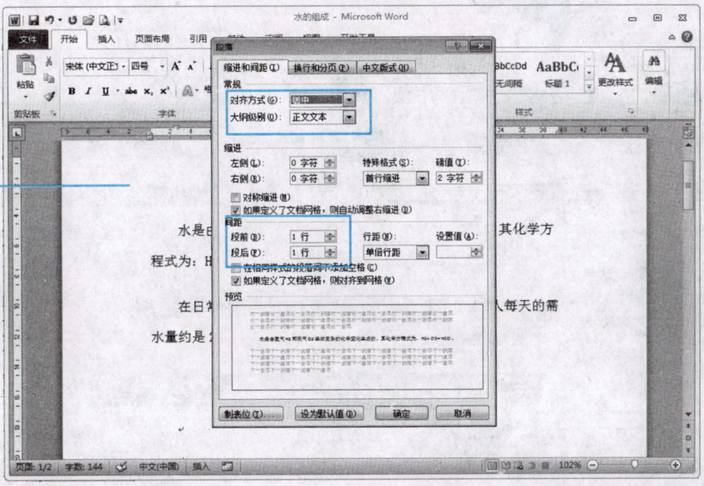

2 在“段落”对话框“常规”选项区中选择标题文本的“对齐方式”为“居中”，在“间距”选项区中设置“段前”、“段后”间距均为1行，单击“确定”按钮关闭对话框。

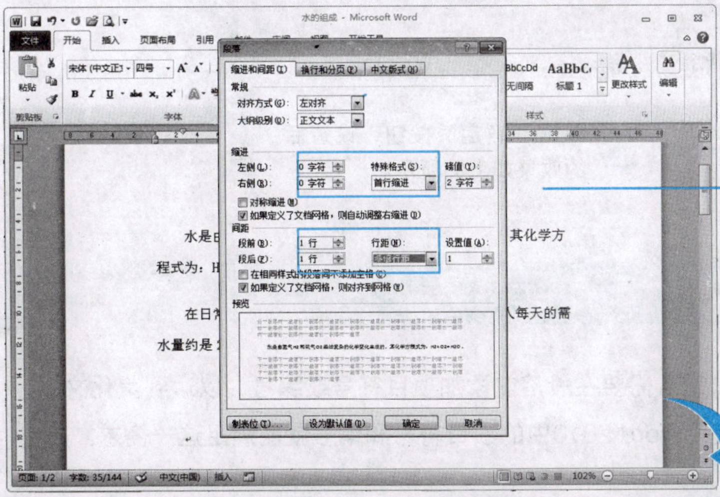

3 选择正文的第一段文本，打开“段落”对话框，在“缩进”选项区的“特殊格式”下拉列表中选择“首行缩进”选项，在“间距”选项区的“行距”下拉列表中选择“多倍行距”选项，在“设置值”微调框中输入1。

视野拓展

若在“段落”对话框的“缩进”选项区中选中“对称缩进”复选框，则“左侧”、“右侧”将分别变成“内侧”、“外侧”。

4 选择正文的第二段文本，打开“段落”对话框，在“缩进”栏的“特殊格式”下拉列表中选择“悬挂缩进”选项，在“磅值”微调框中默认选择“2字符”。

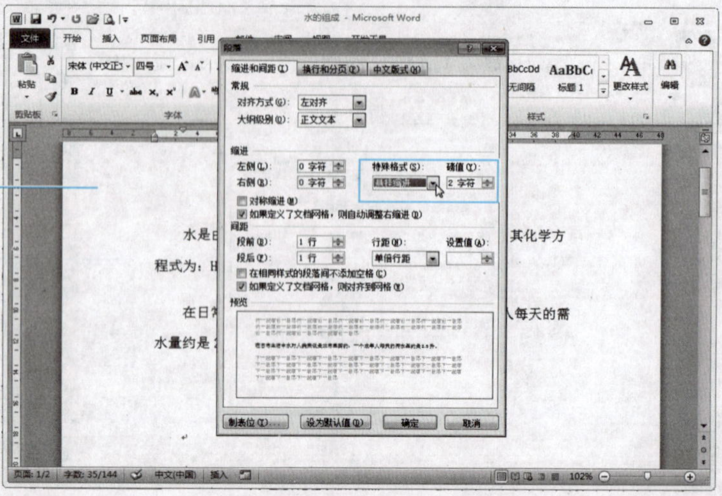

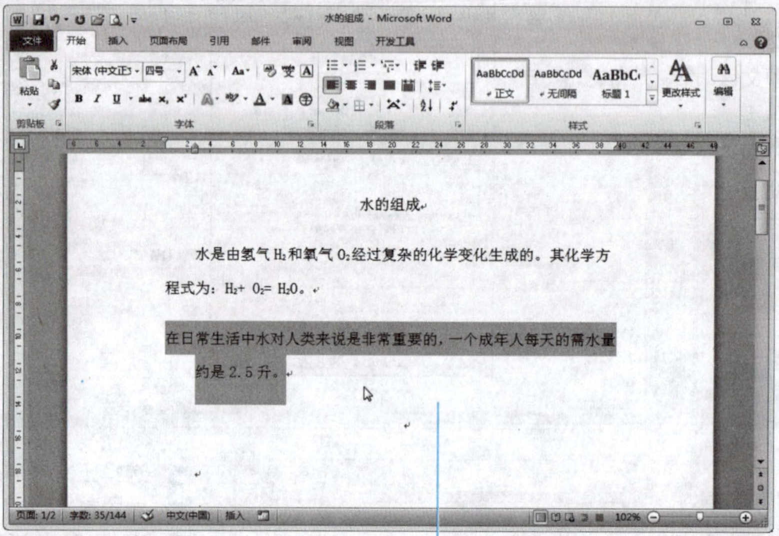

5 单击“确定”按钮，设置后的效果如上图所示。

6.3 设置自动编号和项目符号

在编辑文档时，常常需要在段落前添加项目符号或编号，以达到美化文本、理清条理的目的。使用Word 2010中的项目符号和编号就能满足这一需求。

视野拓展

打开“段落”对话框后，在“磅值”微调框中默认选择“2字符”。

6.3.1 添加自动编号与项目符号

Word 2010中可以在输入文档的同时自动创建项目符号和编号列表。

添加自动编号

编号是指文本前具有一定顺序的字符，应用项目编号可以快速为文本内容设置编号，同时可以使文档结构清晰。选择文本，单击“编号”按钮☰，为文本添加普通样本的编号，或单击“编号”按钮右侧的向下按钮，弹出其他编号样式。

下面举例说明如何利用编号功能为文本设置自动编号。

操作步骤

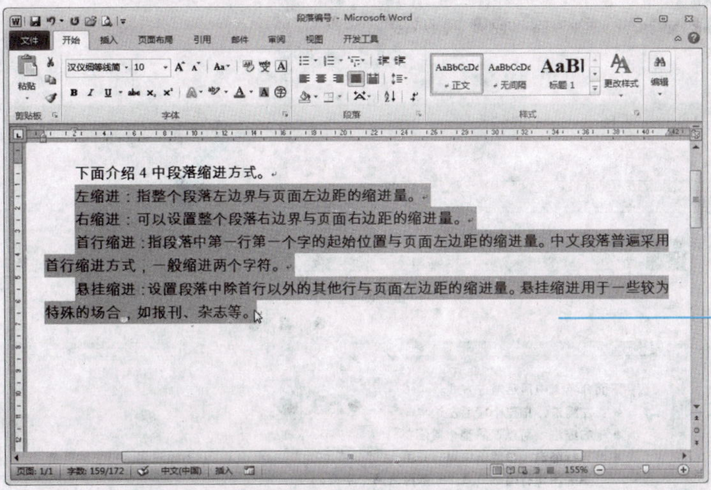

1 在文档中选择要设置编号的文本内容。

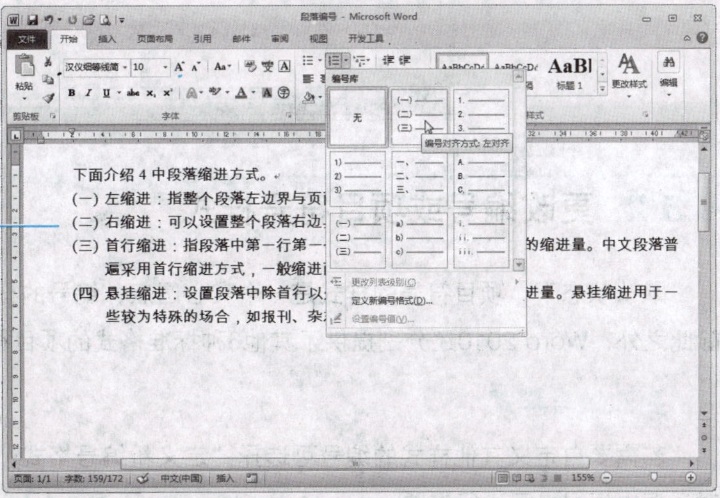

2 在“段落”工具栏中单击“编号”按钮右侧的向下按钮，在弹出的下拉列表中选择编号的样式，这里选择“（一）、（二）、（三）”这样的编号样式，然后返回到文档中即可查看所选编号的应用效果。

视野拓展

也可以在文本的原有行中添加项目符号和编号。

添加项目符号

在Word 2010中内置了常用的项目符号，可以快速套用该符号样式。具体操作步骤如下所述。

操作步骤

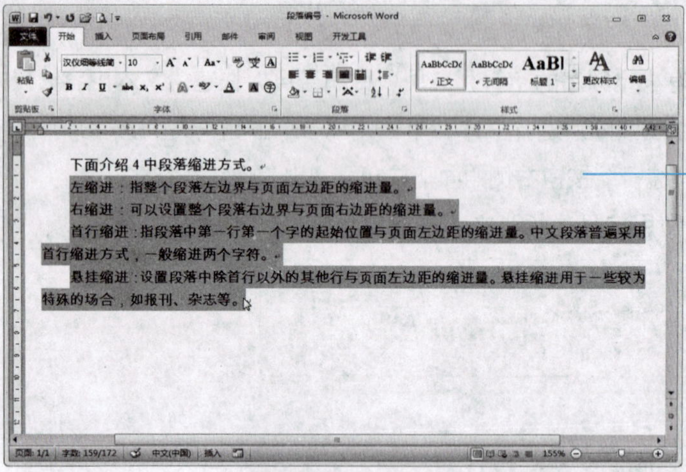

1 在文档中选择要设置编号的文本内容。

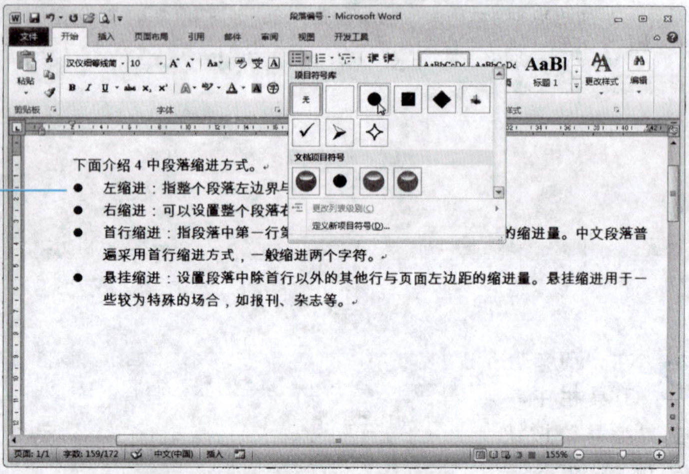

2 在“开始”选项卡的“段落”工具栏中单击“项目符号”按钮 ☰·，在弹出的下拉列表中选择所需的项目符号。

6.3.2 更改编号或项目符号样式

默认状态下，项目符号的样式是一个实心圆点，编号的样式是阿拉伯数字。除此之外，Word 2010还分别提供了其他6种标准格式的项目符号和编号。

更改编号样式

若需要自定义其他样式的编号可选择“定义新编号格式…”选项，在打开的对话框中根据提示进行设置。

视野拓展

可以在输入文本的同时自动创建项目符号。

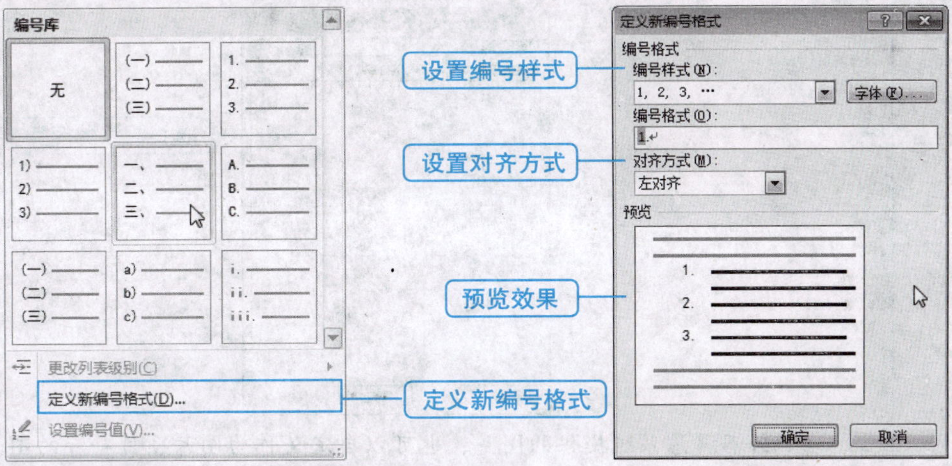

更改项目符号

单击“开始”选项卡“段落”组中的“项目符号”按钮☰·右侧的向下箭头，在打开的菜单中选择“定义新项目符号”命令，打开“定义新项目符号”对话框。单击“符号”、“图片”、“字体”按钮弹出不同的对话框，在这些对话框中按需求进行设置即可。

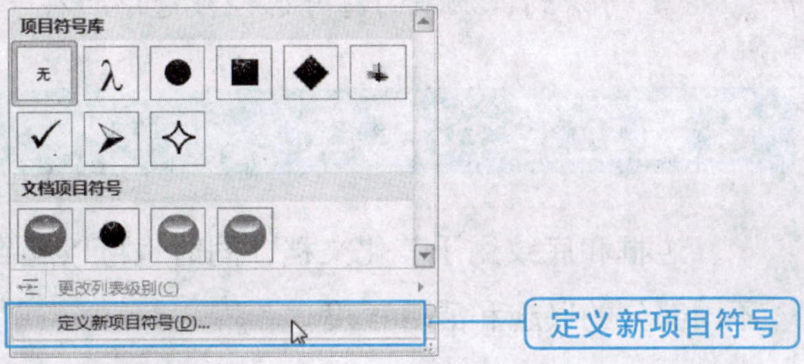

自定义项目符号样式的方法如下所述。

- 若希望项目符号是一个符号样式，则单击“符号”按钮，打开“符号”对话框，从中选择自己喜欢的符号作为项目符号即可。

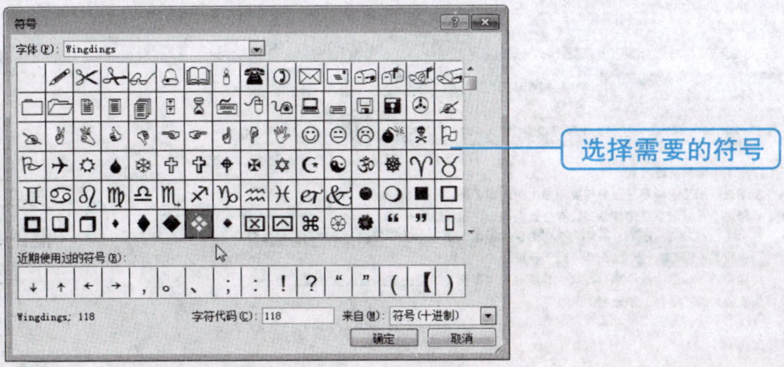

- 若希望项目符号是一个图片样式，则单击该对话框中的“图片”按钮，打开“图片项目符号”对话框。

视野拓展

在“定义新项目符号”对话框中的“项目符号字符”组中有三个按钮及一个下拉列表框。

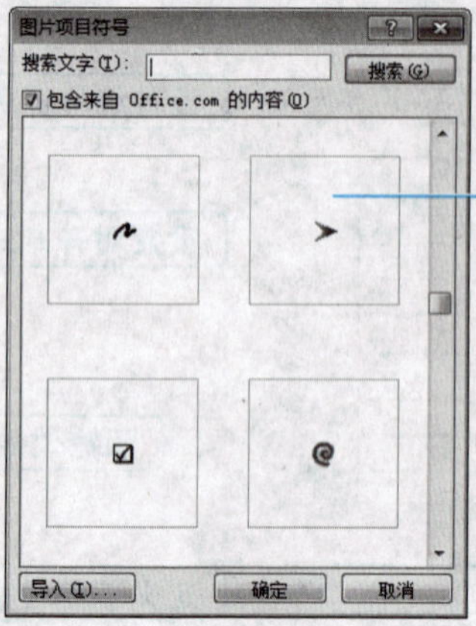

选择需要的图片

- 若不满意系统提供的图片，也可以自定义作为图片项目符号的图片。方法是在“图片项目符号”对话框中单击“导入”按钮，打开“将剪辑添加到管理器”对话框，按提示导入一个图片作为项目符号。
- 当确定了需要作为项目符号的符号样式或图片样式后，单击相应对话框中的“确定”按钮，在“定义新项目符号”对话框的“预览”选项区中可看到，原来的符号已经被选中的符号或图片所替代。

6.4 设置边框和底纹

边框和底纹用于美化文档，同时也可以起到突出和醒目的作用，增加对文档不同部分的兴趣和醒目程度。

6.4.1 设置段落边框

操作步骤

添加段落边框的操作步骤如下所述。

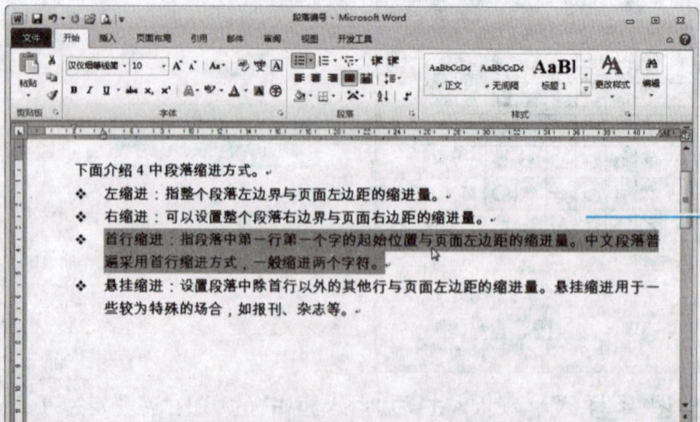

1 选择要设置边框的段落。

视野拓展

Word 2010自带了若干个图片供选择。

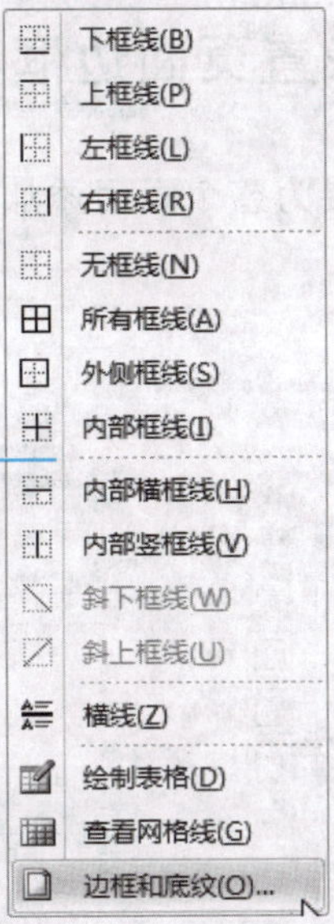

2 单击“开始”选项卡“段落”组中的“下框线”按钮右侧的向下箭头按钮，弹出相应的快捷菜单。

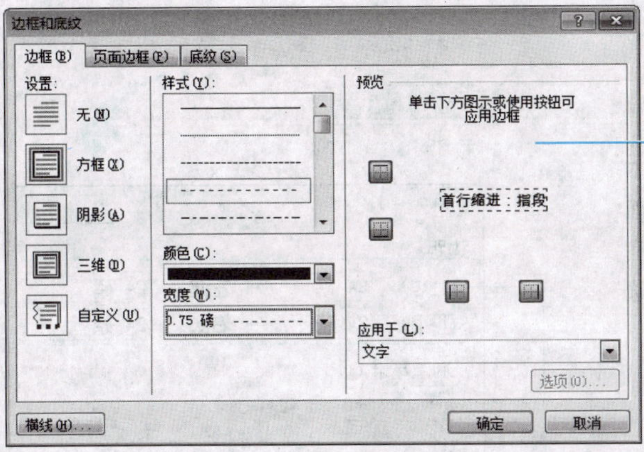

3 选择“边框和底纹”命令，打开“边框和底纹”对话框，单击“边框”选项卡，在打开的选项卡中可设置边框线的样式、颜色、宽度等。

博学先生，这里可供选择的线型还挺多嘛，还可设置线型宽度。

是的，根据不同的需要可设置不同的线型、颜色和宽度，还可为文字设置边框。

4 设置完毕后，单击“确定”按钮，返回文档查看效果。

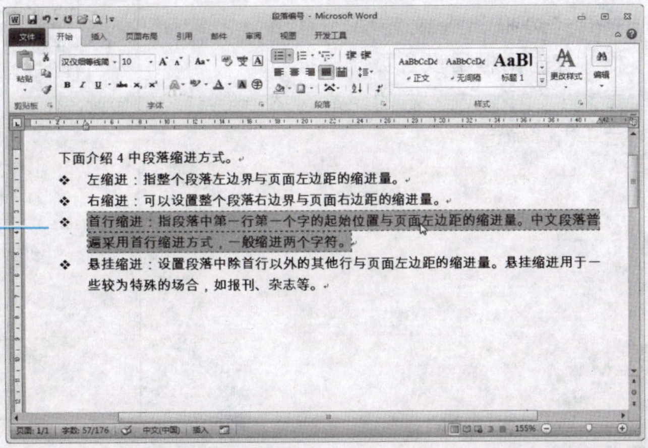

视野拓展

添加段落边框可使段落版块化，它是通过单击“段落”工具栏中的“下框线”按钮右侧的向下箭头按钮，在弹出的快捷菜单中选择边框样式来实现的。

6.4.2 设置页面边框

如果需要为整个页面添加边框，需要使用“页面背景”工具栏。其操作步骤如下所述。

操作步骤

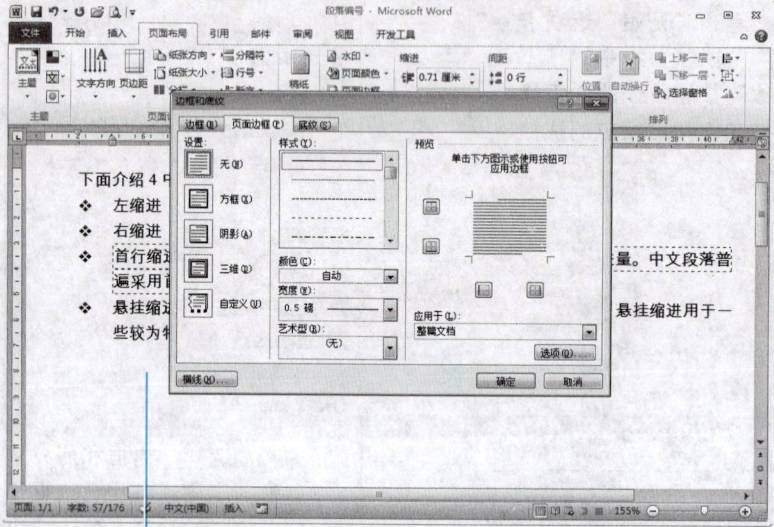

1 单击“页面布局”选项卡下“页面背景”组中的“页面边框”按钮，打开“边框和底纹”对话框，并单击“页面边框”选项卡。

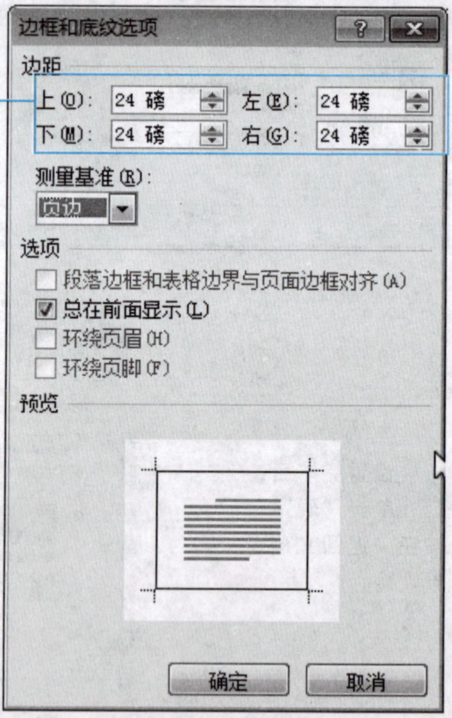

2 单击“选项”按钮，打开“边框和底纹选项”对话框。在对话框里设置页面边框与正文上、下、左、右的距离，然后单击“确定”按钮。

视野拓展

设置页面边框和文本边框都在一个对话框中进行，只是选择的选项卡有所不同而已。

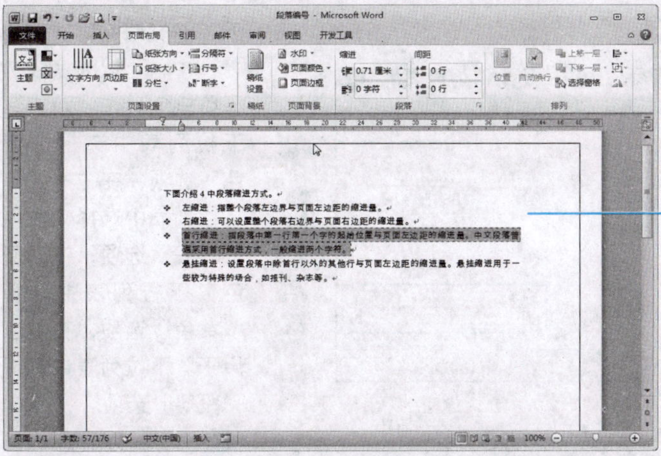

3 查看文档效果。

6.4.3 设置底纹

给文字添加底纹的操作方法如下所述。

操作步骤

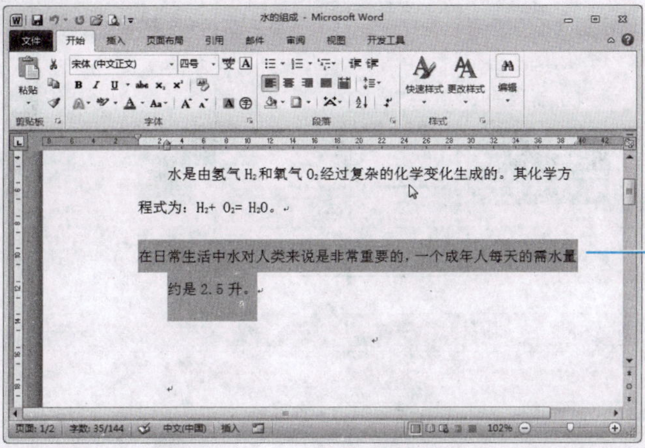

1 选定要添加底纹的段落。

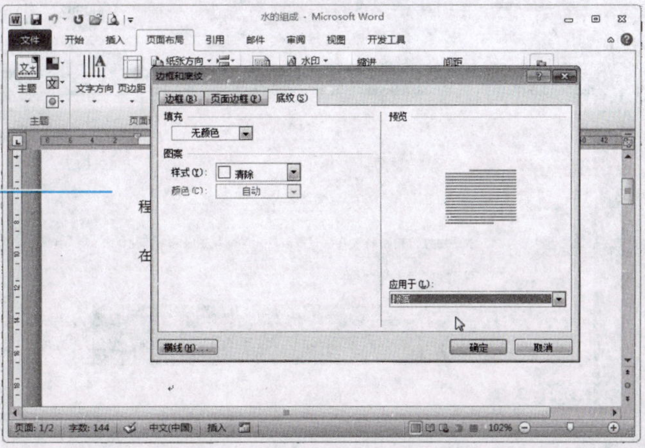

2 单击“页面布局”选项卡下“页面背景”组中的“页面边框”按钮，打开“边框和底纹”对话框，并选择“底纹”选项卡。

视野拓展

Word 2010不仅可以给文字或段落添加边框，而且可以给页面添加边框。

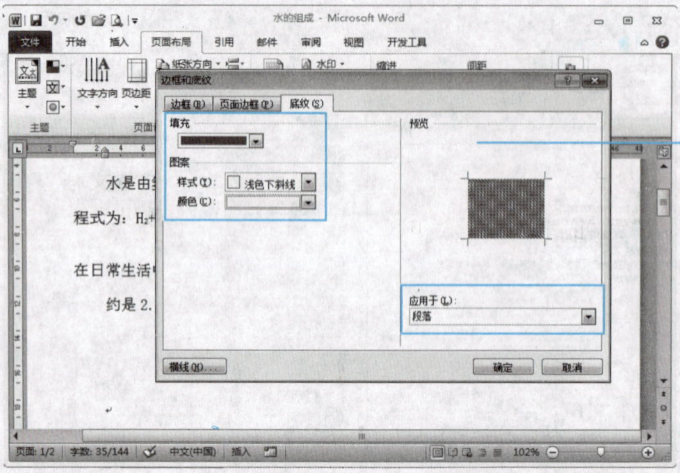

3 在“填充”选项组中，可以为底纹选择填充色。在“填充”下拉列表中选择“蓝色”选项，在“样式”下拉列表中选择“浅色下斜线”选项，在“颜色”下拉列表中选择“黄色”选项，在“应用于”下拉列表中选择“段落”选项。

提示：如果要删除段落底纹，首先需要选定这些文本，然后单击“页面布局”选项卡“页面背景”组中的“页面边框”按钮，打开的对话框中单击“底纹”选项卡。在“填充”下拉列表中选择“无填充颜色”选项即可。

4 如果需要在文档中插入装饰性线条，还可以单击“横线”按钮，打开“横线”对话框，选中需要的线条后单击“确定”按钮即可。这种装饰性线条通常用在Web页面中，但是同样可以插入到文档中。

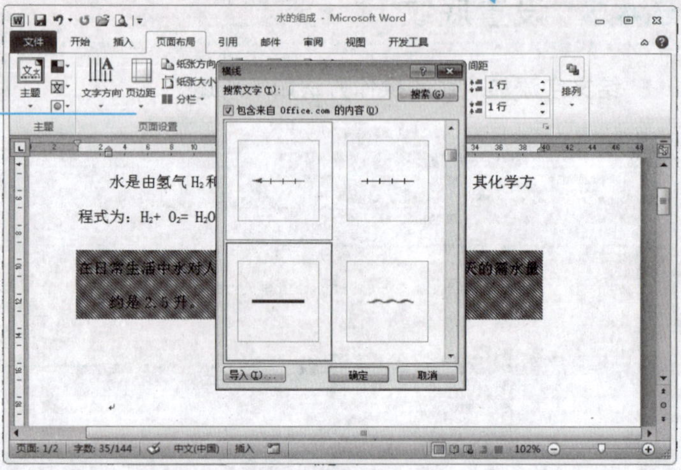

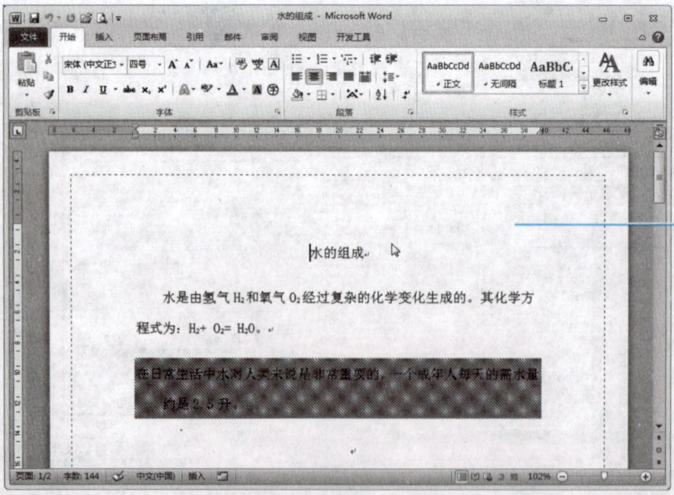

5 新设置的边框和底纹将应用于选中的项目。

视野拓展

可以通过添加底纹的方法给一段文本添加打印背景色。

6.5 复制和清除格式

编辑文档时，通常需要将文档中的文本或段落设置为相同的格式，需要使用相同格式的可以通过复制格式来避免重复操作。如果在某些文本中不需要设置格式，可以通过清除格式操作来取消格式的应用。

6.5.1 复制格式

复制格式的操作步骤如下所述。

操作步骤

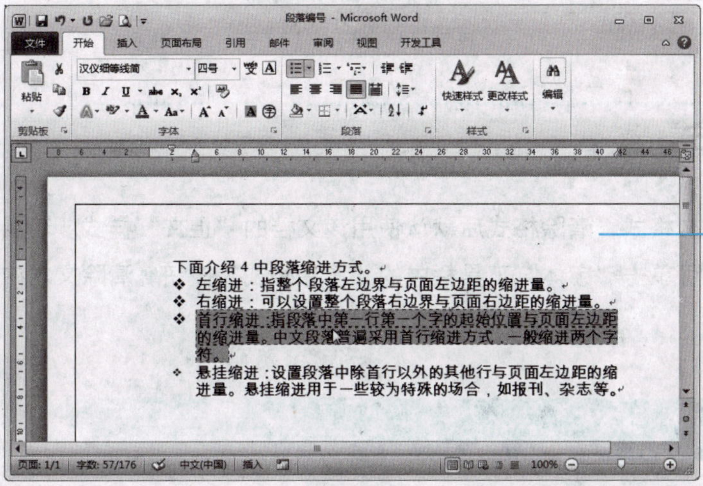

1 选择已设置格式的文本或段落。

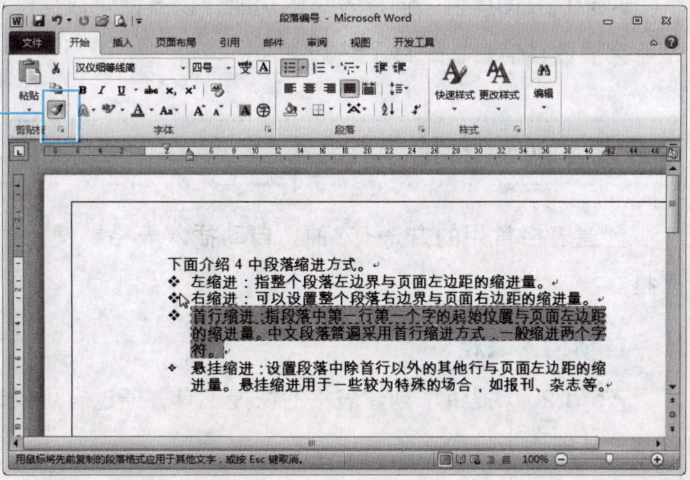

2 单击“剪贴板”工具栏中的“格式刷”按钮 格式刷 。

视野拓展

如果要清除已设置的底纹，只要在“边框和底纹”对话框中将填充颜色设置为“无填充颜色”，然后单击“确定”按钮即可。

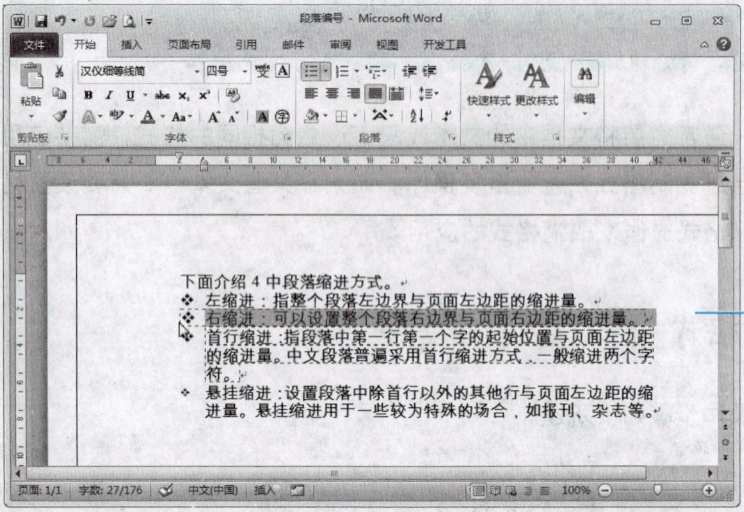

3 鼠标指针变为刷子形状，用该形状的鼠标指针选择要应用该格式的文本或段落即可。

6.5.2 清除格式

无论以前应用什么格式，清除格式后默认使用该文档的“正文”样式。若要使用清除格式操作，可单击“字体”工具栏中的“清除格式”按钮清除文本中的格式。

6.6 插入表格

Word 2010提供了创建表格的功能，以方便对数据进行编辑和管理，重要的是能突显数据信息，一目了然。

6.6.1 创建表格

创建表格常用的方法有3种：自动插入表格、使用对话框插入表格和绘制表格。

自动插入表格

Word 2010提供了创建表格的快捷工具，通过它可以轻松方便地插入需要的表格。其操作步骤如下所述。

视野拓展

若要使用复制格式操作，可单击“剪贴板”工具栏中的“格式刷”按钮快速将某部分文本中的格式复制给其他文本。

操作步骤

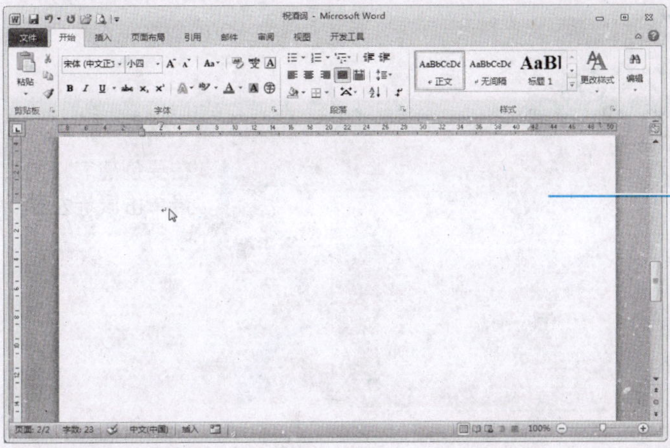

1 在要创建表格的位置单击鼠标左键。

2 单击“表格”工具栏中的“表格”按钮，在弹出的下拉列表的“虚拟表格”栏中按住鼠标左键进行拖曳，随着鼠标的拖曳，系统会根据当前鼠标位置在文档中创建相应大小的表格。单元格选择面板上面的数字表示选择的行数和列数。

提示： 在插入表格时，无论插入的列数有多少，表格的宽度都默认与页面编辑区的宽度一致。

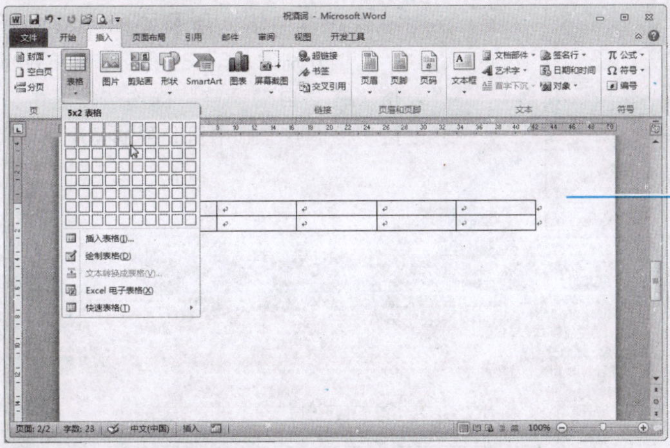

3 用鼠标向右下方拖曳以覆盖单元格选择板，覆盖的单元格变为深颜色显示，表示被选中，同时文档中会自动出现相应大小的表格。此时，单击鼠标左键，文档中插入点的位置会出现相应行列数的表格，同时单元格选择板自动关闭。

使用对话框插入表格

通过“插入表格”对话框可以设置任意的行数和列数，同时也可以设置表格的自动调整方式。其操作步骤如下所述。

视野拓展

Word 2010提供的这种创建表格的快捷工具只适用于插入10列8行以内的表格。

操作步骤

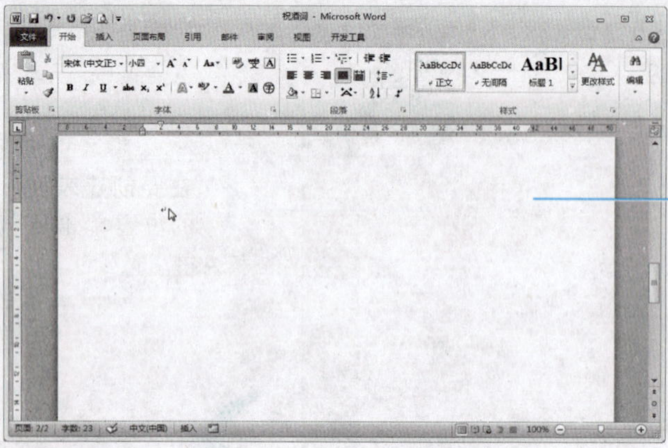

1 在要创建表格的位置单击鼠标左键。

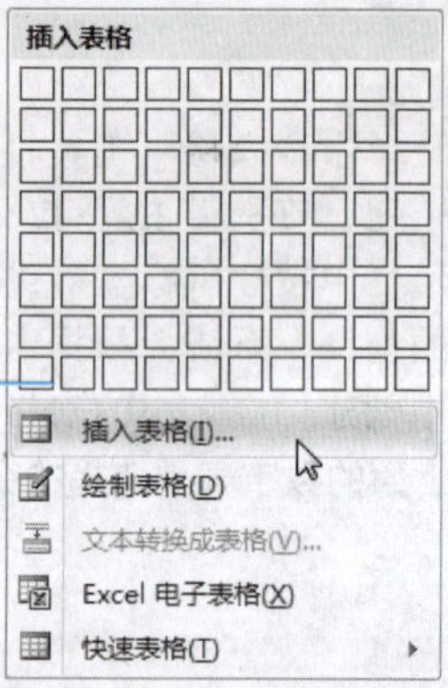

2 单击“插入”选项卡下的“表格”按钮▦，在打开的下拉菜单中选择“插入表格”命令，打开“插入表格”对话框。

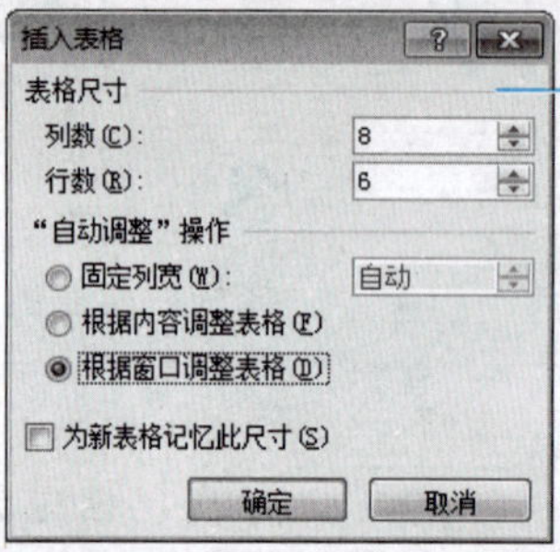

3 在“表格尺寸”选项区下面相应的微调框中输入所需要的行数和列数，这里分别输入6和8，创建6行*8列的表格。在“自动调整”操作选项区中，设置表格调整方式中行和列的宽度。

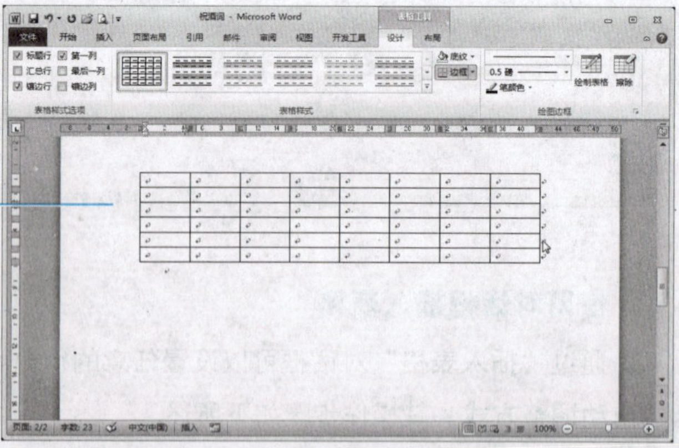

4 单击“确定”按钮即可在文档中插入表格。

视野拓展

若要删除单元格，可选择“单元格”命令，在打开的“删除单元格”对话框中选中所需的单选按钮即可。

- 固定列宽：输入一个值，使所有的列宽度相同。其中，选择“自动”选项可创建一个列宽值低于页边距，具有相同列宽的表格，等同于选择“根据窗口调整表格”选项。
- 根据内容调整表格：使每一列具有足够的宽度以容纳其中的内容。Word 2010会根据输入数据的长度自动调整行和列的大小，最终使行和列具有大致相同的尺寸。
- 根据窗口调整表格：本选项用于创建Web页面。当表格按照Web方式显示时，应使表格适应窗口大小。

绘制表格

该方法用于绘制更复杂的表格。其具体操作步骤如下所述。

操作步骤

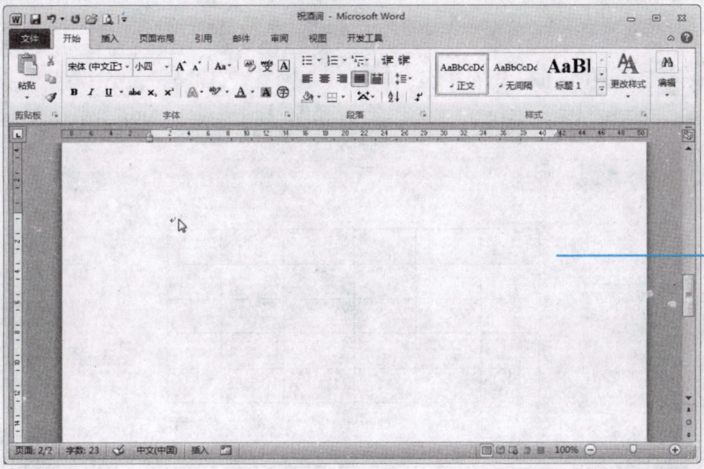

1 在要创建表格的位置单击。

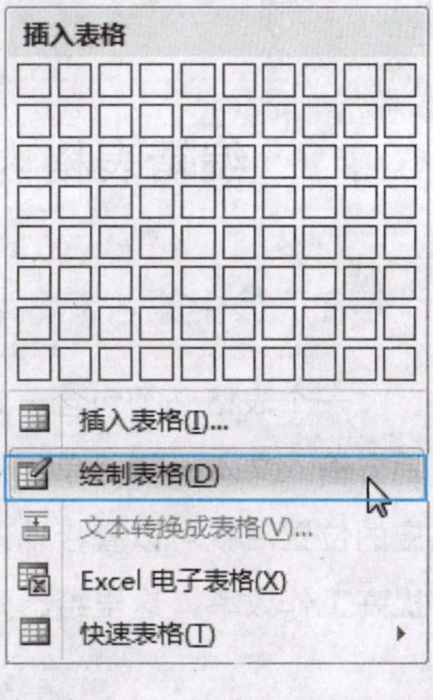

2 在“插入”选项卡的“表格”组中单击“表格”按钮，在弹出的“表格”菜单中选择“绘制表格”命令，光标变为铅笔状。

视野拓展

如果以后还要制作相同大小的表格，在插入表格时，选中“为新表格记忆此尺寸”复选框。这样下次再使用这种方式创建表格时，对话框中的行数和列数会默认为此数值。

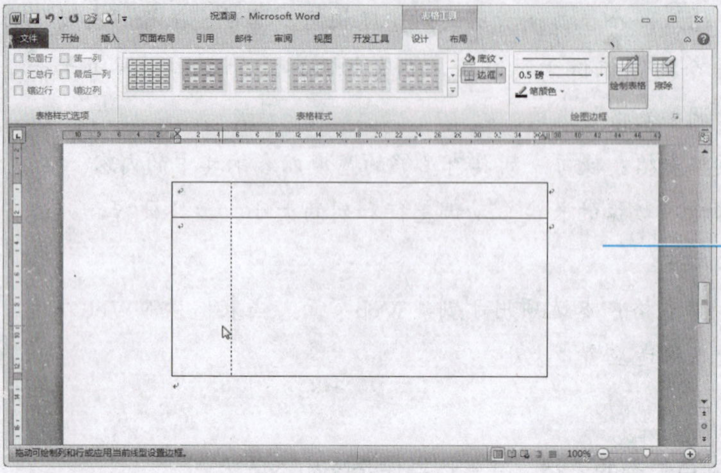

3 拖曳鼠标创建一个矩形作为表格的边界，在矩形中绘制行线或列线。

提示：Word中允许表格嵌套，也就是新创建的表格可以位于其他表格内。可以通过在单元格中单击鼠标左键，然后使用任何插入表格的方法来插入嵌套表格，或者可以在需要嵌套表格的位置绘制表格。

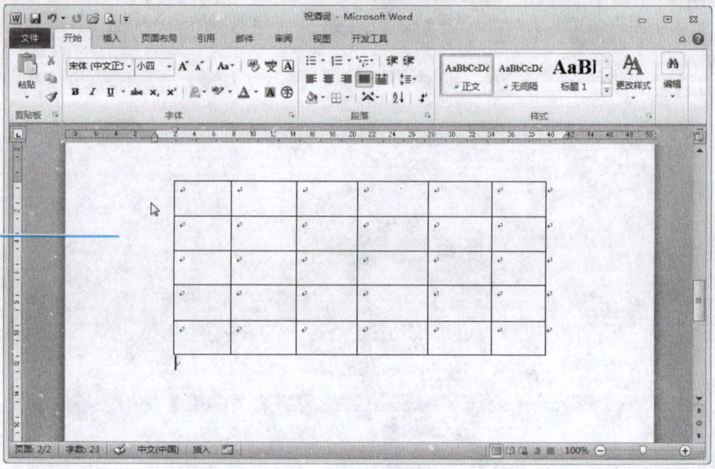

4 按Esc键退出绘制表格状态。

6.6.2 编辑表格内容

在表格中输入文本

一个表格必须包含一定的内容才有意义，在表格中输入文本和在文档中其他地方输入文本一样简单，但首先要选择需要输入文本的单元格，把光标移动到相应的位置后就可以直接输入任意长度的文本。用鼠标确定位置比较方便，但为了提高工作效率，这里给出几种使用键盘在表格中移动光标的办法。

视野拓展

如果需要擦除行线或列线，则在“表格工具”下的“设计”选项卡中，单击“绘图边框”组中的“擦除”按钮，当鼠标指针变为橡皮形状后，在要擦除的线上单击即可完成擦除操作。

按键	动作
Tab或者右键头（→）	移动后一个单元格（如果光标位于表格的最后一个单元格时按Tab键，将会自动添加一行）
Shift+Tab组合键或左键头（←）	移到同行中的前一列（如果光标位于除第一行以外的其他行的第一列中，使用该组合键后，光标将移到上一行的最后一个单元格）
上箭头（↑）	移到同一列的上一行
下箭头（↓）	移到同一列的下一行
Alt+Home	移到本行的第一个单元格
Alt+End	移到本行的最后一个单元格
Alt+PgUp	移到本列的第一个单元格
Alt+PgDn	移到本列的最后一个单元格

如果需要在该单元格中压缩多余的文字，选中表格后，在“表格工具”中单击“布局”选项卡下“表”组中的“属性”按钮，或者单击鼠标右键，在弹出的快捷菜单中选择“表格属性”命令，打开“表格属性”对话框，选择该对话框中的“单元格”选项卡，再单击“选项”按钮，然后在弹出的对话框中选中“适应文字”复选框即可。

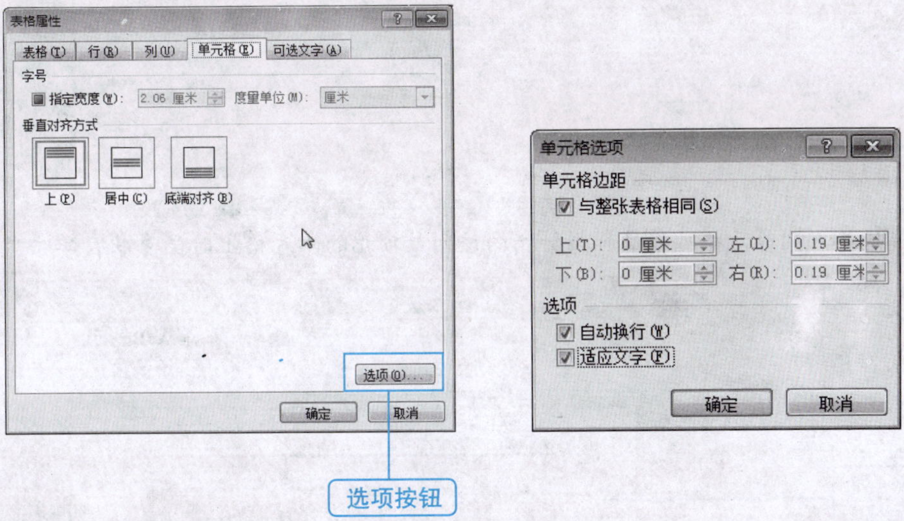

选择表格

选择表格的方法包括选择单个单元格、选择一行单元格、选择一列单元格以及选择不连续的多个单元格。

- 选择单个单元格：将光标移向单元格左侧，当光标变成➚形状时，单击鼠标左键

视野拓展

需要注意的是，若一个单元格中的文字过多，会导致该单元格变得过大，从而挤占别的单元格的位置。

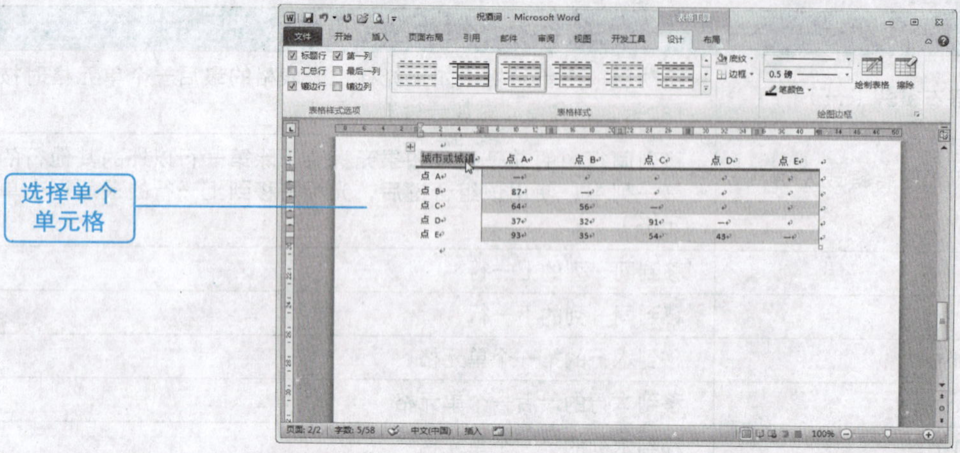

- 选择一行单元格：将光标移向该行最左侧，当光标变为形状 时，单击鼠标左键

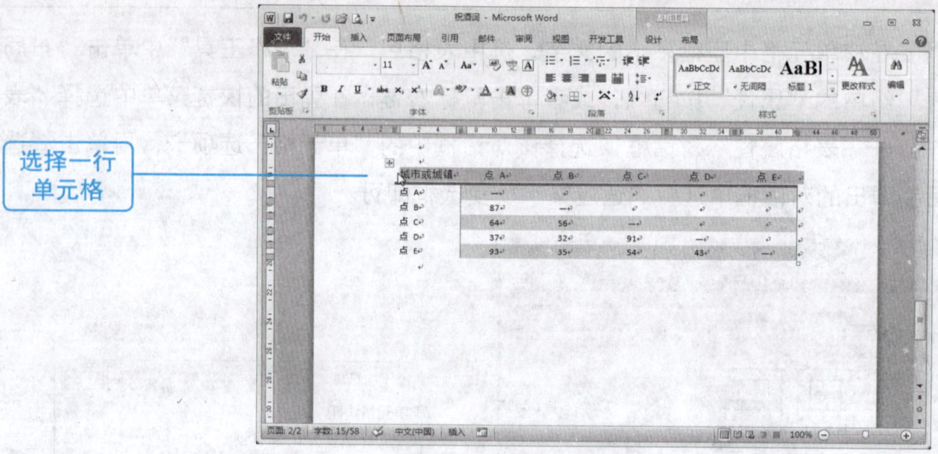

- 选择一列单元格：将鼠标指针指向该列最顶端的单元格上时呈⬇状，单击鼠标左键

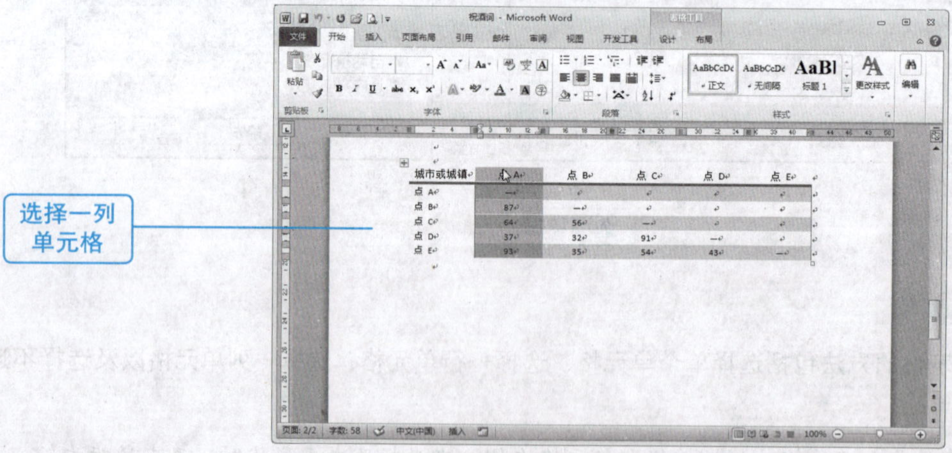

视野拓展

在Word 2010中可以用不同的方式选择表格。

- 选择不连续的多个单元格：先选中一个单元格，然后按住Ctrl键，继续选择下一个单元格，直至最后一个单元格，然后释放鼠标即可

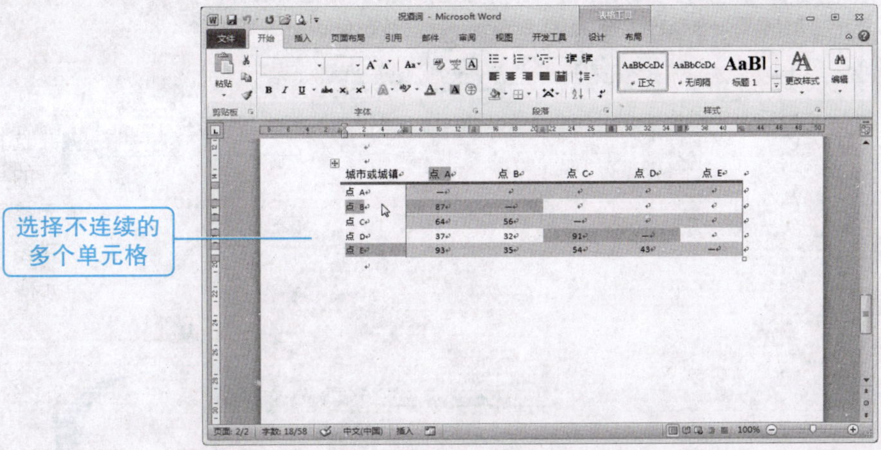

- 选中整个表格：将鼠标拖过表格，表格左上角将出现表格移动控制点⊞，单击该控制点，或者直接按住鼠标左键，将鼠标拖过整张表格

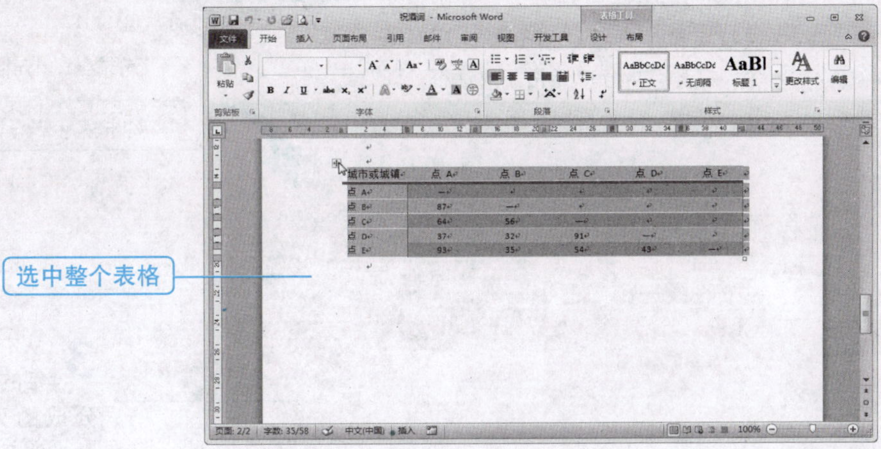

插入行或列

在表格中，选择待插入行或列的位置。单击“布局”选项卡下的“行或列”组中的相应按钮进行相应操作，或单击鼠标右键，在弹出的快捷键菜单中选择“插入”→“在左侧插入列”、“插入”→“在右侧插入列”，或者“插入”→“在上方插入列”、“插入”→“在下方插入行”命令。

拆分和合并单元格

- 拆分单元格

拆分单元格是将一个大的单元格拆分为多个小单元格，合理地拆分单元格有利于细化需要

视野拓展

选中要编辑的单元格或表格，这时被选中的单元格区域将呈高亮显示。

显示的数据项目。其操作步骤如下所述。

操作步骤

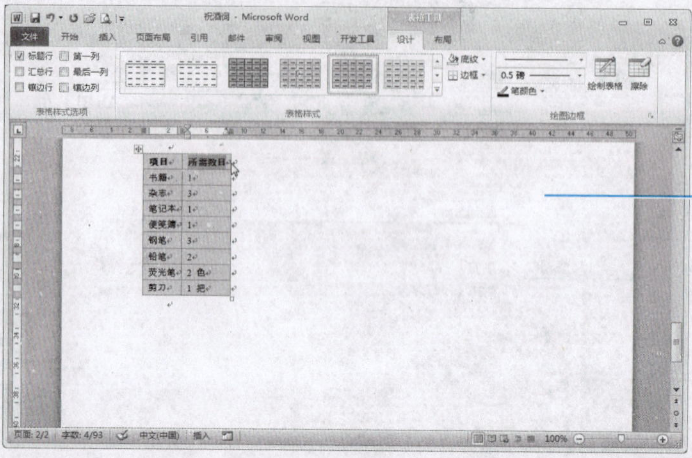

1 选择要拆分的单元格，单元格可以是一个或多个连续的单元格。

2 单击“布局”选项卡下“合并”组中的“拆分单元格”按钮▦；或单击鼠标右键，在弹出的快捷菜单中选择“拆分单元格”命令，打开“拆分单元格”对话框。

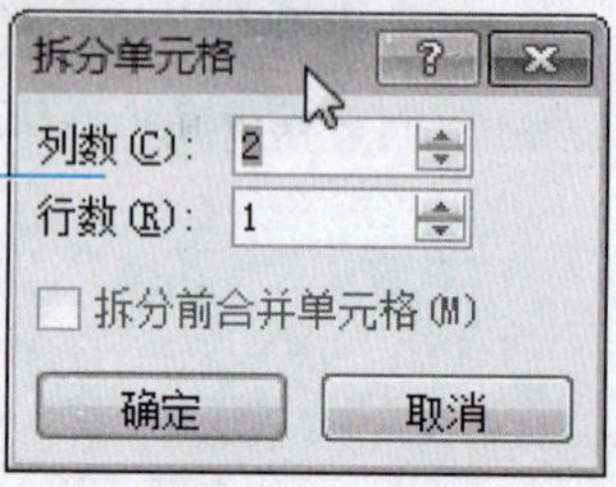

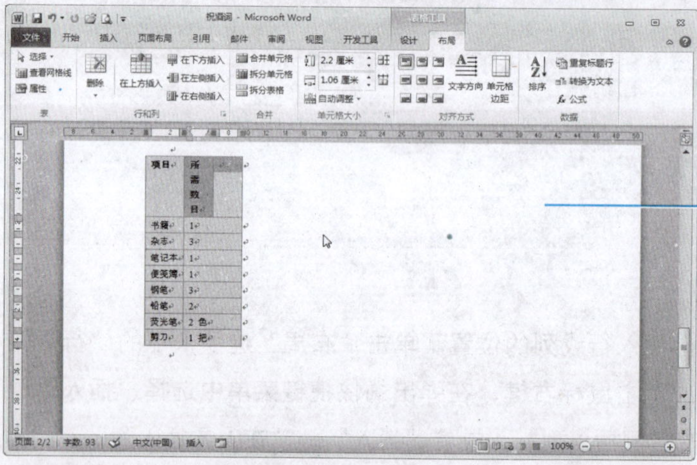

3 从中设置要选定的单元格拆分成的列数和行数，然后单击“确定”按钮即可。

- 合并单元格

合并单元格是指可以将同一行或同一列中的两个或多个单元格合并为一个单元格。例如，可以合并第一行中的单元格以创建横跨多列的表格标题。其操作步骤如下所述。

视野拓展

所插入行或列必须要在所选行或列的上面或下面（左边或右边）。

操作步骤

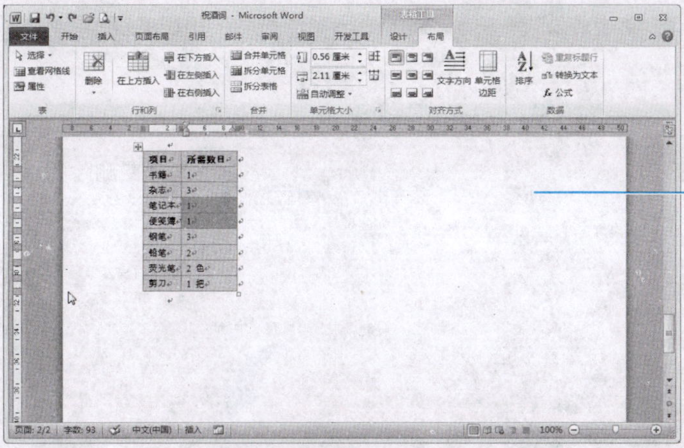

1 选择要合并到一起的单元格。

2 单击“布局”选项卡下“合并”组中的“合并单元格”按钮；或选中单元格后单击鼠标右键，在弹出的快捷菜单中选择“合并单元格”命令。

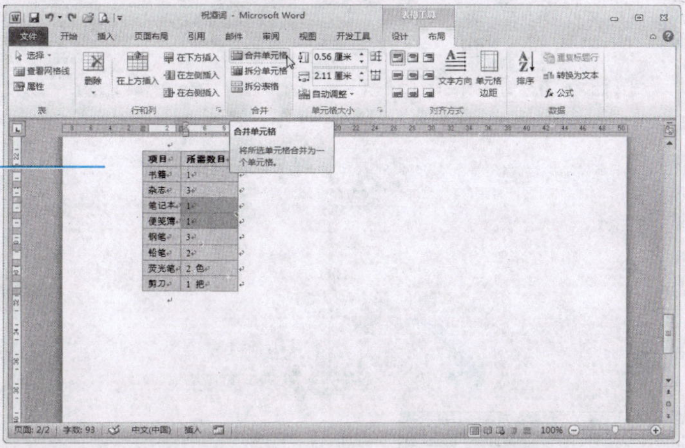

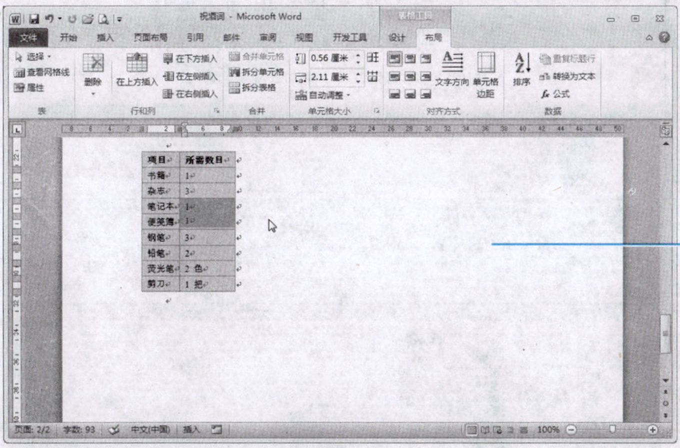

3 合并单元格后的效果如左图所示。

删除单元格、行和列

- 删除单元格

删除单元格是添加单元格的反向操作，具体操作步骤如下所述。

提示：如果合并的单元格中有数据，那么每个单元格中的数据都会出现在新单元格内部。

视野拓展

合并单元格与拆分单元格的含义相反。

操作步骤

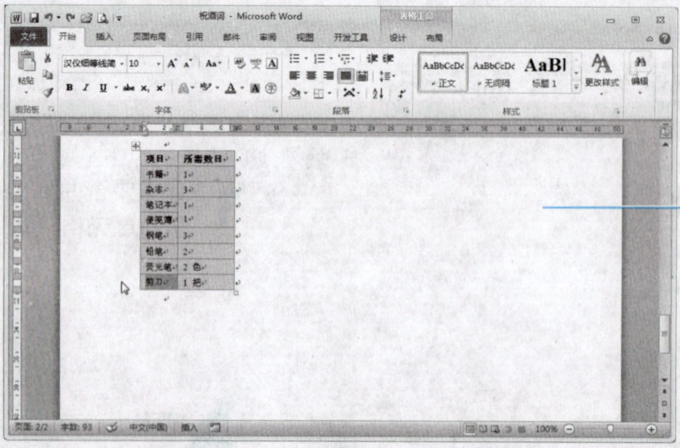

1 选择要删除的单元格。

2 单击“布局”选项卡下的“删除”按钮。

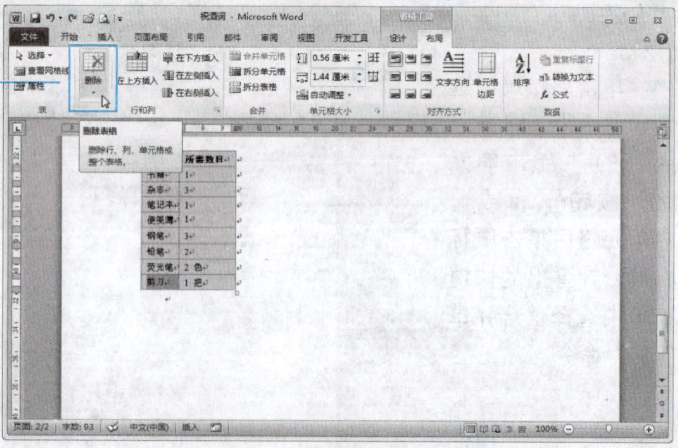

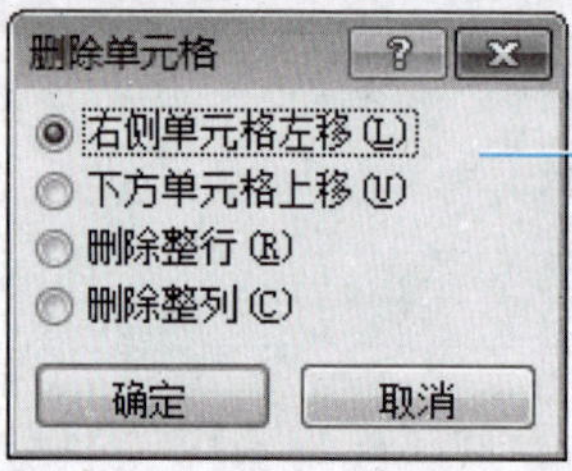

3 在弹出的下拉列表框中选择“删除单元格”命令，弹出“删除单元格”对话框。

4 选中“右侧单元格左移”单选按钮，单击“确定”按钮，效果如右图所示。

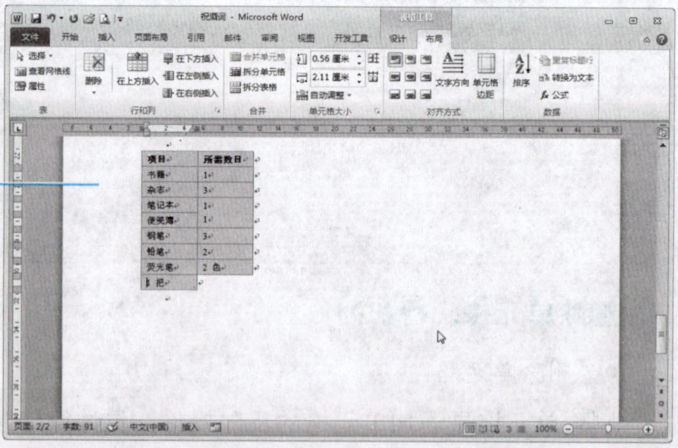

视野拓展

可以通过选中“右侧单元格左移”或“下方单元格上移”等单选按钮的方法改变单元格的位置，而不需要将该单元格整体删除。

操作步骤

● 删除行/列

删除行/列的操作步骤如下所述。

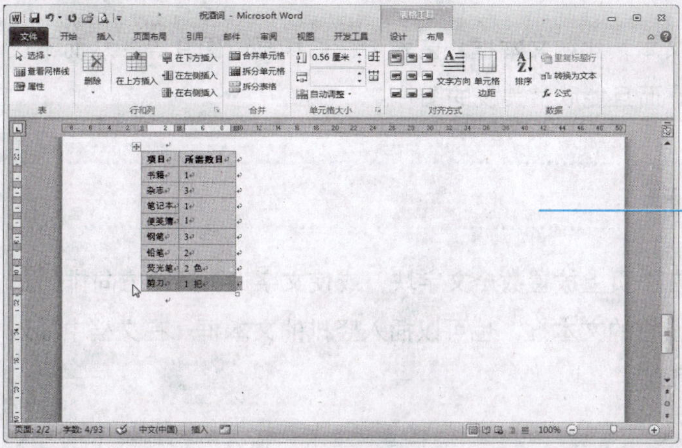

1 选择要删除的行。

2 单击“布局”选项卡下的“删除”按钮，在弹出的下拉列表框中选择“删除行”命令。

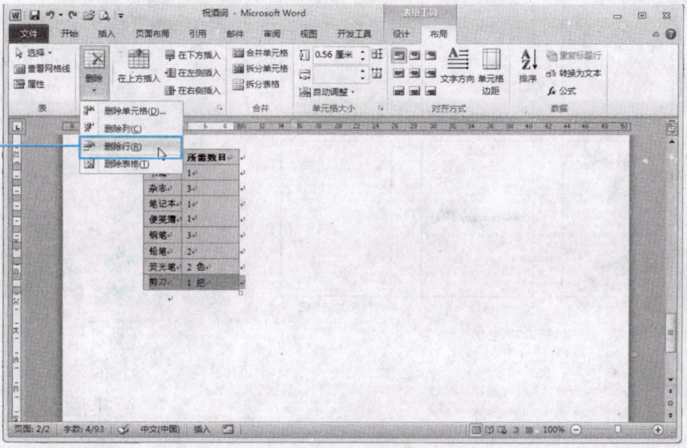

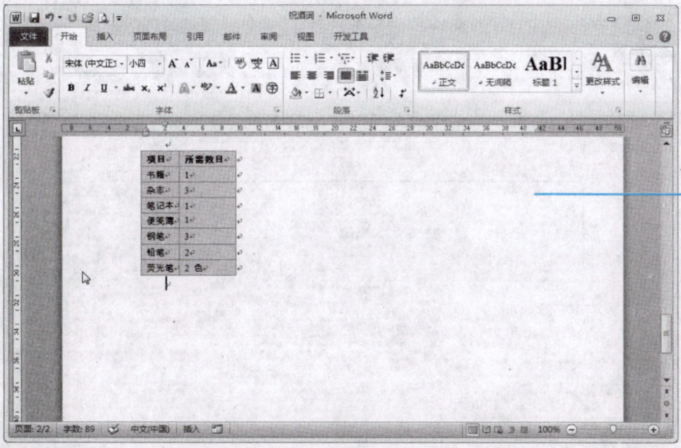

3 选中“删除整行”单选按钮，单击“确定”按钮，效果如左图所示。

视野拓展

Word 2010除了文本处理功能强大外，其图文混排的功能也让人惊叹。

6.7 插入特殊文本

在文档中插入特殊文本，比如文本框、艺术字、剪切画、图片等，从而不仅能清晰地了解文档内容，而且能欣赏美观的图片。

6.7.1 插入文本框

使用文本框，可以在一页上放置数个文字块，或使文字按不同的方向排列。

可以在文档中插入横排的文本框，也可以插入竖排的文本框。在文档中插入文本框的操作步骤如下所述。

操作步骤

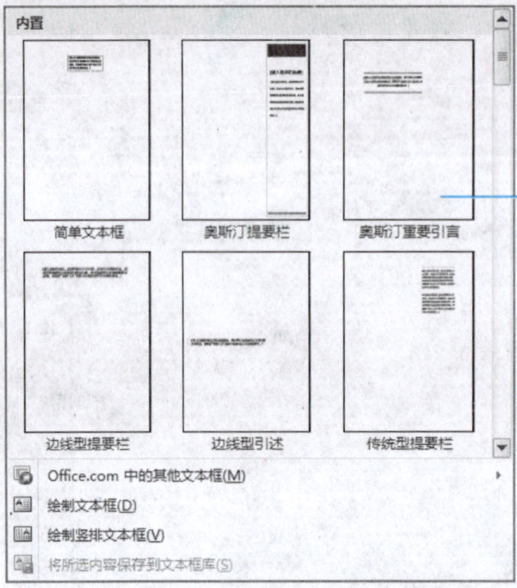

1 单击“插入”选项卡下的“文本”组中的“文本框”按钮，弹出下拉列表框。若选择“绘制文本框”选项可以绘制横向文本框。选择“绘制竖排文本框”选项可以绘制竖排文本框，选择后鼠标指针变为“+”。

2 将鼠标光标定位到预插入文本框的位置后，单击鼠标左键，即出现所需的文本框，此时可以在文本框中输入文字或者插入图片，并可以进行排版设置。

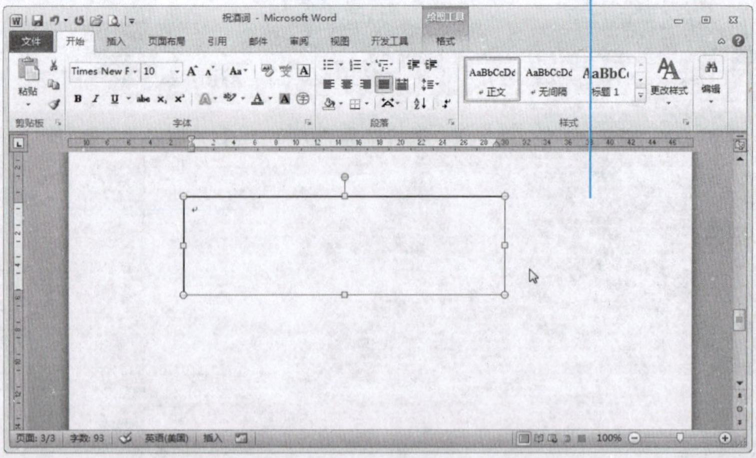

视野拓展

文本框是一种可移动、可调大小的文字或图形容器。

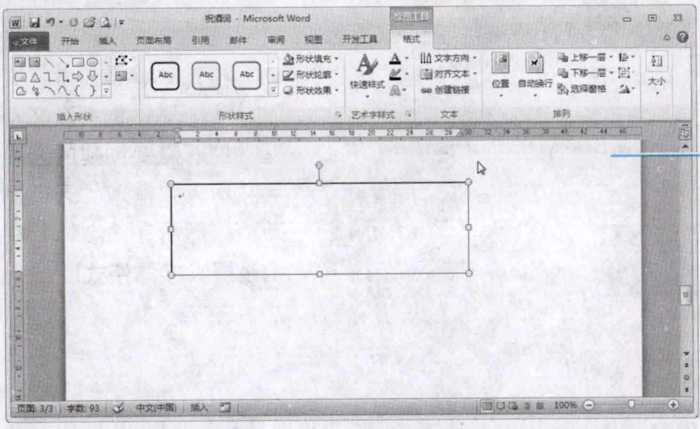

3 插入文本框后，将自动激活文本框工具的“格式”选项卡，可根据需要设置文本框的样式等。

6.7.2 插入艺术字

所谓艺术字，是指使用现成效果创建的文本对象，为了使它更加美观，可以对其应用其他格式效果。单击“插入”选项卡下的“文本”组中的“艺术字”按钮，可以插入装饰文字。可以创建带阴影的、扭曲的、拉伸的文字等。插入艺术字的操作步骤如下所述。

操作步骤

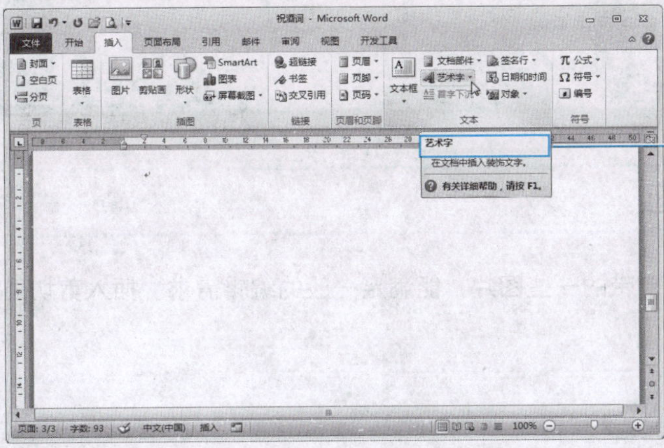

1 选中插入艺术字的位置，选择“插入”选项卡，单击“文本”工具栏中的“艺术字”按钮。

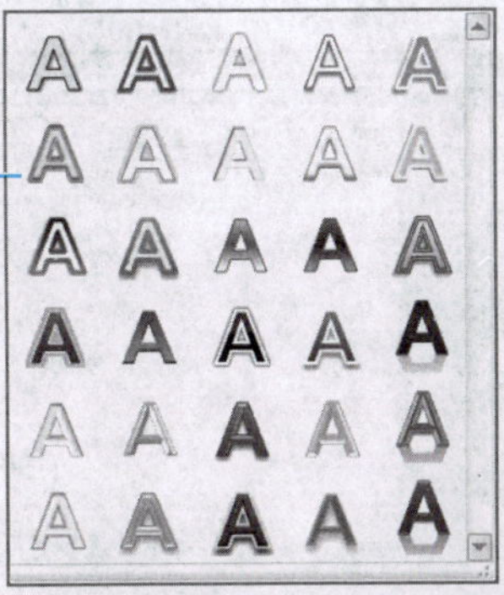

2 在弹出的下拉列表中选择需要的艺术字样式。

视野拓展

在插入艺术字时，也可以按预定义的形状创建文字。

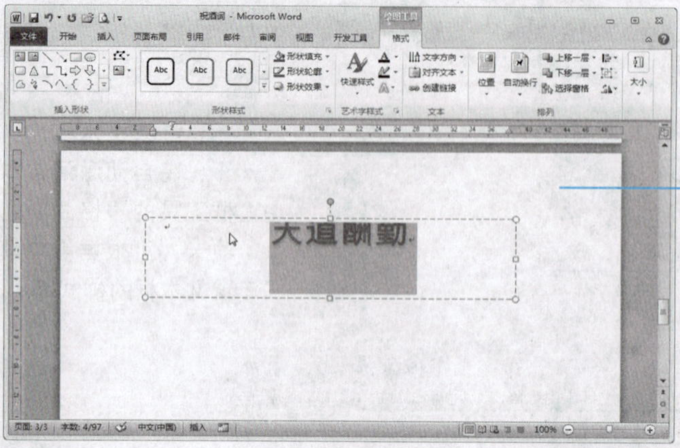

3 打开“编辑艺术字文字”对话框。在文本框中输入需要创建的艺术字文本，如输入“天道酬勤”，然后在“字体”栏中设置其字体格式。

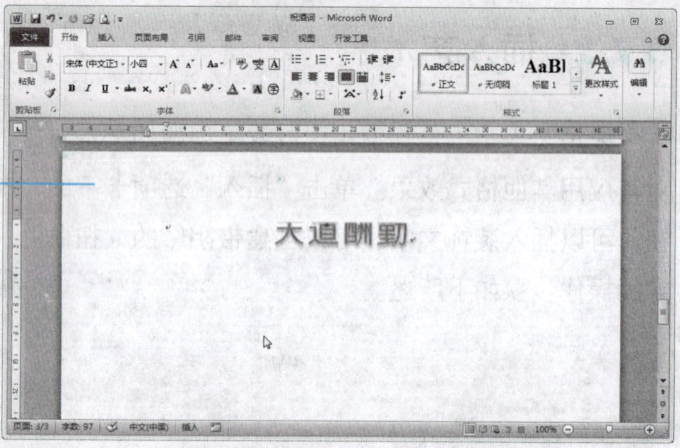

4 单击空白处，即可将艺术字插入到文档中。

6.7.3 插入剪切画

剪切画是Word 2010自带的一些图片，能满足一般的编辑需求。插入剪切画的操作步骤如下所述。

操作步骤

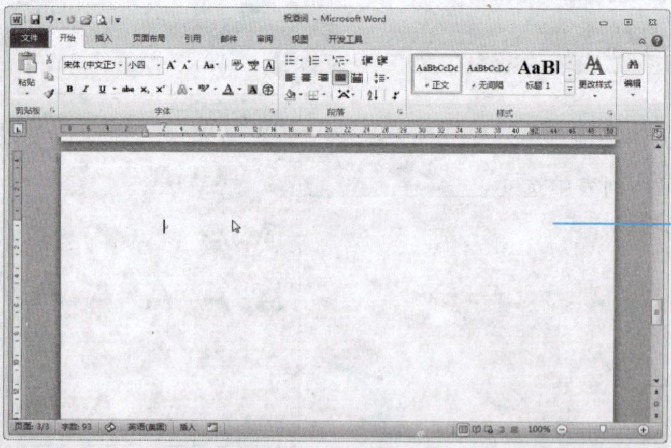

1 单击文档中要插入剪切画的位置。

视野拓展

剪切画的图片内容包括天文、地理、人文等很多方面。

2 单击“插入”选项卡下的“插图”组中的“剪贴画”按钮，则文档右边出现“剪贴画”任务窗格。在“搜索文字”文本框中输入需要查找的关键字，单击“搜索”按钮。如果搜索成功，图像会出现在列表框中。如果没有找到匹配的文件，则会显示“未找到搜索项”。

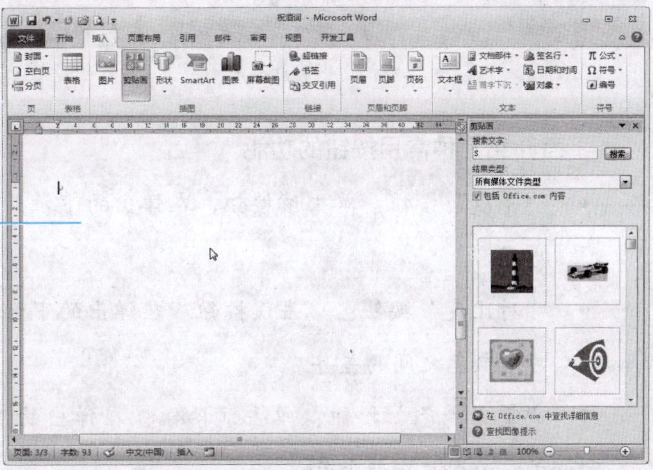

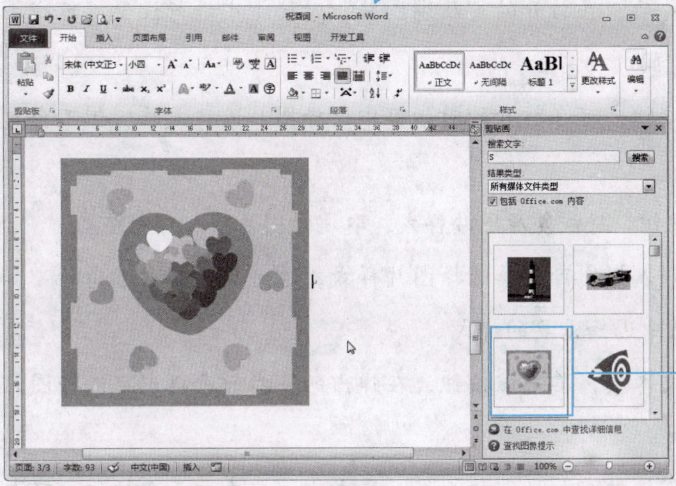

3 双击选中所要插入的图片，即可把图片插入到文档中的当前位置。

6.7.4 插入图片文件

在Word文档中不仅能够绘制图形，还可以使用图片，特别是能使用来源于外部文件的图片。这极大增强了Word文档的视觉效果。插入外部图片的方法很简单，单击“插入”选项卡“插图”组中的“图片”按钮即可。

6.7.5 设置图片属性

通过“格式”选项卡

单击图片，选择“图片工具”中的“格式”选项卡。

视野拓展

图片的属性设置可以通过单击“格式”选项卡中的其他命令按钮进行。

下面介绍几种常用按钮的功能。

- “亮度”按钮：单击该按钮，在弹出的下拉列表中可为图片选择相应的选项调整图片亮度。
- “对比度”按钮：单击该按钮，在弹出的下拉列表中可为图片选择相应的选项调整图片中颜色之间的差异。
- “重新着色”按钮：单击该按钮，在弹出的下拉列表中可为图片选择不同的颜色模式，为图片重新上色。
- “压缩图片”按钮：选择图片后，在打开的“压缩图片”对话框中进行设置，可减小该图片文件的大小，以节省空间。
- “更改图片”按钮：单击该按钮，可在打开的对话框中选择图片进行更改，但不会更改图片的大小和格式。
- “重设图片”按钮：单击该按钮，将恢复原图片样式，取消对图片的一切调整。
- “图片样式”列表框：在该列表框中可直接选择图片样式，也可单击其右下角的“其他”按钮，在弹出的下拉列表中选择需要的样式。
- “位置”按钮：将图片插入文本中，单击该按钮，在弹出的下拉列表框中可选择图片在文本中的放置位置。
- “置于顶层”和“置于底层”按钮：如果图片未嵌入文本中，单击这两个按钮，可在弹出的下拉菜单中设置图片在文本中的叠放位置，如浮于文字上方或衬于文字下方。
- “对齐”按钮：选择多张未嵌入文本的图片，单击该按钮，在弹出的下拉列表框中可选择这些图片对齐方式的命令。
- “旋转”按钮：单击该按钮，在弹出的下拉列表框中可选择图片旋转角度的命令。

通过“设置图片格式”对话框

单击“大小”组右下角的“对话框启动器”按钮，弹出“大小”对话框。单击“大小”选项卡，可分别在“高度”、“宽度”、“旋转”、“缩放”选项区中对图片的大小进行设置。

视野拓展

在“布局”对话框中，还可以设置图片的角度及大小等信息。

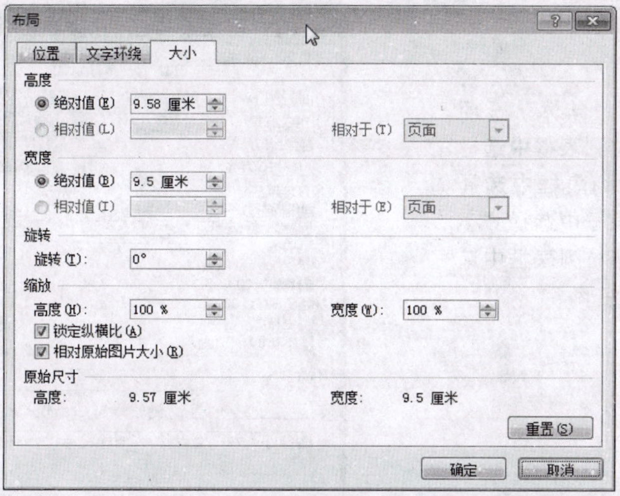

6.8 趁热打铁

现在做一些练习检验一下自己的学习状况吧。

6.8.1 实例演练

本章主要介绍了如何设置文字和段落格式、页面的大小以及自动编号、边框和底纹等，本实例演练将围绕这些内容进行练习。

操作步骤

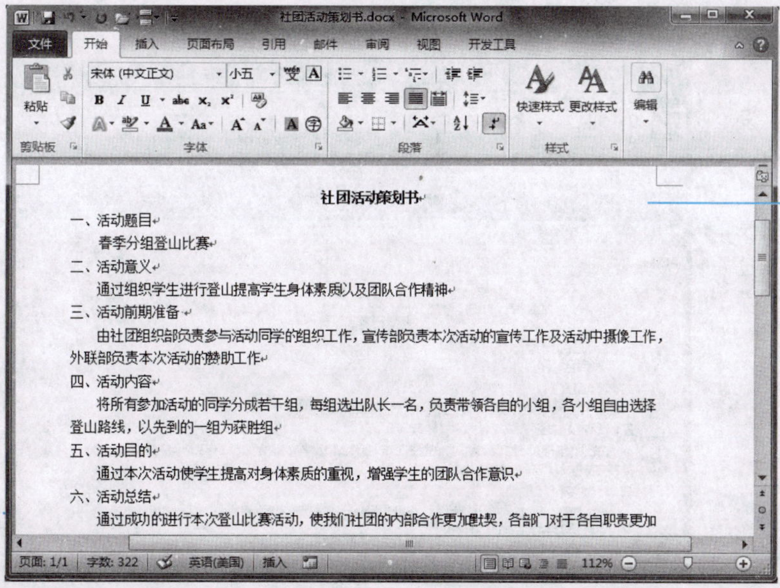

1 打开“社团活动策划书.docx”，选择该文档的标题，单击“开始”选项卡下的“字体”工具栏的按钮。

视野拓展

在“布局”对话框中的“文字环绕”选项卡中，可以设置文字的环绕方式。

2 选择“字体”对话框的“字体”选项卡，在“中文字体”下拉列表框中选择“+中文标题”，“字形”列表框中选择“加粗”选项，“字号”列表框中选择“小四”选项，在“字体颜色”下拉列表框中选择“蓝色”，单击“确定”按钮。

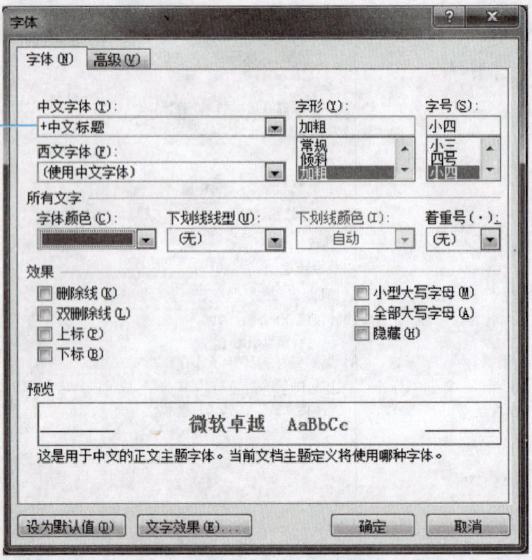

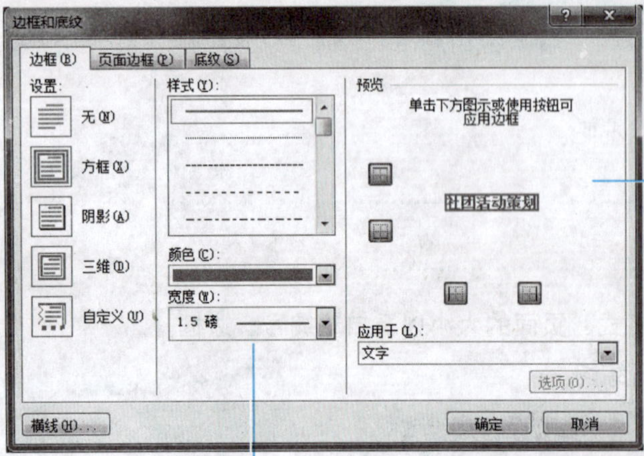

3 保持标题文本的选中状态，单击“页面布局”选项卡下“页面背景”工具栏中的“页面边框”按钮，打开“边框和底纹”对话框。

4 选择“边框”选项卡，在“设置”栏中选择“阴影”选项，在“样式”下拉列表框中选择适合的边框类型，在“颜色”下拉列表框中选择“橘色”，“宽度”下拉列表框中选择“1.5磅”选项，单击“确定”按钮。

5 执行操作后的效果见图示。

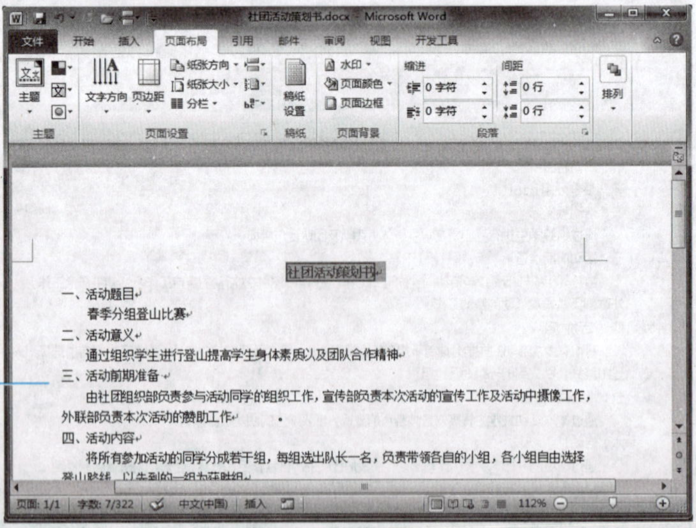

视野拓展

通过设置Word文本的段落，整个文本的显示将会更加规范。

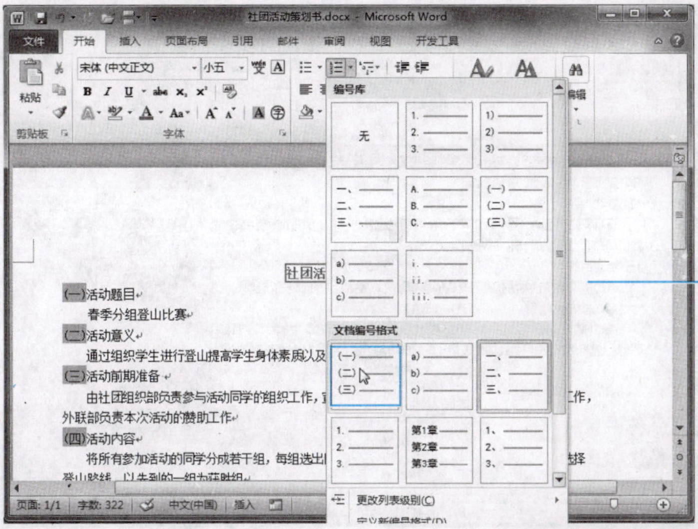

6 选中活动内容文本，单击“开始”选项卡“段落”工具栏中编号按钮右侧的按钮，在弹出的菜单中选择需要的编号样式，这里选择“（一）（二）（三）”。

7 选中活动内容下的文本，选择“页面布局”选项卡下“页面背景”工具栏的“页面边框”命令，打开“边框和底纹”对话框。

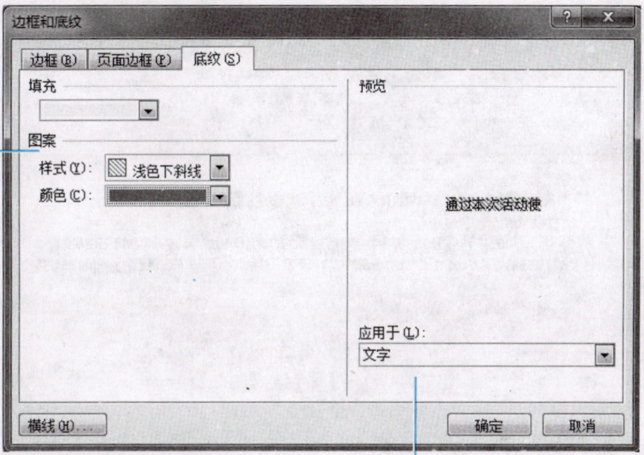

8 选择“底纹”选项卡，在“填充”下拉列表框中选择“黄色”，在“样式”下拉列表框中选择“浅色下斜线”，“颜色”下拉列表框中选择“蓝色”。

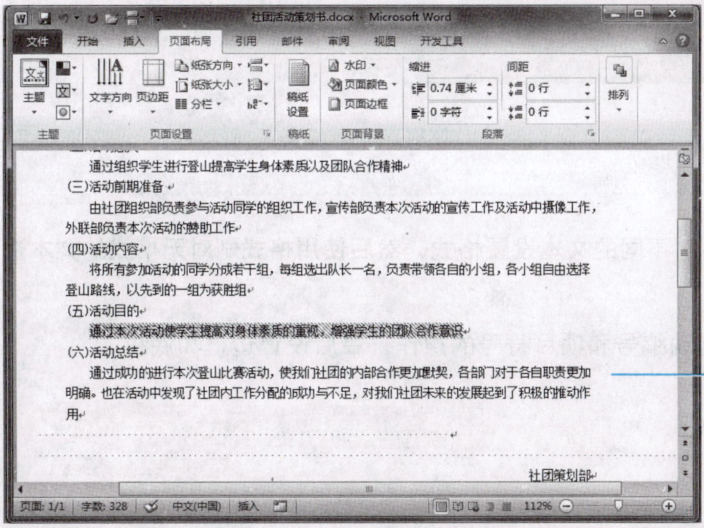

9 执行操作的效果的效果见图示。

视野拓展

通过边框和底纹的设置，Word文本的显示效果会有很大不同。

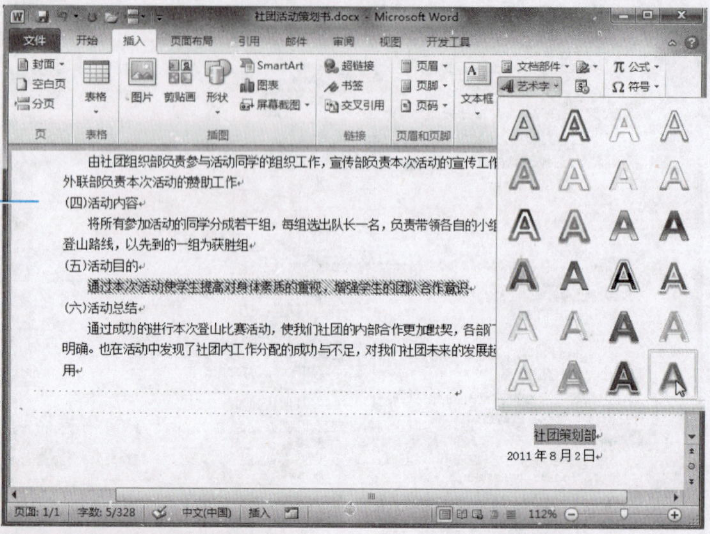

10 选择“社团策划部”文本，单击“插入”选项卡“文本”工具栏中的“艺术字”按钮，在弹出的框中选择合适的艺术字样式。

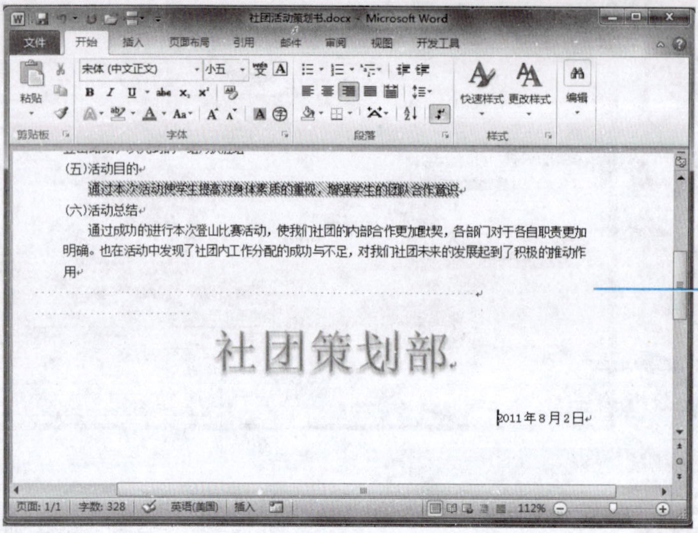

11 设置后的效果见图示。

6.8.2 实践题

1. 在文档中输入文本内容，并对不同的文本设置格式，然后使用格式刷对无格式的文本进行格式的复制操作。

2. 在文档中对内容进行添加自动编号和项目符号的操作，最后设置边框和底纹。

视野拓展

学习本章后即可对Word 2010的高级应用有更多了解。

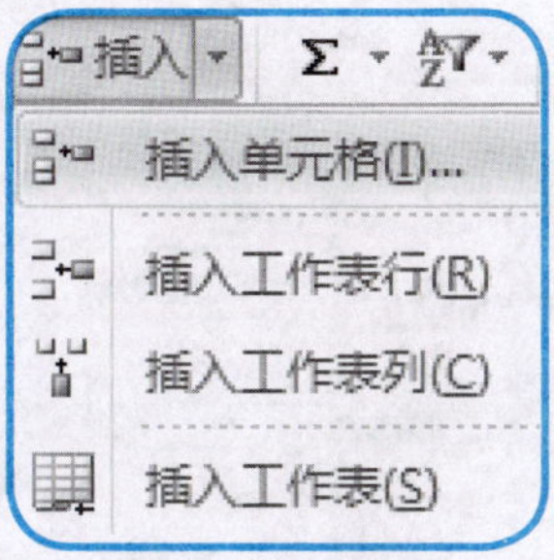

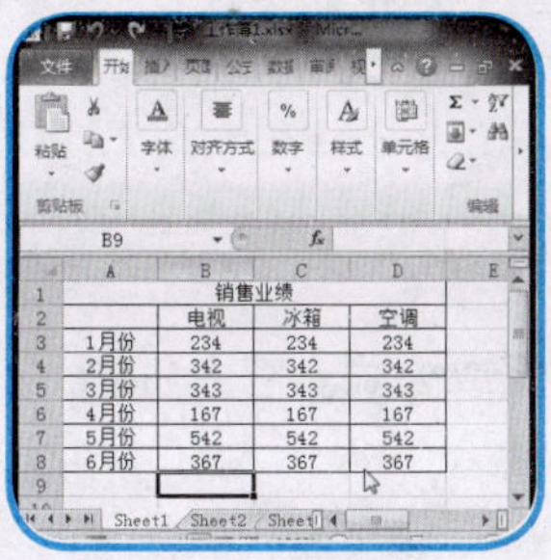

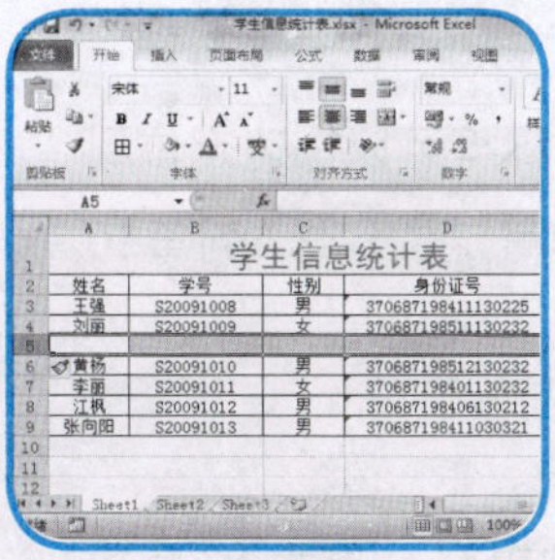

第 7 章

Excel 2010基础应用

本章导读

Excel 2010是Microsoft公司推出的Office 2010办公系列软件的一个重要组成部分，主要用于电子表格的处理，可以高效完成各种表格和图的设计，进行复杂的数据计算和分析。

本章学习目标

- 认识Excel 2010的操作界面
- 工作簿、工作表和单元格
- 工作表的基本操作
- 单元格的基本操作
- 输入数据
- 美化表格

本章学习重点

- 熟练掌握工作表和单元格的基本操作
- 学会手动输入和快速填充数据，并熟练掌握美化表格的方法

7.1 认识Excel 2010的操作界面

启动Excel 2010后，屏幕上就会出现Excel 2010的窗口。Excel 2010的窗口主要由标题栏、“文件”菜单、快速访问工具栏、功能区、编辑栏、工作区、状态栏七部分组成。本节将重点介绍编辑栏和工作区。

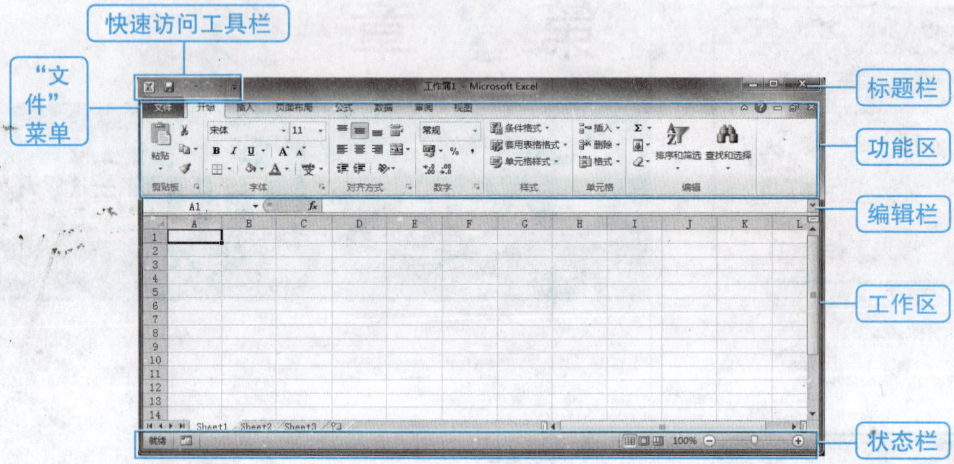

7.1.1 编辑栏

编辑栏主要用于显示和编辑当前活动单元格的名称、数据或公式。它由名称框、功能按钮和公式框三部分组成。

名称框

名称框用于显示当前单元格的地址和名称。通过使用名称框可以快速定位到目标单元格中，例如在名称框中输入“A10”，按回车键即可定位到第A列第10行的单元格。

功能按钮

功能按钮包括 ✕ ✓ fx 三个按钮，单击 ✕ 按钮可取消编辑，单击 ✓ 按钮可确定输入，单击 fx 按钮可打开“插入函数”对话框，从中可选择要输入的公式。

视野拓展

公式框主要用于向活动单元格中输入、修改数据或公式。

公式框

当向单元格中输入数据和公式时，在功能按钮框中会出现“确定”按钮✓和“取消”按钮 ✕。当确定输入或修改该单元格的内容时，单击✓按钮同时退出编辑状态；当需取消对单元格的编辑时，单击 ✕ 按钮即可。

提示： 当选中的单元格中没有内容时，功能按钮显示为 fx，当单元格输入内容后，功能按钮显示为 ✕ ✓ fx。

7.1.2 工作区

工作区是在Excel 2010操作界面中用于输入数据的区域，由单元格、标签栏、列标、行号和滚动条等部分组成，用于输入和编辑不同类型的数据。

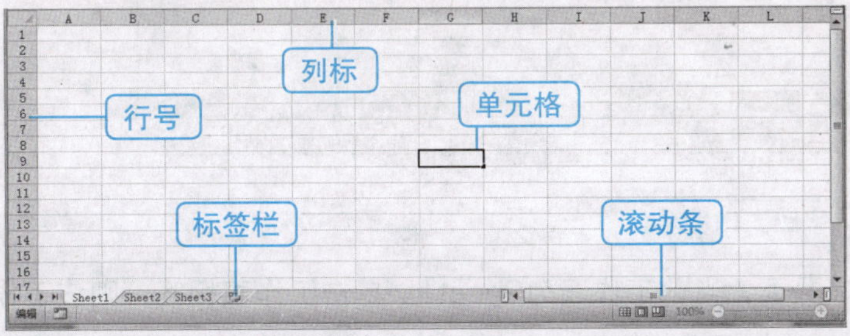

7.2 工作簿、工作表和单元格

Excel 2010的基本信息元素包括工作簿、工作表、单元格和单元格区域，它们之间是包含与被包含的关系。

7.2.1 工作簿、工作表和单元格的含义

工作簿

一个Excel文件称为一个工作簿，工作簿是在Excel中用来存储并处理工作数据的文件，其扩展名是.xlsx。

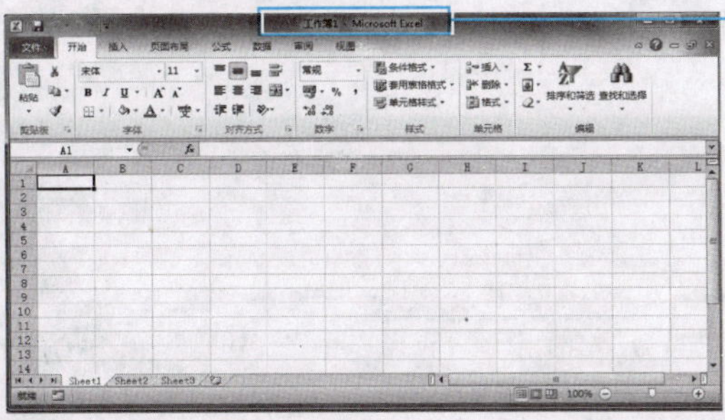

启动Excel后，系统自动创建一个名称为“工作簿1”的工作簿文件，以后创建工作簿的名称默认为“工作簿2”，“工作簿3”……

一个工作簿最多可以包含255张工作表。

工作表

一张表格称为一个工作表，每个工作表都有一个标签、若干行和若干列。

在工作表的标签上显示了系统默认的前三个工作表名：Sheet1、Sheet2和Sheet3。工作表名可以通过双击或单击鼠标右键，在弹出的快捷菜单中选择“重命名”命令自行修改。

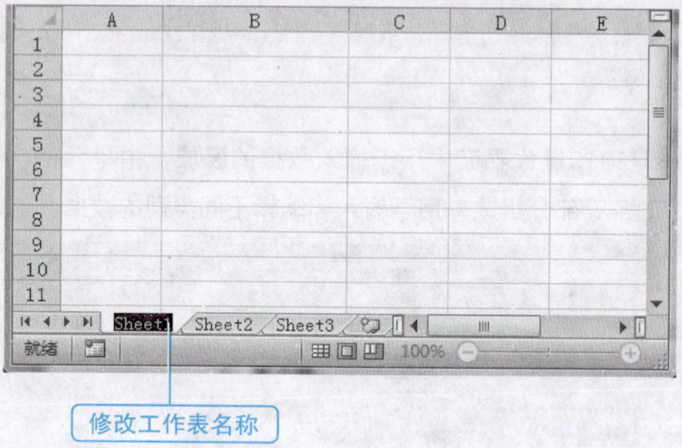

打开Excel时，默认情况下，当前工作表为Sheet1。单击工作表标签，则该工作表就会成为当前工作表，可以对表中的数据进行编辑。当工作表较多，工作表标签行显示不完全时，单击工作表窗口左下角的按钮 可滚动显示各个工作表。

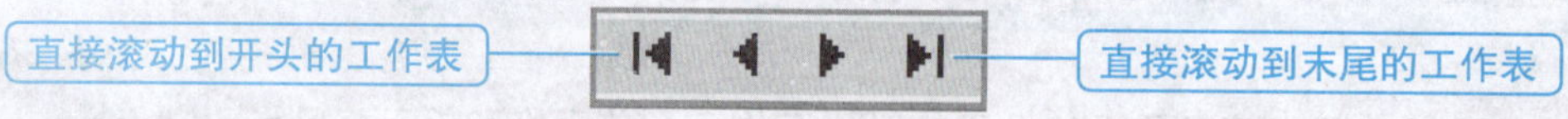

单元格

工作表中行、列交汇处的区域称为单元格，用于存放文字、数字、公式和声音等信息。在Excel中，单元格是存储数据的基本单位。下面介绍单元格的地址和活动单元格两个基本概念。

- 单元格的地址

在工作表中，每个单元格都有固定的地址，一个地址也只能表示一个单元格。比如单元格地址A6就表示位于A列和第6行交汇处的单元格。

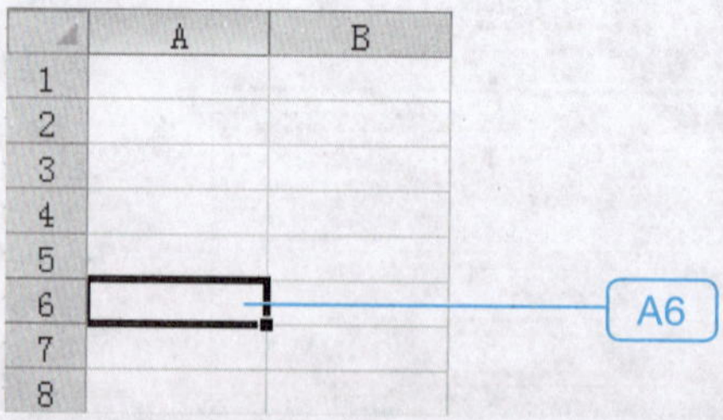

视野拓展

默认情况下，Excel中单元格的地址是指用列序号和行序号表示的单元格的位置。

对于一个连续的单元格区域，用“该区域左上角单元格地址：该区域右下角单元格地址”表示即可。例如，A3：D6表示从单元格A3到单元格D6的整个区域。

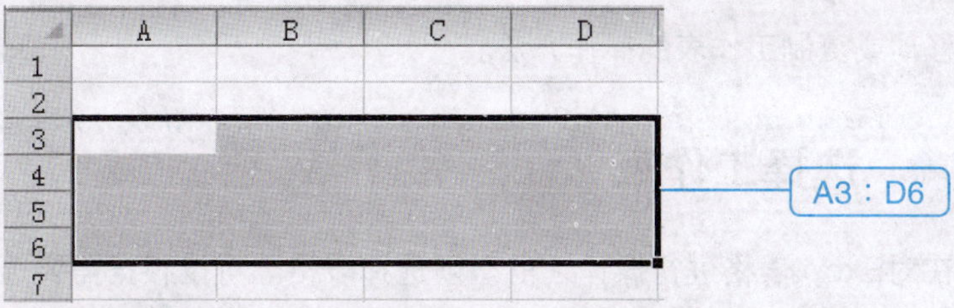

- 活动单元格

活动单元格是指当前正在使用的单元格，它的地址会在名称框中显示，输入的内容会在公式框中显示，而且每次只能有一个单元格是活动的。

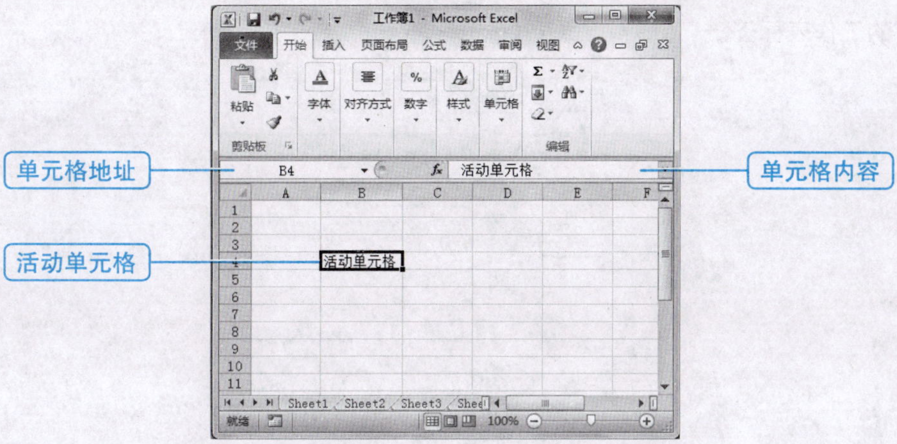

7.2.2 工作簿、工作表和单元格的关系

工作簿、工作表和单元格之间是包含与被包含的关系。

提示：一张工作表最多可由65536（行）、256（列）组成，一个工作簿最多包含255张工作表。

三者之间的包含与被包含关系，现在理解了吗？

嗯，博学先生，一看这个图示我就明白了三者之间的相互关系。

视野拓展

单元格是存储数据的最小单位，而工作表是由多个单元格构成的，工作簿又是由多张工作表构成的。

7.3 工作表的基本操作

本节主要介绍对工作簿中工作表的基本操作，主要包括选择、插入、重命名、移动或复制工作表的操作方法。

7.3.1 选择工作表

在对Excel表格进行操作之前必须选择表格。可以根据需要选择单个或多个工作表。

用鼠标选定Excel表格

用鼠标选定Excel表格是最常用、最快速的方法，只需要单击Excel表格最下方的工作表标签。

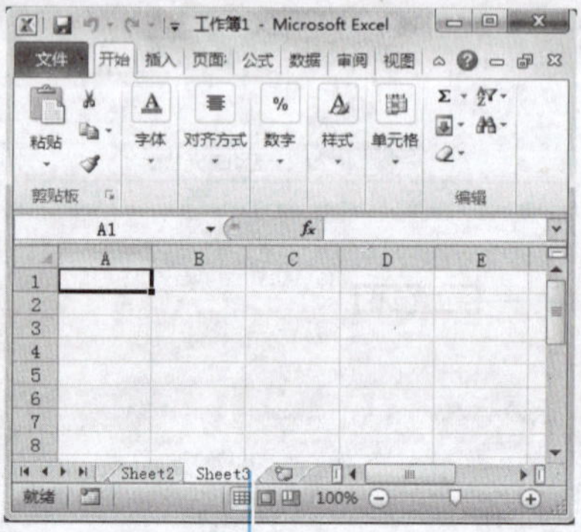

单击标签Sheet3即选中表格Sheet3

选定连续的Excel表格

选定连续的Excel表格，通过两步即可完成，例如连续选择Sheet1、Sheet2和Sheet3表格，其操作步骤如下所述。

操作步骤

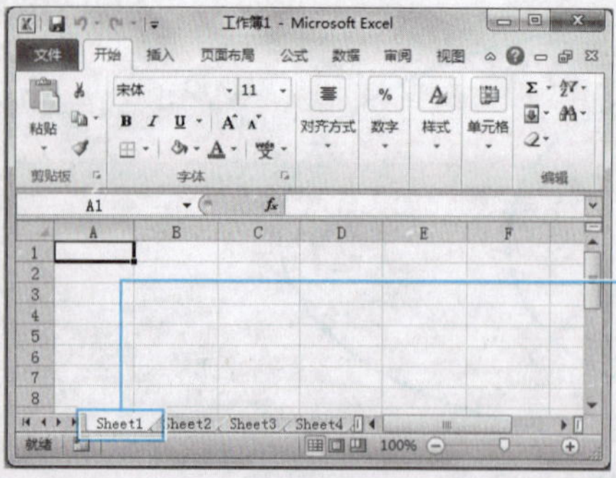

1 单击Excel表格下方的Sheet1标签，选定该Excel表格。

视野拓展

使用公式MOD（ROW（），n）计算筛选，可选中可见单元格。

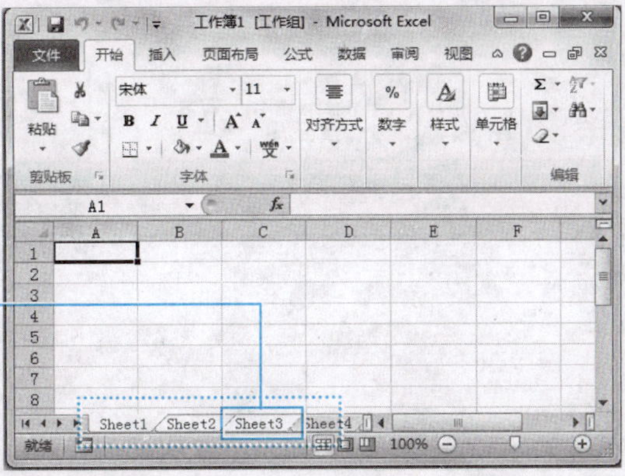

2 按住Shift键的同时选定Sheet3表格，即可连续选定Sheet1、Sheet2和Sheet3表格。

提示： 当在同一个工作簿中选择了两张或两张以上的工作表后，在Excel操作界面的标题栏上将会自动显示“工作组”的字样，表示选择了多张工作表。

选择不连续的Excel表格

选择不连续的Excel表格的操作方法如下所述。

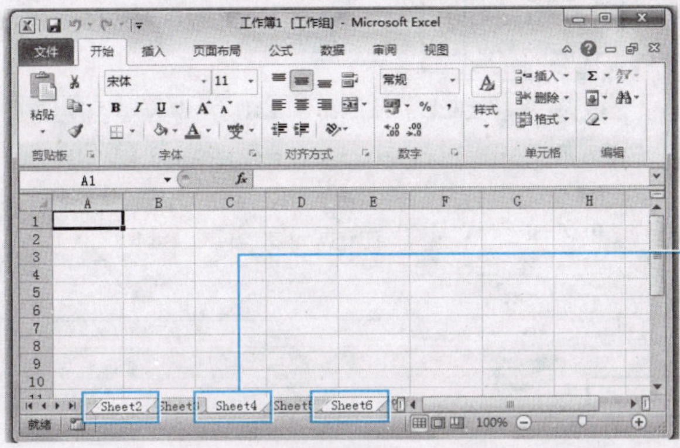

按住Ctrl键的同时单击Sheet2、Sheet4和Sheet6工作标签，即可选定不连续的Sheet2、Sheet4和Sheet6工作表。

7.3.2 插入工作表

在创建工作表时，如果需要使用更多的工作表，则可插入新的工作表，具体步骤如下所述。

操作步骤

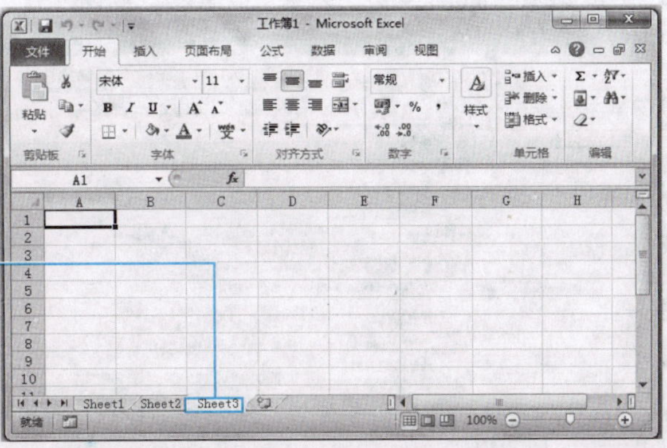

1 单击工作表Sheet3的标签。

使用Alt+；可选择可见单元格。

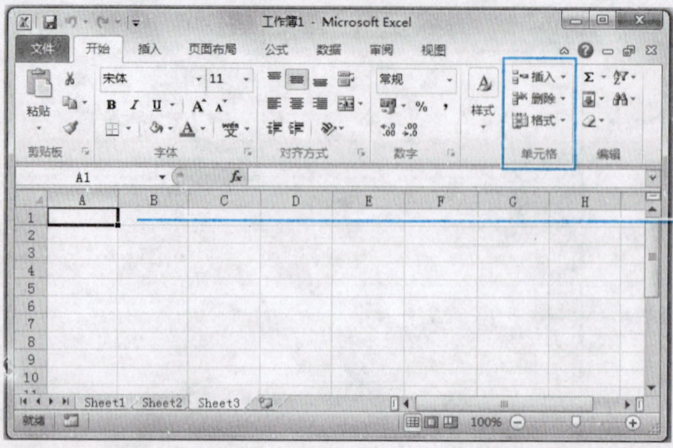

2 在“开始”选项卡中，单击“单元格”选项区中的“插入”按钮右侧的 ▾ 按钮，在弹出的下拉菜单中选择“插入工作表”菜单项或者按Shift+F11组合键。

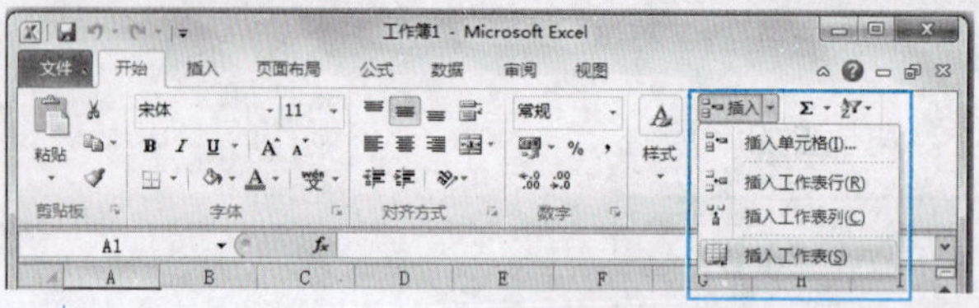

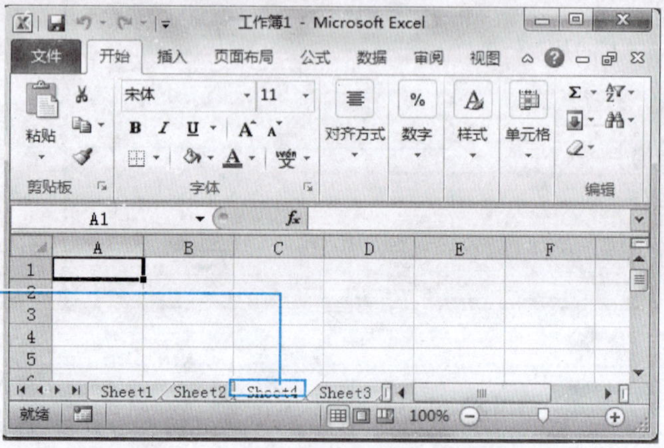

3 Sheet4工作表插入到了当前工作表前面。

插入工作表也可以使用快捷菜单的方法，具体操作如下所述。

操作步骤

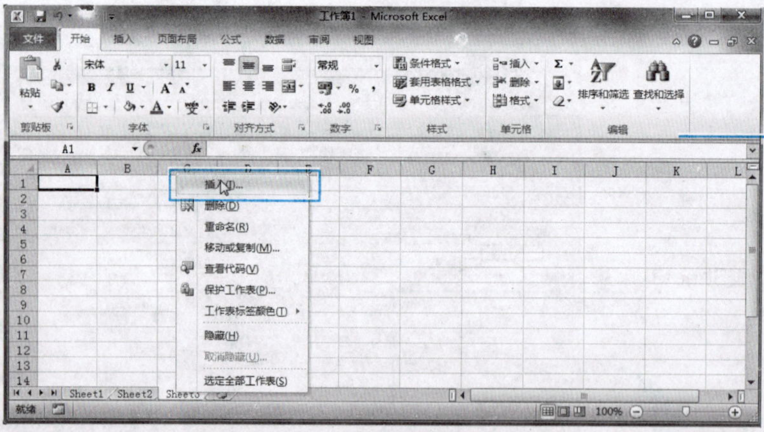

1 在Sheet3工作表标签上单击鼠标右键，在弹出的快捷菜单中选择“插入”菜单命令。

视野拓展

创建新的工作簿时，默认包含三个工作表。

2 在弹出的“插入”对话框中选择“工作表”。

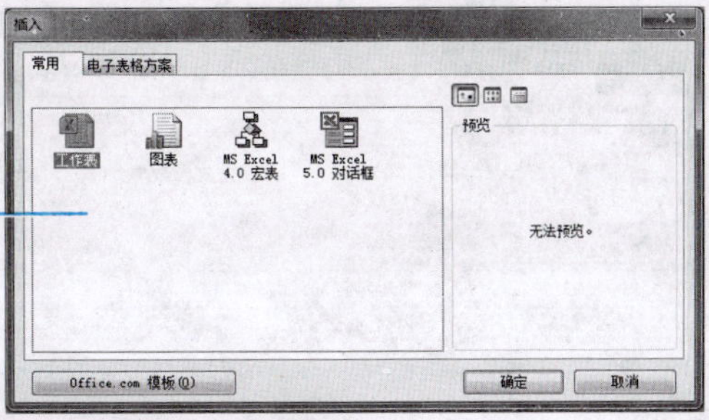

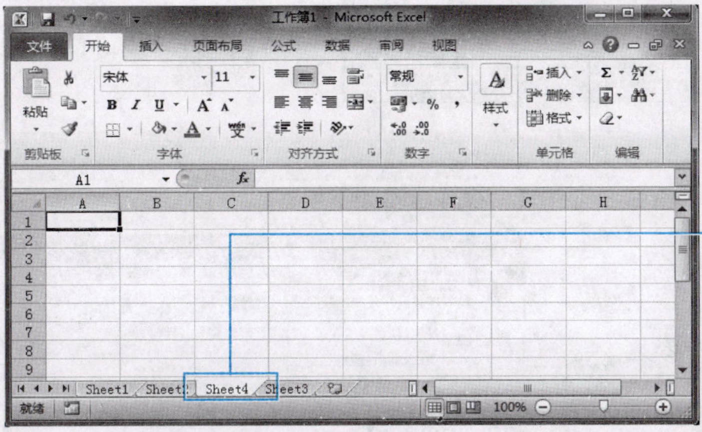

3 单击“确定”按钮，即可在当前工作表的前面插入Sheet4工作表。

提示：在工作表标签后面单击按钮，也可在选择的工作表之前插入一张工作表。

7.3.3 重命名工作表

为了更好地管理工作表，可以对工作表进行重命名操作。下面介绍两种重命名工作表的方法。

鼠标双击重命名

通过双击鼠标重命名工作表，操作步骤如下所述。

操作步骤

1 双击要重命名的工作表的标签，如Sheet1，当标签以高亮显示时，进入可编辑状态。

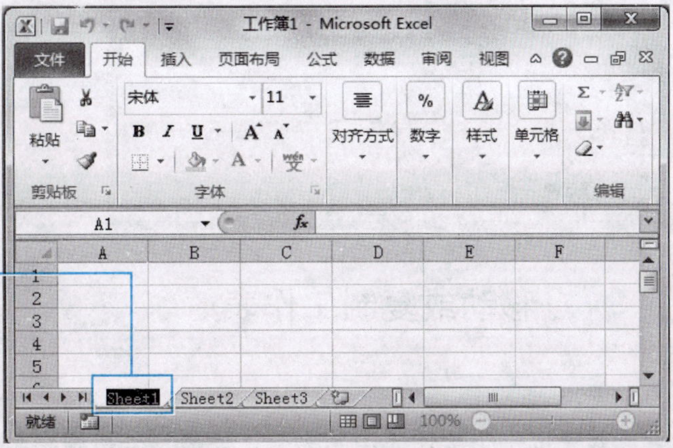

通过使用快捷菜单可以快速插入工作表。

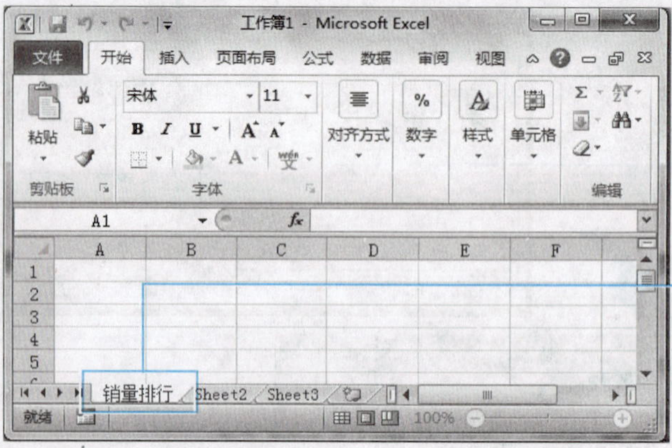

2 输入新的标签名，按回车键即可完成工作表重命名操作。

右键快捷菜单重命名

使用右键快捷菜单重命名工作表，操作步骤如下所述。

操作步骤

1 在要重命名的工作表标签上单击鼠标右键，在弹出的快捷菜单中选择“重命名”命令。

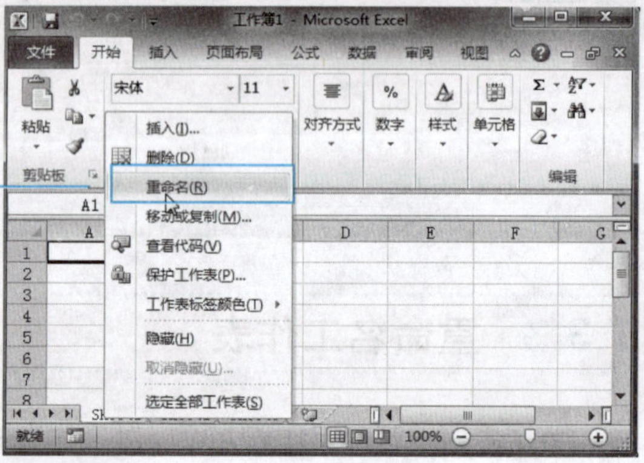

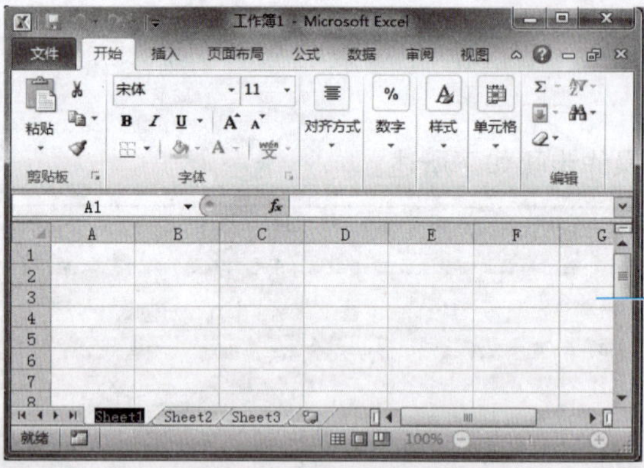

2 在高亮显示的标签上输入新的标签名，按回车键即完成工作表的重命名。

7.3.4 移动或复制工作表

移动工作表

对于同一个工作簿中的多个工作表，若需要将某一个工作表移动到其他位

视野拓展

Excel 2010默认情况下，工作表以Sheet1、Sheet2、Sheet3……命名。

置，下面介绍两种操作。

- 鼠标拖曳法

选择要移动的工作表的标签，按住鼠标左键，拖曳鼠标至要移动到的位置后释放鼠标，即可将工作表移动到目标位置。

- 快捷菜单法

操作步骤

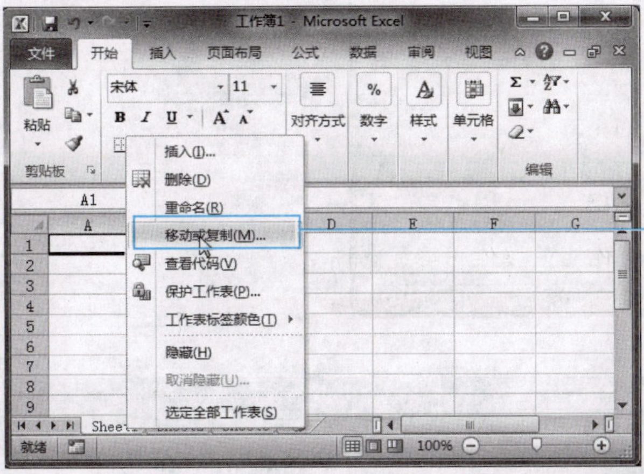

1 在需要移动的工作表标签单击鼠标右键，在弹出的快捷菜单中选择“移动或复制”命令，如在Sheet1在单击鼠标右键。

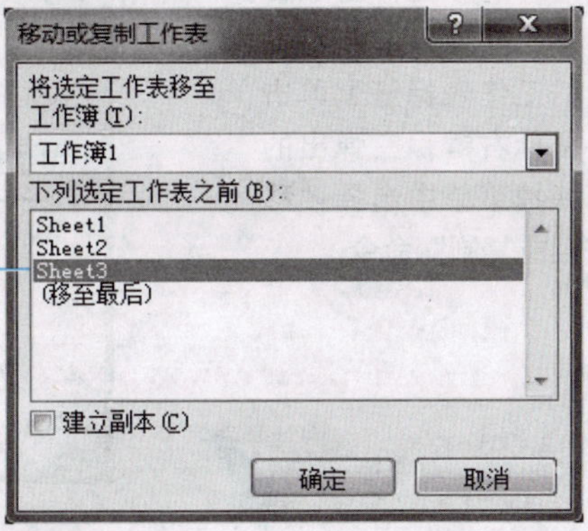

2 选择要插入的位置，如选择Sheet3。

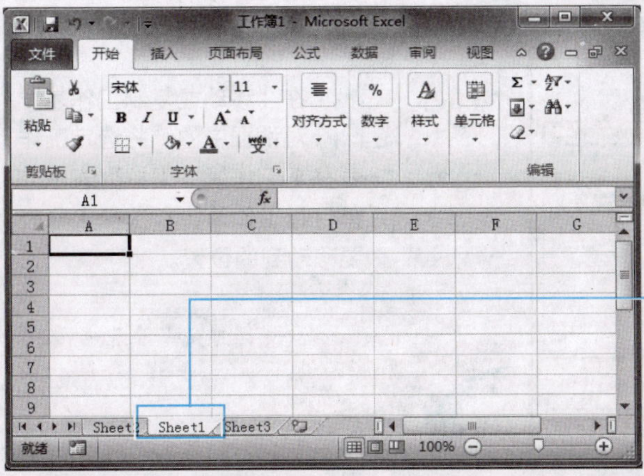

3 单击“确定”按钮，当前工作表移动到指定的位置。如经上述步骤1和步骤2，Sheet1工作表移至Sheet3工作表前。

视野拓展

通过工作表的重命名操作，可以更好地管理工作表信息。

若要将一个工作簿中的工作表移动到另外一个工作簿中，具体操作方法如下所述。

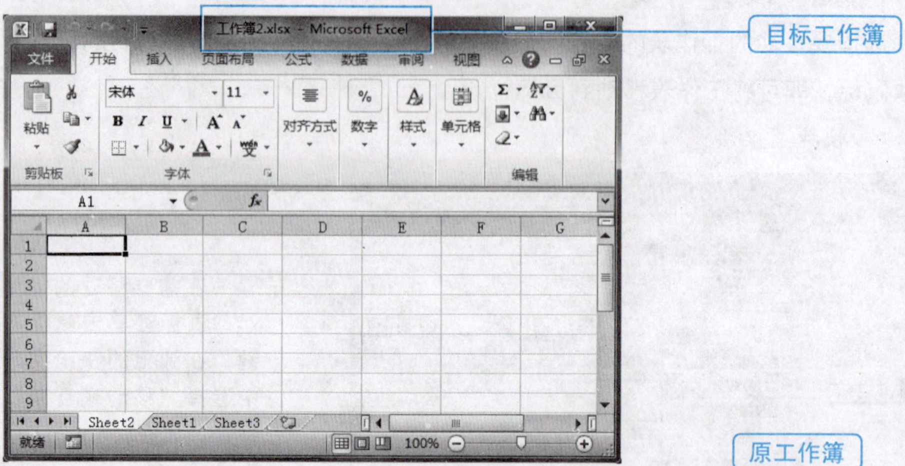

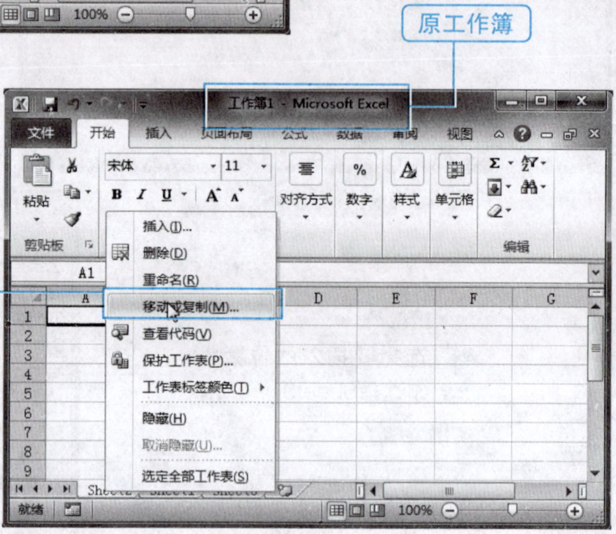

操作步骤

1 打开工作表所在的原工作簿和目标工作簿，在要移动的工作表标签上单击鼠标右键，在弹出的快捷菜单中选择“移动或复制”命令。

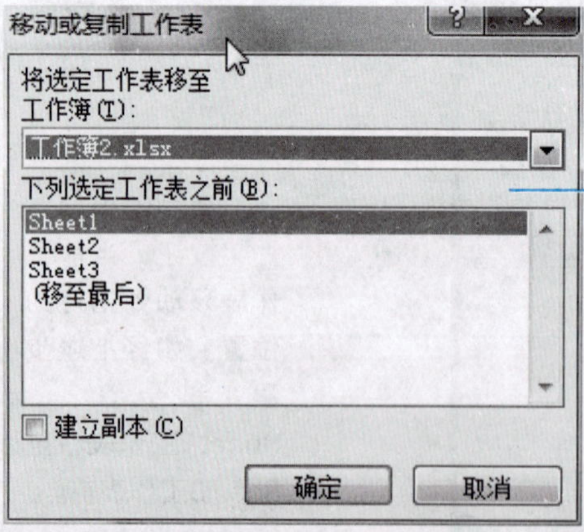

2 在“移动或复制工作表”对话框中的“将选定工作表移至工作簿”下拉列表中选择目标工作簿，再选择工作表要移动到的位置。

视野拓展

在要移动的工作表标签上单击，拖动它向左/右移动鼠标，当插入三角指示符号位于目标工作表上方时，释放鼠标即可。

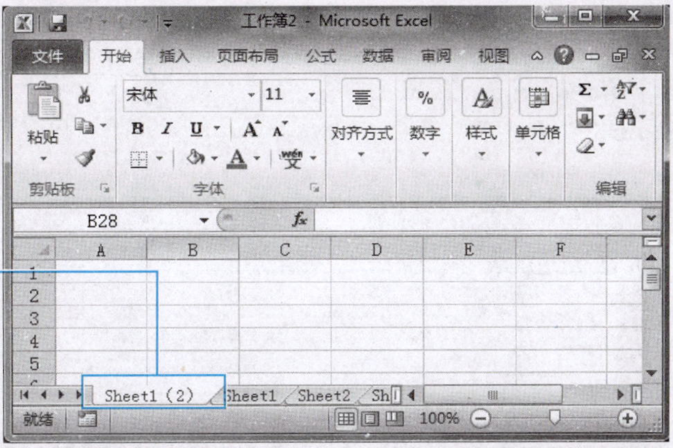

3 单击“确定”按钮关闭对话框，即可将当前工作表移至目标工作簿指定的位置。

复制工作表

下面分别介绍使用鼠标和快捷菜单两种方式进行复制的操作方法。

- 使用鼠标复制

选择要复制的工作表，按住Ctrl键的同时单击此工作表拖曳鼠标到合适的位置后释放鼠标，即可完成工作表的复制。

- 使用快捷菜单复制

操作步骤

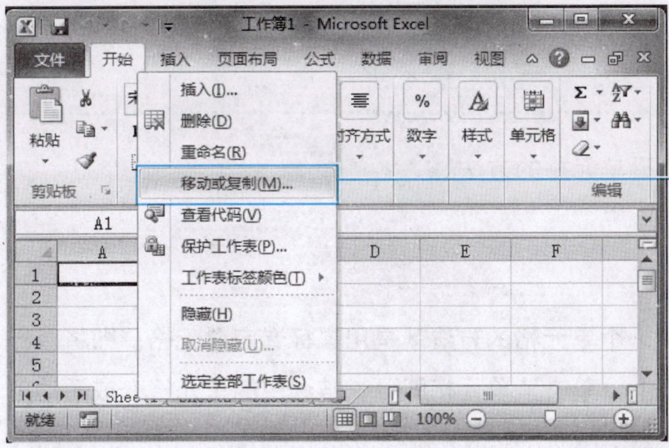

1 选中要复制的工作表，在工作表标签上单击鼠标右键，在弹出的快捷菜单中选择“移动或复制”菜单命令。

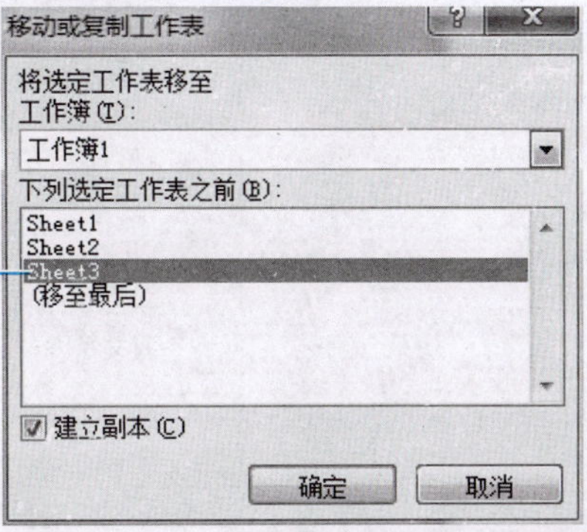

2 在“移动或复制工作表”对话框中的“将选定工作表移至工作簿”下拉列表中选择要复制的目标工作簿，再选择要插入的位置，然后选中“建立副本”复选框。

视野拓展

若要将一个工作簿中的工作表移动到另外一个工作簿中，首先要求这些工作簿都是打开的。

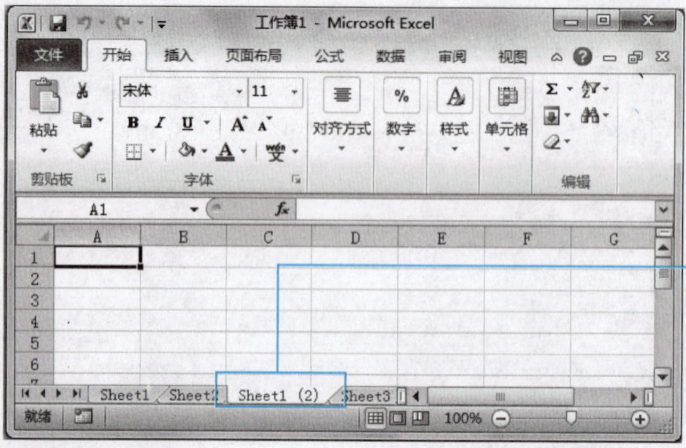

3 单击“确定”按钮，完成工作表的复制。

7.4 单元格的基本操作

单元格是构成Excel的组件，在工作表中输入和编辑数据实质上是在单元格中输入和编辑数据。单元格操作是Excel操作中的重中之重，本节主要介绍单元格的选择、插入与删除、合并与拆分、复制与移动以及清除的操作方法。

7.4.1 选择单元格

下面介绍几种常用的选择单元格的方法。

选择单个单元格

- 鼠标选定单元格

最常用、最快速地选择一个单元格的方法就是用鼠标选定单元格，即将鼠标指针移至需要选择的单元格上，单击该单元格即可，被选中的单元格变成活动单元格，边框变成黑色粗线，如下图所示。

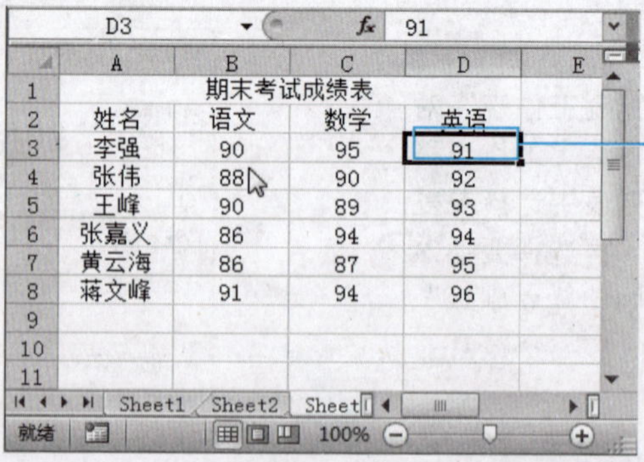

视野拓展

可以在一个或多个Excel工作簿中复制工作表。

- 名称框定位单元格

在名称框中输入要选择的单元格的地址，按回车键即可选定目标单元格。如在名称框中输入“B13”，按回车键后即可选定第B列和第13行交汇处的单元格。

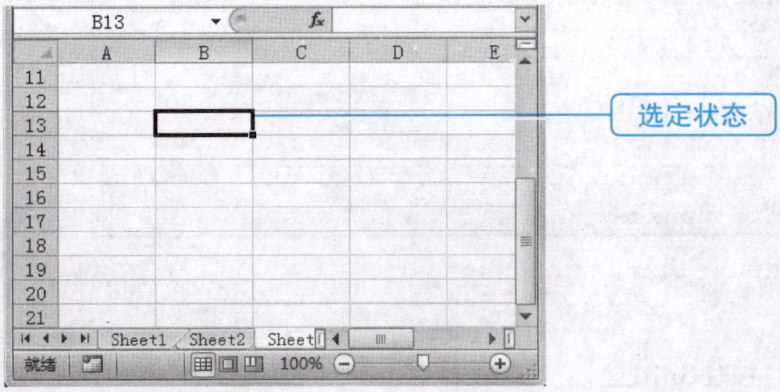

选定连续的单元格区域

- 拖曳鼠标选择连续单元格区域

如选定A1到E6单元格之间的单元格，具体步骤如下所述。

操作步骤

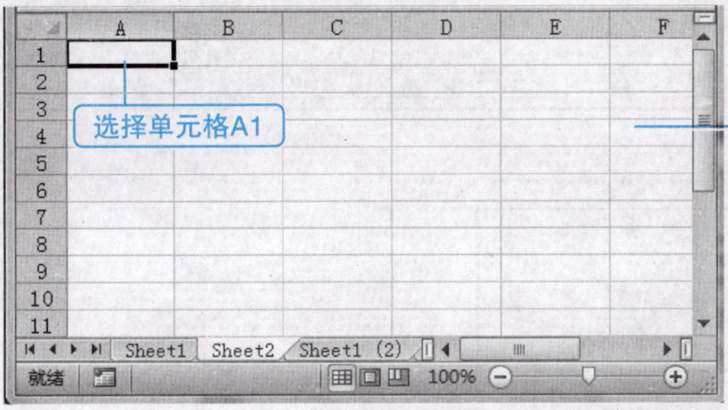

1 单击选中选择范围内左上角的单元格。

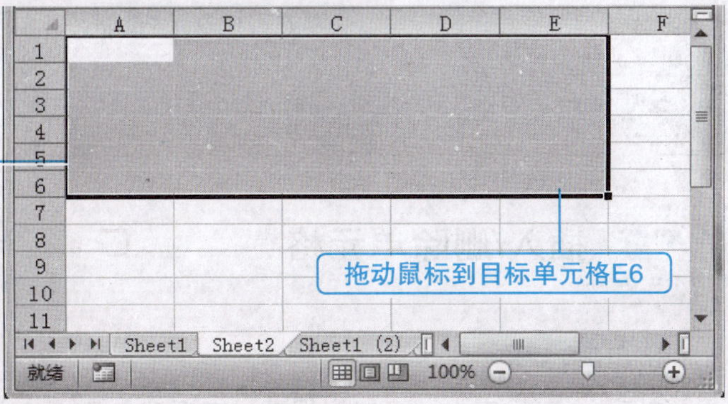

2 按住鼠标左键并拖曳到需选择范围内右下角的单元格，释放鼠标后即可完成单元格的连续选择。

- 利用Shift键选择连续单元格区域

当需要选择的单元格范围比较大时，利用Shift键能更快速地连续选择单元格

视野拓展

要在单元格中输入数据必先选中单元格，在不同情况下选中单元格的方法也不尽相同。

区域。如选定A1到E6单元格之间的单元格，具体步骤如下所述。

操作步骤

1 单击选中需选择范围内左上角的单元格。

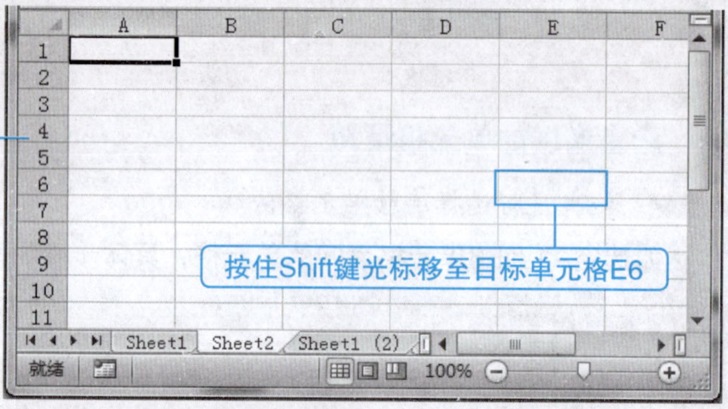

2 按住Shift键，鼠标指针移至需选择范围内右下角的单元格。

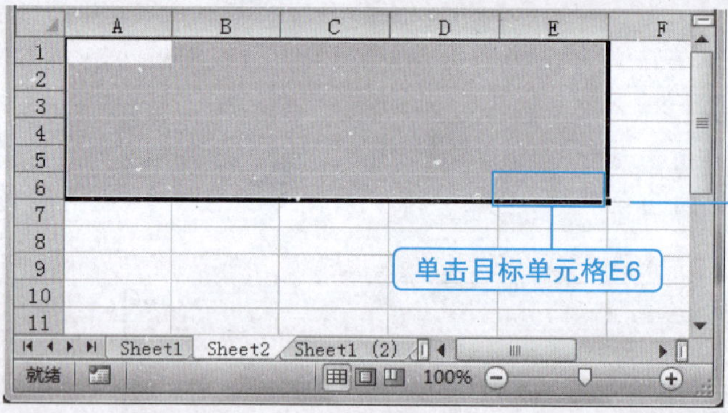

3 单击目标单元格即可连续选中单元格区域。

提示：如果需要选择不相邻的单元格或单元格区域，则按住Ctrl键，然后选中要选择的单元格或单元格区域即可。

7.4.2 插入/删除单元格

插入单元格

在Excel工作表中，可以根据需要在活动单元格的上方或左侧插入空白单元格，具体步骤如下所述。

视野拓展

通过名称框定位单元格可以快速定位到指定的单元格中。

操作步骤

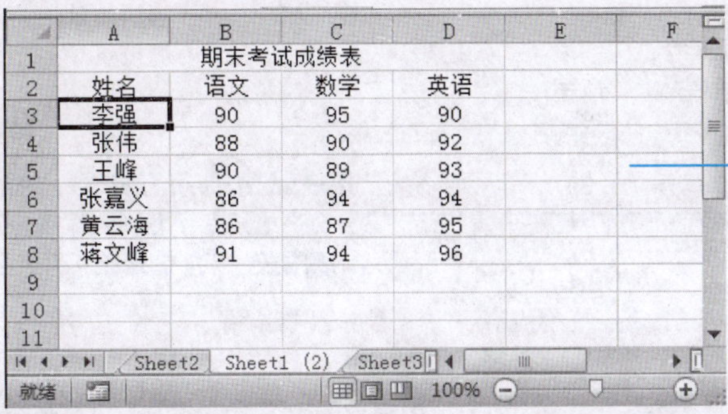

1 选择要插入空白单元格的单元格A3。

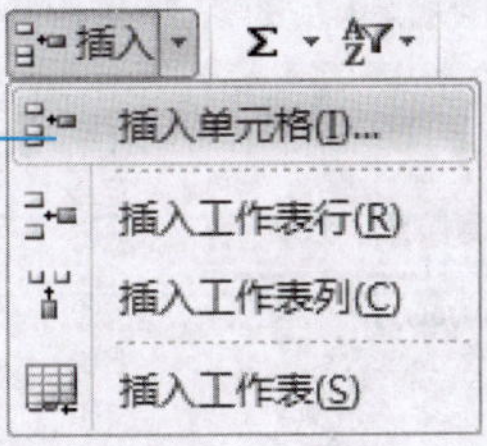

2 在“开始”选项卡中，单击“单元格”选项组中插入按钮右侧的▾按钮，选择弹出的下拉菜单中的“插入单元格”选项或者在活动单元格上单击鼠标右键，在弹出的快捷菜单中选择“插入”命令。

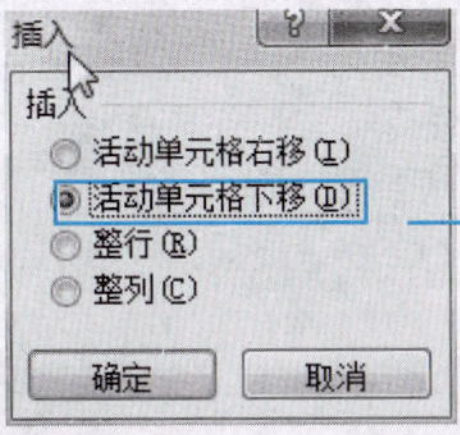

3 弹出的“插入”对话框中，默认选中“活动单元格下移”单选按钮，单击“确定”按钮。

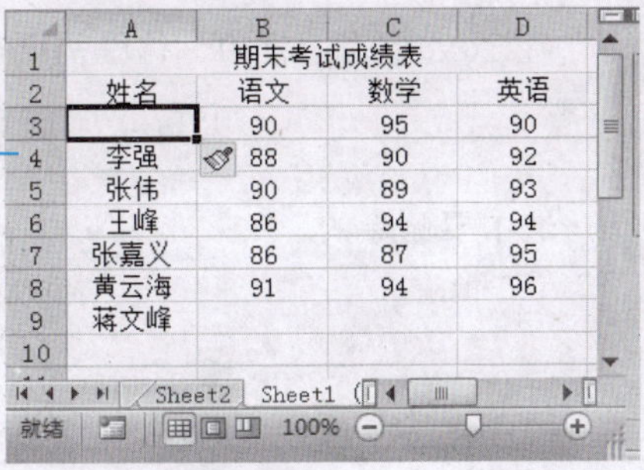

4 即在当前位置插入一个空白单元格，原有位置数据下移。

选择“插入”对话框中的其他选项，插入的结果如下图所示。

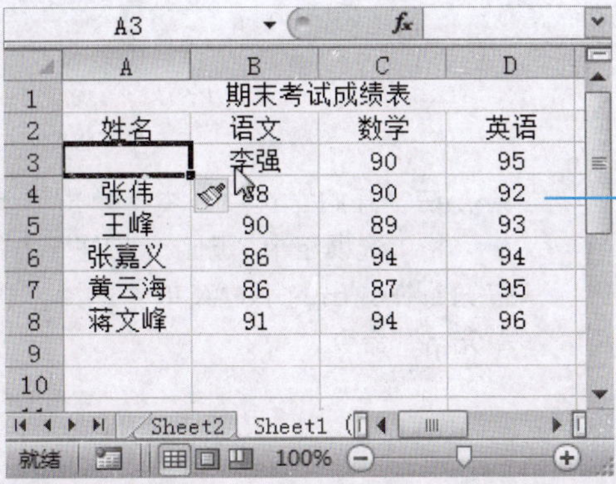

单元格插入方式为“活动单元格右移”，在所选单元格左侧插入一个空白单元格。

视野拓展

直接在单元格上单击可选择单个单元格。

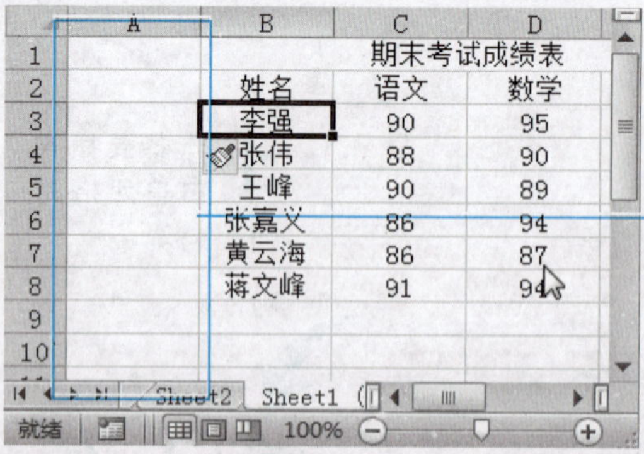

单元格插入方式为“整列”，在所选单元格左侧插入一列单元格。

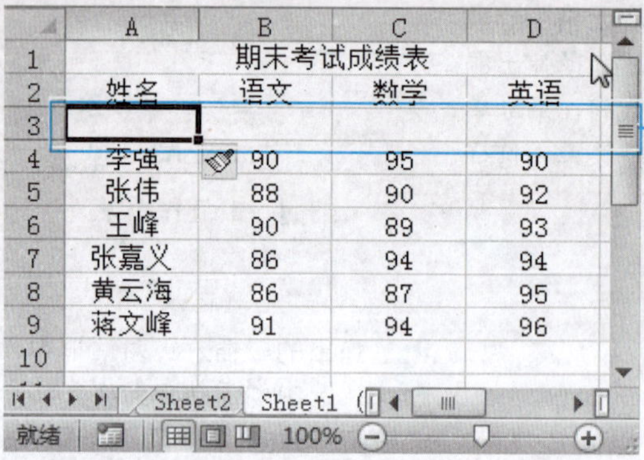

单元格插入方式为“整行”，在所选单元格上方插入一行单元格。

删除单元格

在Excel编辑过程中，往往需要删除多余的单元格，具体操作步骤如下所述。

操作步骤

1 选中要删除的单元格。

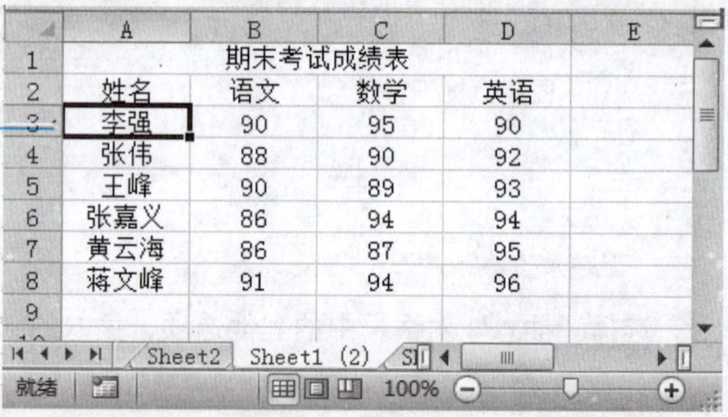

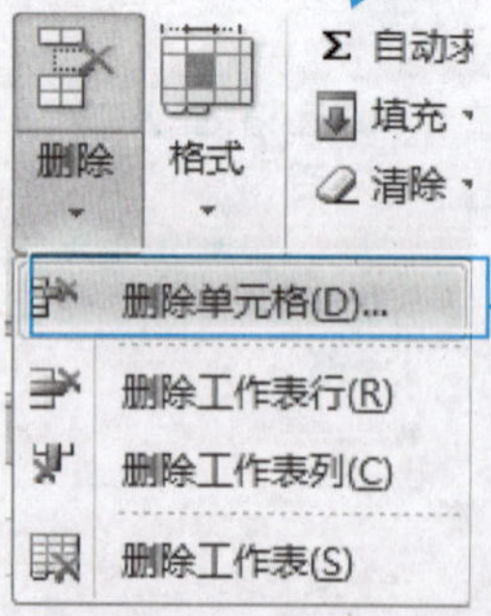

2 在“开始”选项卡中，单击“单元格”选项组中“删除”按钮下方的▾按钮，在弹出的下拉菜单中选择“删除单元格”命令。

视野拓展

在行或列的行标或列标上单击鼠标左键，可选择整行或整列单元格。

3 弹出“删除”对话框，选中“整行”单选按钮，然后单击“确定”按钮。

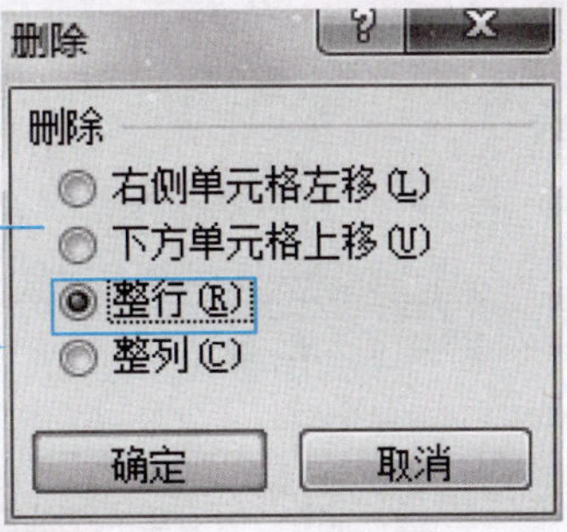

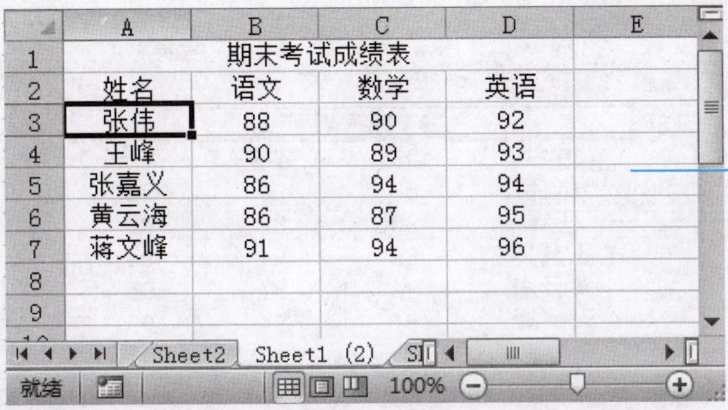

4 选中的单元格整行被删除，同时下一行的单元格上移一行。

提示： 可以使用快捷菜单删除单元格，在要删除的单元格或单元格区域单击鼠标右键，在弹出的快捷菜单中选择“删除”命令。

7.4.3 合并与拆分单元格

为了使制作的表格更加专业和美观，往往需要将多个单元格合并成一个单元格或者将合并后的一个单元格拆分成多个单元格。下面分别介绍合并单元格和拆分单元格的操作方法。

合并单元格

操作步骤

1 选中需要合并的单元格。

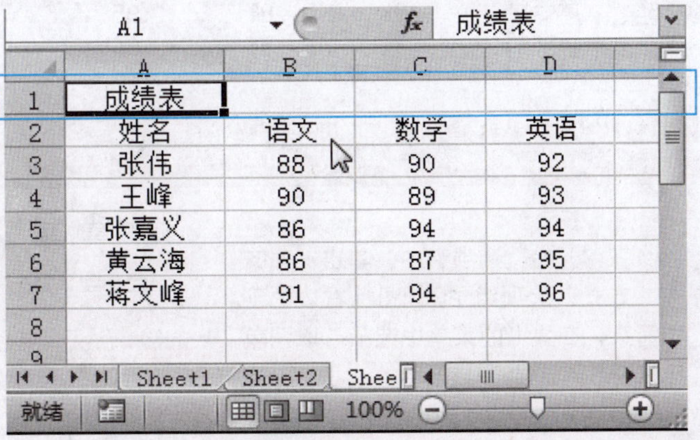

视野拓展

单击工作表上角行号与列标的交叉处可选择此工作表中的所有单元格。

提示：单元格合并后，使用原始区域左上角的单元格的地址表示合并后的单元格地址。

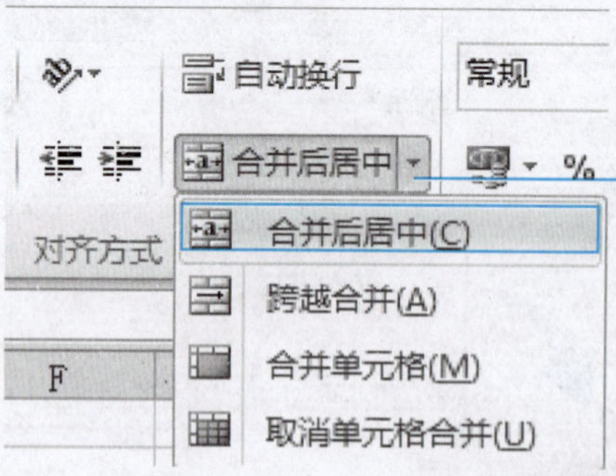

2 在“开始”选项卡中，单击“对齐方式”选项组中图标右边的下拉箭头，在弹出的菜单中选择“合并后居中”选项。

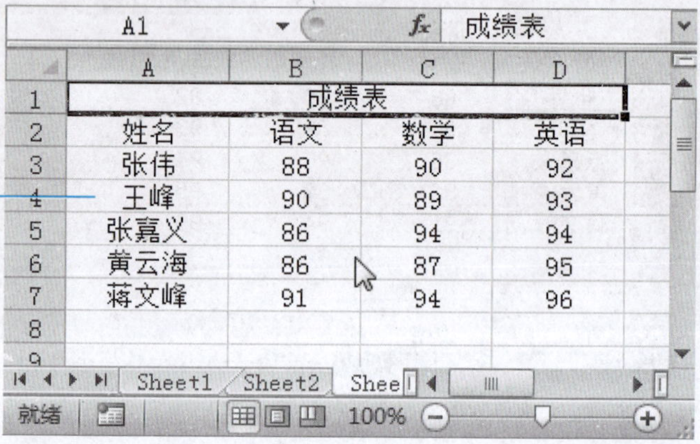

3 选中的单元格合并的同时内容居中。

拆分单元格

操作步骤

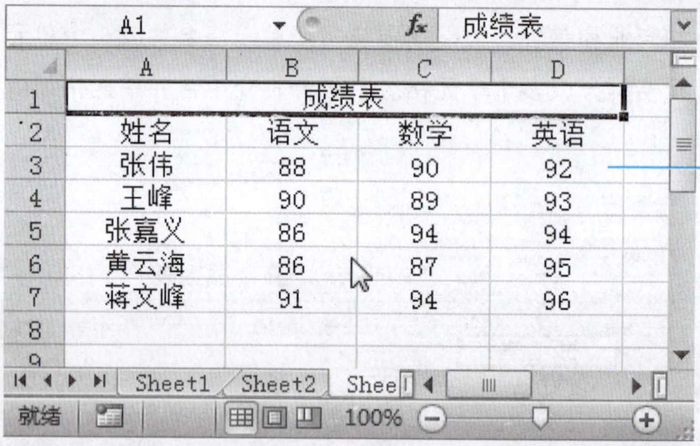

1 选中需要拆分的合并后的单元格。

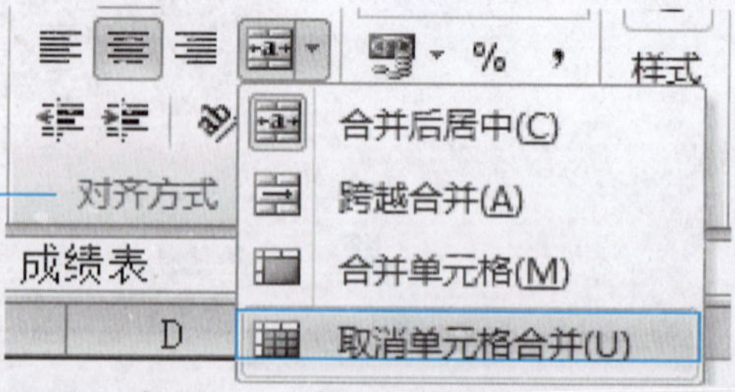

2 在“开始”选项卡中，单击“对齐方式”选项组中图标右边的下拉箭头，在弹出的菜单中选择“取消单元格合并”选项。

视野拓展

若单击“对齐方式”选项组中“自动换行”下面的下拉箭头，从弹出的列表中选择“合并单元格”命令，可将单元格合并。

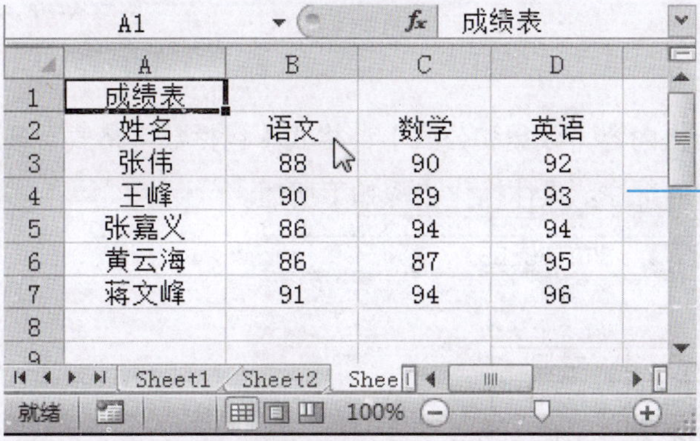

3 选中的单元格被取消合并，恢复成合并前的单元格。

提示： Excel只允许对合并后的单元格进行拆分。

7.4.4 复制/移动单元格

在编辑Excel工作表时，为了提高工作效率，如果单元格区域数据与其他区域数据相同，可采用复制单元格的方法编辑工作表。

复制单元格

操作步骤

1 选择要复制的单元格区域，将鼠标指针移动到所选区域的边框线上。

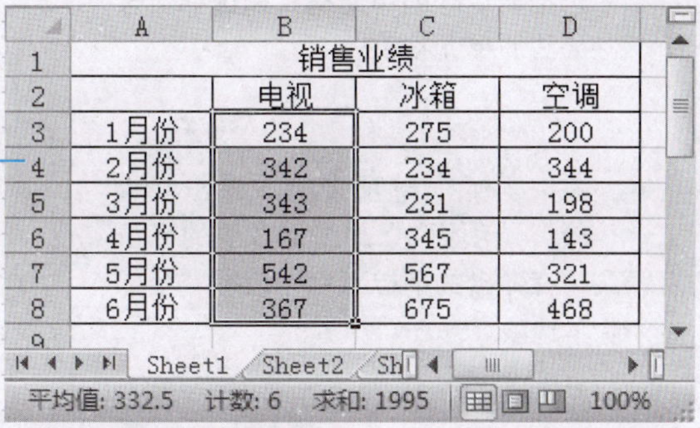

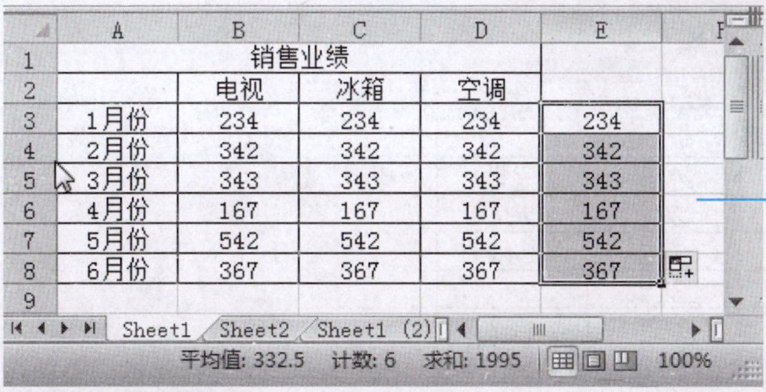

2 按住Ctrl键，当鼠标指针箭头右上角出现“+”时，直接拖曳到目标位置即可完成复制。

提示： 可以通过菜单操作实现复制/移动单元格。在选择的区域上单击鼠标右键，在弹出的快捷菜单中选择“复制”/“剪切”命令，然后在目标区域左上角的单元格上单击鼠标右键，在弹出的快捷菜单中选择“粘贴”命令即可。

移动单元格

与复制单元格操作方法类似，只是在拖曳时不需要按住Ctrl键，直接拖曳即可移动单元格或单元格区域。

视野拓展

将多个具有数据的单元格合并时，Excel会提示合并只保留最左上角单元格中的数据。

7.4.5 清除单元格

清除单元格是指删除单元格内容（数据和公式）、格式（包括数字格式、条件格式和边框）以及任何附加的批注。具体操作步骤如下所述。

操作步骤

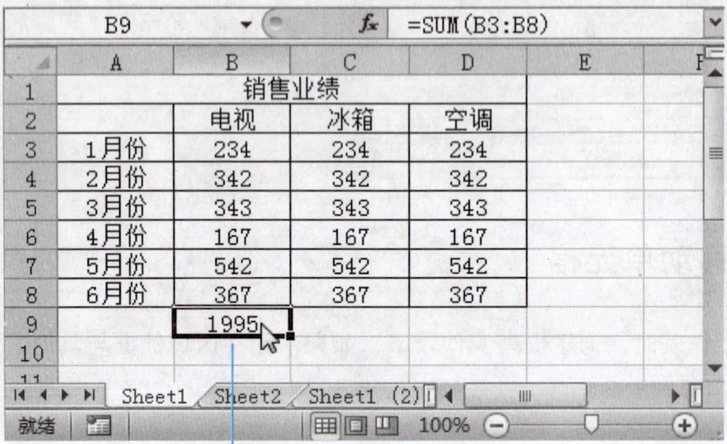

提示：如果选中单元格后按Delete键，清除的仅是单元格的内容，不会清除单元格的格式或批注。

1 选择要清除的单元格，如选择包含公式的单元格B9。

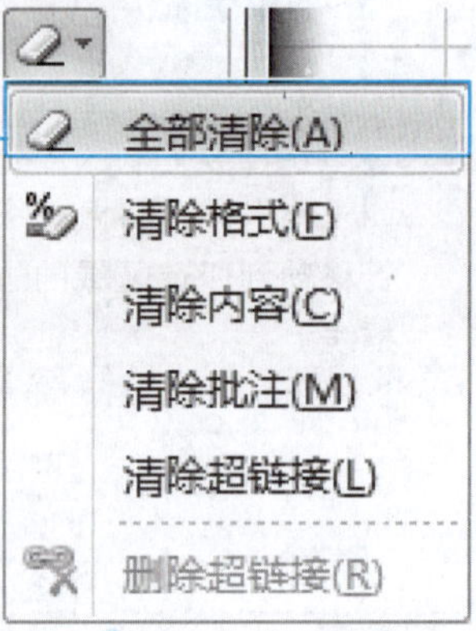

2 在“开始”选项卡中，单击“编辑”选项组中图标右边的下拉箭头，在弹出的下拉菜单中选择“全部清除”选项。

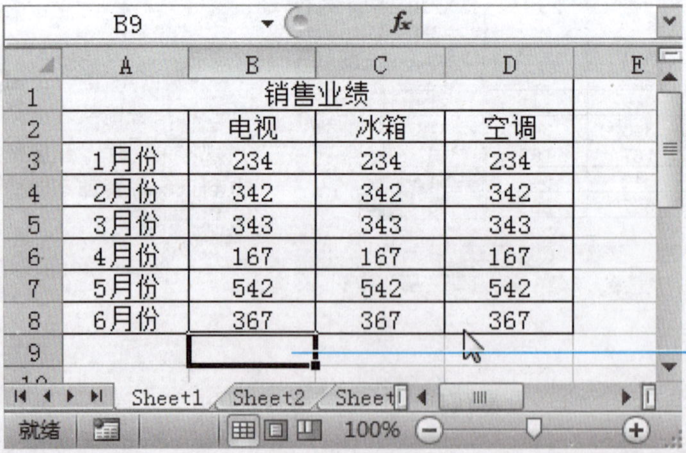

3 单元格中的数据和公式全部被清除。

视野拓展

若要在Excel中清除重复单元格数据，则单击“数据”选项卡下的“排序和筛选”工具栏中的“筛选”中的“高级”，从弹出的对话框中进行设置即可。

7.5 输入数据

新建工作簿后，就可以将数据输入到工作表的表格中，本节将详细介绍如何在工作表中输入数据。

7.5.1 手动输入数据

输入文本

输入文本是指在表格中输入汉字、英文字母、数字和符号等。选择单元格，输入文本后，按回车键确认输入内容，同时自动向下激活下一单元格；按Tab键确认输入内容后，同时自动向右激活下一单元格，如下图所示。

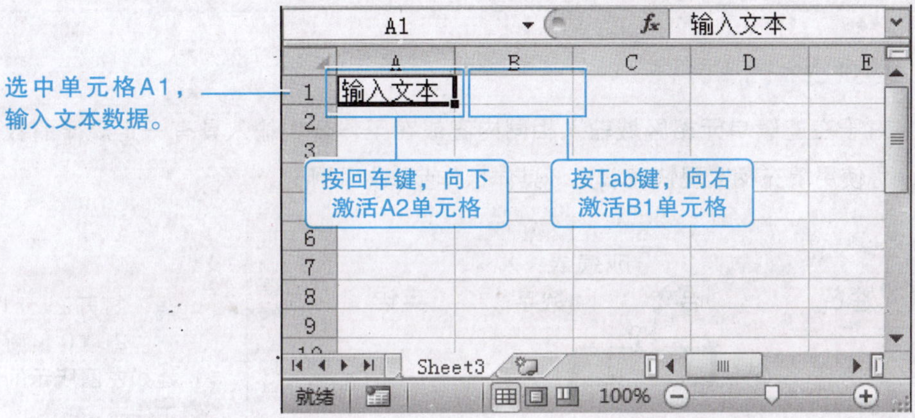

提示：如果单元格列宽容纳不了文本字符串，可占用相邻的单元格；如果相邻的单元格有数据，文本字符串就会截断显示，被截断不显示的部分仍然存在，只需改变列宽即可显示出来；文本对齐方式默认设置为“左对齐”。

输入数值

数值型数据是最常见，也是最重要的数据类型。在单元格中输入数值型数据的规则如下所述。

- 输入分数时，需要在分数之前加上一个0或空格

如在A2单元格输入“3/4”，显示的是“3月4日”；在B2单元格输入“0 3/4”，显示的是“3/4”。

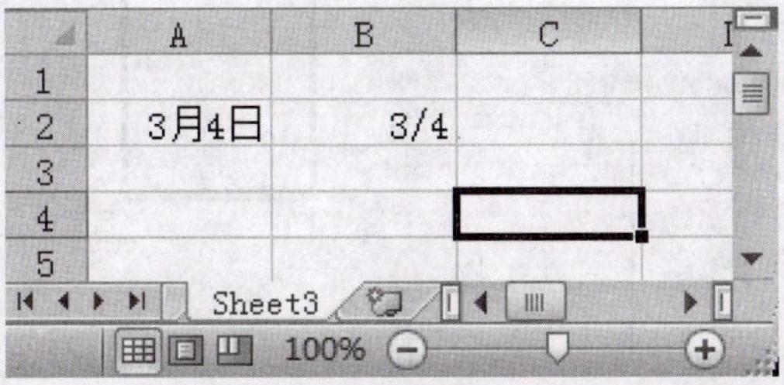

在编辑单元格时，如果数据位置错误，可采用移动单元格的方法将其移至正确位置。

- 输入以数字0开头的数字串

如果输入以数字0开头的数字串，Excel会自动省略0。如果需要保持输入的内容不变，可在单元格中先输入“ ‘ ”。

提示：如果单元格列宽容纳不了较长的数字，则会用科学计数法显示该数据；数值的对齐方式默认设置为“右对齐”。

输入时间和日期

输入时间时使用“：”或汉字作为分隔符，如“12:06:03”或“12时6分3秒”。

输入日期时使用“-”、“/”或汉字作为分隔符，如“2011/06/08”、“2011-06-08”或“2011年6月8日”。如果要输入当前日期，按Ctrlt+;组合键即可。

7.5.2 快速填充数据

使用填充柄

对于在连续单元格区域输入相同内容或在工作表中输入具有一定规律的数据，可使用填充柄实现快速填充，具体操作步骤如下所述。

操作步骤

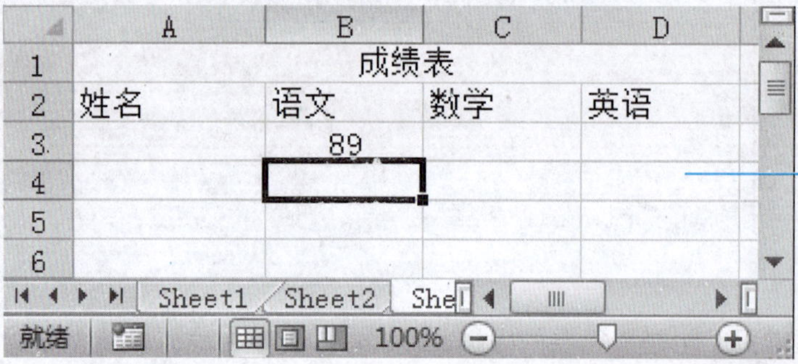

1 打开Excel 2010，新建如左图所示的工作表。

2 将鼠标指针定位到单元格B3的右下角，当指针变成“+”形状时向下拖曳，即可在单元格中快速填充相同的内容。

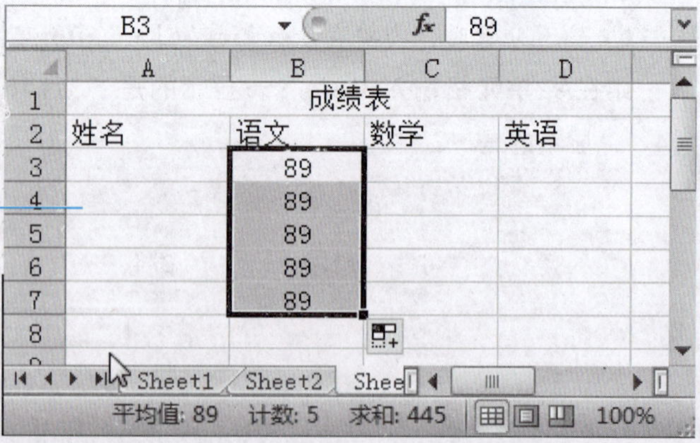

视野拓展

Excel表格中的数据主要包括文本、数字和特殊符号等。

另外再介绍两种使用快捷键和填充柄的填充方法。

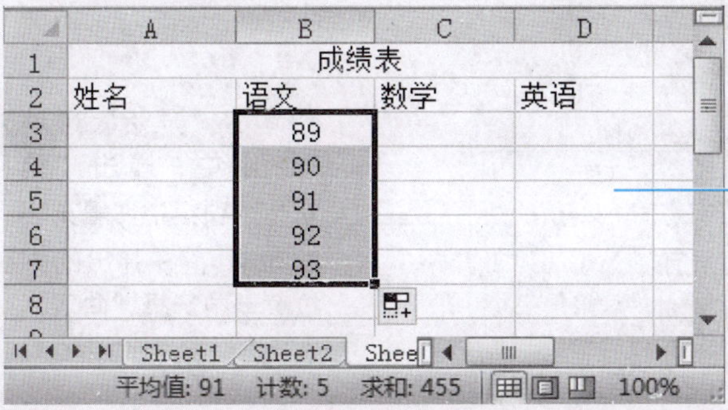

将鼠标指针定位到单元格B3的右下角，按住Ctrl键，当指针变成“+”形状时向下拖曳，即数值会依次增加，即完成如左图所示的填充。

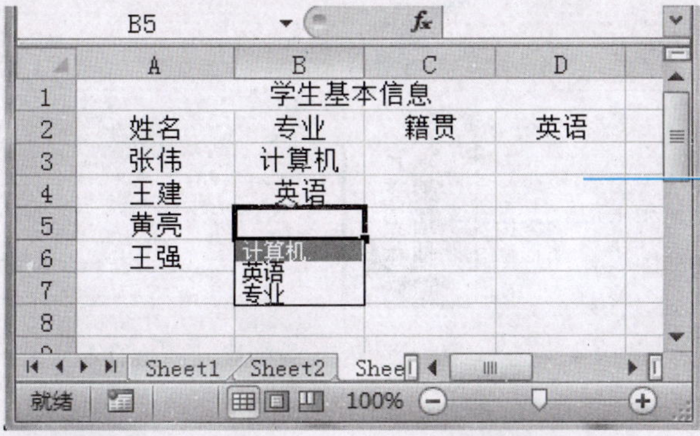

选中单元格B5，按Alt+↓组合键，在单元格B5的下方会显示已经输入数据的列表，选择相应的选项即可快速输入。

在大型数据表格中使用快速填充数据的方法，其优势是显而易见的，一定要熟练掌握。

使用填充命令

在Excel 2010中，可以使用填充命令自动填充，具体操作步骤如下所述。

操作步骤

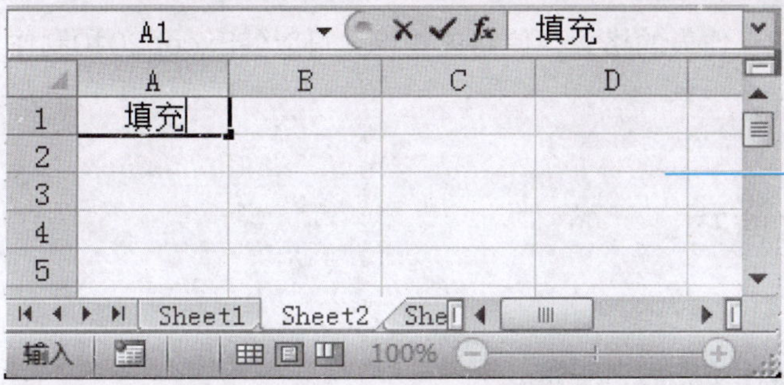

1 启动Excel 2010，在单元格A1中输入文本“填充”。

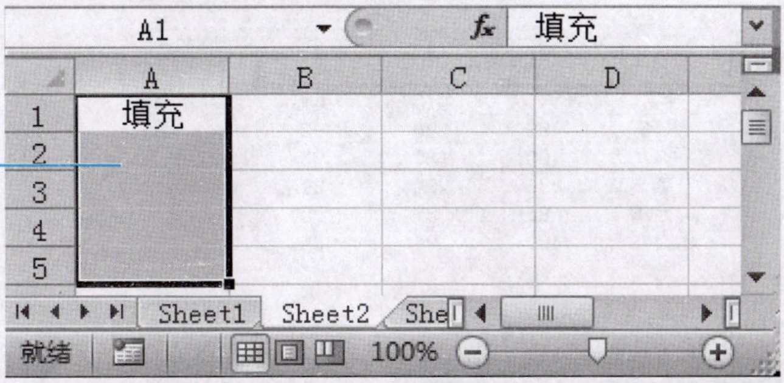

2 选中要填充序列的单元格区域A1：A5。

视野拓展

如果需要在单元格中输入多行数据，则按Alt+回车组合键进行换行。

提示：不论使用上述哪种方法填充，均可实现向上、下、左、右4个方向的快速填充。

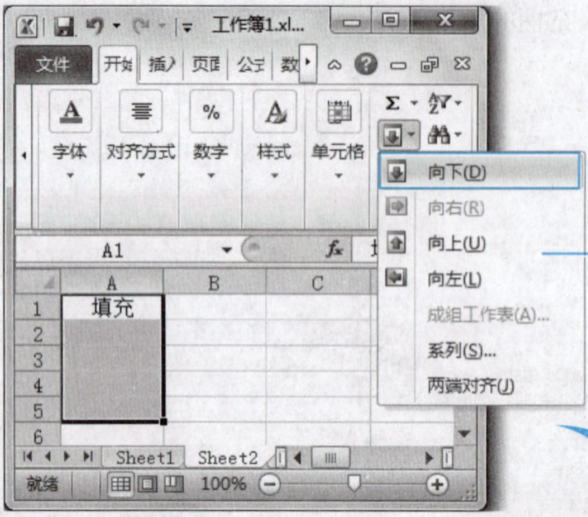

3 在“开始”选项卡中，单击“编辑”选项组中“填充”按钮，在弹出的下拉菜单中选择“向下”选项。

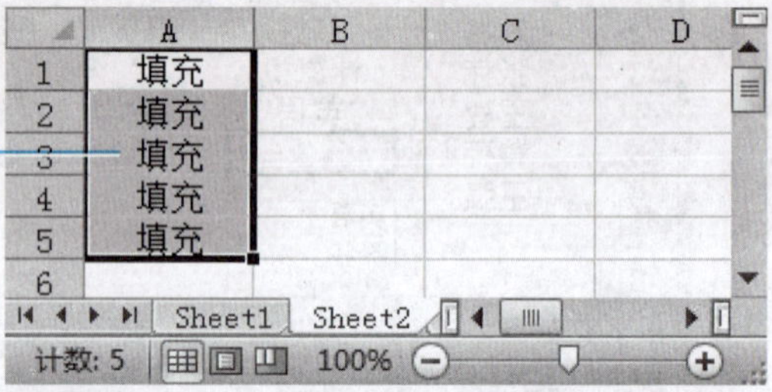

4 填充后，效果如右图所示。

7.6 美化表格

Excel 2010提供了美化工作表的格式，使用这些格式可以使Excel 2010制作的表格界面更加美观、形象。

7.6.1 设置单元格格式

设置字体样式

设置字体样式的具体操作步骤如下所述。

操作步骤

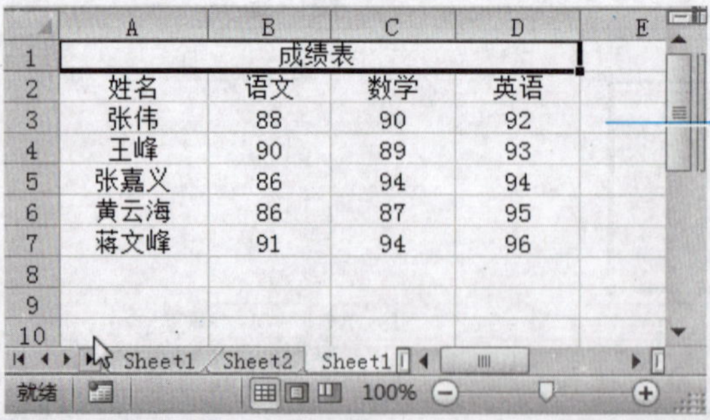

1 选择需要设置字体样式的单元格。

视野拓展

输入月份时，如一月，可在鼠标指针变成“+”时，向下拖动即可自动填充二月、三月等。

2 在“开始”选项卡中，在“字体”选项组中进行字体样式设置。

提示：也可单击“字体”选项组右下角的按钮，在弹出的“设置单元格格式”对话框中设置字体样式。

设置对齐方式

Excel 2010中对齐单元格数据设置的对齐方式有左对齐、右对齐和居中对齐等。在“开始”选项卡中的“对齐方式”选项组中，对齐按钮如下图所示。

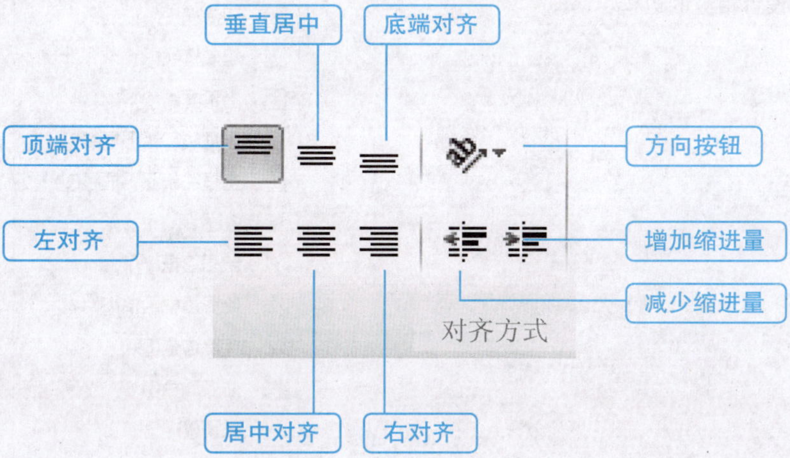

设置边框线

为了让打印的表格有表格线，需要为选择的单元格或单元格区域加上边框线，从而使表格的内容更加清晰，具体操作方法如下所述。

操作步骤

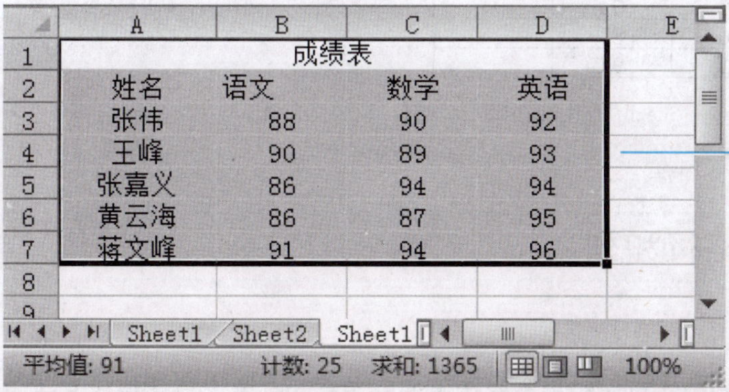

1 选择需要设置边框的单元格区域。

视野拓展

当在表格中填充较小的数据时还体会不出快速填充的优势，而在大型的数据表格中，其优势是显而易见的。

提示： 如果要设置边框的线条样式，可以选择“边框”下拉菜单中的“线条”选项；如果要设置边框线条的颜色，可以选择“边框”下拉菜单中的“线条颜色”选项。

2 在“开始”选项卡中，单击“字体”选项组中田·图标右边的下拉箭头，在弹出的“边框”下拉菜单中，根据需要选择相应的选项，为单元格设置相应的边框。

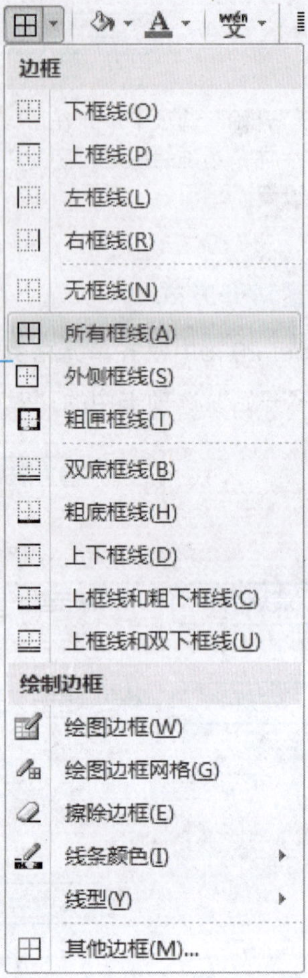

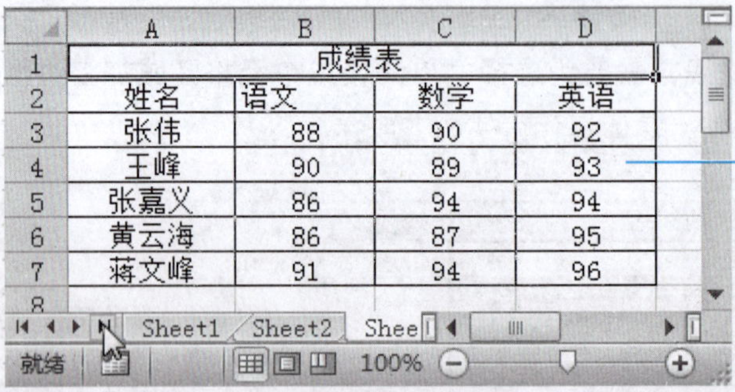

成绩表			
姓名	语文	数学	英语
张伟	88	90	92
王峰	90	89	93
张嘉义	86	94	94
黄云海	86	87	95
蒋文峰	91	94	96

3 设置“所有边框线”后工作表的效果。

7.6.2 设置表格行和列

调整行高和列宽

为了方便数据的阅读，可以根据需要适当调整行高和列宽，具体操作方法如

视野拓展

Excel 2010在默认情况下字体格式是宋体、黑色和11号，下画线为“无”，颜色为“自动”。

下所述。

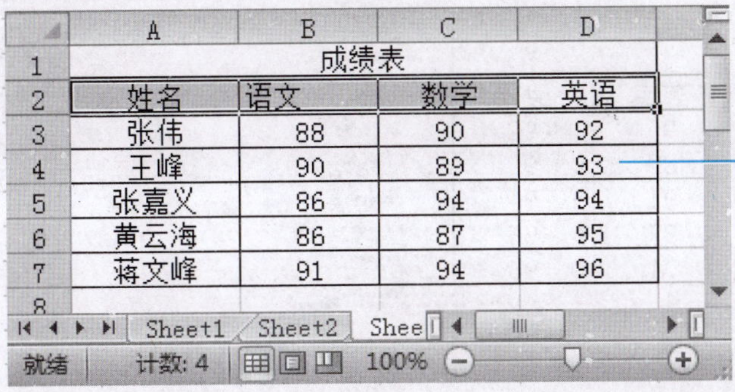

操作步骤

1 选择要调整行高或列宽的单元格或单元格区域。

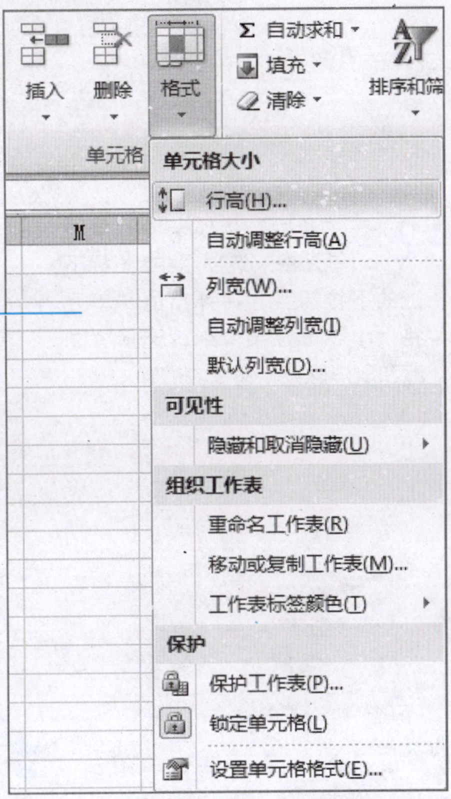

2 在“开始”选项卡中，单击“单元格”选项组中▤图标下边的下拉箭头，在弹出的“单元格大小”下拉菜单中，选择“行高”或“列宽”命令，为单元格设置相应的边框。

提示： 将鼠标光标移动到需调整的单元格的行号或列标上，待其变成╋或╋形状时，按住鼠标左键拖曳即可。

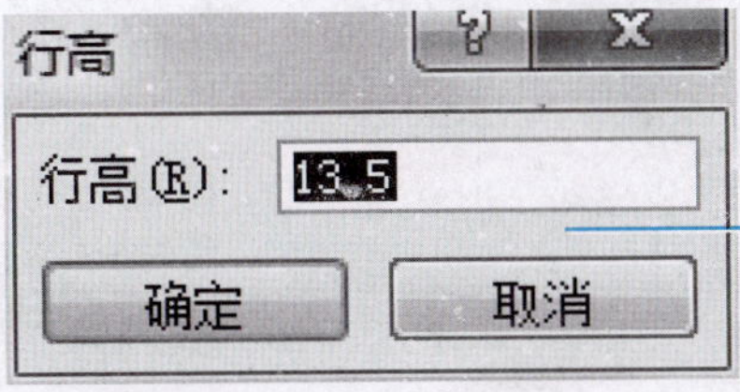

3 在对话框中输入适当的数值来调整行高。

隐藏或显示行或列

隐藏行或列的具体操作方法如下所述。

Excel 2010工作表中的表格线默认是灰色的，并且打印不出来。

操作步骤

- 隐藏行或列

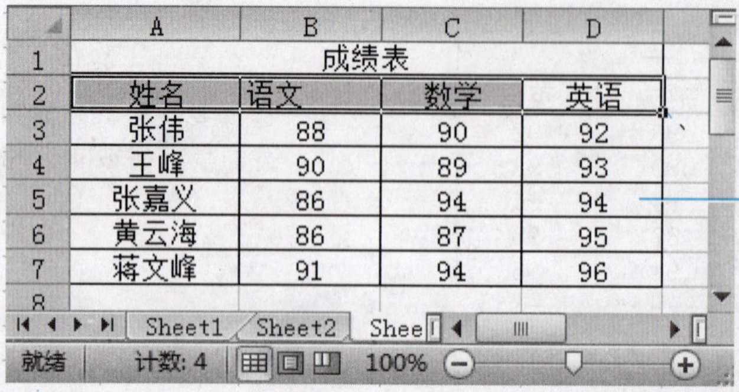

1 选中需要隐藏的行或列。

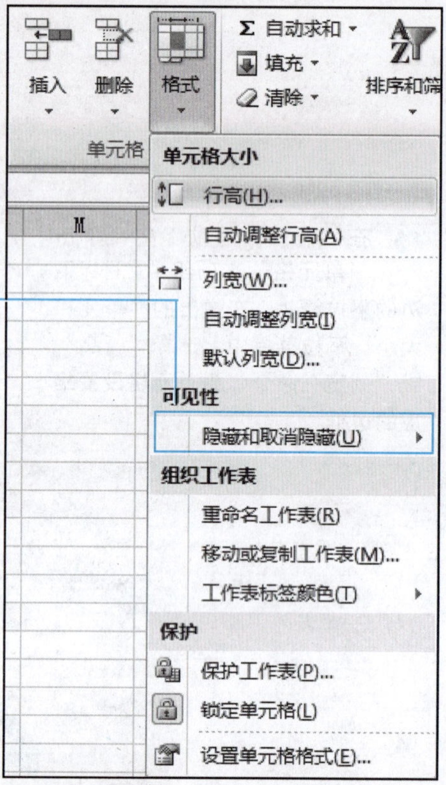

2 在“开始”选项卡中，单击“单元格”选项组中图标下边的下拉箭头，在弹出的“单元格大小”下拉菜单中，选择“隐藏和取消隐藏”命令。

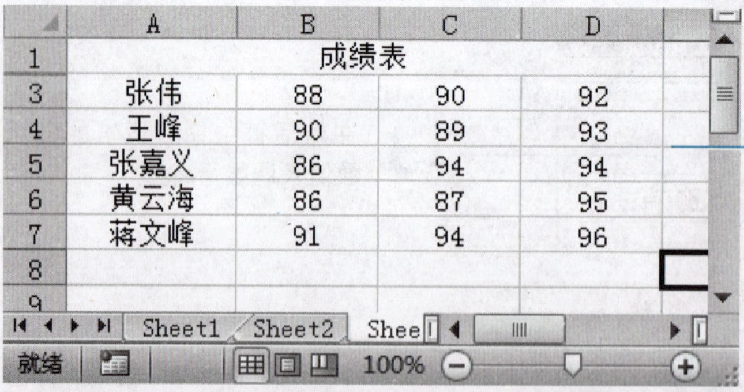

3 隐藏后的行或列变成一条直线，第2行数据已不可见。

视野拓展

如果要为整个表格设置边框，直接按Ctrl+A组合键选择整个表格，再进行其他操作。

- 显示行或列

操作步骤

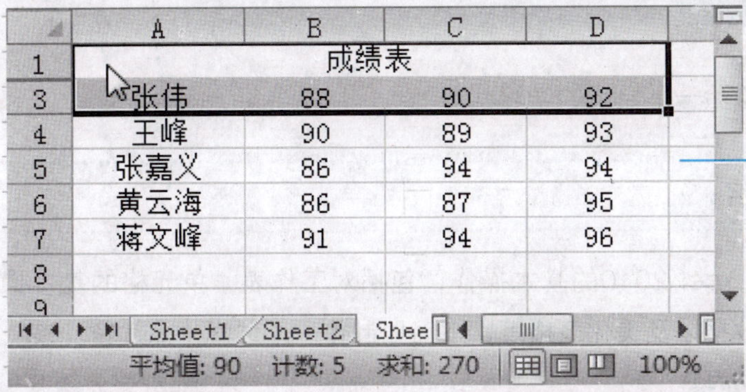

1 选择隐藏的行或列所在的一段连续行或列。

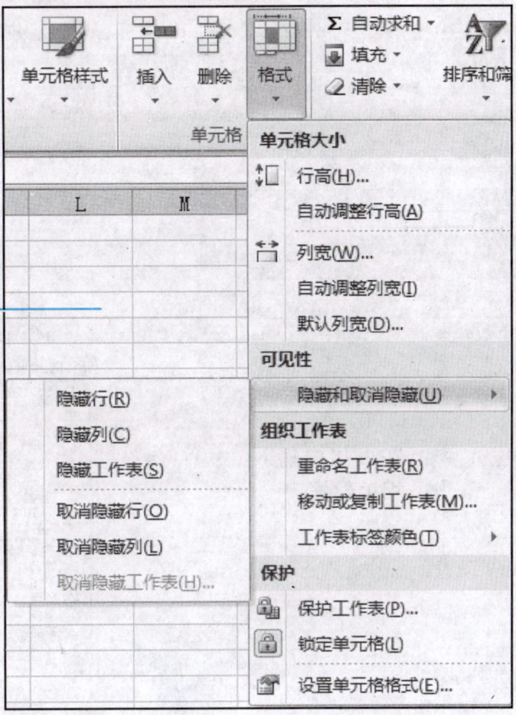

2 在“开始”选项卡中，单击“单元格”选项组中图标下边的下拉箭头，在弹出的“单元格大小”下拉菜单中，单击“隐藏和取消隐藏”命令右侧的箭头，从弹出的列表中选择“取消隐藏行”或“取消隐藏列”命令。

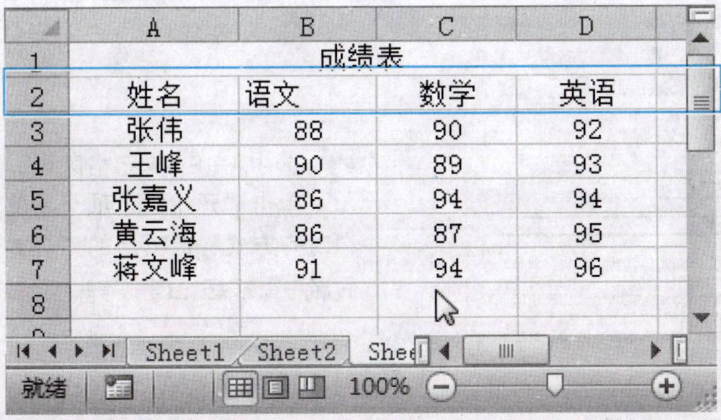

3 显示出隐藏的行。

视野拓展

如果工作表中有不希望显示出来的数据，可将其隐藏，在需要编辑或查看时再将其显示出来。

7.7 趁热打铁

现在做一些练习检验一下自己的学习状况吧。

7.7.1 实例演练

本章重点介绍了Excel 2010的基本操作，包括对工作表、单元格的基本操作、在工作表中输入数据以及美化表格等，下面以制作一个“学生信息统计表”为例来系统演示本章的内容。

操作步骤

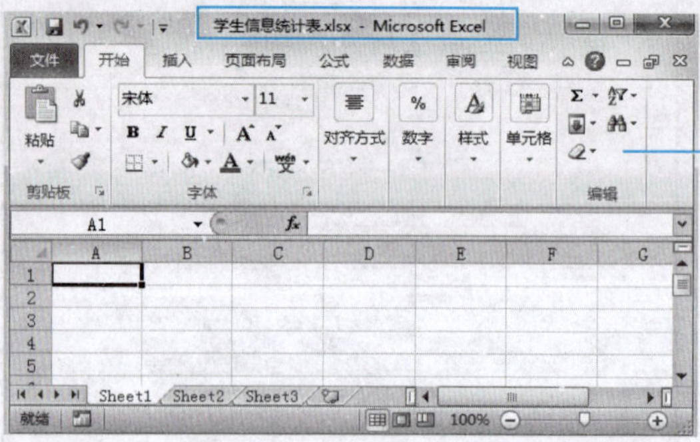

1 新建一个名为“学生信息统计表”的工作簿，并将其保存。

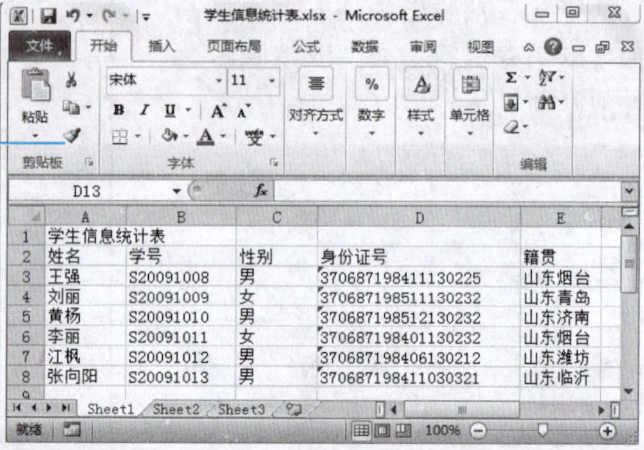

2 在表格中输入相关数据。

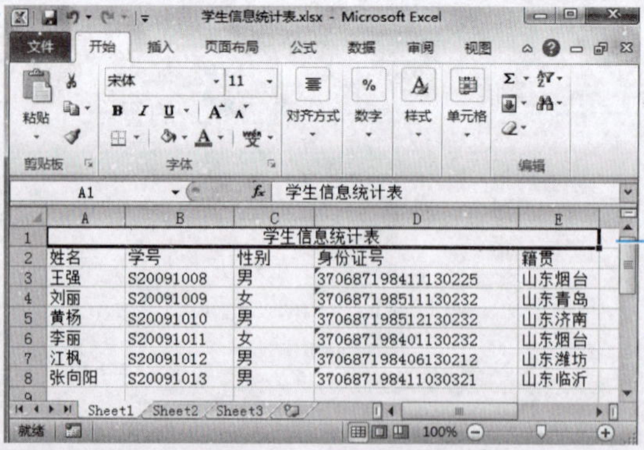

3 选中A1:E1单元格区域，单击“开始”选项卡中的“对齐方式”选项组的“合并后居中”按钮 合并后居中 。

视野拓展

选择单元格，按Ctrl+C组合键，在选择目标单元格后按Ctrl+V组合键也可快速复制单元格。

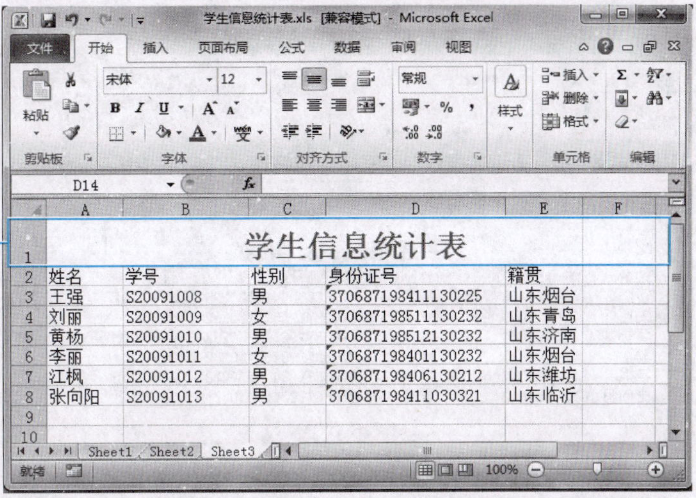

4 选中“学生信息统计表”所在单元格，选择“开始”选项卡的“字体”选项组，在“字体”下拉列表框中选择“黑体”，在“字号”下拉列表框中选择“20”选项，单击“字体颜色”按钮 A 右侧的下拉箭头，选择“蓝色”选项。

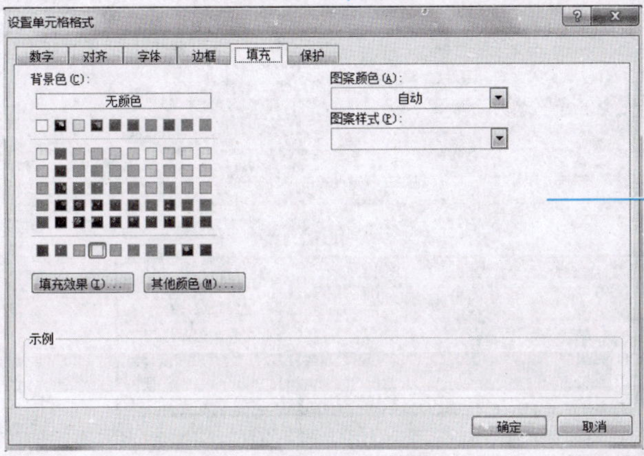

5 单击“对齐方式”选项组右下角的按钮，在打开的“设置单元格格式”对话框中选择“填充”选项卡，在“背景色”中选择“黄色”选项。

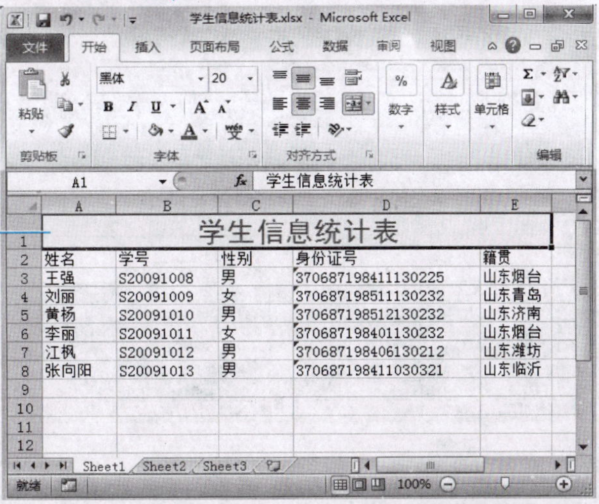

6 单元格A1背景色填充为黄色。

视野拓展

当工作编辑区下方的滚动条遮住部分工作表标签时，单击其左侧的相应按钮可切换至被遮住的工作表标签。

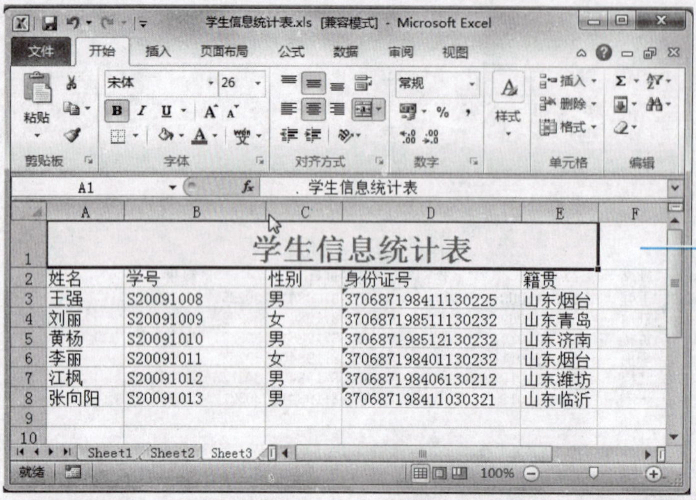

7 将鼠标移至列B的右边界，待鼠标光标变成✛形状时向右拖曳鼠标即可增加列B的宽度。

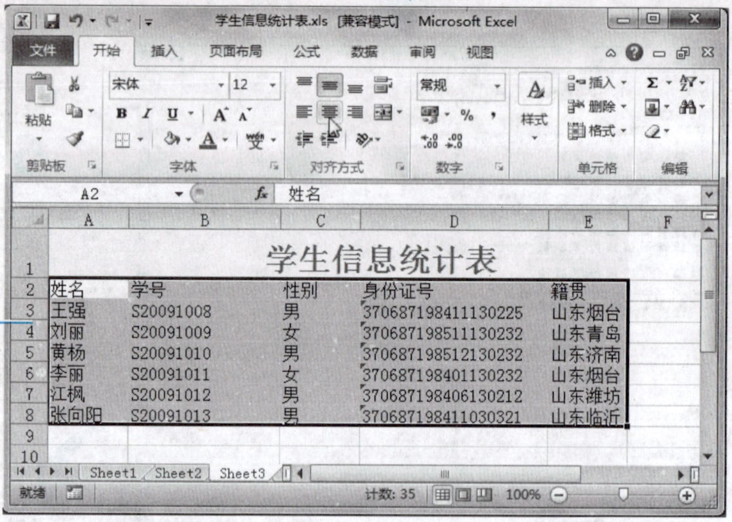

8 选中A2：E8单元格区域，选择“开始”选项卡的“对齐方式”选项组，单击“居中对齐”按钮≡。

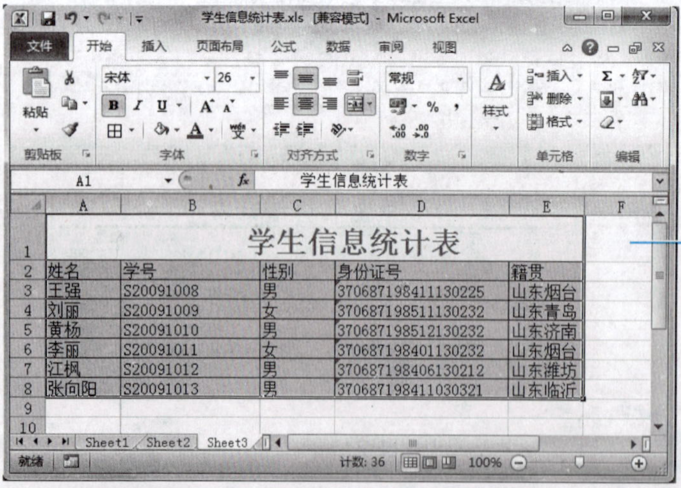

9 选中A1：E8单元格区域，在“开始”选项卡中，单击“字体”选项组中田▾图标右边的下拉箭头，在弹出的“边框”下拉菜单中，选择“所有框线（A）”田选项，显示效果如左图所示。

视野拓展

在选择了相邻或不相邻的工作表后，只需单击没有选中的工作表标签即可取消选中状态。

10 在第5行处单击鼠标右键，在弹出的快捷菜单中选择“插入”选项，即可在第5行前面插入一行空白行。

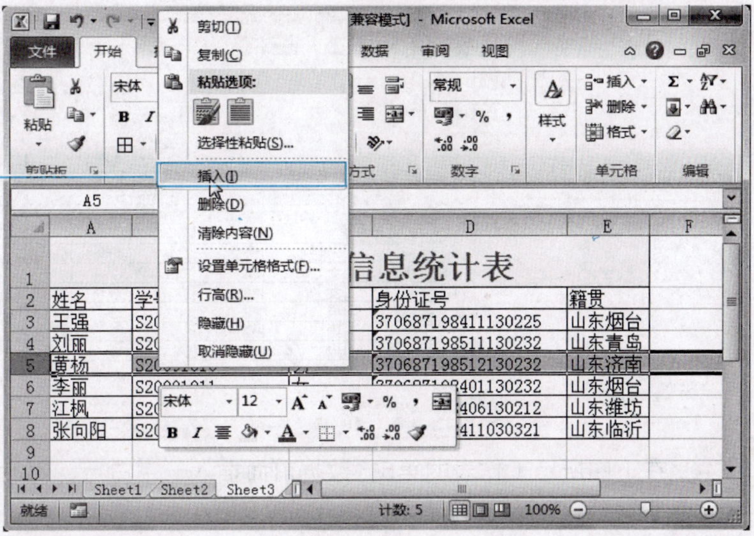

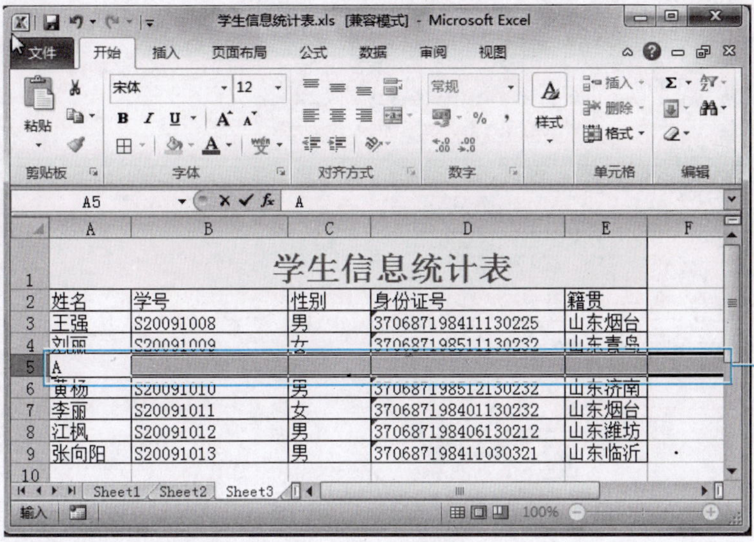

11 原工作表的第5行前面插入了一行空白行。

7.7.2 实践题

1. 新建一个工作簿，将其中的sheet1和sheet2工作表分别重命名为“一班成绩表”和“二班成绩表”，然后合并如下图所示的“一班成绩表”中的A1：F1单元格区域，并使工作表中的数据居中对齐。

视野拓展

选中单元格，单击鼠标右键，在弹出的快捷菜单中选择“排序”子菜单中的命令，可执行相应的排序操作。

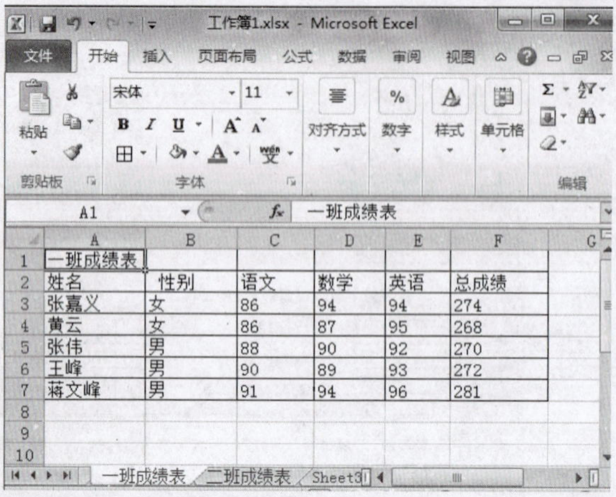

2. 在下图所示工作表的第5行数据前面插入一空白行，然后设置工作表数据区域的边框为“所有框线(A)。”

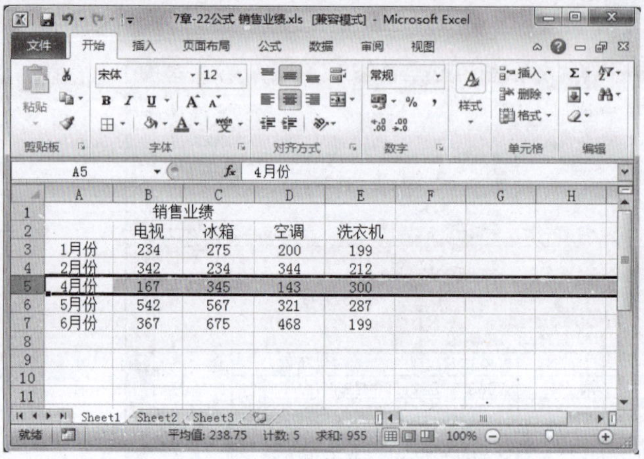

视野拓展

“移动或复制工作表”对话框的“工作簿”下拉列表框中的“新工作簿”选项表示在只打开一个工作簿的情况下，Excel会自动新建一个工作簿以存放移动或复制的工作表。

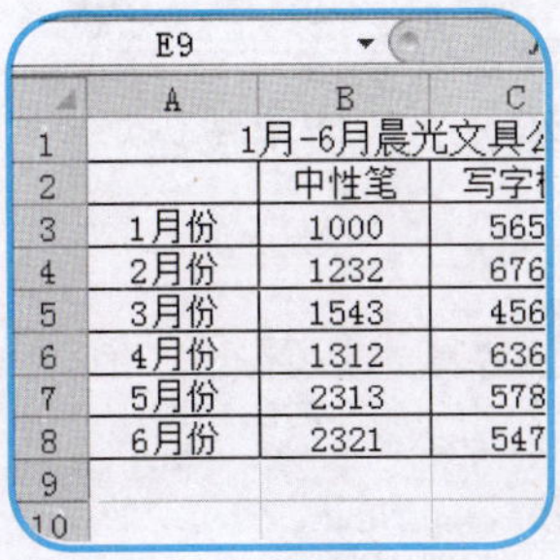

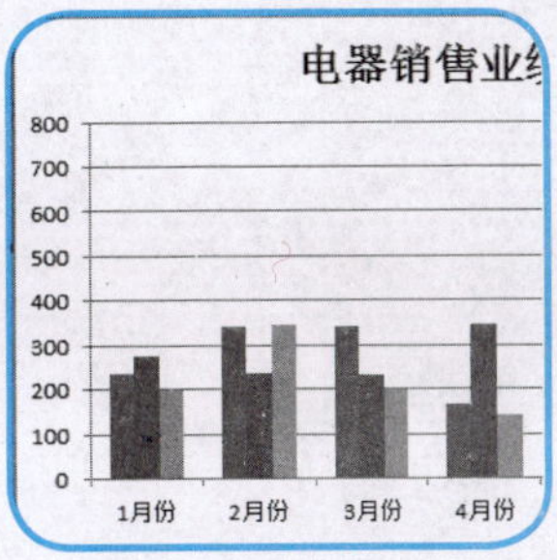

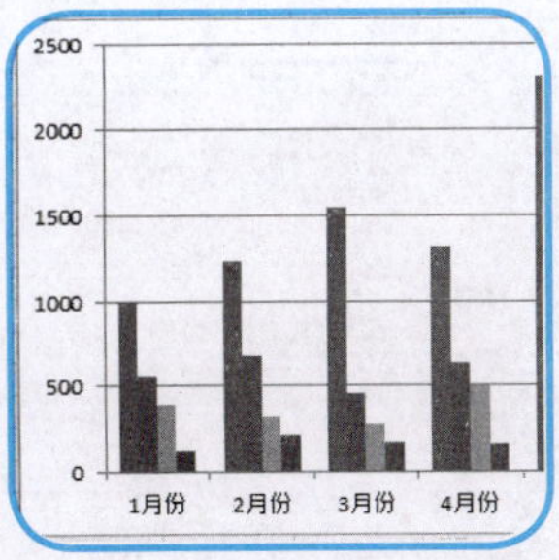

第8章

Excel 2010高级应用

本章导读

Excel 2010是一款功能强大的电子表格处理软件，具有强大的数据运算能力及数据统计功能。本章将重点介绍有关Excel 2010的高级应用，帮助更得心应手地管理数据，并创建独具风格的Excel表格。

本章学习目标

- 计算数据
- 数据管理
- 图表的应用
- 格式化工作表
- 套用样式

本章学习重点

- 学会公式和函数的应用
- 学会数据的管理，并会应用图表
- 熟练掌握工作表的格式设置并会套用单元格和表格样式

8.1 计算数据

公式和函数是Excel 2010的重要组成部分，在进行数据处理与运算时会经常使用，其强大的计算功能，为用户分析和处理工作表中的数据提供了方便。

8.1.1 公式

公式是对工作表中的数值执行计算的等式，下面主要介绍公式的使用技巧。

输入公式

输入公式时，必须以“=”作为开头，在公式中可以包含算术运算符、函数、单元格地址、变量等。

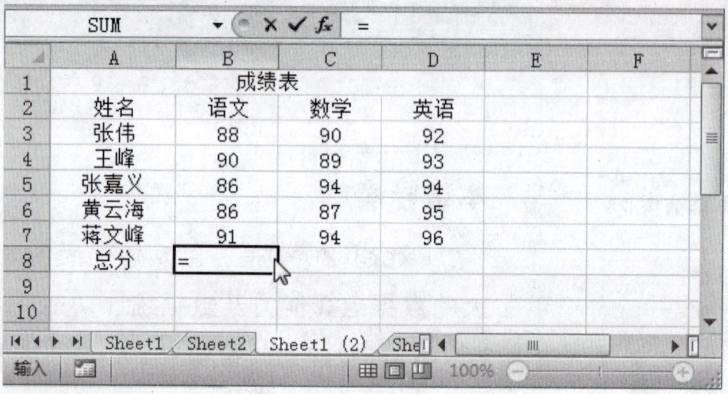

下面介绍两种输入公式的方法：手动输入和单击输入。

- 手动输入

手动输入公式时在选定的单元格中输入“=”，后面输入公式。输入时，字符会同时出现在单元格和编辑栏中。

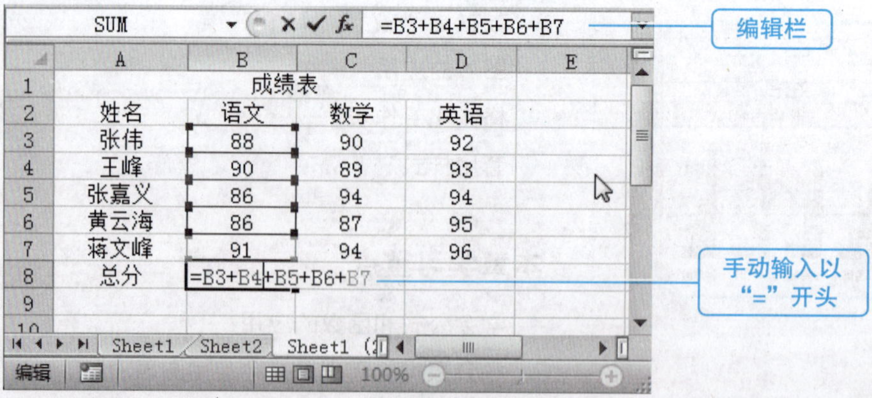

视野拓展

在Excel 2010中，应用公式可对数值进行加、减、乘、除等运算，帮助分析工作表中的数据。

- 单击输入

单击输入可以直接单击单元格引用，使输入更简单、快速，提高输入准确率。如在单元格E3中输入公式“=B3+C3+D3”，具体操作步骤如下所述。

操作步骤

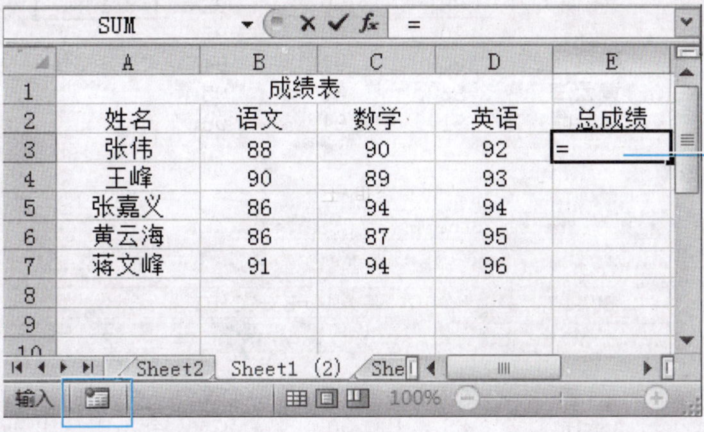

1 选中单元格E3，输入“=”，此时状态栏里显示“输入”字样。

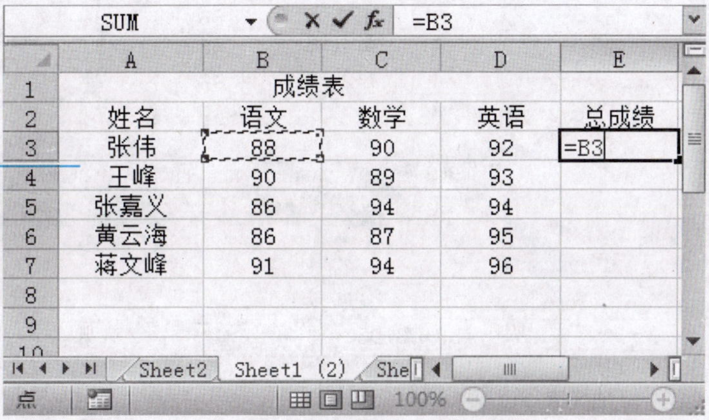

2 单击单元格B3，单元格周围会显示活动虚框，同时单元格引用出现在E3和编辑栏中。

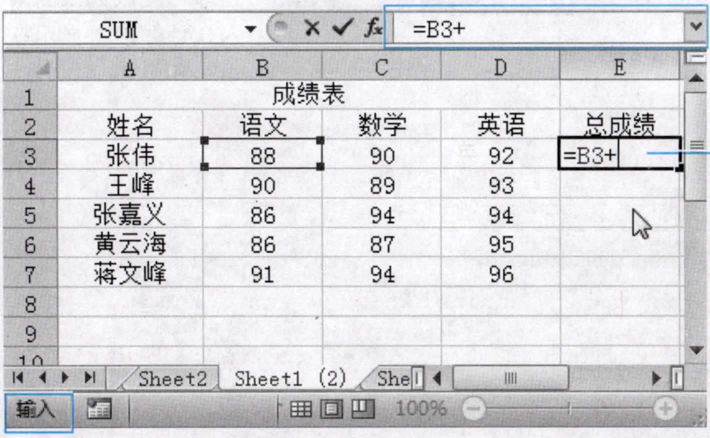

3 在E3中输入“+”，虚线边框变成实线边框，状态栏再次出现“输入”字样。

视野拓展

选择单元格后，将鼠标光标定位在编辑区中，然后输入文本，也可在该单元格中直接输入文本。

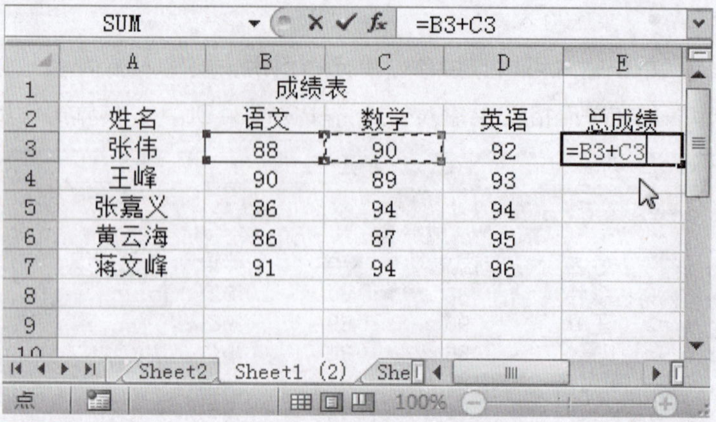

4 单击单元格C3，将单元格C3添加到公式中，再输入“+”，然后单击单元格D3，将单元格D3添加到公式中。

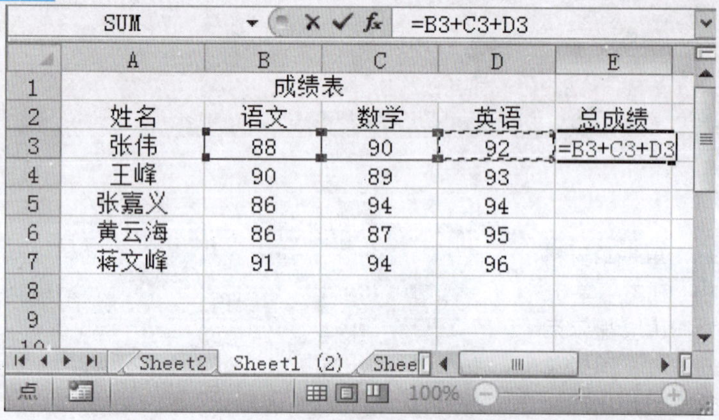

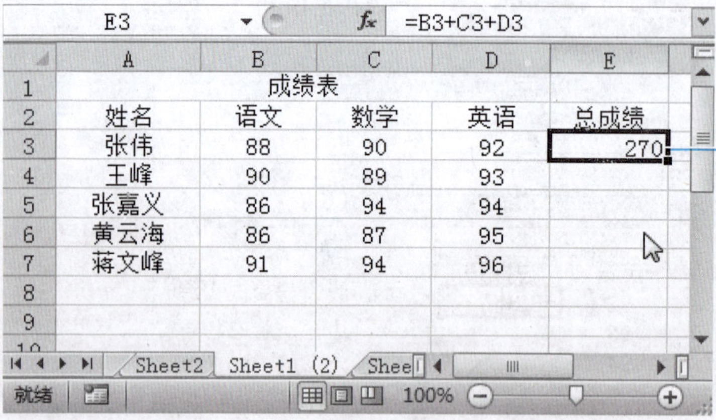

5 按回车键或单击编辑栏中的✓按钮即可完成公式的输入，计算结果显示在单元格E3中。

复制公式

复制公式的具体操作步骤如下所述。

视野拓展

复制公式是指把创建好的公式复制到其他单元格。

操作步骤

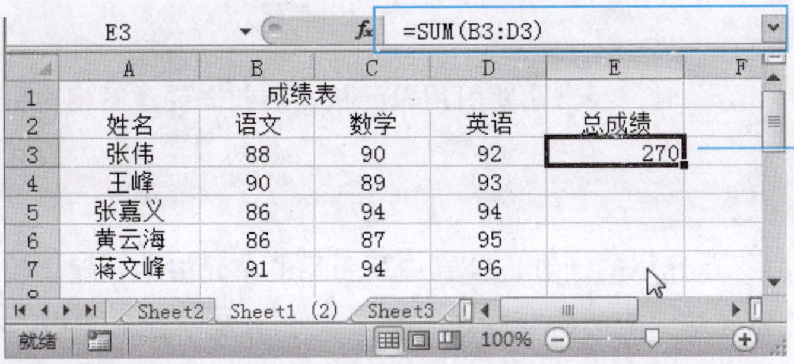

1 在单元格E3输入公式“=SUM(B3：D3)”按回车键计算出结果。

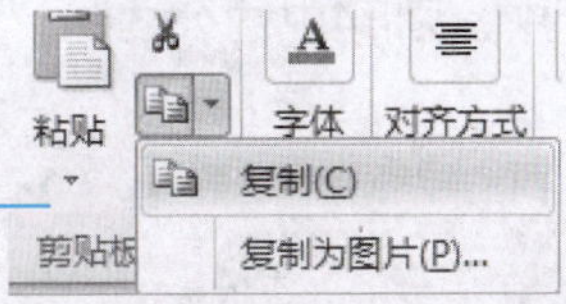

2 选中单元格E3，在“开始”选项卡中，单击“剪贴板”选项组中的“复制”按钮，该单元格的边框显示为虚线。

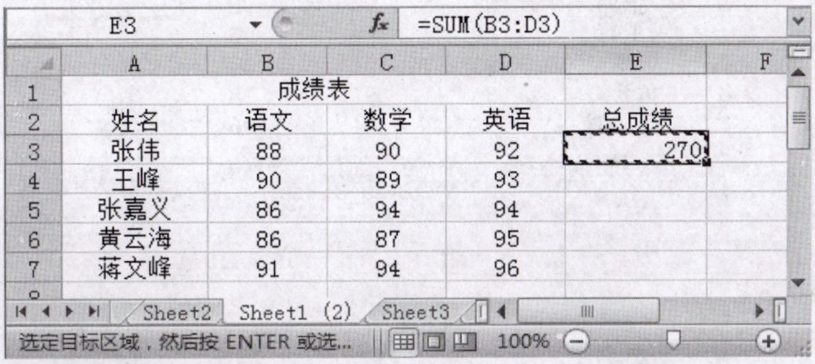

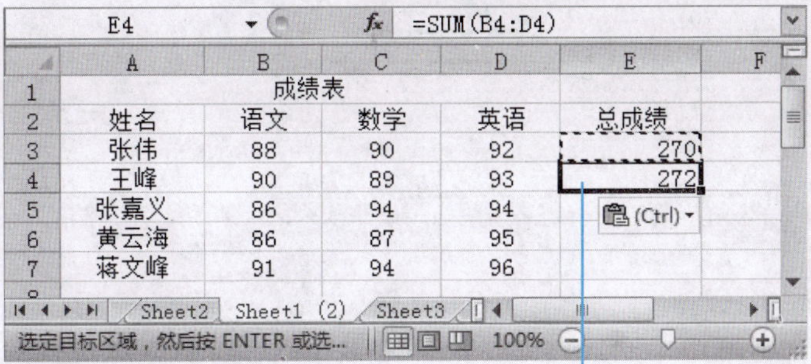

3 选中要复制公式的单元格E4，单击“剪贴板”选项组中的“粘贴”按钮，即可将公式粘贴到该单元格中，并且公式会根据单元格的引用情况发生变化。

提示： 也可以拖曳包含公式的单元格右下角的填充柄，实现快速复制同一公式到其他单元格。

视野拓展

输入文本时按Shift+Tab组合键将在同行中向左选择与活动单元格相邻的单元格。

相对引用与绝对引用

在Excel中使用公式和函数时，经常需要引用单元格，因此需要理解相对引用和绝对引用。

- 相对引用

相对引用是指改变目标单元格的地址，公式中所引用的单元格地址随之改变。例如在E3中输入的公式是“=SUM(B3：D3)”，将公式复制到单元格E4中，则E4中的公式为“=SUM(B4：D4)”。

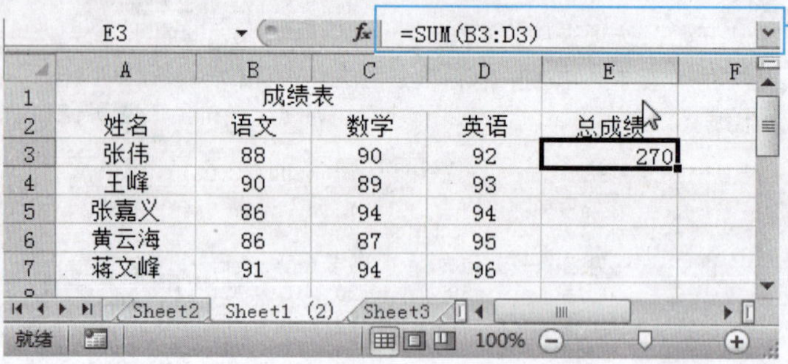

	A	B	C	D	E
1	成绩表				
2	姓名	语文	数学	英语	总成绩
3	张伟	88	90	92	270
4	王峰	90	89	93	
5	张嘉义	86	94	94	
6	黄云海	86	87	95	
7	蒋文峰	91	94	96	

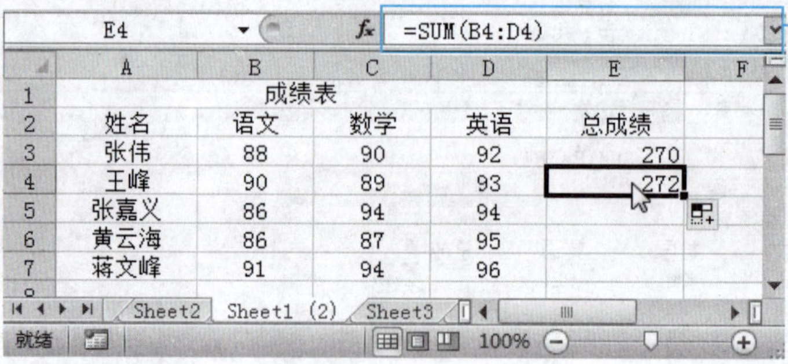

	A	B	C	D	E
1	成绩表				
2	姓名	语文	数学	英语	总成绩
3	张伟	88	90	92	270
4	王峰	90	89	93	272
5	张嘉义	86	94	94	
6	黄云海	86	87	95	
7	蒋文峰	91	94	96	

- 绝对引用

绝对引用是指在复制公式时，不论公式被复制到工作表的什么位置，单元格的地址都不会改变。绝对引用的表示形式是在普通地址的前面加“$”，如“$A$1”。例如在E3中输入公式“=$B$3+$C$3+$D$3”，即将公式复制到单元格E4中，则E4中的公式仍然为“=$B$3+$C$3+$D$3”。

提示：改变引用单元格地址的方式，可以通过F4键在相对引用和绝对引用之间进行切换。

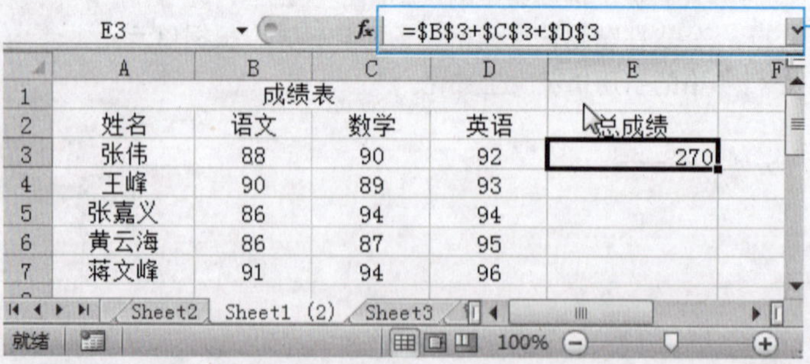

	A	B	C	D	E
1	成绩表				
2	姓名	语文	数学	英语	总成绩
3	张伟	88	90	92	270
4	王峰	90	89	93	
5	张嘉义	86	94	94	
6	黄云海	86	87	95	
7	蒋文峰	91	94	96	

视野拓展

默认情况下，公式使用的是相对引用。

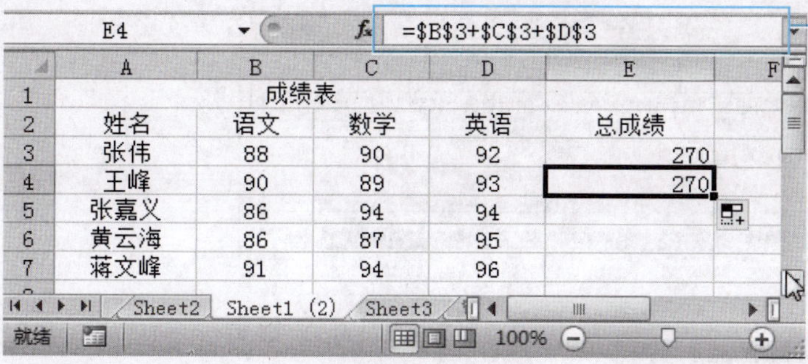

公式中单元格地址不变

8.1.2 函数

下面主要介绍插入函数的具体操作方法。

插入函数

“插入函数”对话框为用户提供了使用半自动方式输入函数及其参数的方法。下面介绍三种打开“插入函数”对话框的方法。

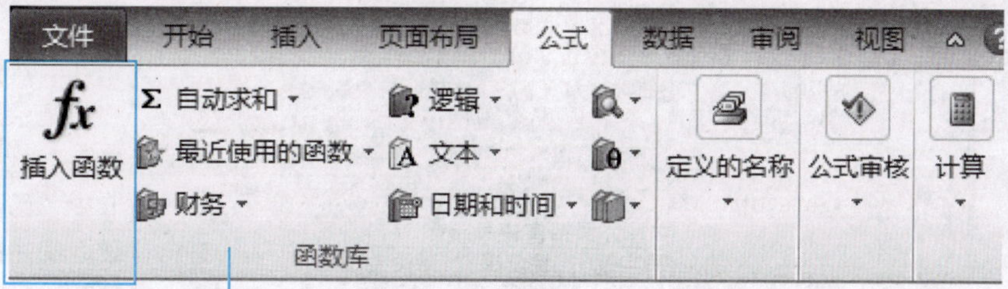

在“公式”选项卡中，单击“函数库”选项组中的“插入函数”按钮，即可弹出“插入函数”对话框。

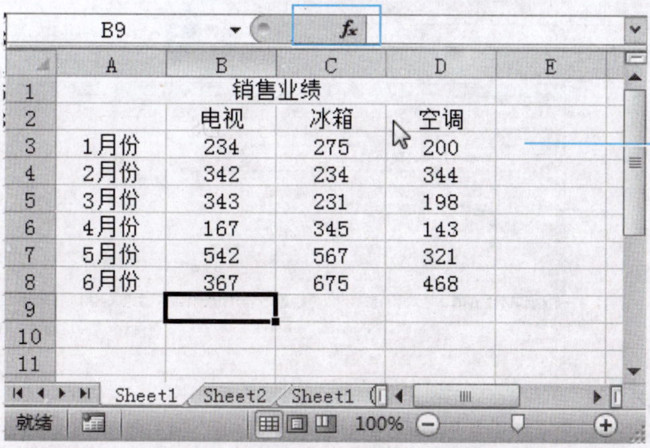

单击编辑栏中的 fx 按钮即可弹出“插入函数”对话框。

视野拓展

函数是Excel 2010中的重头戏，工作表中大部分数据的自动化计算都需要使用它。

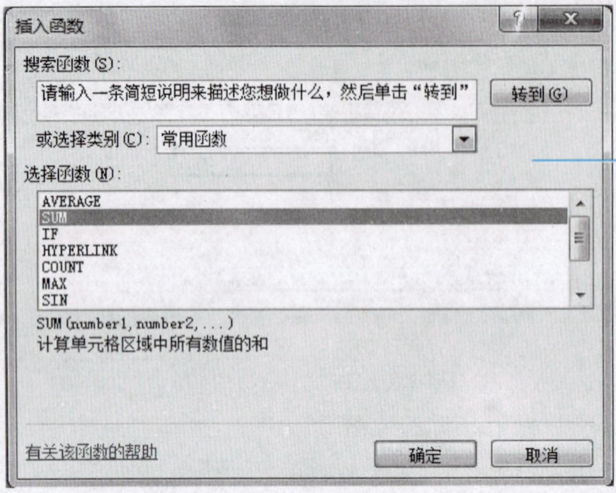

按Shift+F3组合键也可弹出“插入函数”对话框。

函数具体操作方法

操作步骤

下面在“晨光文具公司销售记录表”中使用函数AVERAGE计算平均销售量，具体操作步骤如下所述。

博学先生，Excel 2010函数库中提供了很多自带的函数啊！

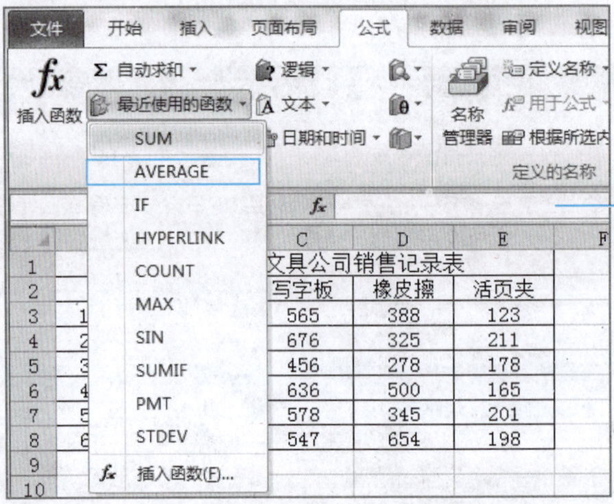

1 在“晨光文具公司销售记录表”中单击单元格E9，选择“公式”选项卡中“函数库”选项组“最近使用的函数”中的“AVERAGE”命令。

是的，利用这些函数可简化公式，提高工作效率。可以每个函数都练习下，理解公式和参数的意义，学会使用自带函数。

2 在弹出的“函数参数”对话框中的“Number1”参数框中输入求平均值的区域E3：E8，单击“确定”按钮。

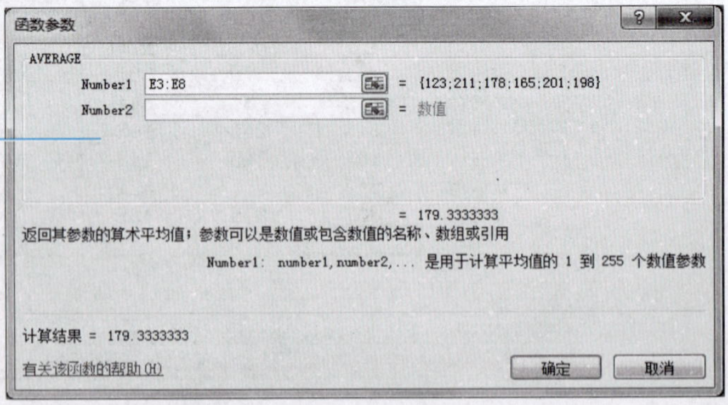

视野拓展

输入文本时，按Shift+回车键将在同列中向上选择与活动单元格相邻的单元格。

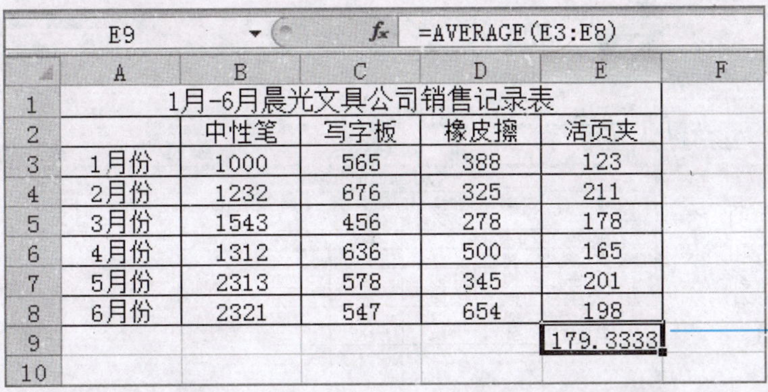

E9 =AVERAGE(E3:E8)

	A	B	C	D	E	F
1	1月-6月晨光文具公司销售记录表					
2		中性笔	写字板	橡皮擦	活页夹	
3	1月份	1000	565	388	123	
4	2月份	1232	676	325	211	
5	3月份	1543	456	278	178	
6	4月份	1312	636	500	165	
7	5月份	2313	578	345	201	
8	6月份	2321	547	654	198	
9					179.3333	
10						

3 在单元格E9中计算出了“活页夹”每月的平均销售量。

8.2 数据管理

Excel 2010提供了较强的数据管理功能，如数据的排序、筛选等，使用这些功能可以自主地在数据清单中选择数据。

8.2.1 数据排序

数据排序是指按照一定规则对数据进行整理、排列。下面介绍单条件排序和多条件排序。

单条件排序

单条件排序是指依据某列的数据规则对数据进行排序。如对成绩表中的“总成绩”列进行排序，具体操作步骤如下所述。

操作步骤

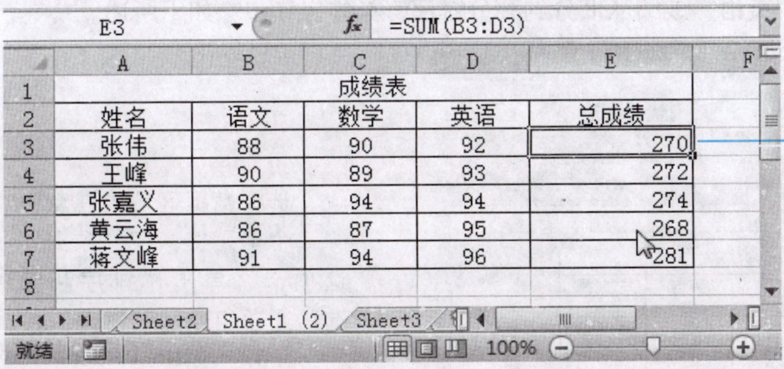

E3 =SUM(B3:D3)

	A	B	C	D	E	F
1			成绩表			
2	姓名	语文	数学	英语	总成绩	
3	张伟	88	90	92	270	
4	王峰	90	89	93	272	
5	张嘉义	86	94	94	274	
6	黄云海	86	87	95	268	
7	蒋文峰	91	94	96	281	
8						

1 单击选中要排序的列中的任意一个单元格。

视野拓展

排序有助于快速直观地显示数据，组织并查找所需数据。

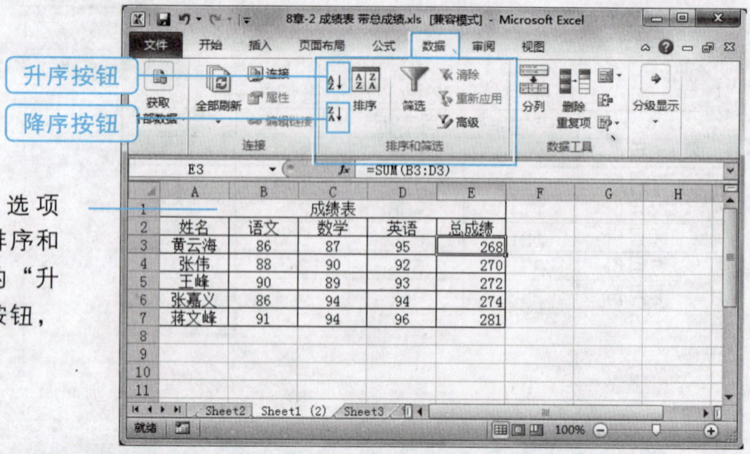

2 在“数据”选项卡，单击“排序和筛选”选项组中的“升序”或“降序”按钮，即可实现排序。

此外，也可通过右键快捷菜单进行排序，具体操作方法如下所述。

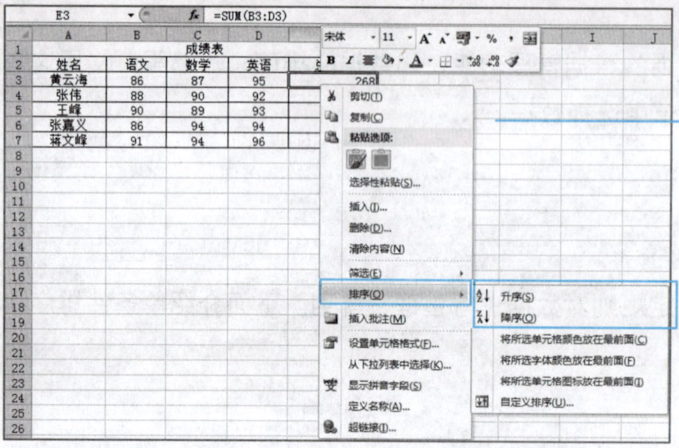

在要排序的任意一个单元格单击鼠标右键，在弹出的快捷菜单中选择“排序”中的“升序”或“降序”命令，也可实现排序。

多条件排序

多条件排序是指依据多列的数据规则对数据表进行排序。如对成绩表中的“语文”、“数学”、“英语”成绩从低分到高分排序，具体操作步骤如下所述。

操作步骤

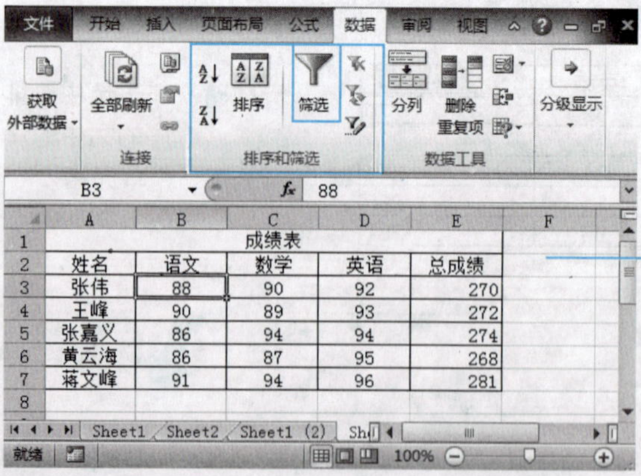

1 选择数据区域内任意一个单元格，在“数据”选项卡，单击“排序和筛选”选项组中的“排序”按钮，弹出“排序”对话框。

视野拓展

单列排序时，标题行不参与排序。

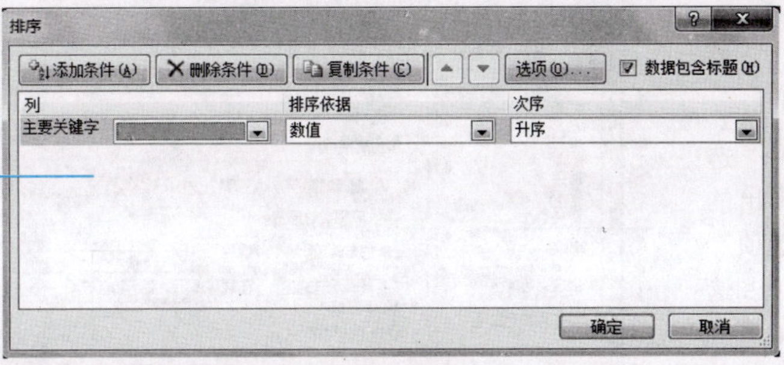

“排序”对话框

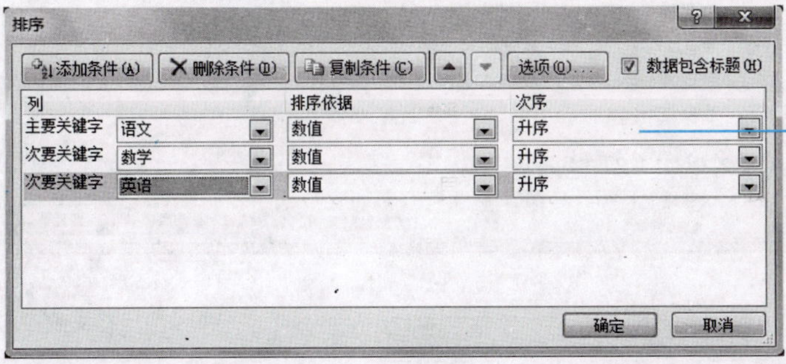

2 在“列”下拉列表、“排序依据”下拉列表和“次序”下拉列表中进行如左图所示的设置。

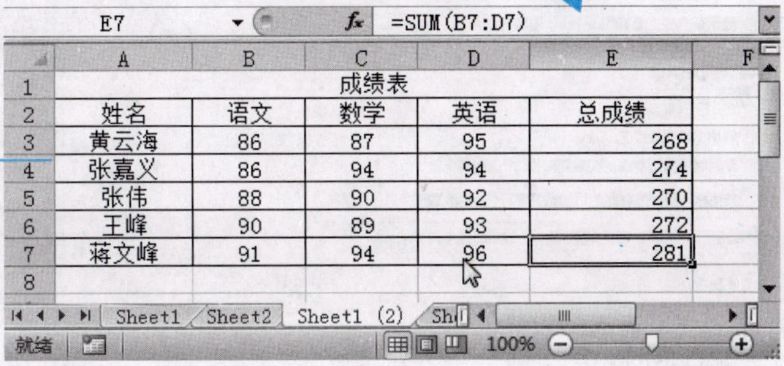

3 设置完成单击“确定”按钮，图中数据按照主关键字“语文”，次关键字“数学”、“英语”进行排序。

提示：为了避免排序出错，在进行排序前取消隐藏行和列，只在一行中输入列标题。

自定义排序

在Excel中可以使用自定义排序，即自己设定排序方法，具体操作步骤如下所述。

操作步骤

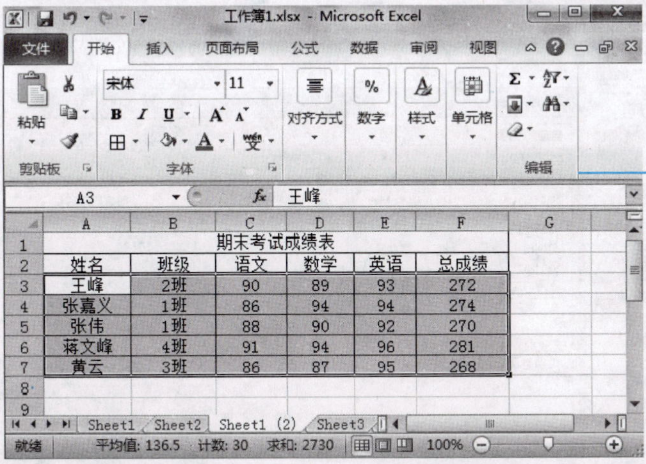

1 打开工作表，选择需要自定义排序的单元格区域。

视野拓展

在“排序”对话框中，单击“添加条件”按钮，可以增加条件。

2 选择“文件”选项卡，在弹出的列表中选择“选项”选项，弹出“Excel选项”对话框。

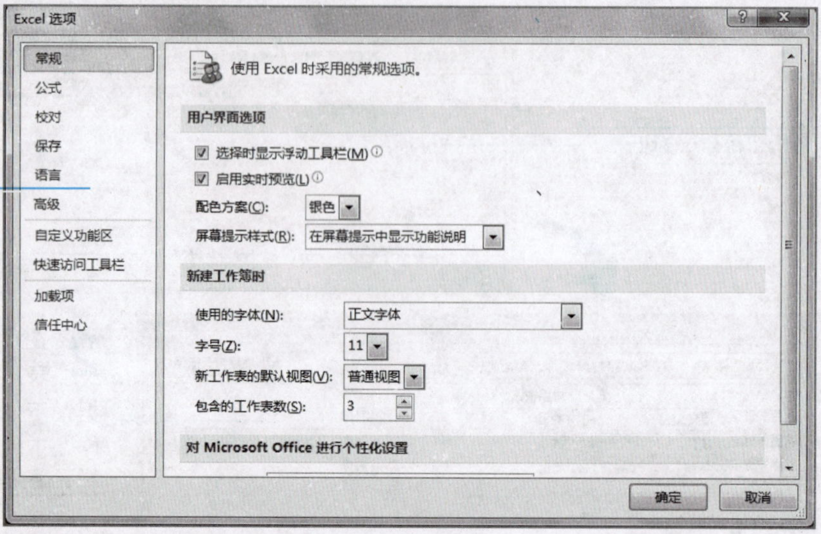

3 在“高级”选项的“常规”选项区中，单击“编辑自定义列表”按钮。

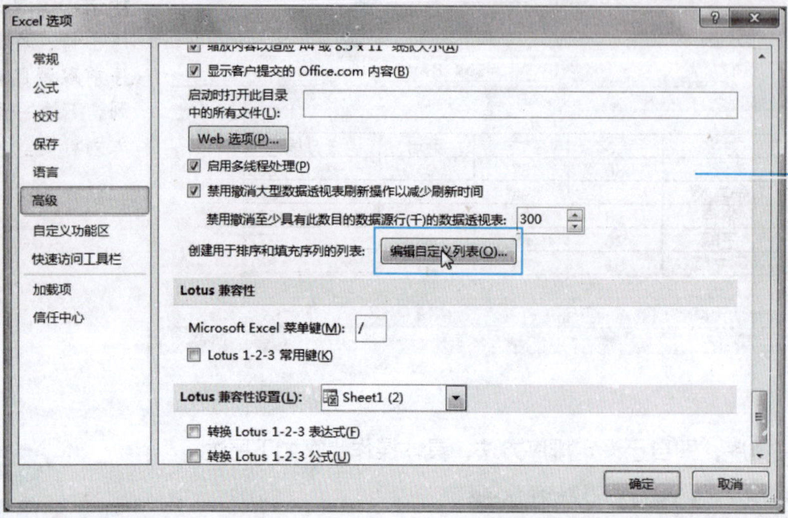

4 弹出“自定义序列”对话框，在“输入序列”文本框中输入如右图所示的序列，然后单击“添加”按钮，再单击“确定”按钮返回“Excel选项”对话框，再单击“确定”按钮，返回到选择数据区域的工作表。

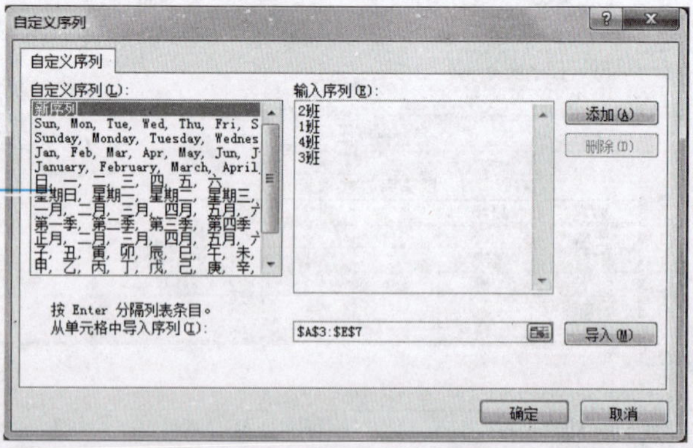

视野拓展

如果对单列单元格进行排序，将会打乱整个工作表中数据的对应关系。

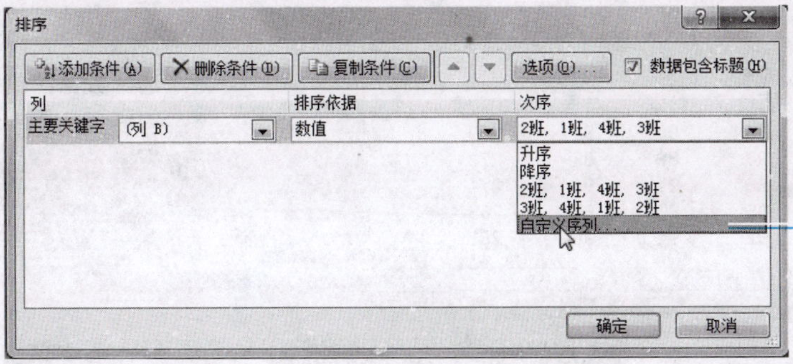

5 在“数据”选项卡中，单击“排序和筛选”选项组中的“排序”按钮，弹出“排序”对话框，在“主要关键字”下拉列表中选择“列B”选项，在“次序”下拉列表中选择“自定义序列”选项。

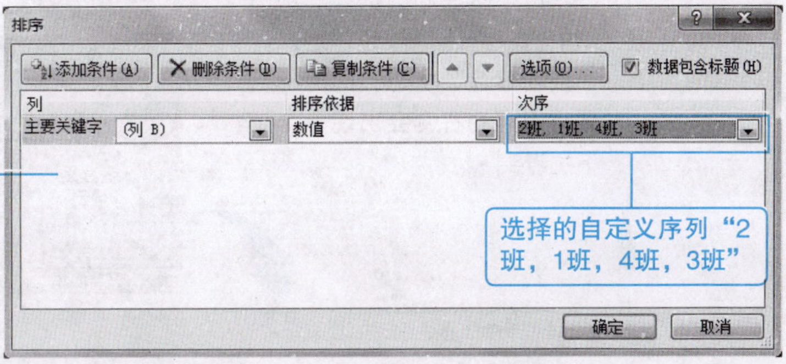

6 弹出“自定义序列”对话框，选择相应的序列，然后单击“确定”按钮，返回“排序”对话框。

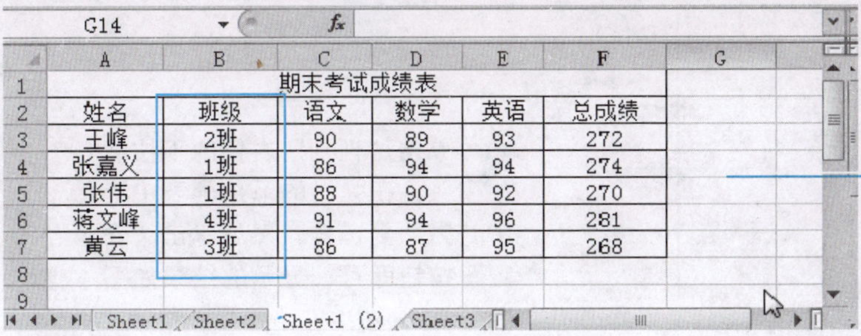

7 单击“确定”按钮即按自定义序列对数据进行排序。

8.2.2 数据筛选

数据筛选是指从数据清单中选出符合条件的数据，而将不符合条件的数据隐藏起来。

自动筛选

使用自动筛选可以帮助在包含大量记录的数据清单中快速找到符合多重条件的记录。例如在成绩表中将男生的成绩筛选出来，具体步骤如下所述。

在对数据进行排列的同时，仍然保持工作表中数据的对应关系。

操作步骤

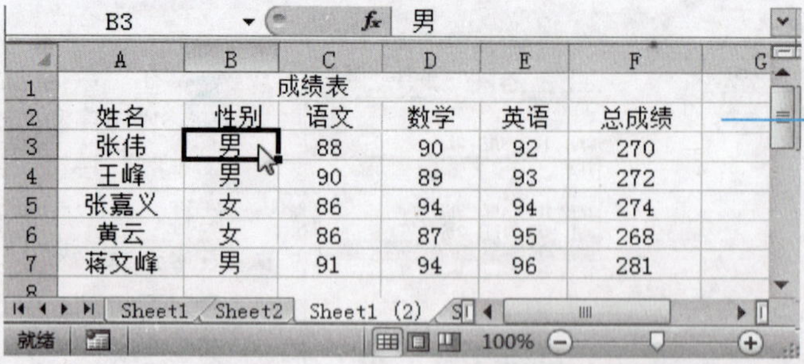

1 选择数据区域内任意一个单元格。

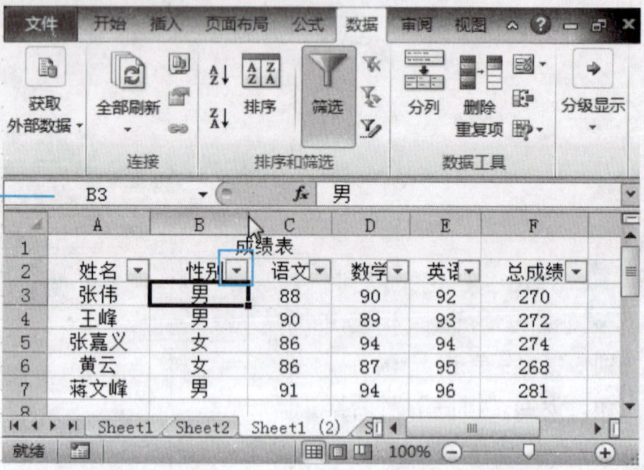

2 在“数据”选项卡中单击“排序和筛选”选项组中的“筛选”按钮，进入“自动筛选”状态，此时标题行每列的右侧会出现一个下拉箭头▼。

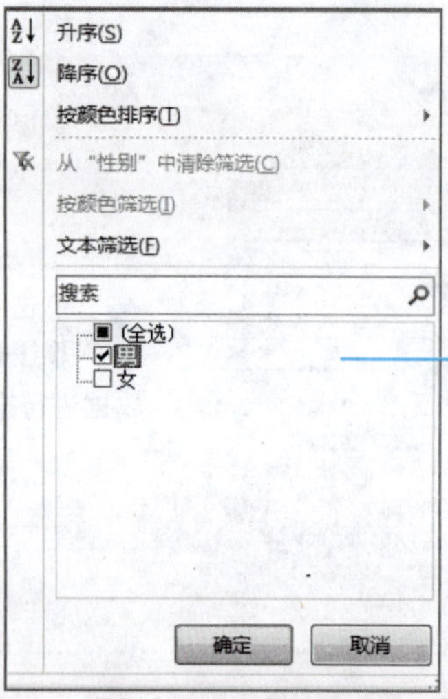

3 单击“性别”右侧的下拉箭头，在弹出的下拉列表中选中“男”复选框，然后单击“确定”按钮即可，显示的结果如下图所示。

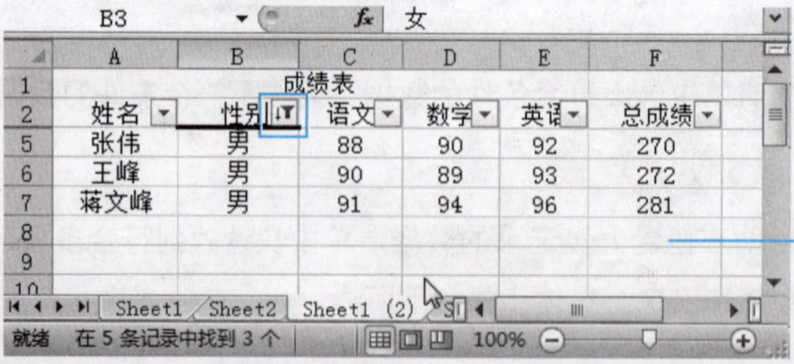

经过筛选后，仅显示男生的成绩，其他记录被隐藏

提示： 进行筛选操作后，在列标题右侧的下拉箭头上显示“漏斗”图标▼，将指针放在“漏斗”图标上，即可显示相应的筛选条件。

视野拓展

通过使用Excel 2010中的数据筛选功能，对不符合条件的数据进行隐藏可以达到筛选数据的目的。

高级筛选

Excel提供的高级筛选功能可以对字段设置多个复杂的筛选条件，如将成绩表中“语文”成绩>90，“英语”成绩>90的记录筛选出来，具体操作步骤如下所述。

操作步骤

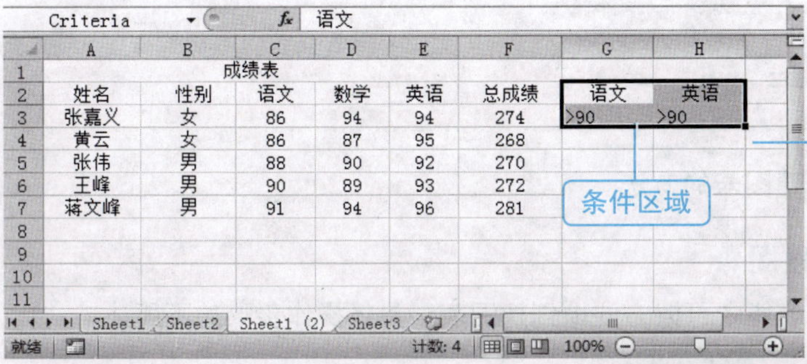

1 打开成绩表，在空白处输入筛选条件。

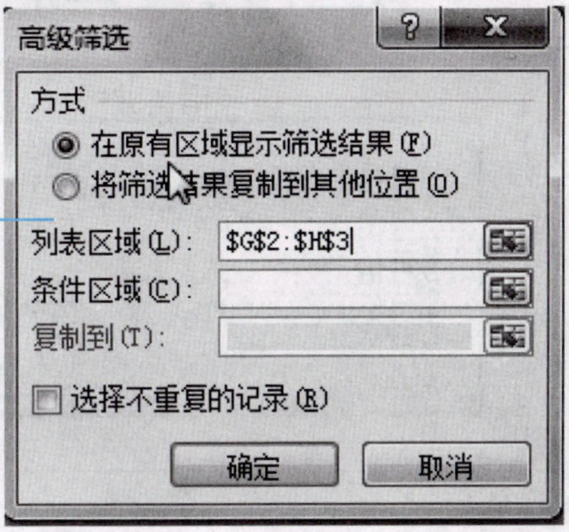

2 在“数据”选项卡，单击“排序和筛选”选项组中的“高级”按钮，弹出“高级筛选”对话框。

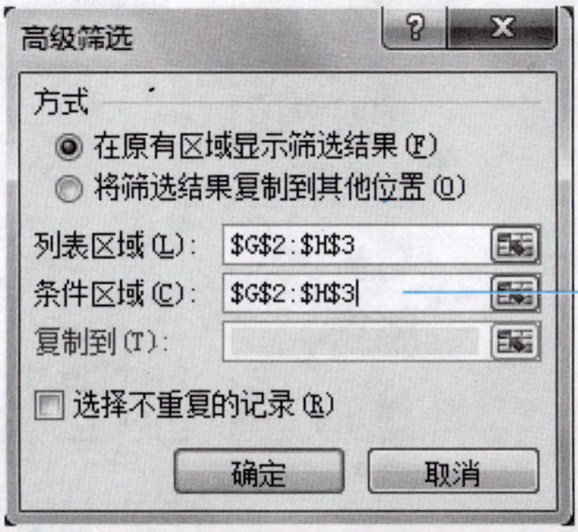

3 分别单击“列表区域”和“条件区域”文本框右侧的按钮，设置列表区域和条件区域。

4 设置完毕后单击“确定”按钮，即可筛选出符合条件区域的数据。

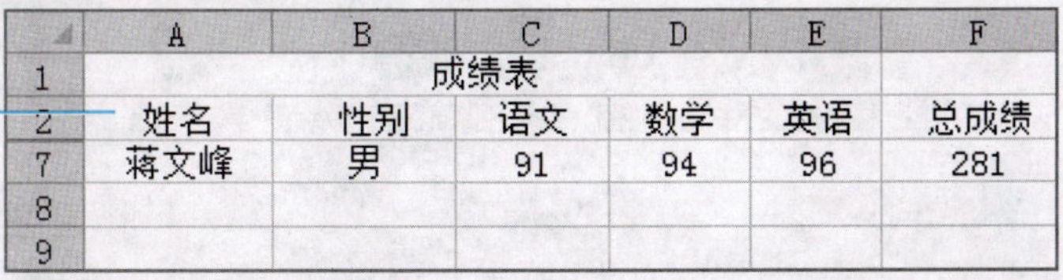

提示： 在选择“条件区域”时，一定要包含“条件区域”的字段名；当需要取消高级筛选时，操作步骤如下所述。将活动单元格定位在数据清单中，单击“数据”选项卡的“排序和筛选”组中的“清除”按钮即可。

视野拓展

通过高级筛选功能，可以更好地对数据进行管理。

8.3 图表的应用

在Excel中可以用图表将工作表中的数据图形化，以创建各种类型的图表，从而直观形象地反映工作表中的各项抽象数据，方便对数据进行分析和对比。

8.3.1 创建图表

下面介绍两种创建图表的方法。

使用功能区创建图表

在Excel 2010的功能中可以方便地创建图表，具体操作步骤如下所述。

操作步骤

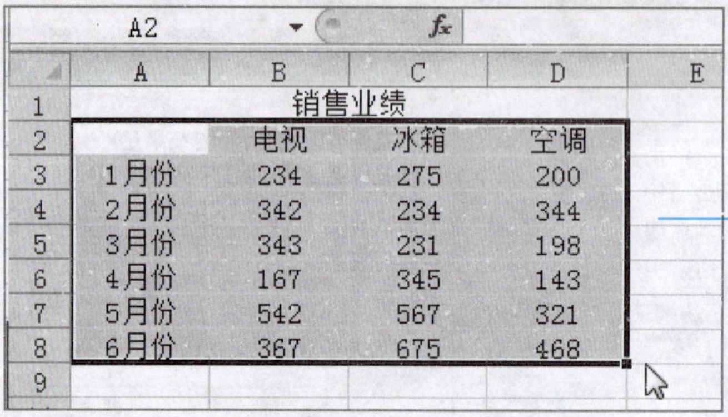

	A	B	C	D	E
1	销售业绩				
2		电视	冰箱	空调	
3	1月份	234	275	200	
4	2月份	342	234	344	
5	3月份	343	231	198	
6	4月份	167	345	143	
7	5月份	542	567	321	
8	6月份	367	675	468	
9					

1 选中要创建图表的单元格区域。

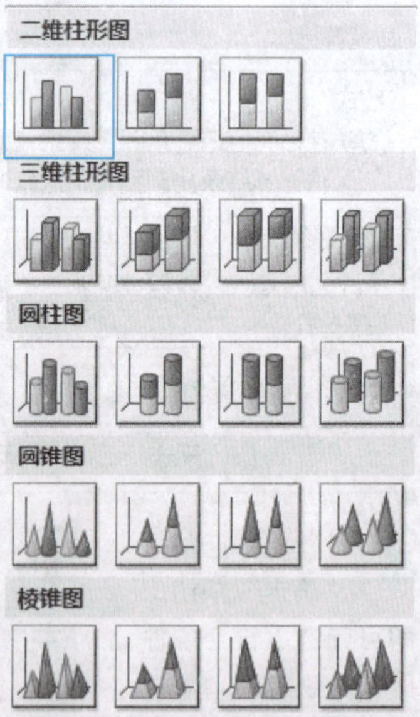

簇状柱形图

2 在“插入”选项卡中，单击“图表”选项组中的一种图表类型。如单击“柱形图”下方的 ▾ 按钮，在弹出的下拉列表中选择“簇状柱形图”选项。

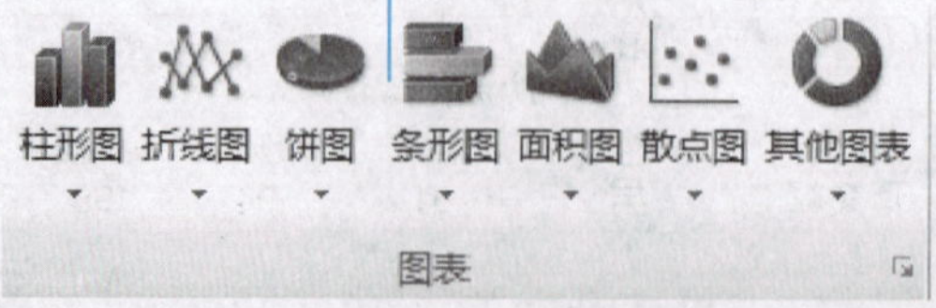

视野拓展

在Excel中可以根据工作表数据方便地创建各种类型的图表。

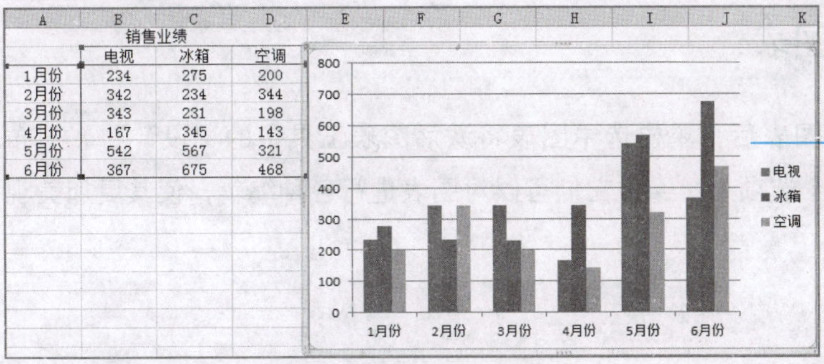

3 插入图表后的工作表。

使用图表向导创建图表

使用图表向导创建图表，具体操作步骤如下所述。

1 选中要创建图表的单元格区域。

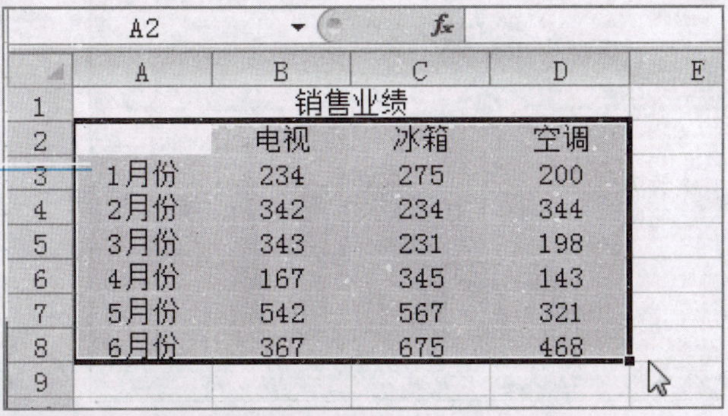

操作步骤

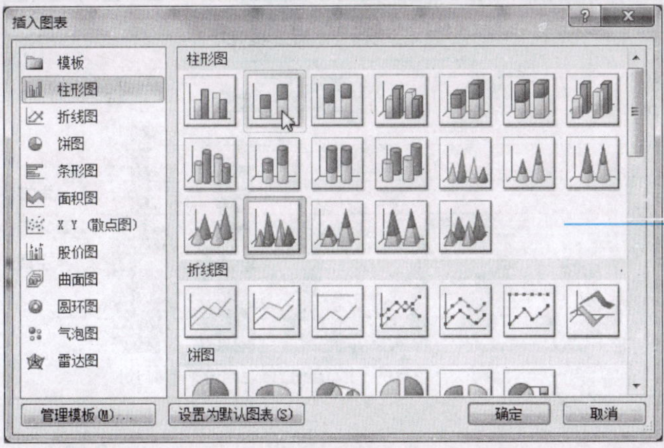

2 在“插入”选项卡中，单击“图表”选项组右下角的按钮，弹出“插入图表”对话框。

提示： 按F11键或者Alt+F1组合键可以快速地创建图表。

3 在“插入图表”对话框中任意选择一种图形后，即可在当前工作表中创建一个图表。

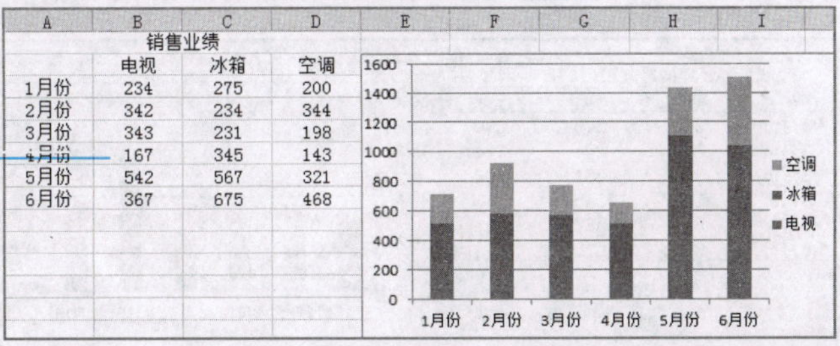

视野拓展

添加图表标题后，如果又要取消图表标题，可以再次单击“图表标题”按钮，在弹出的菜单中选择“无”命令。

8.3.2 编辑图表

在Excel创建图表后，单击选中图表将激活图表工具中的“设计”、“布局”、“格式”3个选项卡，通过它们可以对图表进行各种编辑，使其更加美观及体现数据。

添加图表标题

操作步骤

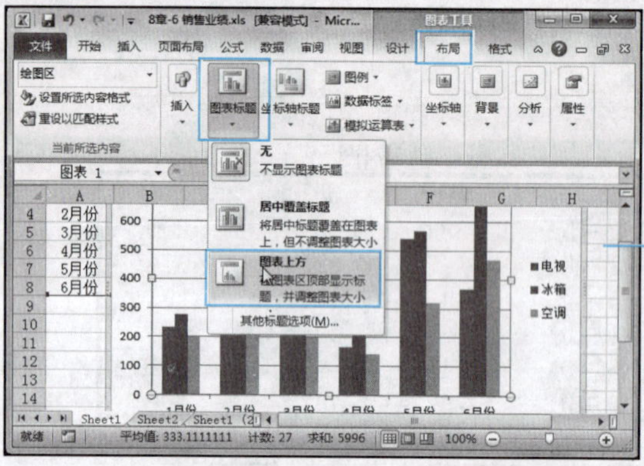

1 单击图表将其选中，选择“布局”选项卡，单击“图表标题”选项组下方的 按钮，在弹出的下拉列表中选择“图表上方”选项。

2 在图表上方添加了标题框，将光标插入其中，然后输入“电器销售业绩表”作为标题。

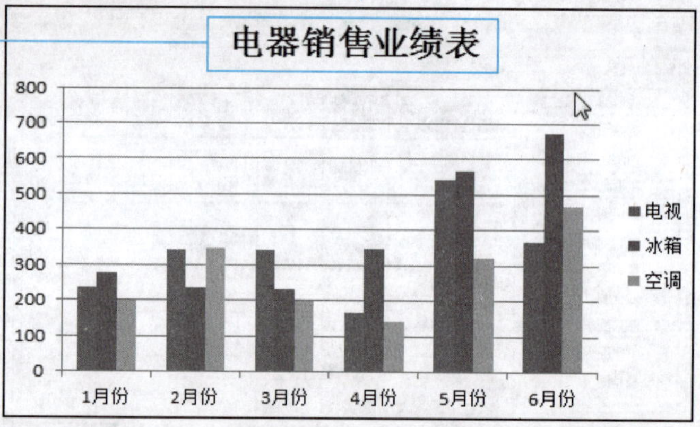

在图表中添加数据

操作步骤

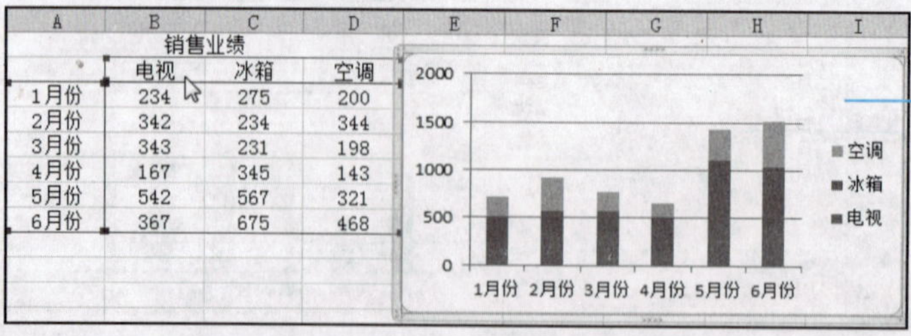

1 打开“销售业绩”表并创建柱形图。

视野拓展

“图表”组和“插入图表”对话框中的图表实际上是相同的，只不过“图表”组中的图表下拉列表对每类图表还进行了更细的分类而已。

2 在单元格区域E2：E8中输入图中黑色边框中的数据。

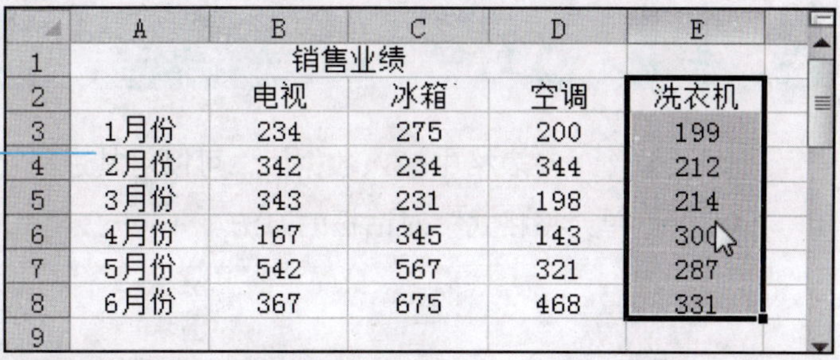

	A	B	C	D	E
1		销售业绩			
2		电视	冰箱	空调	洗衣机
3	1月份	234	275	200	199
4	2月份	342	234	344	212
5	3月份	343	231	198	214
6	4月份	167	345	143	300
7	5月份	542	567	321	287
8	6月份	367	675	468	331
9					

3 单击选中图表，在“设计”选项卡中，单击“数据”选项组中的“选择数据”按钮，弹出“选择数据源”对话框。

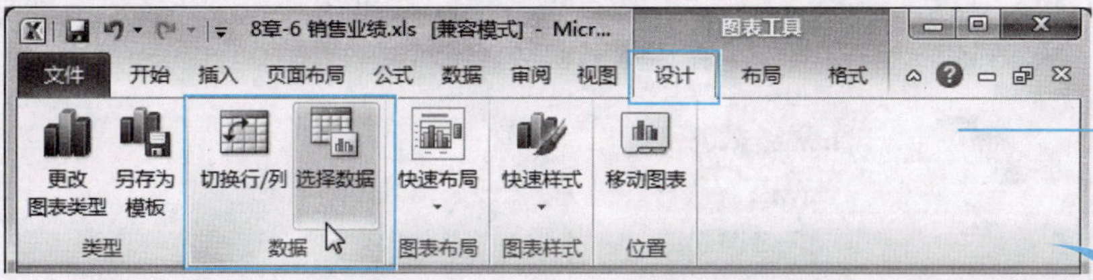

4 单击“图表数据区域”文本框右侧的按钮，选择A2：E8单元格区域，然后单击按钮或按回车键，返回“选择数据源”对话框，可以看到“洗衣机”已经添加到“图例项”列表中。

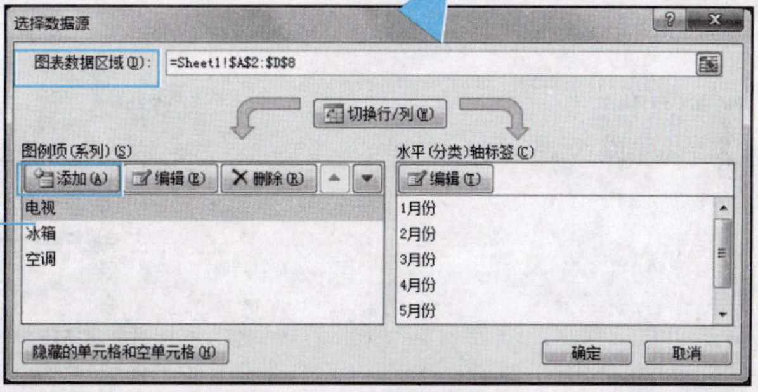

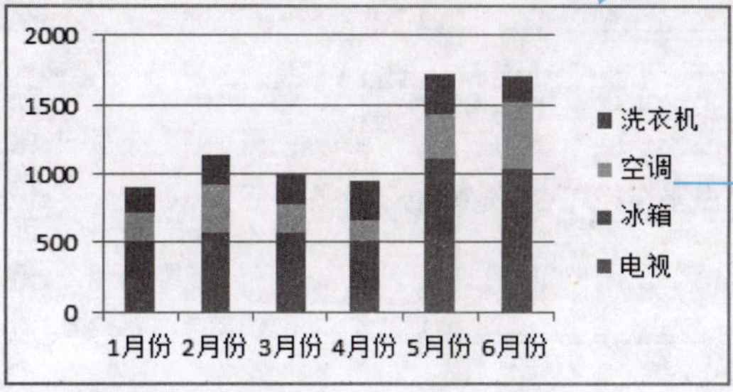

5 单击“确定”按钮，“洗衣机”数据系列就会添加到图表中。

调整图表大小

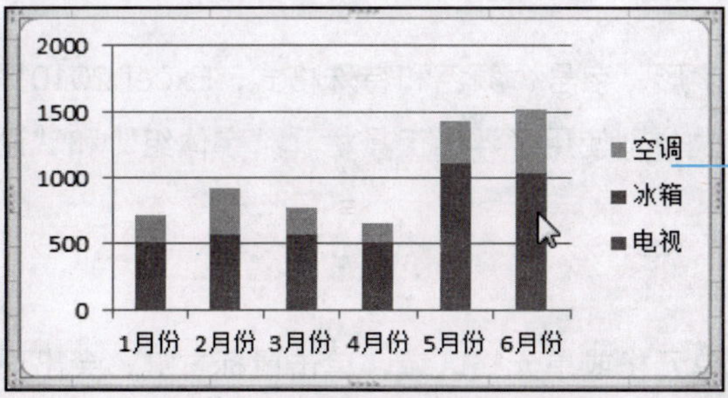

单击图表，图表周围会显示浅灰色边框，同时出现8个控制点，鼠标指针变成↘形状时按住鼠标左键并拖曳控制点可调整图表的大小。

视野拓展

Excel 2010提供了丰富的格式编辑功能，不仅可以帮助快速方便地整理数据，还可以使表格更加美观。

8.4 格式化工作表

在表格中输入数据后，可以对其进行格式设置。下面先介绍两种弹出“设置单元格格式”对话框的方法。

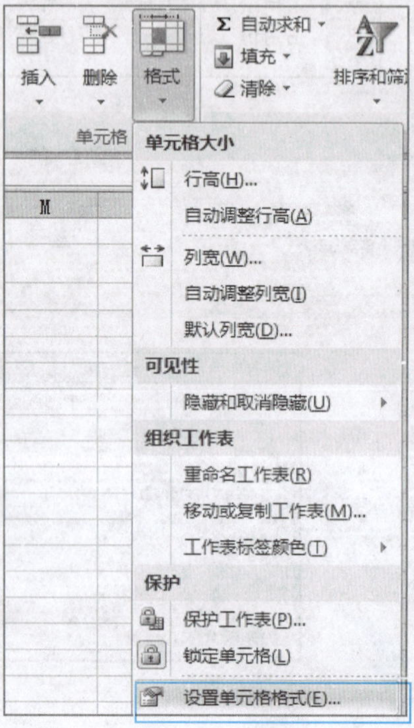

选择单元格，在“开始”选项卡的“单元格”选项组中单击“格式”按钮，在弹出的“格式”菜单中选择“设置单元格格式”命令即可。

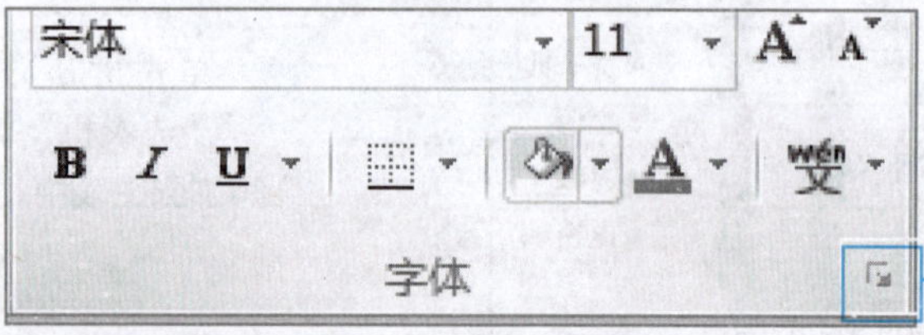

选择单元格，在“开始”选项卡中单击“字体”选项组右下角按钮，即可弹出“设置单元格格式”对话框。

提示：使用Ctrl+1组合键可以快速弹出“设置单元格格式”对话框。

8.4.1 设置字体样式

字体样式包括字体类型、字形、字号、颜色和特殊格式，Excel 2010提供了3种设置字体的方式，这3种方式分别使用了浮出工具栏、“字体组”和“设置单元格格式”对话框。

使用浮出工具栏

选中需要设置字体样式的单元格或单元格区域，单击鼠标右键，会出现如下

视野拓展

浮动工具栏中的许多下拉列表框和按钮与Word浮出工具栏中的下拉列表框和按钮的作用相同。

图所示的浮出工具栏，单击其相应的按钮或在相应的下拉列表框中选择所需的选项即可为选择的单元格或单元格区域的文本设置字体格式。

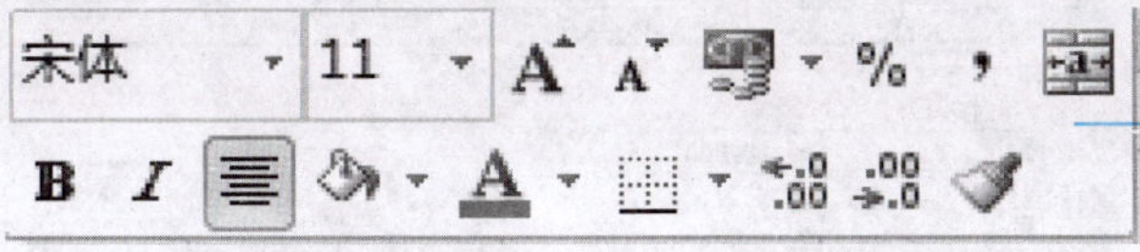

浮出工具栏

使用“字体组”

选中需要设置字体样式的单元格或单元格区域，在“开始”选项卡的“字体”选项组中单击相应按钮或在各按钮的弹出菜单中选择需要的选项进行设置即可。

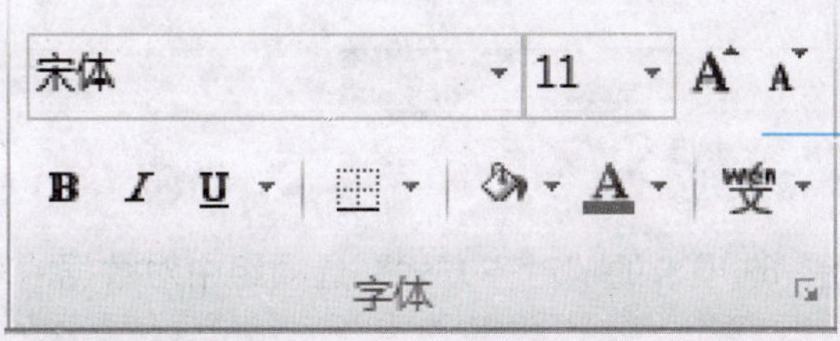

字体组

使用“设置单元格格式”对话框

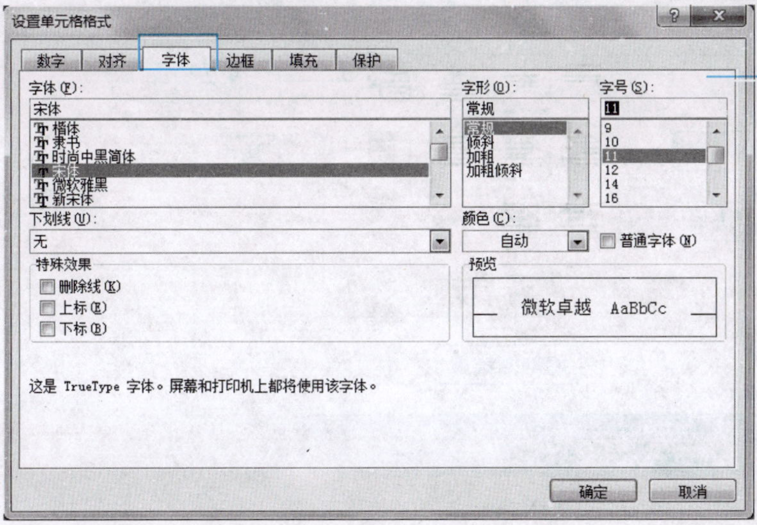

按照上述方法打开“设置单元格格式”对话框，单击“字体”选项卡，从中对字体样式进行设置即可。

提示： 如果要设置下画线，只能在“设置单元格格式”对话框的“字体”选项卡中进行设置。

8.4.2 设置对齐方式

为了使Excel版面整齐美观，需要统一某些单元格区域内容的对齐方式。下面介绍两种设置对齐方式的方法。

视野拓展

对于空白的单元格或单元格区域设置字体格式，一旦输入数据就会应用设置好的格式。

使用“设置单元格格式”对话框

在弹出的“设置单元格格式”对话框的“对齐”选项卡中可以设置数据的方向、角度、水平和垂直等对齐方式。

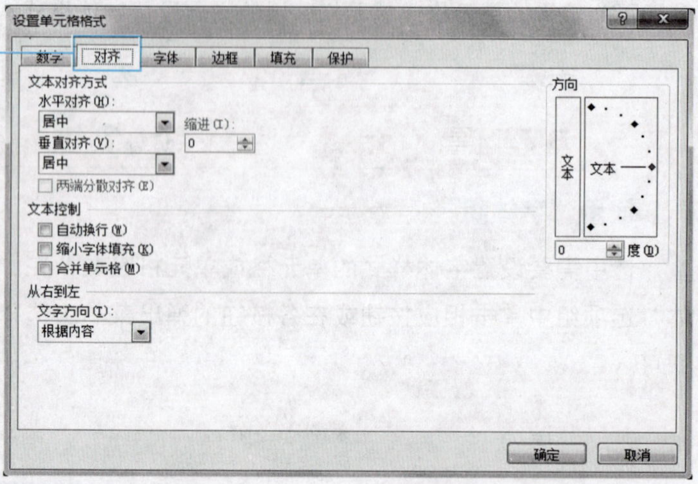

博学先生，如何设置可以使单元格中的文本自动换行呢？

通过工具栏设置对齐方式

选择数据，在“开始”选项卡的“对齐方式”选项组中对数据的对齐方式进行设置。

在“开始”选项卡的“对齐方式”选项组中单击自动换行按钮即可设置单元格中的文本自动换行。

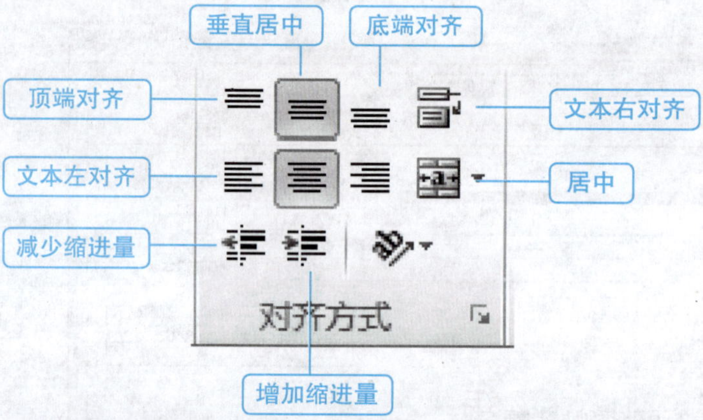

8.5 套用样式

为了使每一个单元格或表格具有各自的特点，Excel 2010提供了多种单元格样式和表格样式，可以应用这些样式设计单元格或表格。

在套用样式前，先选择单元格区域，选择“开始”选项卡中的“样式”选项组，如下图所示，其包含3类样式，下面主要介绍其中的套用单元格样式和套用表格格式。

视野拓展

可以自定义自己的单元格样式。

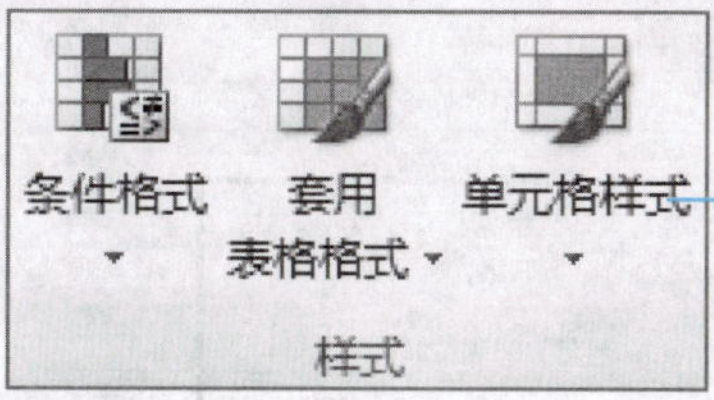

“样式”选项组

8.5.1 套用单元格样式

通过选择预定义样式，可以快速设置单元格样式，具体操作步骤如下所述。

操作步骤

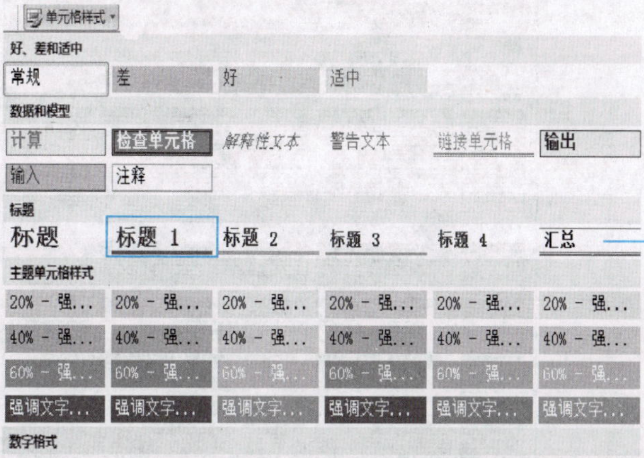

1 选择单元格，在“开始”选项卡中，单击“样式”选项组中的“单元格样式”按钮的下拉箭头，在弹出的“单元格样式”菜单中选择需要的样式，如“标题1”。

2 选择“标题1”样式后，单元格的字体颜色、字体、字号、边框颜色均改变。

B2 | f_x 电视

	A	B	C	D	E
1		销售业绩			
2		电视	冰箱	空调	洗衣机
3	1月份	234	275	200	199
4	2月份	342	234	344	212
5	3月份	343	231	198	214
6	4月份	167	345	143	300
7	5月份	542	567	321	287
8	6月份	367	675	468	199

提示： 可以通过“单元格样式”菜单中的“新建单元格样式”自定义单元格样式。

8.5.2 套用表格格式

套用表格是对选择的单元格区域进行格式设置，其操作方法与套用单元格的操作方法基本相同，具体操作步骤如下所述。

视野拓展

在“设置单元格格式”对话框选中“自动换行”复选框可使单元格中的文本自动换行。

操作步骤

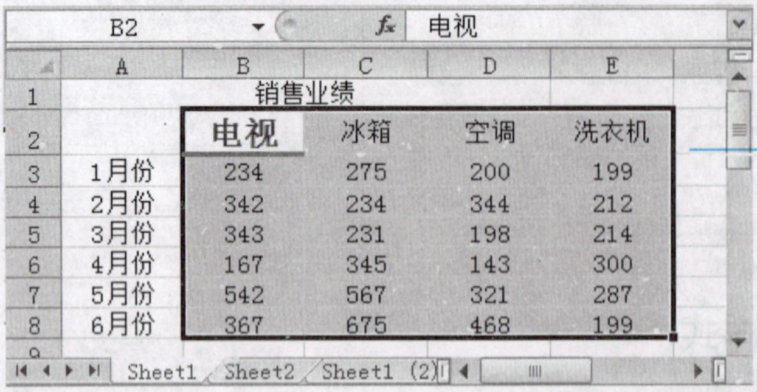

1 选中单元格区域后，在“开始”选项卡中，单击“样式”选项组中的“套用表格格式”按钮的下拉箭头，在弹出的菜单中选择需要的表格格式。

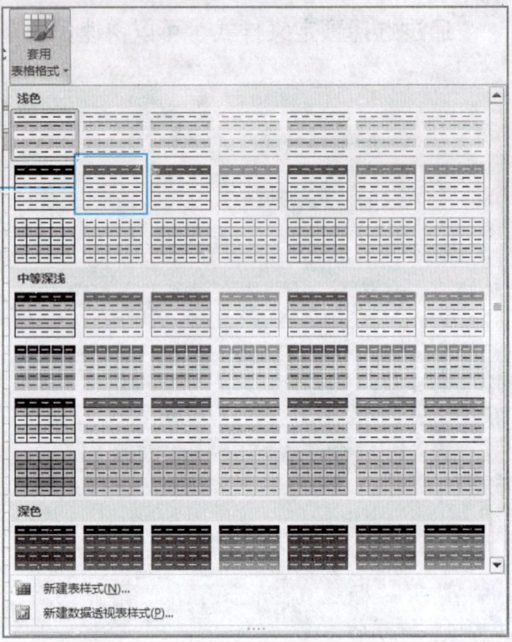

2 在弹出的“套用表格式”对话框中的“表数据的来源”文本框里自动显示选中的数据区域。如果想更改数据区域，则单击“表数据的来源”文本框右侧的按钮可以重新选择数据区域或直接在文本框中输入数据区域。

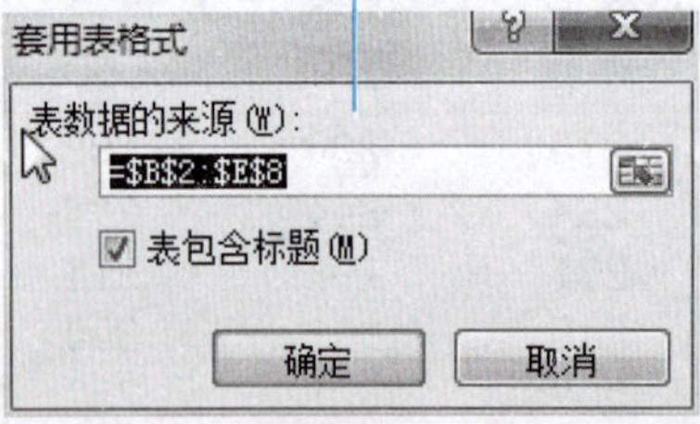

3 单击“确定”按钮应用表格样式。

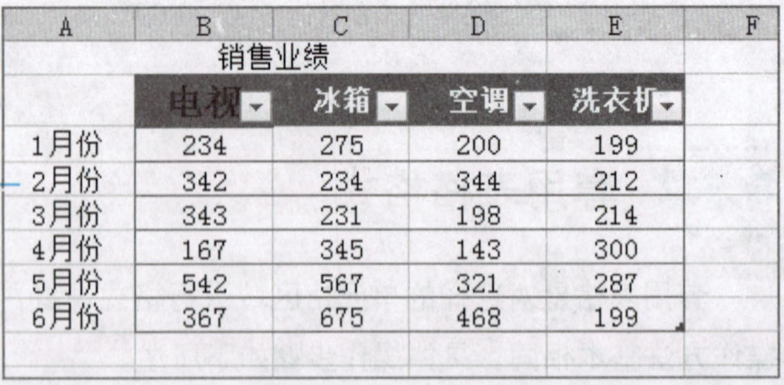

提示： 在弹出的“套用表格式”对话框中，如果选中“表包含标题”复选框，所选数据区域的第一行数据右下角会增加“数据排序和筛选”下拉箭头；如果没有选中“表包含标题”复选框，在所选区域的上面自动增加一行带有“数据排序和筛选”下拉箭头的标题，如 列1 ▾ 列2 ▾。

视野拓展

“字体”组可对空白的单元格或单元格区域设置字体格式，一旦输入数据就将应用设置好的格式。

8.6 趁热打铁

现在做一些练习检验一下自己的学习状况吧。

8.6.1 实例演练

本章重点介绍了Excel 2010的高级应用，若灵活掌握公式、函数和图表的应用，可以简化表格中数据的计算，也可以使表格更加形象、丰富。下面以在制作好的表格中套用格式并创建图表对象为例演示具体的操作步骤。

操作步骤

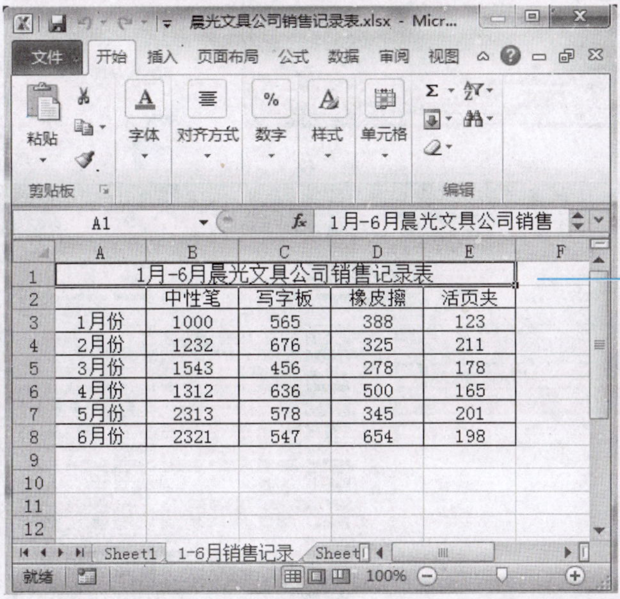

1 打开工作簿中的“1月-6月晨光文具公司销售记录表”工作表。

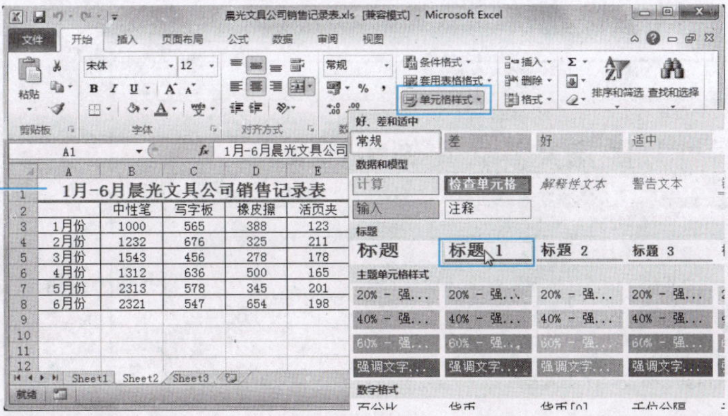

2 选中单元格A1，在“开始”选项卡的“样式”选项组中，单击 单元格样式 按钮右侧的下拉箭头，在弹出的对话框中选择“标题1”样式。

视野拓展

使用浮出工具栏和使用“字体”组的操作都很简单，只需要选择要设置的单元格，再单击相应的命令按钮即可完成字体样式的设置。

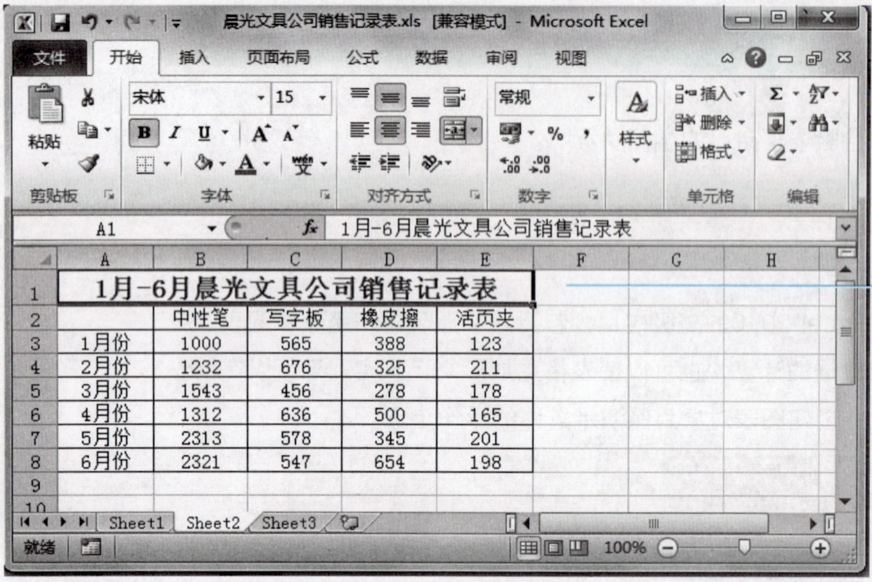

3 单元格显示如左图所示的效果。

4 选中A2：E8单元格区域，在“开始”选项卡的“样式”选项组中，单击 套用表格格式 按钮右侧的下拉箭头，在弹出的对话框中选择“表颜色浅色9”样式。

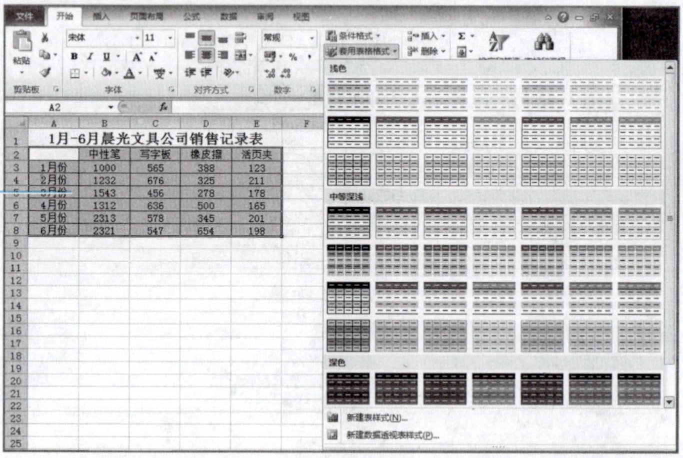

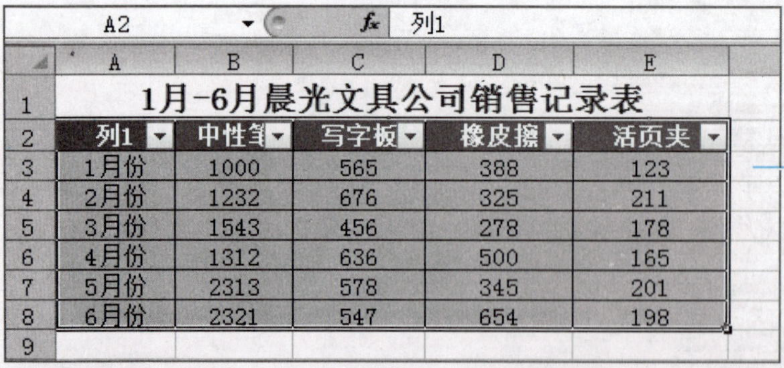

5 在弹出的对话框中直接单击“确定”按钮，表格显示如左图所示的效果。

视野拓展

在“开始”选项卡，“字体”工具栏，“边框”下拉列表中选择相应的命令，可对字体执行相应操作。

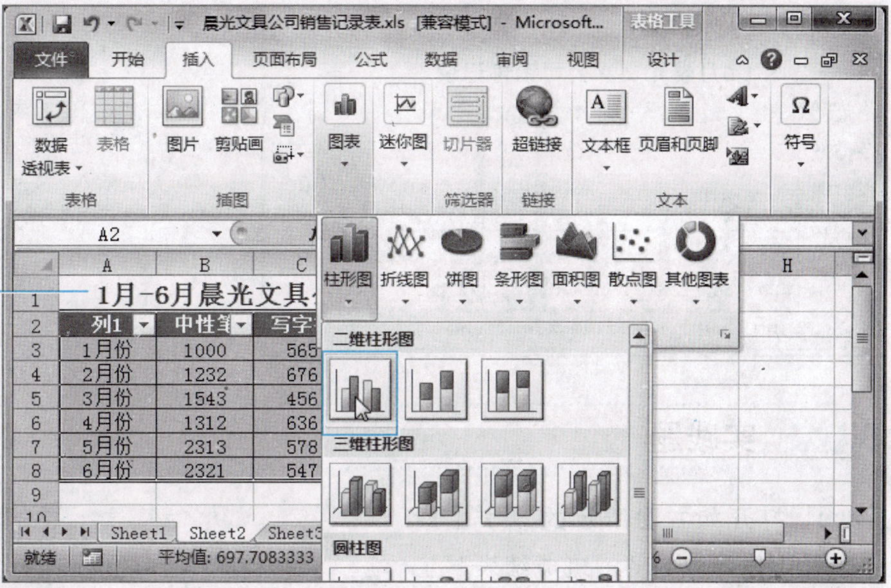

6 选中A2：E8单元格区域，在“插入”选项卡的“图表”选项组中，单击“柱形图”下方的下拉箭头，在弹出的对话框中选择第一个二维柱形图。

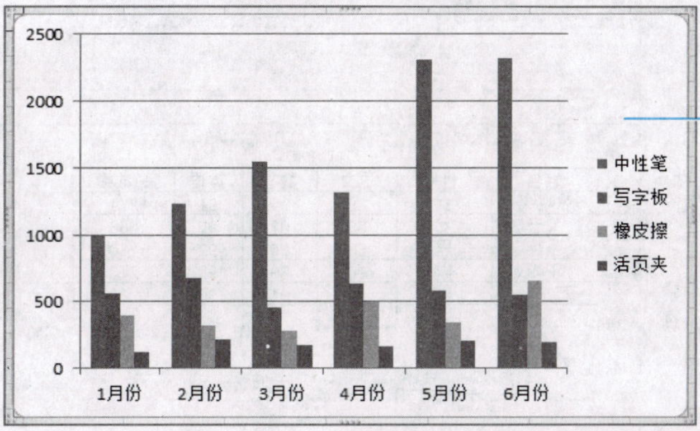

7 在工作表中自动插入如左图所示的图表。

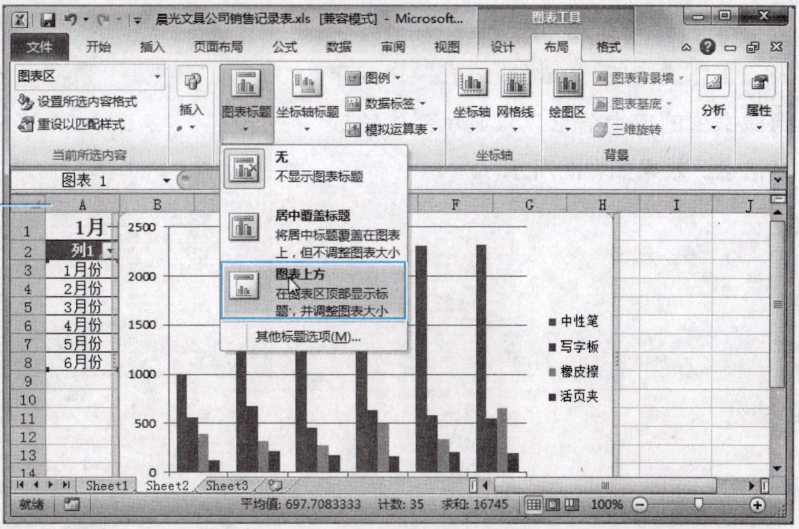

8 单击图表将其选中，选择“布局”选项卡，单击“图表标题”选项组下方的▼按钮，在弹出的下拉列表中选择“图表上方”选项。

视野拓展

移动单元格的操作方法和复制单元格基本相同，只需在单元格上单击鼠标右键后，在弹出的快捷菜单中选择“剪切”命令即可。

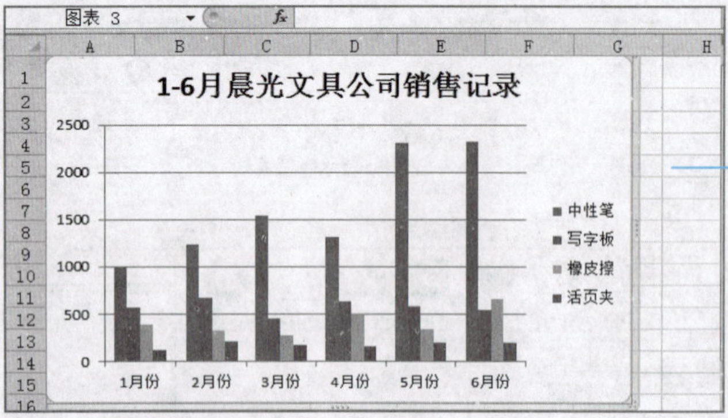

9 在图表上方添加了标题框，将光标插入其中，然后输入“1-6月晨光文具公司销售记录”作为标题。

8.6.2 实践题

1. 打开如右图所示的“学生成绩表”工作簿中的“一班成绩表”工作表，分别将计算的“语文”、“数学”、“英语”的平均成绩显示在单元格C8、D8、E8中。

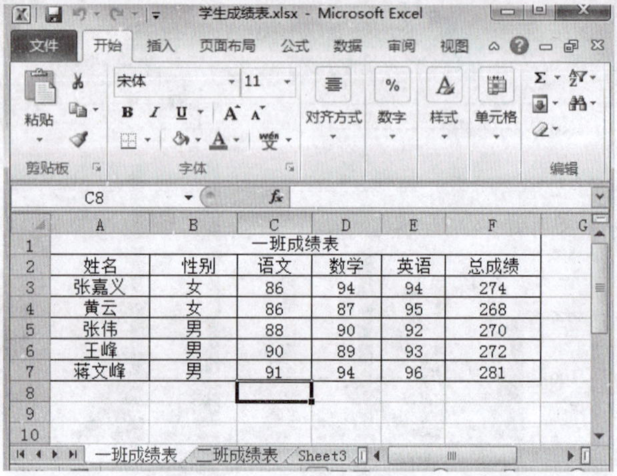

2. 打开如上图所示的“学生成绩表”工作簿中的“一班成绩表”，要求隐藏女生的成绩信息，只显示男生的成绩信息，效果如右图所示。

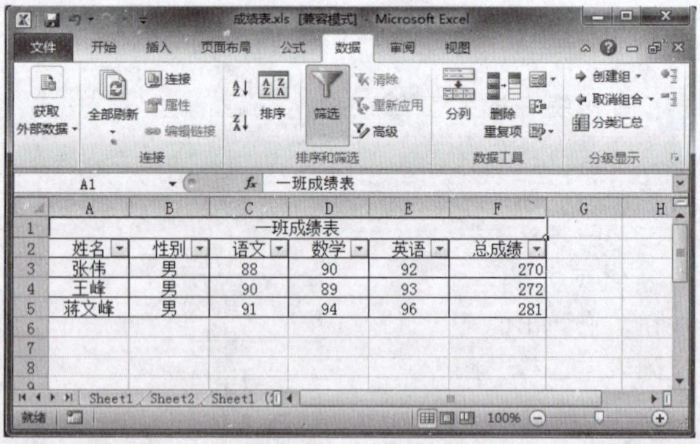

视野拓展

在“设置单元格格式”对话框的“填充”选项卡中，在“图案样式”和“图案颜色”下拉列表框中可选择填充背景的样式和颜色。

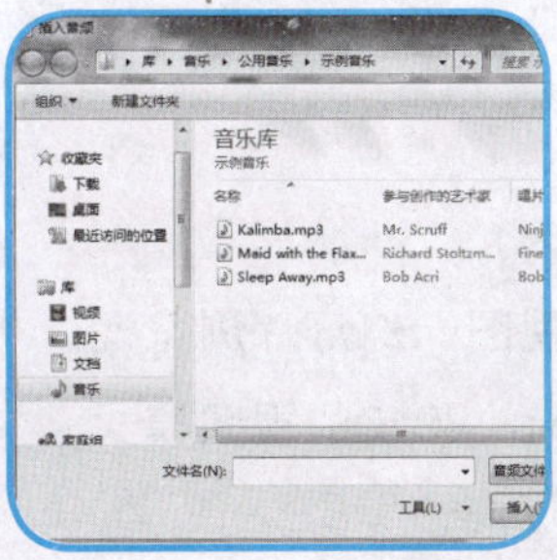

第9章

PowerPoint 2010基础应用

本章导读

PowerPoint 2010是Microsoft Office 2010套件中的演示文稿制作软件，它可以快速创建动态演示文稿。和其他Office 2010组件一样，PowerPoint 2010功能强大，易学易用，界面友好，在设计制作多媒体课件等领域中得到了广泛应用。本章将带领读者走进PowerPoint 2010，了解PowerPoint 2010的一些基础知识。

本章学习目标

- 认识PowerPoint 2010
- 新建幻灯片
- 编辑幻灯片
- 操作多张幻灯片

本章学习重点

- 认识PowerPoint 2010
- 学会制作一张幻灯片
- 学会操作幻灯片

9.1 认识PowerPoint 2010

PowerPoint 2010是Office 2010中另一个重要成员，它是用于设计制作专家报告、教师授课、产品演示、广告宣传的电子幻灯片软件。要灵活掌握使用PowerPoint 2010制作幻灯片，首先就要学会PowerPoint 2010的基础操作。从本节开始，将介绍PowerPoint 2010的使用方法。

启动PowerPoint 2010后，屏幕上就会出现PowerPoint 2010的窗口。PowerPoint 2010的窗口主要由标题栏、“菜单”选项卡、快速访问工具栏、功能区、视图区、工作区、状态栏和备注窗格八部分组成。本节将重点介绍PowerPoint 2010的视图以及如何新建PowerPoint 2010演示文稿。

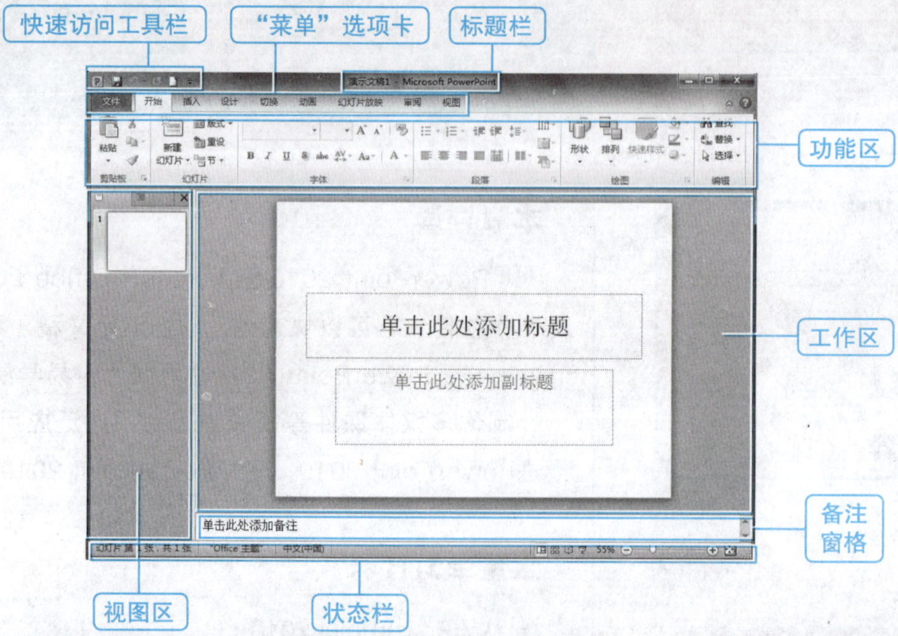

9.1.1 PowerPoint 2010的视图

PowerPoint 2010中提供了4种幻灯片浏览视图：普通视图、幻灯片浏览视图、备注页视图和幻灯片放映视图。默认情况下，PowerPoint 2010的视图模式为普通视图。

普通视图

普通视图是为了便于编辑演示文稿的内容而设计的。该视图有4个工作区

视野拓展

双击任何一个视图中的幻灯片即可进入普通视图。

域，如下图所示。

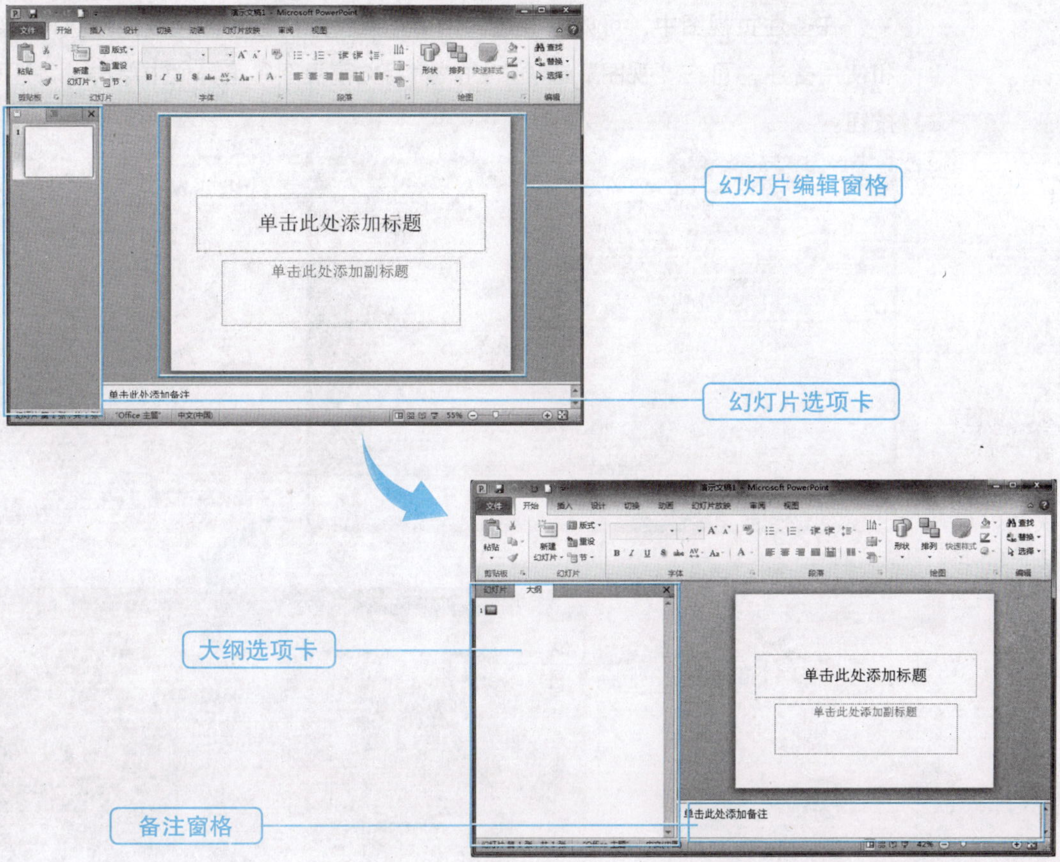

幻灯片浏览视图

幻灯片浏览视图是以缩略图形式显示幻灯片的视图，在“视图”选项卡的“演示文稿”工具栏中单击“幻灯片浏览”按钮即可切换到幻灯片浏览视图。在该视图中幻灯片呈横向排列，可以对演示文稿进行整体编辑，如移动或复制等。

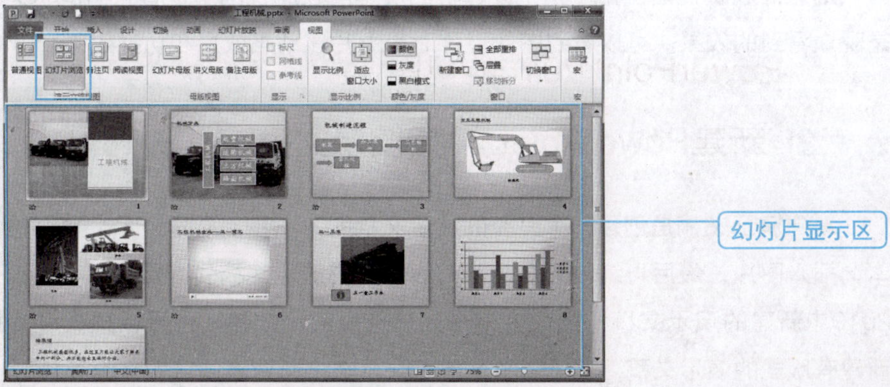

视野拓展

备注窗格位于普通视图中幻灯片编辑窗格的下方。

备注页视图

在备注页视图中，可以在备注窗格中输入备注内容。如果要以整页格式查看和使用备注，可在“视图”选项卡的“演示文稿视图”工具栏中单击“备注页”按钮。

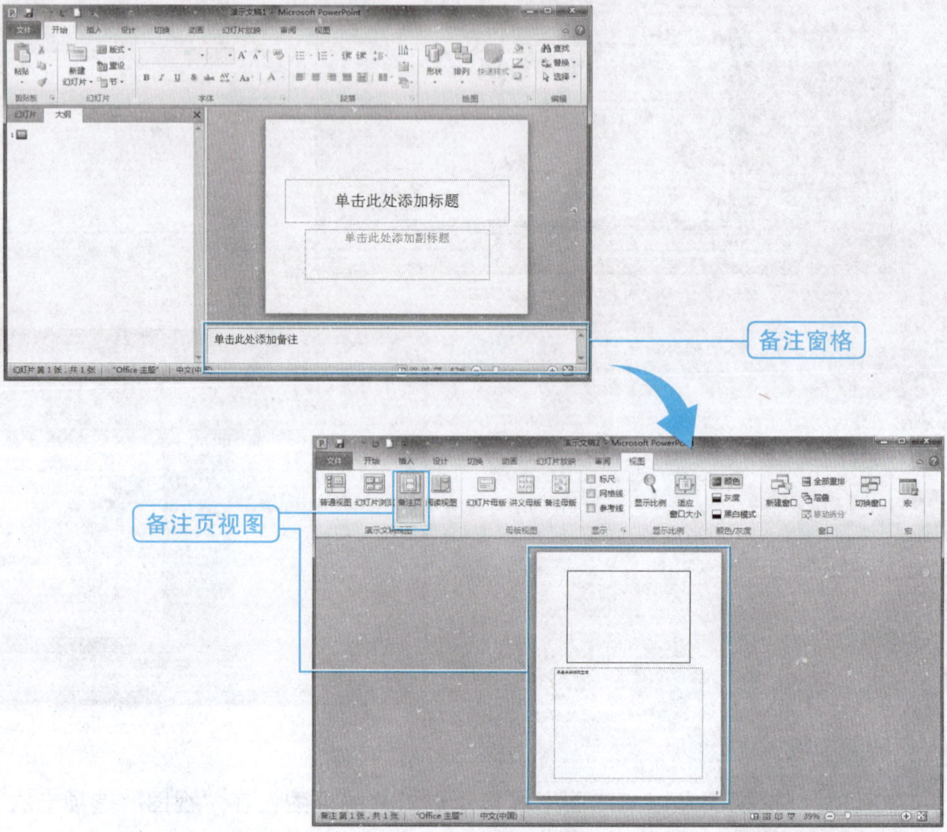

提示：在“视图”选项卡的“演示文稿图”工具栏中单击“放映幻灯片”按钮可切换到幻灯片放映视图。

幻灯片放映视图

幻灯片放映视图占据了整个计算机的屏幕。在此视图中，看到的演示文稿就是观众看到的效果。可以看到图形、计时、影片、动画效果和切换效果。

9.1.2 新建PowerPoint 2010演示文稿

新建演示文稿是创建一个完整的演示文稿的第一步。建好演示文稿后输入文本，插入图片，最后再编辑幻灯片等，即可完成演示文稿的编辑。在PowerPoint 2010中新建的演示文稿种类很多，可以是空白演示文稿，也可以根据设计模板新建有版式的演示文稿，还可以根据现有演示文稿新建有内容的文稿等。

视野拓展

可以使用PowerPoint 2010新建相册。

新建空白演示文稿

启动PowerPoint 2010后，系统将自动打开一个名为“演示文稿1”的文档。还可以根据需要创建新的空白演示文稿，其操作步骤如下所述。

操作步骤

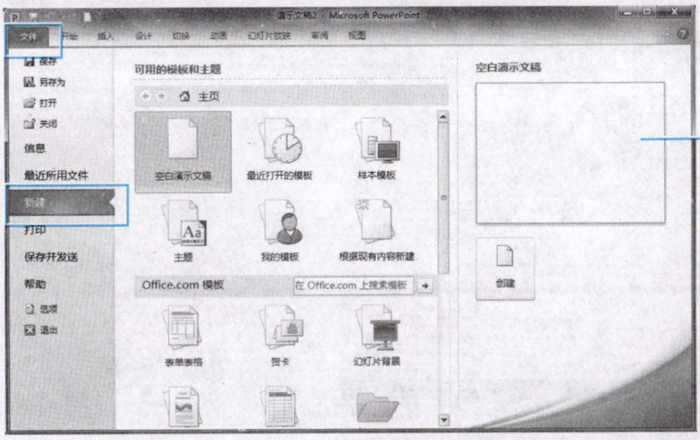

1 选择“文件”→“新建”命令，打开“新建演示文稿”对话框。

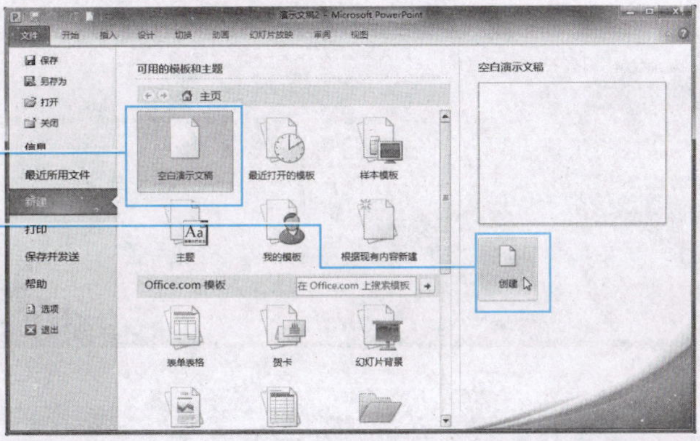

2 在“空白演示文稿和最近使用的文档”栏中选择“空白演示文稿”选项，再选择“创建”选项或双击“空白演示文稿”选项都可新建空白演示文稿。

根据已安装的主题或模板新建演示文稿

如果感觉空白演示文稿使用的白色背景太单调，可以使用PowerPoint 2010中提供的常用模板和主题来制作漂亮的演示文稿，其操作步骤如下所述。

操作步骤

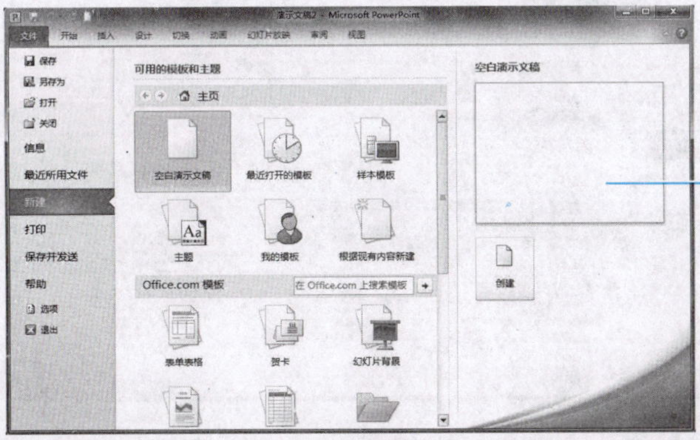

1 选择“文件”→“新建”命令，打开“新建演示文稿”对话框。

视野拓展

在PowerPoint 2010窗口中，可以通过按Ctrl+N组合键来创建一个空白演示文稿。

2 在“可用的模板和主题”栏中选择“最近打开的模板”或“样本模板”或“主题”或“我的模板”选项，在弹出的页面中选择需要的模板或主题。

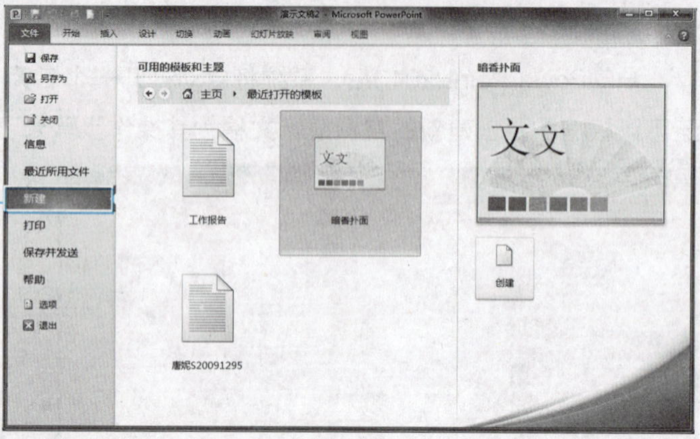

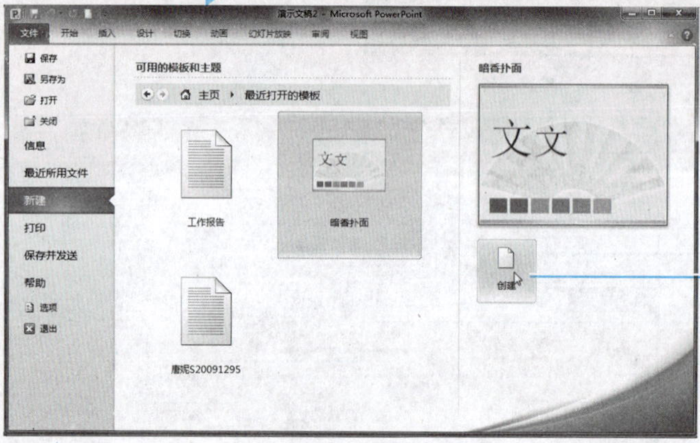

3 单击“创建”选项，即可将所选的模板或主题应用于新建的演示文稿中。

根据现有演示文稿新建演示文稿

根据现有演示文稿新建演示文稿的操作步骤如下所述。

操作步骤

1 选择“文件”→“新建”命令，打开“新建演示文稿”对话框。

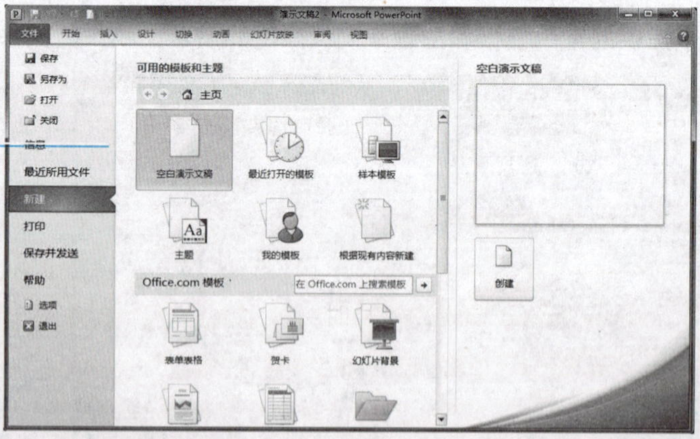

视野拓展

如果需要的演示文稿与现有的某个演示文稿类似，可直接根据现有演示文稿进行新建，以减少工作量。

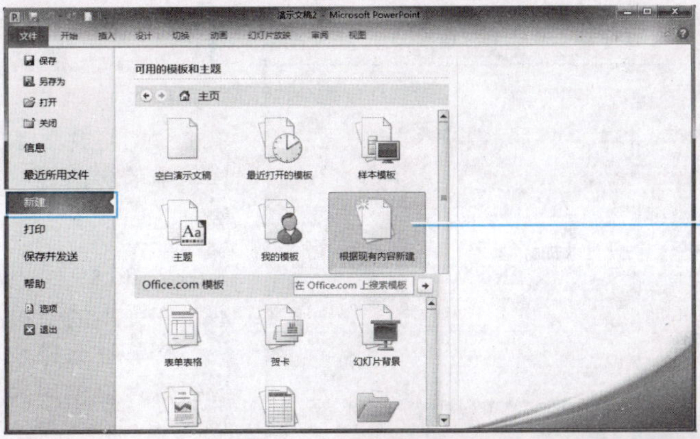

2 在“模板”栏中选择“根据现有内容新建”选项。

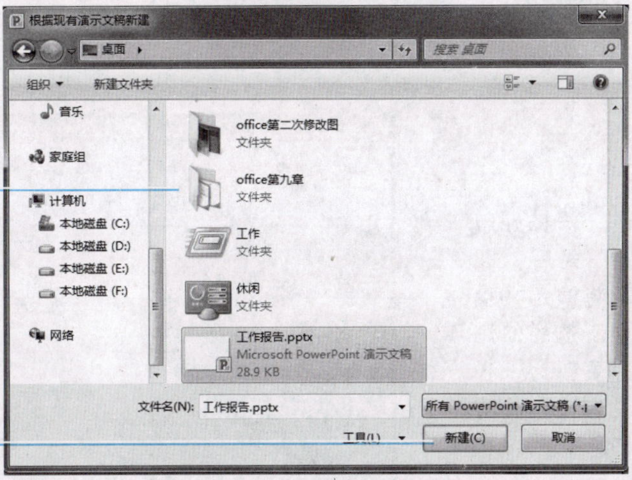

3 打开“根据现有演示文稿新建”对话框，选择现有演示文稿的保存位置，选择该文稿。

4 单击“新建”按钮，即可将现有模板样式应用于新建的演示文稿中。

博学先生，为什么我们新建的演示文稿中就已经存在很多内容了呢？

那是因为该演示文稿可能是在模板的基础上新建的，而模板中附带的各种信息能自动应用于该演示文稿。

9.2 制作一张幻灯片

通过前面的学习已经学会如何新建演示文稿。完成演示文稿的创建后，便可以向其中添加一张张幻灯片。通过编辑和加工，如新建幻灯片、输入文本、插入图片、背景和声音等，就可以创作出美丽优秀的演示文稿。

9.2.1 选择版式

在演示文稿中编辑幻灯片时，可以选择多种版式进行幻灯片设计。可以根据需要自行选择幻灯片的版式。

下面介绍如何选择幻灯片的版式，其操作步骤如下所述。

视野拓展

在“幻灯片”选项卡中单击鼠标右键，在弹出的快捷菜单中选择“新建幻灯片”命令也可插入新的幻灯片。

操作步骤

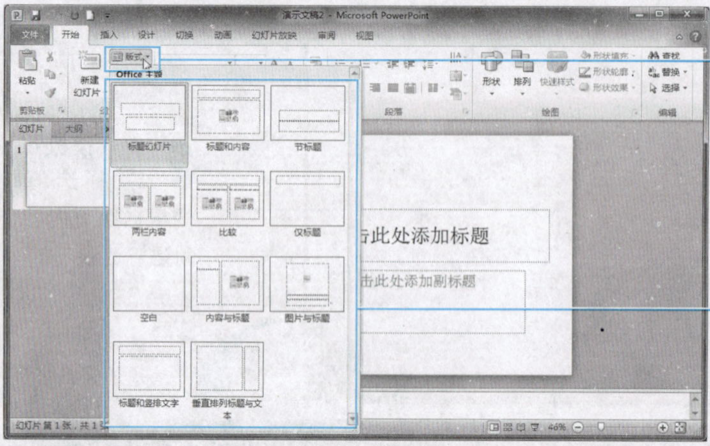

1 新建空白演示文稿，选择“开始”选项卡，单击“幻灯片”工具栏中的“版式”按钮。

2 在弹出的下拉菜单中选择编辑幻灯片要使用的版式。

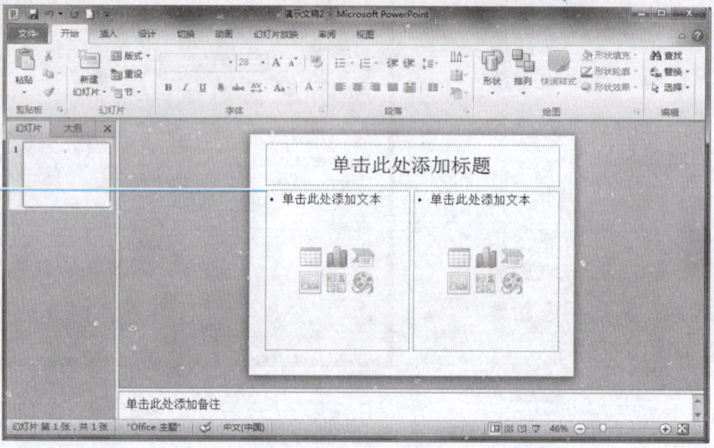

3 选择好版式后，即可将演示文稿中所选的幻灯片更新为一张具有该版式的幻灯片。

9.2.2 编辑文本

在制作幻灯片的过程中，如果要编辑出别致而精美的幻灯片，首先要编辑幻灯片的文本内容。

输入文本

在新建的幻灯片中常常可以看到包含“单击此处添加标题”、“单击此处添加文本”等字眼的文本框，它们是虚拟的文字，被称为“占位符”，用于提示在此单击即可在文本插入点处输入文本。

下面将在打开的空白演示文稿中输入文字。其操作步骤如下所述。

提示： 即使不在“单击此处添加标题”、“单击此处添加文本”等这些地方输入文字，在观看演示文稿时也不会看见占位符的内容。

视野拓展

编辑操作主要包括输入文本和设置字体格式。

操作步骤

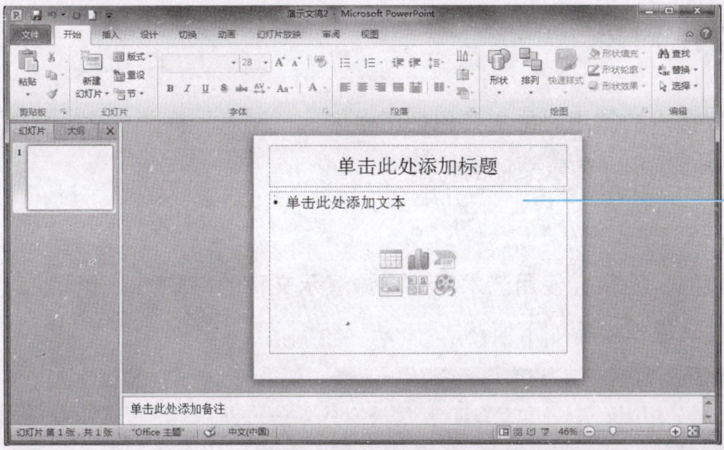

1 新建一个空白演示文稿。

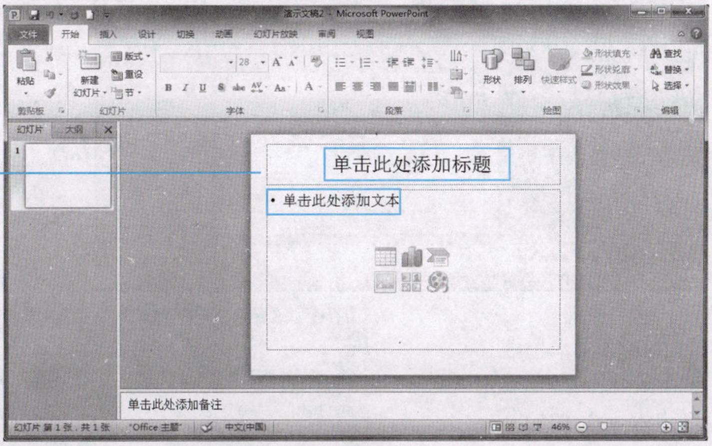

2 单击占位符（“单击此处添加标题”或“单击此处添加文本”），这时提示文本即可消失，同时文本插入点定位在文本框中。

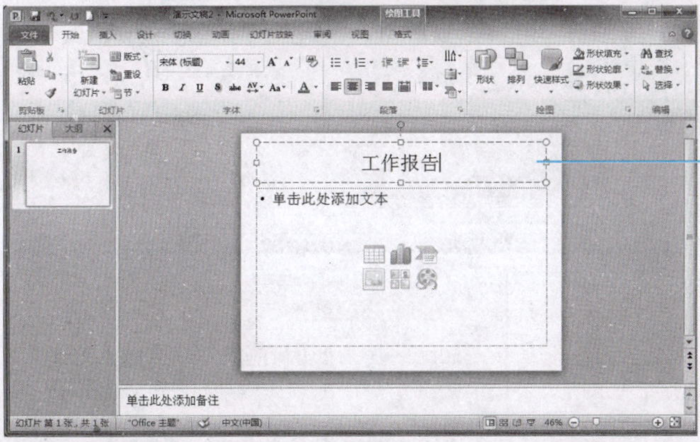

3 选择适合自己的输入法，输入需要的文字即可，然后单击空白处确认输入。

在PowerPoint 2010中用于设置文字字体格式的工具有“开始”选项卡中的“字体”、“段落”和浮动工具栏，它们的使用方法与Word中使用的方法一样，都是选择文本后单击相应的按钮，或选择相应的选项即可，这里不再赘述。

视野拓展

在幻灯片中输入文本的方法就是单击占位符，然后在文本框中输入文字。

9.2.3 插入常用对象

在幻灯片中可以插入的常用对象主要包括艺术字、剪贴画、图片、文本框以及自选图形，这是PowerPoint演示文稿的特点。

插入艺术字

在制作演示文稿时，经常会使用艺术字来增添演示文稿的感染力。下面在幻灯片中插入艺术字。其操作步骤如下所述。

操作步骤

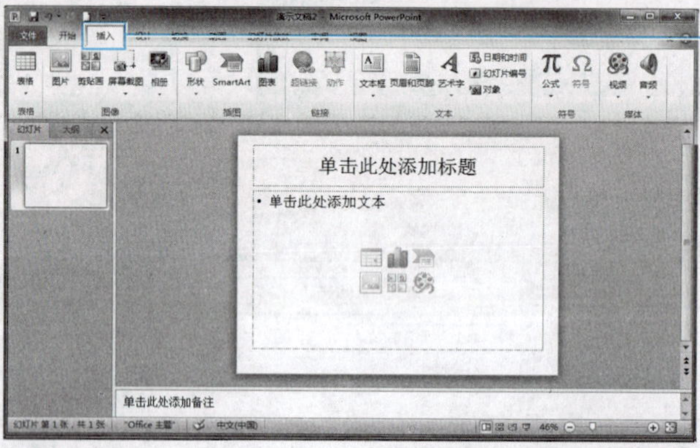

1 在需要插入艺术字的幻灯片中选择“插入”选项卡。

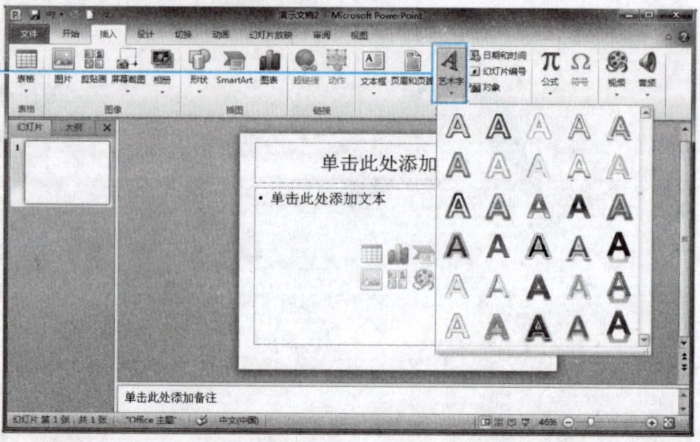

2 在“文本”工具栏中单击“艺术字”按钮，然后在弹出的下拉列表框中选择需要的艺术字样式。

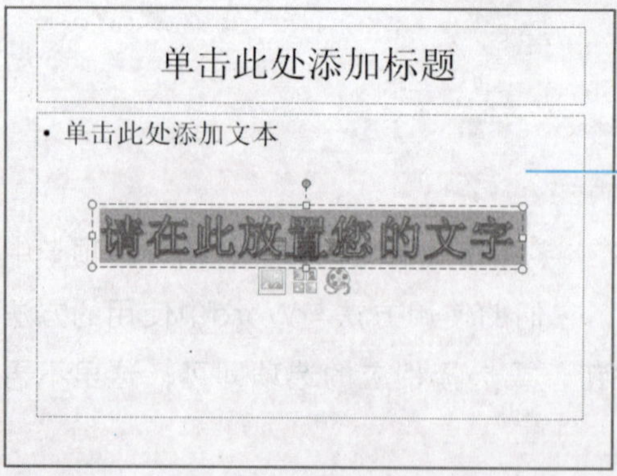

3 此时在幻灯片中插入了与所选艺术字样式效果一样的“请在此放置您的文字”提示输入艺术字文本框。

视野拓展

在幻灯片中，通过图片与文字的结合可使幻灯片图文并茂、形象生动。

4 在“请在此放置您的文字”文本框中，直接输入需要的艺术字文本，这时输入的文本将替换“请在此放置您的文字”，并以所选的艺术字效果显示输入的文字。

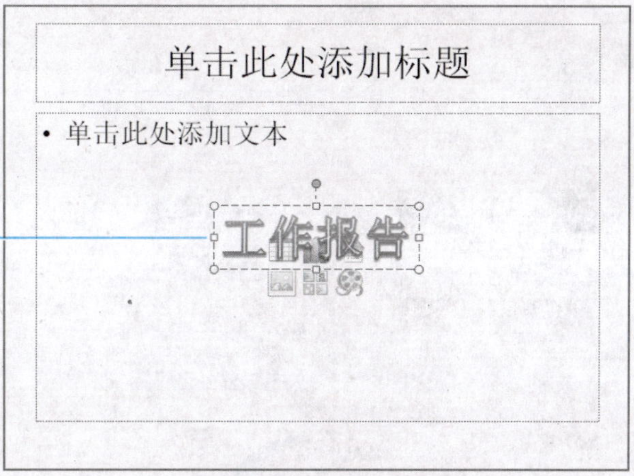

插入剪贴画

剪贴画是Office 2010中自带的图片，在所有的Office组件中都可以使用。下面在幻灯片中插入剪贴画。其操作步骤如下所述。

操作步骤

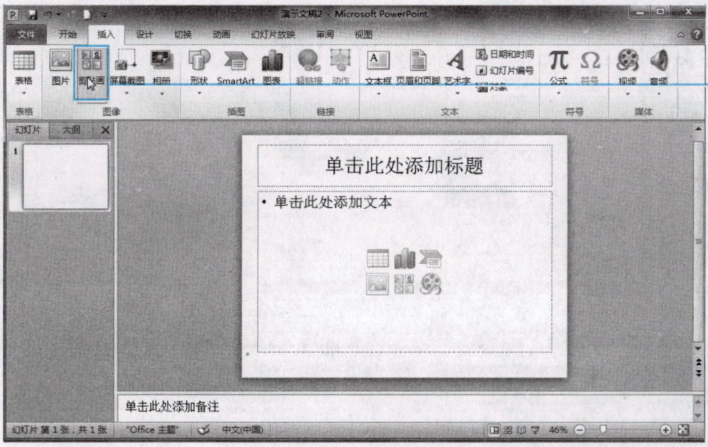

1 在需要插入剪贴画的幻灯片中选择“插入”选项卡，在工具栏中单击“剪贴画”按钮。

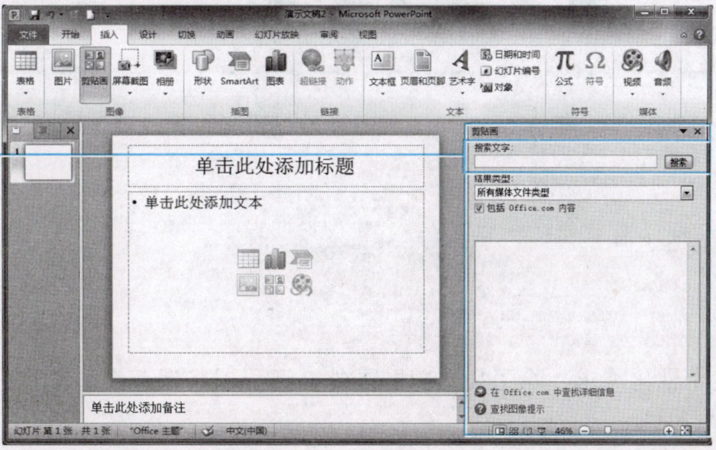

2 打开的“剪贴画”任务窗格显示在工作界面的右侧，在“搜索文字”文本框中输入要搜索的剪贴画类型关键字后，单击“搜索”按钮。

视野拓展

剪切画的种类很多，例如商业、IT和教育等，基本可满足制作幻灯片的需要。

3 在打开的剪贴画列表框中选择需要插入的剪贴画，即可将该剪贴画插入到幻灯片中。

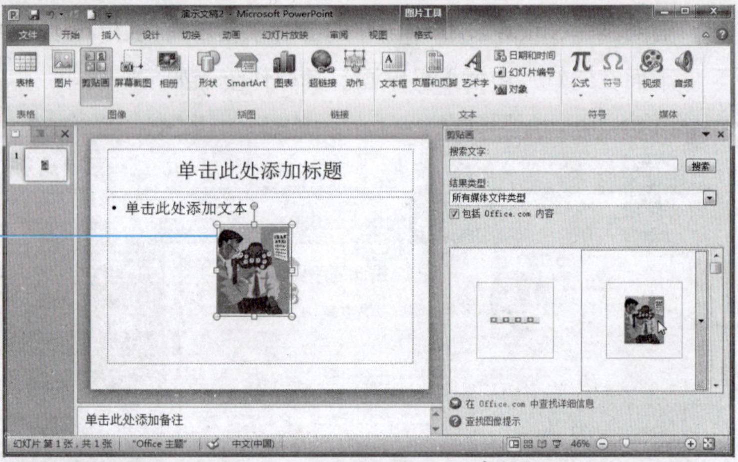

4 插入剪贴画后，可以用鼠标拖住该剪贴画进行位置的移动，并可以拖住剪贴画的边缘进行大小修改。

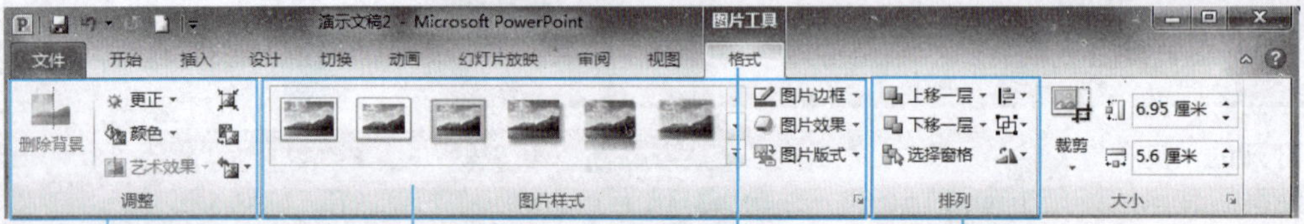

单击其中的按钮可以详细调整图片高度等。

可通过选择图片样式来设置幻灯片的样式。

在激活的图片工具"格式"选项卡中对剪贴画的大小、排列方向、图片样式等进行设置。

可通过选择排列方向按钮设置幻灯片的排列方向。

插入图片

为了满足个性化需求，除了插入剪贴画外，还可以将保存在计算机中的图片插入到幻灯片中。

视野拓展

若需要同时移动多张幻灯片时，可按住Ctrl键并单击选择多张幻灯片，然后进行移动即可。

下面在幻灯片中插入保存在计算机中的图片。其操作步骤如下所述。

操作步骤

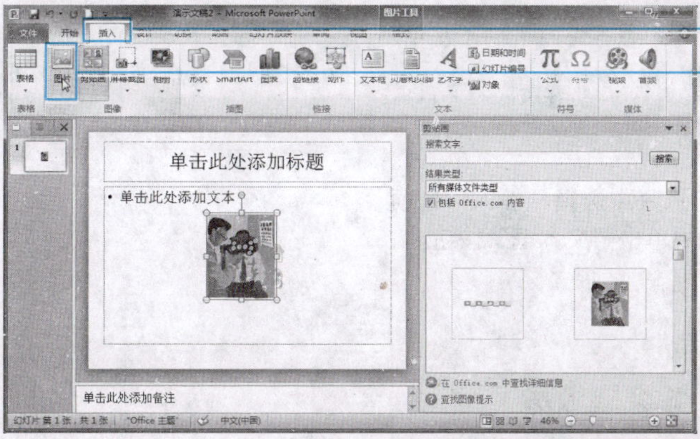

1 打开需要插入图片的幻灯片，在“插入”选项卡的“图像”工具栏中单击“图片”按钮，打开“插入图片”对话框。

2 在上面的“查找范围”下拉列表框或左侧的列表中选择图片所在文件夹的位置，在右侧的列表框中选择所需的图片。

3 选中要插入的图片，单击“插入”按钮，即可将该图片插入到幻灯片中。这时可以选中图片，用调整剪贴画同样的方法调整该图片在幻灯片中的大小及位置，在激活的图片工具“格式”选项卡中设置图片的大小、排列方向、图片样式等。

插入文本框

在新建幻灯片时，对于已有固定版式的幻灯片，要在没有文本占位符的位置输入文本，则需要插入文本框。

视野拓展

选择幻灯片后直接按Delete键也可删除幻灯片。

下面在幻灯片中插入文本框，其操作步骤如下所述。

操作步骤

1 在需要插入文本框的幻灯片中选择“插入”选项卡，在“文本”工具栏中单击“文本框”按钮。

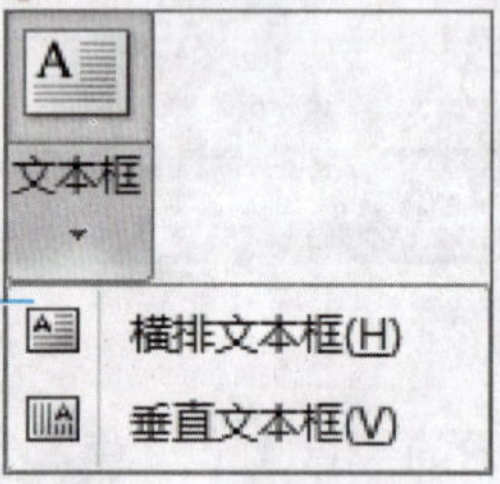

2 在弹出的下拉菜单中选择文字的排列方式命令，如横排或垂直文本框，然后将鼠标光标移动到幻灯片中。

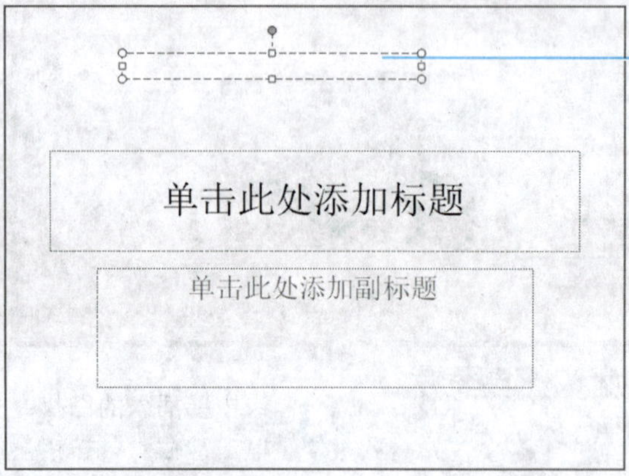

3 在需要插入文本框的位置按住鼠标左键，拖曳到适当位置时释放鼠标，这时幻灯片中显示了插入的文本框，且文本插入点已定位在其中。

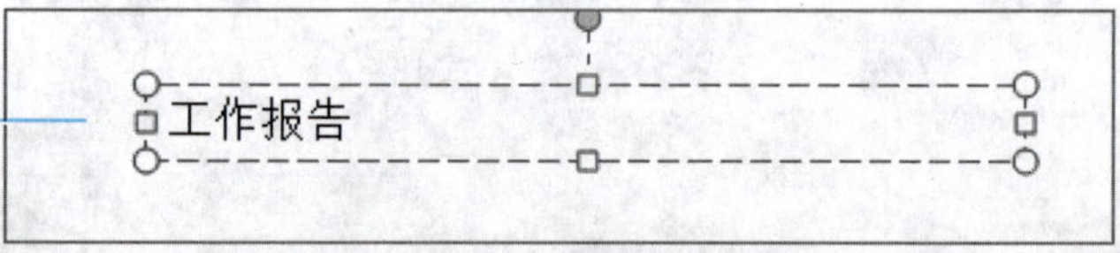

4 在文本框中输入文字，并设置文本格式，再调整文本框在幻灯片中的大小及位置，调整方法同剪贴画的调整。在激活的绘图工具“格式”选项卡中还可以对文本框的边框和填充颜色等进行设置，方法同剪贴画的设置。

插入形状

在编辑幻灯片时，经常会用到示意图形，如箭头、阶梯图等，这就需要将其插入幻灯片，其操作步骤如下所述。

视野拓展

在新建的幻灯片中有幻灯片和大纲两种形式，这两种方式大同小异。

操作步骤

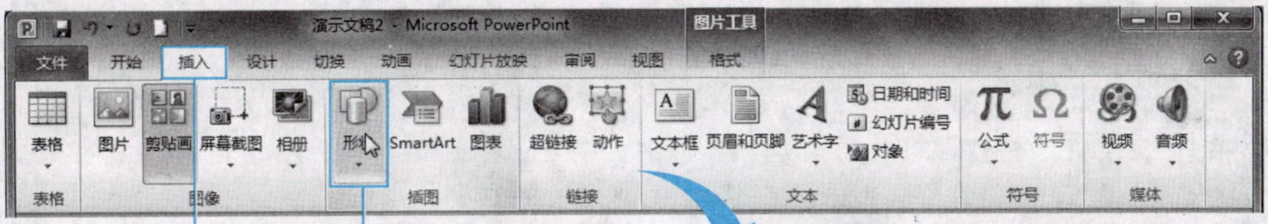

1 在需要插入自选图形的幻灯片中选择“插入”选项卡，单击“插图”工具栏中的“形状”按钮。

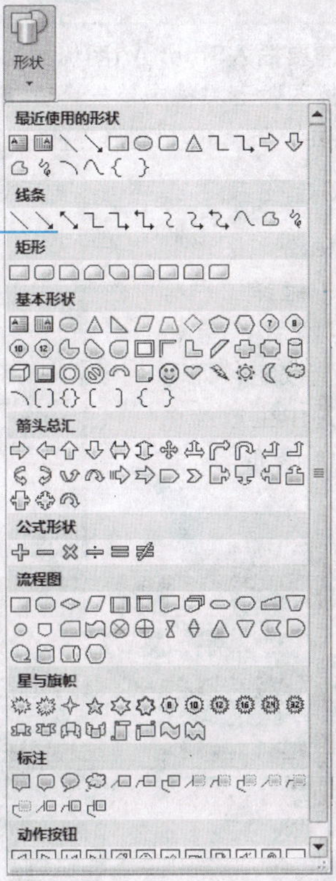

2 在弹出的列表框中选择需要的形状样式。

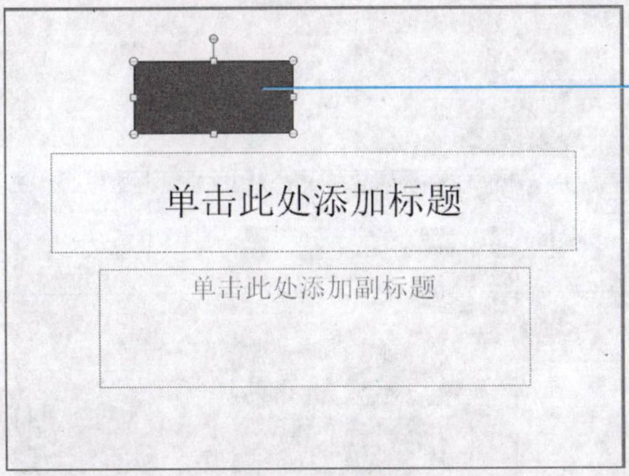

3 将光标移动到幻灯片中，在需要插入自选图形的位置按住鼠标左键，拖曳到适当位置时释放鼠标即可绘制出自选图形。在激活的绘图工具“格式”选项卡中可以对形状的边框和填充颜色等进行设置，方法同剪贴画的设置。

插入SmartArt图形

在PowerPoint中插入SmartArt图形可以直观地表现一个企业或组织中部门或人员的结构，从而快速、轻松、有效地传达信息。

视野拓展

插入自选图形与插入文本框的方法类似。

操作步骤

下面在幻灯片中插入SmartArt图形。其操作步骤如下所述。

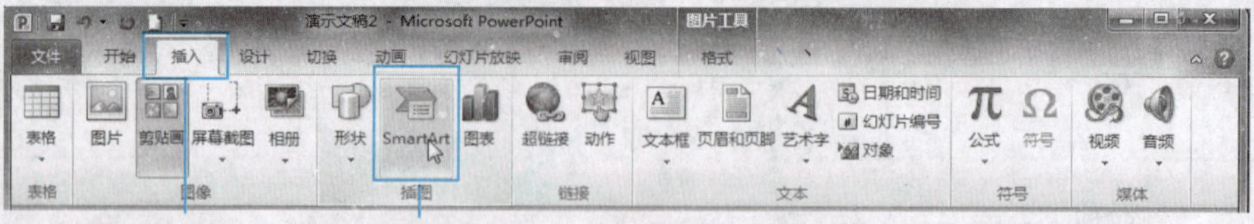

1 在需要插入SmartArt图标的幻灯片中选择“插入”选项卡，在“插图”工具栏中单击“SmartArt”按钮，或单击新建幻灯片占位符中的“SmartArt图形”按钮。

2 在打开的“选择SmartArt图形”对话框中选择图形样式。选好后，单击“确定”按钮，即可在幻灯片中生成选中的SmartArt图形。

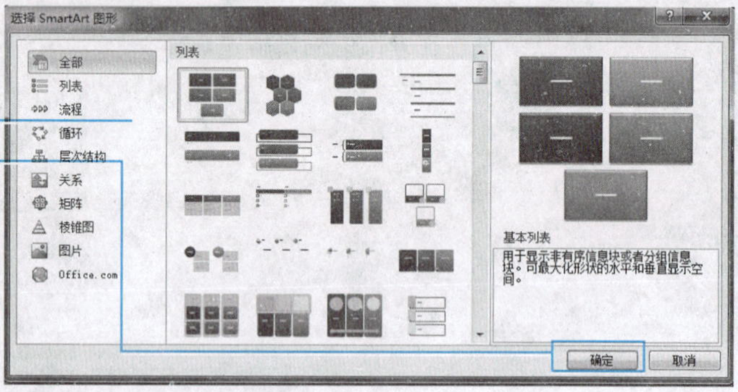

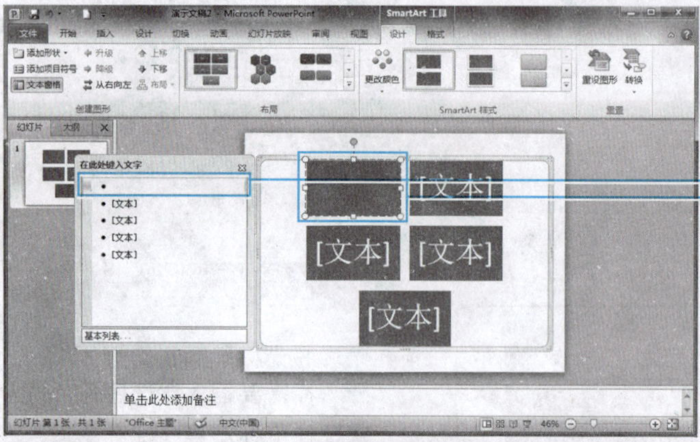

3 在 在此处键入文字 窗格中显示的“文本”处单击鼠标左键，将文本插入点定位到其中，即可为生成的SmartArt图形输入文本。

4 在激活的SmartArt工具的“设计”和“格式”选项卡中设置SmartArt图形的样式。

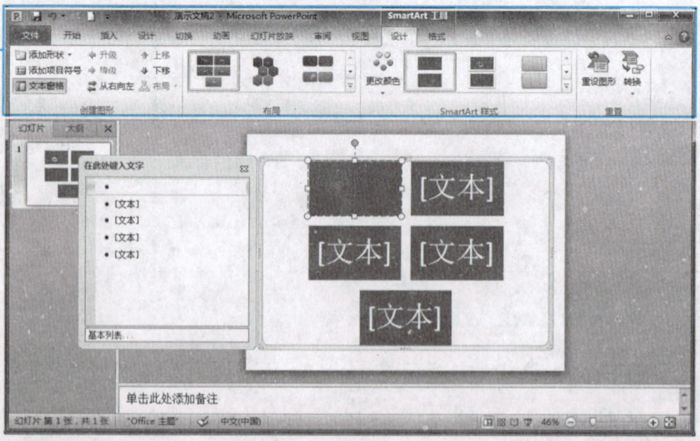

视野拓展

在制作幻灯片的过程中，可以通过选择不同的布局方式创建SmartArt图形来增加信息和观点的视觉表示形式。

9.2.4 插入表格和图表

有时候需要在幻灯片中展示表格或图表，使数据等的规律看起来更直观。下面介绍如何在幻灯片中插入表格和图表。

插入表格

在PowerPoint中插入表格的方法和插入SmartArt图形的类似。其操作步骤如下所述。

操作步骤

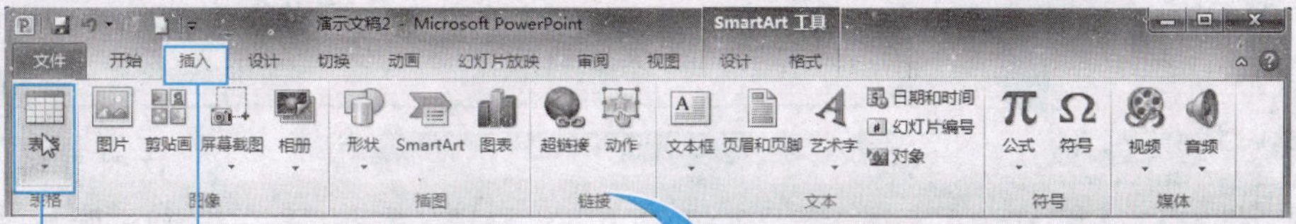

1 在需要插入表格的幻灯片中选择“插入”选项卡，在该选项卡的“表格”工具栏中单击“表格”按钮。

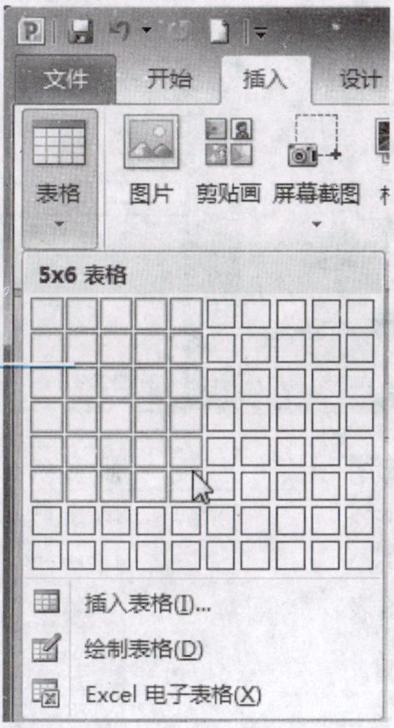

2 在弹出的下拉菜单中通过拖曳鼠标来选择插入表格的大小，例如选择6列，5行，即可将“6×5表格”插入到幻灯片中。生成的表格可用鼠标来选择它任意移动。

插入图表

在PowerPoint中除了插入表格外，还可以插入图表，其操作步骤如下所述。

操作步骤

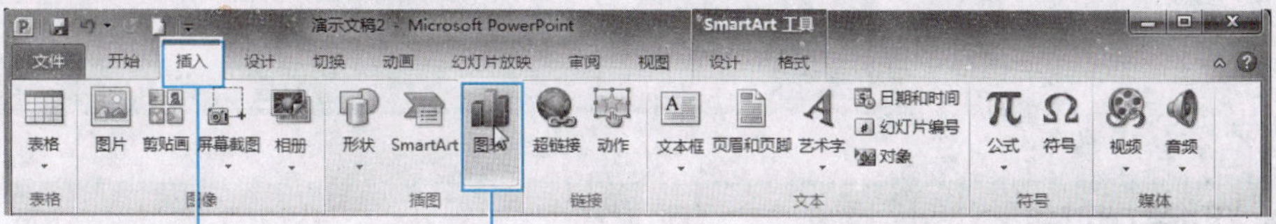

1 将文本插入点定位到需要插入图表的幻灯片中，选择“插入”选项卡，在“插图”工具栏中单击“图表”按钮。

视野拓展

插入表格后，功能区中将显示“表格工具/设计”和“表格工具/布局”选项卡，通过这两个选项卡，可对表格设置相应的格式。

2 打开“插入图表”对话框，在左侧的列表框中选择图表的类型，在右侧对应的列表框中选择图表的样式，再单击“确定”按钮。

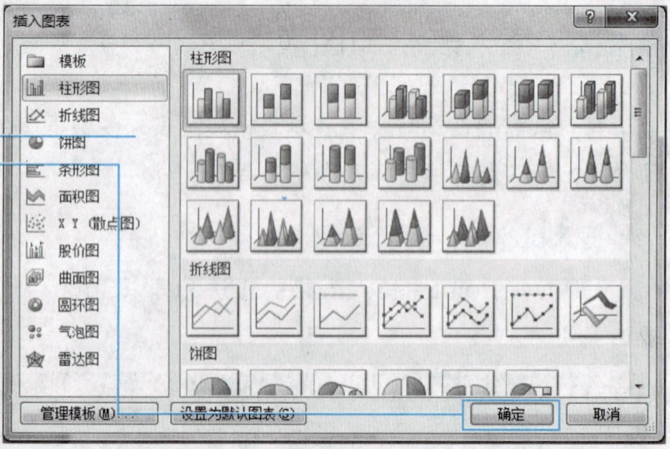

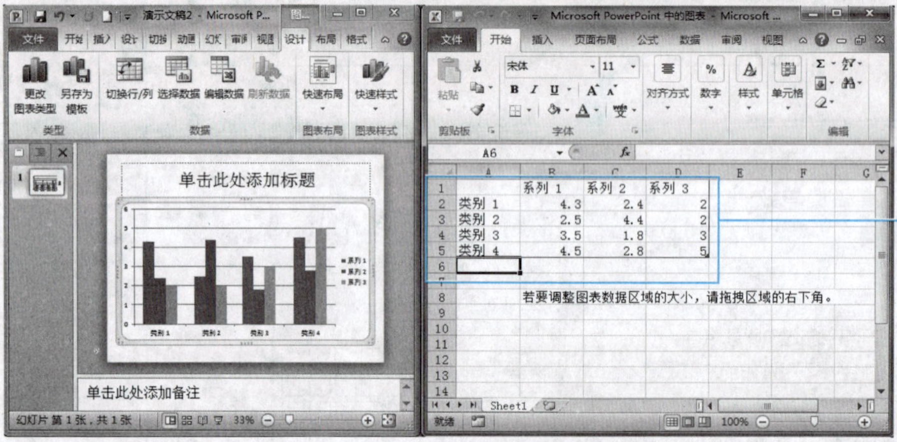

3 这时系统将自动启动Excel软件，用户可以根据实际情况修改表格中的数据，这时插入幻灯片的图表也会随着数据的修改进行相应改变。

4 数据修改完成后，关闭工作表，在激活的图标工具的“设计”、“布局”和“格式”选项卡中对图表格式进行设置。

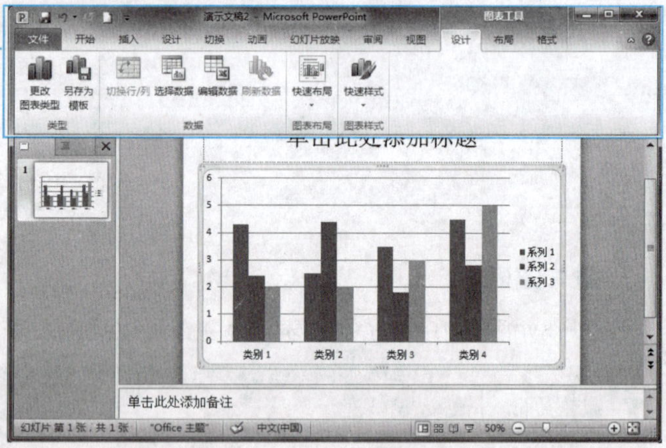

9.2.5 插入页眉/页脚

在PowerPoint 2010中有时需在幻灯片中插入页眉和页脚，实际上是在每张幻灯片的固定

视野拓展

如果要调整图表数据区域的大小，可将鼠标指针指到数据区域的右下角，待鼠标指针呈双向箭头形状时拖曳即可。

位置添加和页眉、页脚内容相仿的文本框。

下面在幻灯片中插入页脚。其操作步骤如下所述。

操作步骤

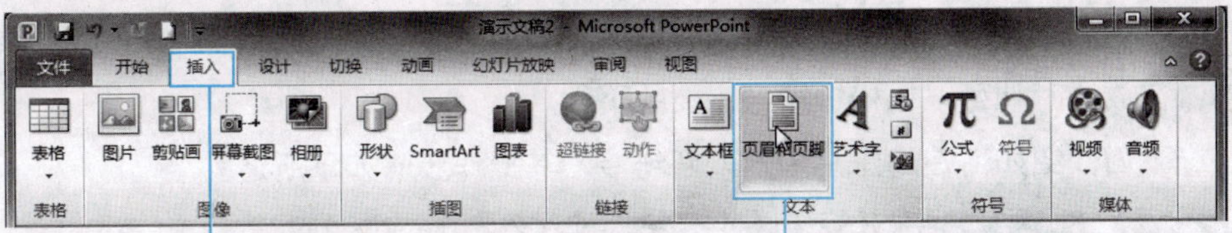

1 在打开演示文稿的“插入”选项卡的“文本”工具栏中单击“页眉和页脚”按钮。

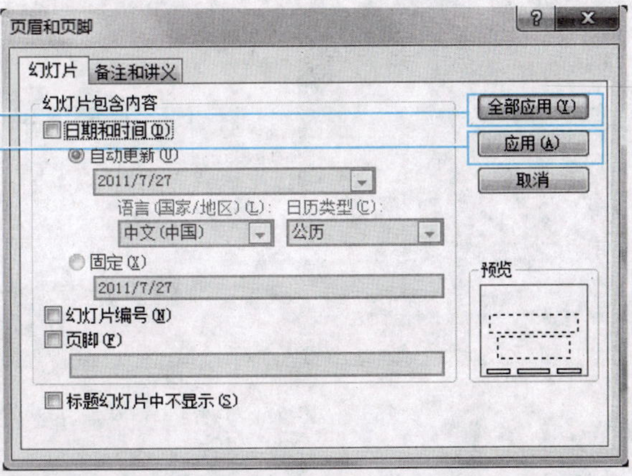

2 打开“页眉和页脚”对话框，设置在页眉和页脚位置需显示的内容，如选中“页脚”复选框，在下面的文本框中输入“北京大学”，若单击“全部应用”按钮，则可应用到整个演示文稿；若单击“应用”按钮，则可应用到当前幻灯片。

“页眉和页脚”对话框中各复选框的功能如下所述。

- “日期和时间”复选框：选中该复选框将显示日期和时间，并激活下方的选项。可以选择自动更新日期和时间或是显示固定的某一日期和时间。
- “幻灯片编号”复选框：选中该复选框，显示出幻灯片编号。
- “页脚”复选框：选中该复选框可在其下方的文本框中输入需要在页脚显示的文字。
- “标题幻灯片中不显示”复选框：选中该复选框，在标题页中将不显示页眉和页脚。

9.2.6 添加超级链接和动作

在制作幻灯片的过程中，有时候需要将有关系的幻灯片联系在一起，或是将幻灯片以外的文件与该幻灯片联系在一起，这时就需要用到为幻灯片插入超链接和设置动作的操作。

视野拓展

通过添加的这些类似于页眉页脚的文本框可以使幻灯片内容更易于阅读，也更加规范。

插入超链接

在PowerPoint中可以像上网时单击超级链接即可打开对应的网页那样，将有联系的幻灯片或幻灯片以外的文件联系在一起，只要为文字或图片插入超级链接，在放映时就可以轻松链接到需要的页面。

下面介绍如何在幻灯片中插入超链接，其操作步骤如下所述。

操作步骤

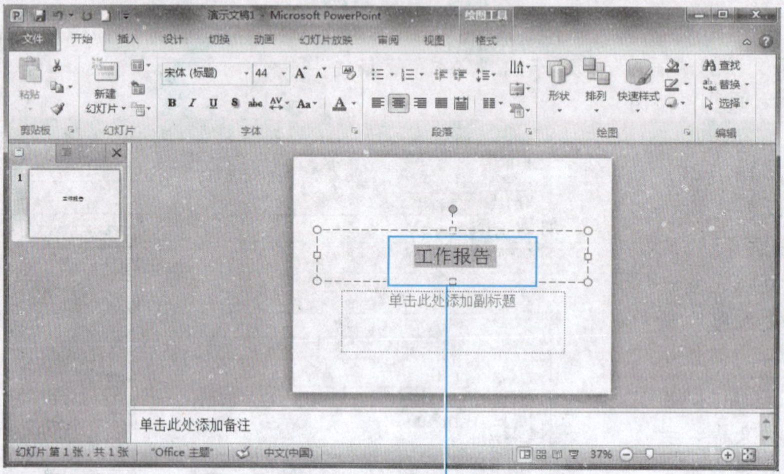

1 在幻灯片中选中需要插入超级链接的文本或图片。

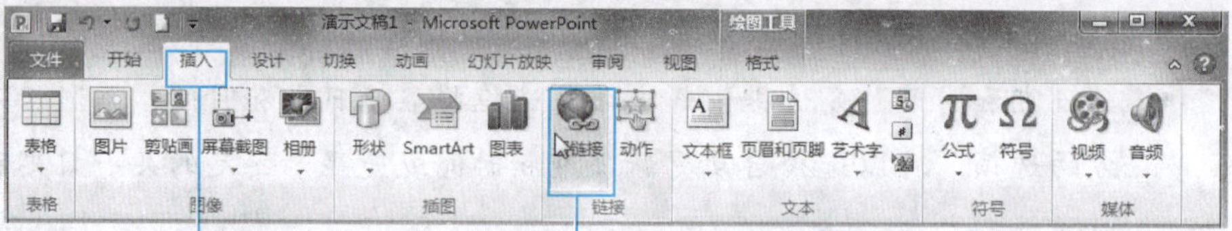

2 在“插入”选项卡中的“链接”工具栏中单击“超链接”按钮。

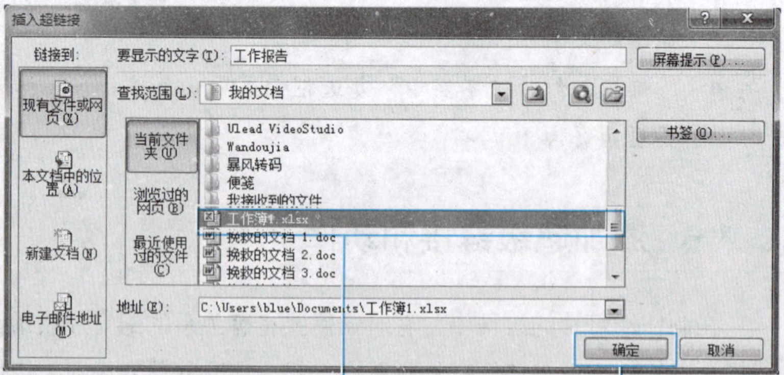

3 打开“插入超链接”对话框，找到目标文件，单击“确定”按钮即可将源文件与目标文件链接起来。

视野拓展

如果要取消超链接，可使用鼠标右键单击插入了超链接的对象，在弹出的快捷菜单中选择“取消超链接”命令即可。

插入动作

为了便于操作幻灯片，通常会为幻灯片中的对象设置一些动作，让用户在单击相应的对象时，可切换到另一张幻灯片、退出放映状态、播放声音或执行其他操作等。

下面介绍如何在幻灯片中插入动作，其操作步骤如下所述。

操作步骤

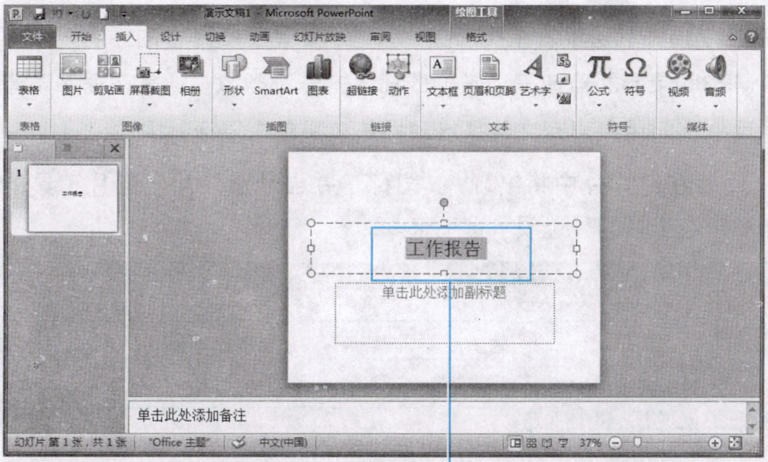

1 在幻灯片中选择需要作为激活文件的文本或图片。

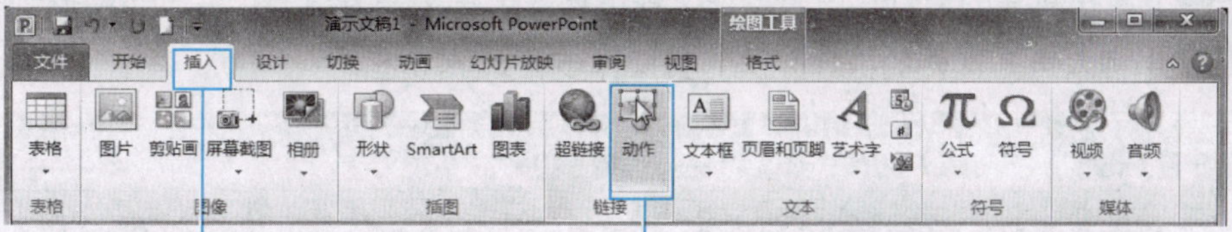

2 在“插入”选项卡中的“链接”工具栏中单击“动作”按钮。

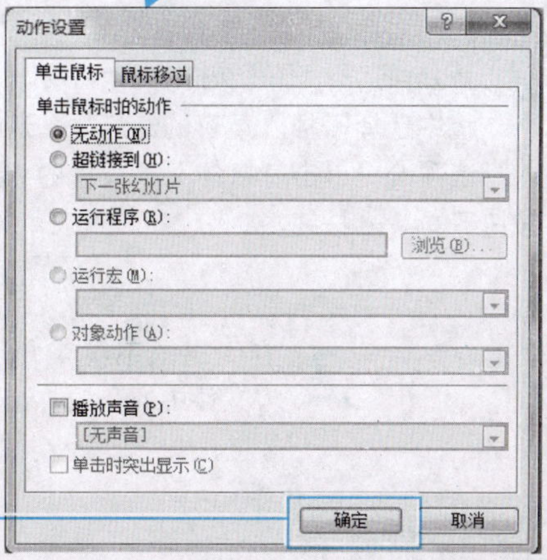

3 打开“动作设置”对话框，选择单击或鼠标移过时执行的操作，然后单击“确定”按钮。

视野拓展

在“动作设置”对话框中，若选中“运行程序”单选按钮，此后单击动作按钮时，可启动设置的应用程序。

9.2.7 插入声音和影片

PowerPoint 2010提供了插入声音和影片的功能。可以通过这个功能来丰富幻灯片的内容。下面介绍如何插入声音和影片。

插入声音

在幻灯片中可以插入计算机中存放的声音、剪辑管理器自带的声音、CD/DVD中的乐曲、MP3和录制的声音等，它们的插入方法都类似。通常在插入声音时将出现一个对话框询问用户声音文件是自动播放还是单击鼠标时播放。

插入声音文件后在幻灯片中将出现图标，并自动激活用于图片工具的“格式”选项卡和声音工具的“选项”选项卡。

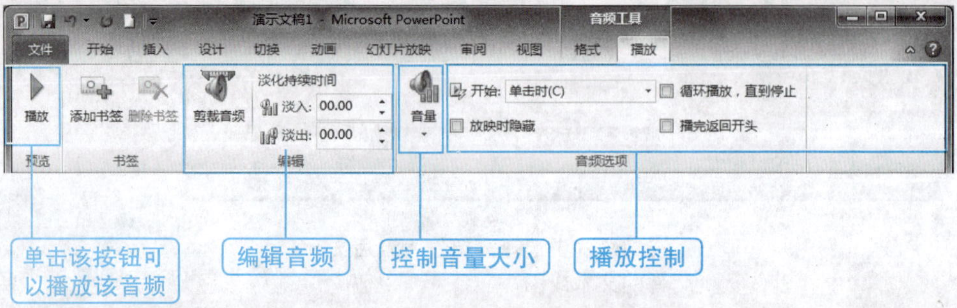

下面在新建的幻灯片中，以在文件中插入声音文件为例，介绍在PowerPoint 2010中插入声音文件的操作方法。其操作步骤如下所述。

操作步骤

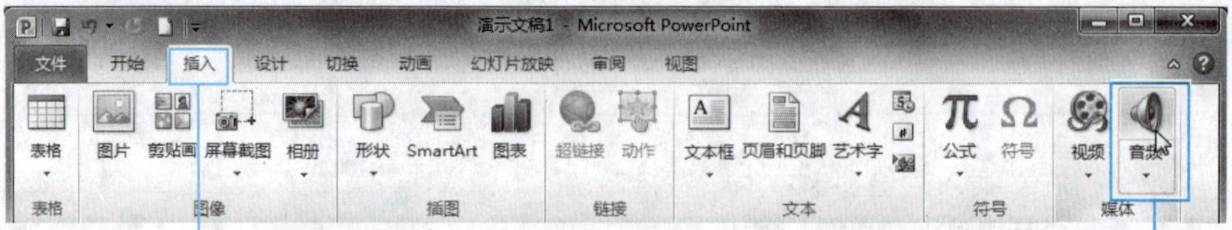

1 启动PowerPoint 2010，在打开的演示文稿中选择需插入声音的幻灯片，选择“插入”选项卡，单击“媒体”工具栏的“音频”按钮下的▾按钮。

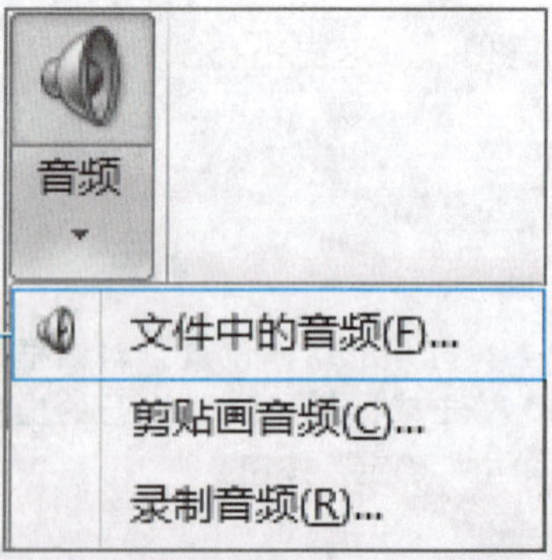

2 在弹出的下拉菜单中选择“文件中的音频”选项。

视野拓展

插入声音时，若在下拉列表中选择“剪贴画音频”选项，可插入剪辑管理器中的声音；若选择“录制音频”选项，可自行录制声音，录制完成后，便可插入到当前幻灯片。

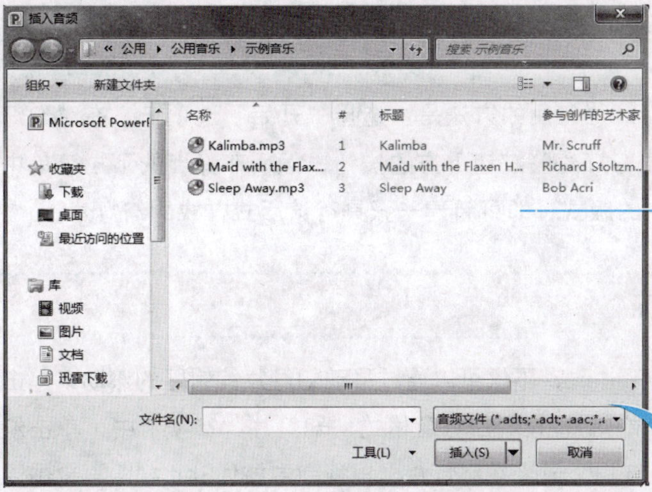

3 打开“插入音频”对话框，选择待插入音频，然后单击“插入”按钮。

4 选择“声音”图标，在激活的音频工具“播放”选项卡中对该音频进行设置。选中“音频选项”工具栏中的“放映时隐藏”复选框，准备在放映幻灯片时隐藏该图标。

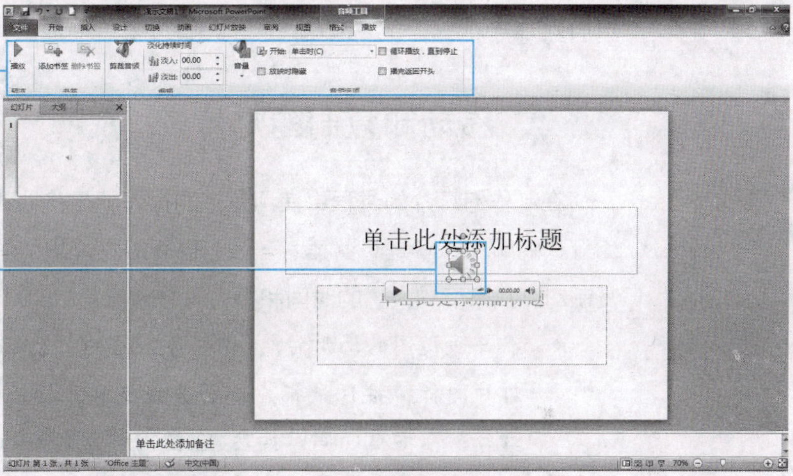

插入影片

在幻灯片中插入喜欢的影片与插入声音的相同。同样，影片插入幻灯片后，将激活图片工具“格式”选项卡和影片工具“选项”选项卡。在“选项”选项卡中许多按钮与设置声音的按钮相同，这里不再赘述。

9.3 操作多张幻灯片

一个完整的演示文稿通常包含多张幻灯片，在制作演示文稿的过程中经常需要对多张幻灯片进行最基本的操作，如新建幻灯片、选择幻灯片、移动和复制幻灯片以及删除幻灯片等。

视野拓展

在PowerPoint 2010中，在幻灯片中插入声音和视频后，可通过裁剪功能删除与剪辑消息无关的部分，使声音和视频更加简洁。

9.3.1 新建幻灯片

在演示文稿中新建幻灯片常用的方法是：选择“开始”选项卡，在“幻灯片”工具栏中单击“新建幻灯片”按钮下方的按钮，然后在弹出的下拉菜单中选择要添加的幻灯片使用的版式，即可新建一张具有该版式样式的幻灯片。

提示：还有另外一种新建幻灯片的常用方法，即在普通视图的幻灯片/大纲任务窗格的“大纲”选项卡中，将鼠标光标定位到幻灯片图标后，然后按回车键，即可在所选幻灯片下方新建一张同版式的幻灯片。

9.3.2 选择幻灯片

在演示文稿中选择幻灯片时，不仅可以通过移动幻灯片编辑区的滚动条单击需要的幻灯片，还可以在幻灯片/大纲任务窗格的“幻灯片”选项卡中，单击幻灯片缩略图快速选择该幻灯片，或者在幻灯片浏览视图中按住Shift键，再单击首尾幻灯片以选择多张连续的幻灯片，还可以按住Ctrl键一次单击以选择多张不连续的幻灯片。

9.3.3 移动和复制幻灯片

在制作幻灯片的过程中使用最多的操作就是移动和复制幻灯片。例如，想调整幻灯片的顺序或者是想要插入一张与已有幻灯片相同的幻灯片，就可以通过移动和复制幻灯片来节约大量的时间和精力。移动与复制幻灯片的常用方法有以下3种。

- 在普通视图的幻灯片/大纲任务窗格的“大纲”选项卡中选择要移动的幻灯片图标，按住鼠标左键将其拖曳到目标位置并释放鼠标即可移动该幻灯片；在拖曳的同时按住Ctrl键则可复制该幻灯片。
- 在普通视图的幻灯片大纲任务窗格的“幻灯片”选项卡中，选择要移动的幻灯片缩略图，单击鼠标右键，在弹出的快捷菜单中选择“剪切”或“复制”命令，然后将鼠标光标定位到目标位置处。单击鼠标右键，在弹出的快捷菜单中选择“粘贴”命令。
- 在普通视图的大纲/幻灯片任务窗格的“幻灯片”选项卡中，选择要移动的幻灯片缩略图，按住鼠标左键将其拖曳到目标位置并释放鼠标即可移动该幻灯片；在拖曳的同时按住Ctrl键可复制该幻灯片。

9.3.4 删除幻灯片

如果要删除不需要的幻灯片，可以在普通视图的幻灯片/大纲任务窗格中选

视野拓展

若要删除幻灯片的空白页，则选择空白页（在大纲视图中），按Delete键即可。

择幻灯片的缩略图或在图标上单击鼠标右键，在弹出的快捷菜单中选择“删除幻灯片”命令或直接按Delete键，也可以在“开始”选项卡的“幻灯片”工具栏中单击“删除”按钮进行删除操作。

9.4 本章小结

本章着重介绍了演示文稿的新建、如何编辑一张完整的幻灯片和对多张幻灯片的操作等内容。学习这些知识后，就可以快速创建和编辑出漂亮的演示文稿。其中使用的难点是编辑幻灯片，因此本章重点介绍了制作一张幻灯片的基本操作。在编辑幻灯片的过程中介绍了如何在幻灯片中选择版式、编辑文本、插入常用对象、插入表格和图表、插入页眉/页脚、添加超级链接和动作以及插入声音和影片等。通过给幻灯片添加一些动作按钮和超级链接，从而便于多张幻灯片的操作，为演示文稿的放映奠定基础。

9.5 趁热打铁

现在做一些练习检验一下自己的学习状况吧。

9.5.1 实例演练

下面创建一个“毕业答辩”的演示文稿，并美化其中的内容。具体操作步骤如下所述。

操作步骤

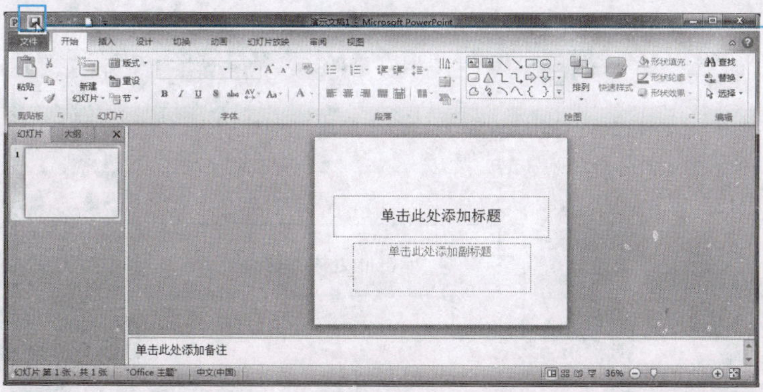

1 打开PowerPoint 2010，单击左上角的“保存”按钮。

视野拓展

粘贴幻灯片时，若单击“粘贴”按钮下方的下拉按钮，则可在弹出的下拉列表中选择粘贴方式。

2 在弹出的“另存为”对话框中输入文件名“毕业答辩”，并选择保存类型和保存地址，然后单击“保存”按钮，这样，该演示文稿就新建完毕了。

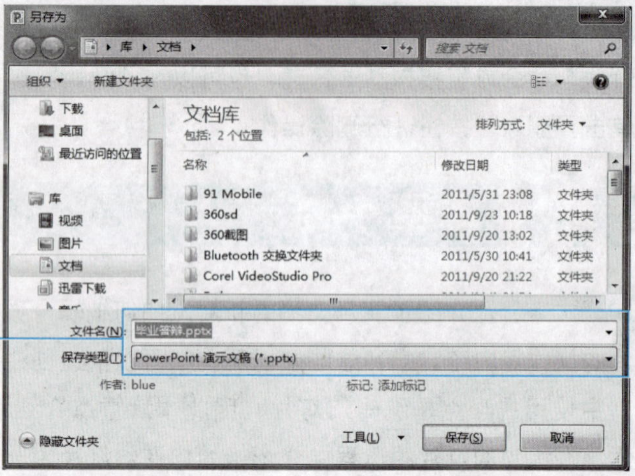

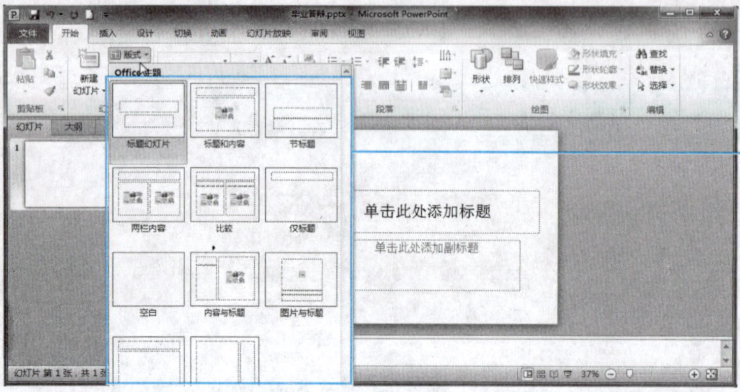

3 在“开始”选项卡的“幻灯片”工具栏中单击“版式”按钮，在弹出的下拉列表中选择版式。一般情况下，演示文稿的首页都选择“标题幻灯片”版式，也可以根据用户需要，选择不同的版式。

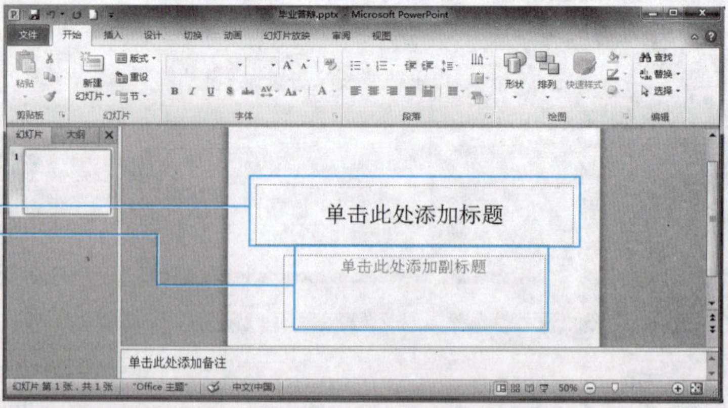

4 单击占位符“单击此处添加标题”，这时该文本框处于可编辑状态，输入“毕业答辩”完成标题的设置；单击占位符“单击此处添加副标题”，输入需要的文字，然后单击空白处确认输入。

视野拓展

选中要移动的幻灯片后按Ctrl+X组合键，或者单击鼠标右键，在弹出的快捷菜单中选择“剪切”命令，都可执行剪切操作。

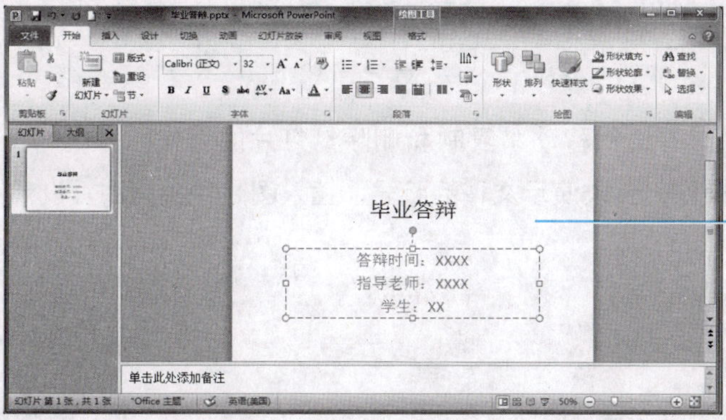

5 这时该张幻灯片的内容就做好了。为了使幻灯片看起来更加美观，输入文本后，可以对其字体、字号等进行设置。

6 选中要设置字体的文本，这时会弹出浮动工具栏，然后在其中设置文本的字体、字形、字号等内容即可。也可以通过“开始”选项卡中的“字体”工具栏设置字体。

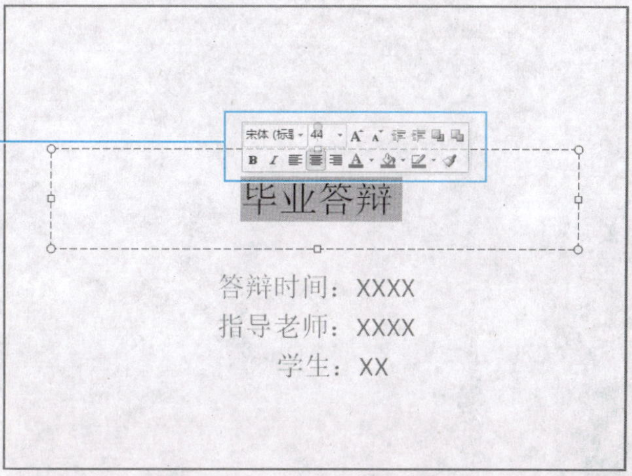

这时，一张简单的幻灯片就做好了。可以根据需要为幻灯片插入常用对象、插入表格和图表、插入页眉/页脚、添加超级链接和动作以及插入声音和影片等，并根据需要展示的内容制作多张幻灯片，即可完成该演示文稿，这里不再赘述。

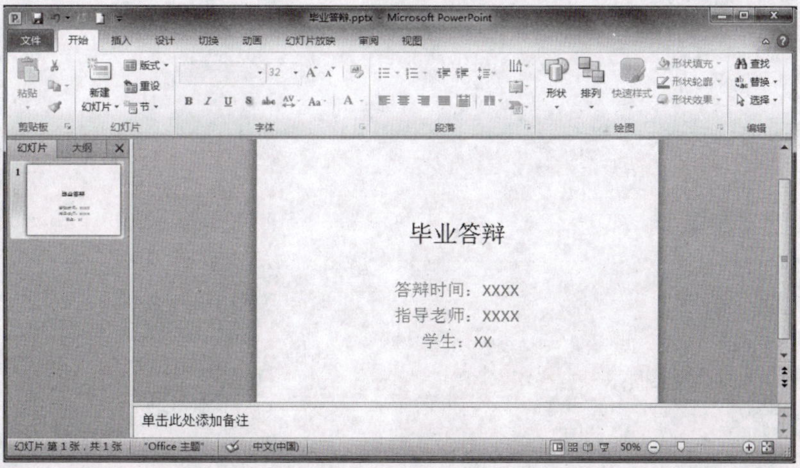

视野拓展

使用鼠标右键单击选中幻灯片，在弹出的快捷菜单中选择“新增节”命令，也可实现节的划分。

9.5.2 实践题

1. 创建一张演示文稿，插入幻灯片，并进行移动、复制和删除幻灯片的操作。

2. 在创建好的演示文稿中进行编辑操作，更改演示文稿的版式，插入图片，并为图片设置动画效果，然后插入声音或影视媒体文件。

视野拓展

若想将容量很大的PPT传给别人，可将其压缩成很多的小压缩包。

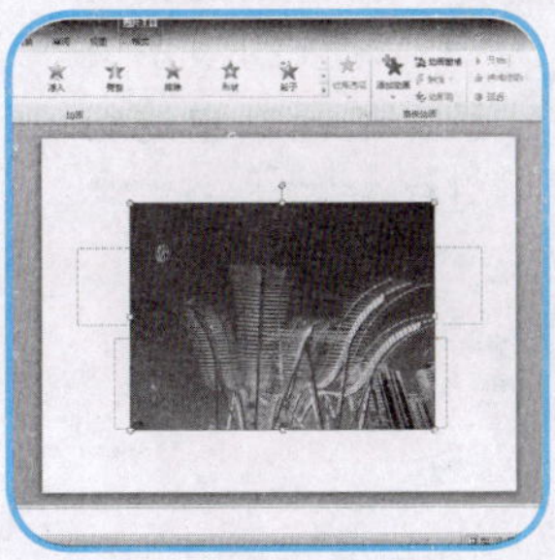

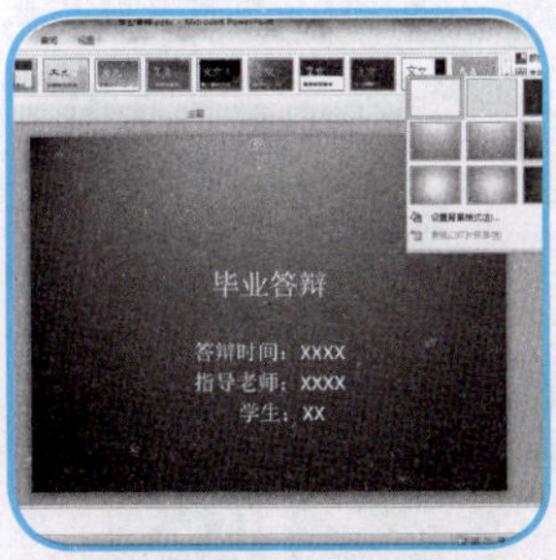

第10章 PowerPoint 2010高级应用

本章导读

通过前面一章的学习，学会了制作演示文稿。为了使演示文稿的内容更加丰富，还必须在其中插入对象，如插入各种多媒体文件、图表或表格；为了使制作幻灯片的过程更加方便快捷，还需要学会灵活运用母版的方法；在制作完成后需要对幻灯片进行放映，包括幻灯片的动画设置和放映设置。本章将介绍PowerPoint 2010的这些应用。

本章学习目标

- 给幻灯片添加背景
- 应用主题
- 制作幻灯片母版
- 设置动画
- 放映幻灯片

本章学习重点

- 学会给幻灯片添加背景
- 学会设置应用主题
- 学会制作幻灯片母版
- 学会设置动画
- 学会放映幻灯片

10.1 给幻灯片添加背景

为了满足设置不同背景的需求，PowerPoint 2010提供了多种背景色样式，以供选择。用户也可以自行定义其他图案作为背景。

10.1.1 套用背景

在新建的空白演示文稿中，幻灯片的背景在默认情况下为白色。这时可根据需要使用PowerPoint 2010提供的背景色，给新建演示文稿中的第一张幻灯片添加背景。

要给幻灯片添加背景，其操作步骤如下所述。

操作步骤

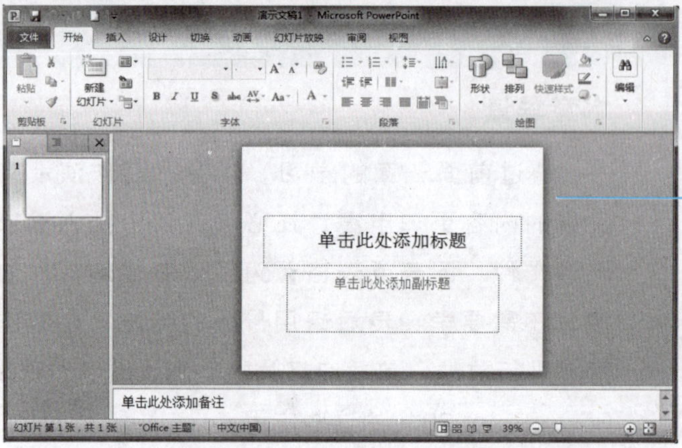

1 打开需要套用背景的演示文稿，选择其中的幻灯片。

2 选择“设计”选项卡，在“背景”工具栏中单击“背景样式”按钮。

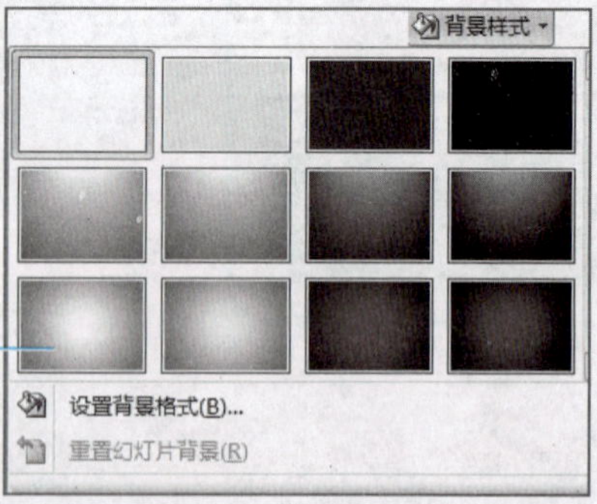

3 在弹出的下拉菜单中选择一种填充样式，即可将所选背景应用到演示文稿的幻灯片中。

提示： 添加完背景后，在该演示文稿后面新建的幻灯片背景将会沿用该张幻灯片的背景。

视野拓展

在“背景样式”下拉列表中提供了一些背景样式，这些样式是根据近期使用的颜色和原背景自动生成的，直接单击某种样式，可将其应用到演示文稿中所有的幻灯片。

10.1.2 自定义背景

由于PowerPoint 2010提供的常用背景样式数量较少，不能满足所有用户的需要，但其提供的自定义背景的功能，可以自定义一些满足自己需求的背景，使幻灯片更有吸引力。

要在演示文稿中应用自定义的背景样式，其操作步骤如下所述。

操作步骤

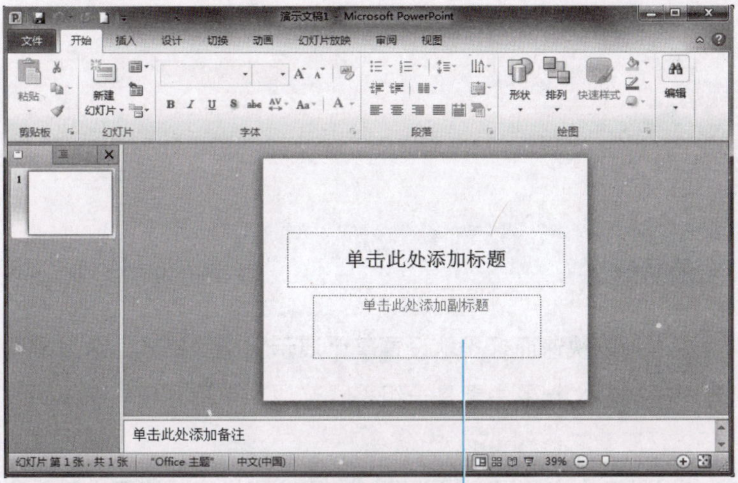

1 打开需要自定义背景的演示文稿，选择其中的幻灯片。

2 选择“设计”选项卡，在“背景”工具栏中单击“背景样式”按钮。

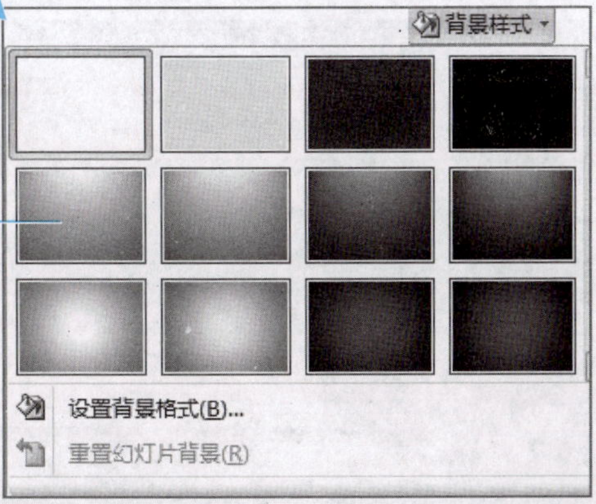

3 在弹出的快捷菜单中选择“设置背景格式”命令。

视野拓展

对幻灯片设置背景后，“背景样式”下拉列表中的“重设幻灯片背景”选项将呈可用状态，选择该选项，可取消设置的背景效果。

提示： 单击“全部应用”按钮可以将设置的背景格式应用到演示文稿中的所有幻灯片。

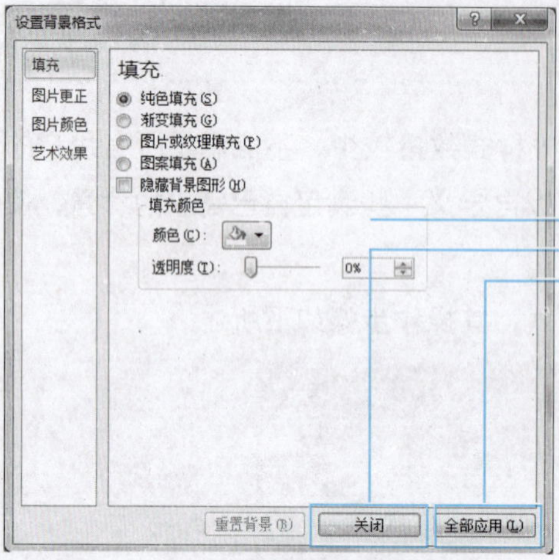

4 打开“设置背景格式”对话框，在其中设置背景格式，单击“关闭”按钮将应用到当前幻灯片。

10.2 应用主题

通过应用文档主题，可以快速而轻松地设置整个演示文档的格式，从而赋予它更专业和时尚的外观。演示文档的主题是一组格式选项，包括颜色、字体和效果等。

PowerPoint 2010提供了许多主题样式，可以套用这些样式对演示文稿的背景、标题文本、正文文本等进行设置，进而可以快速地编辑演示文稿。还可以根据需要进行自定义主题样式设置。

10.2.1 套用主题

PowerPoint 2010提供了许多具有专业水准的主题样式。要在演示文稿中套用主题样式，其操作步骤如下所述。

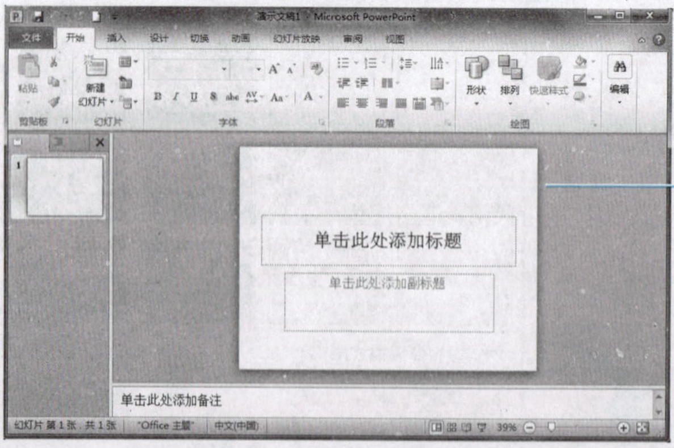

1 打开需要套用主题的演示文稿，选择其中的幻灯片。

视野拓展

若想多选择一些模板，可在网上下载。

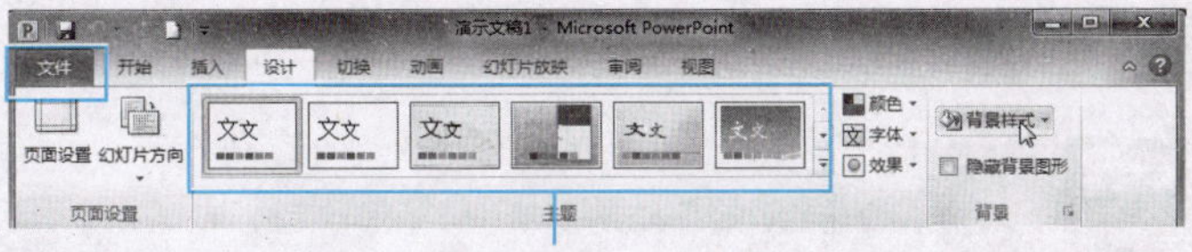

2 选择“设计”选项卡，在“主题”工具栏的列表框中选择需要的主题样式，即可应用在所选的演示文稿中。

10.2.2 自定义主题

和添加背景一样，在应用主题时，除了可以套用系统自带的主题样式，还可以根据用户自己的实际需要设置主题样式。

要自定义主题，其操作步骤如下所述。

操作步骤

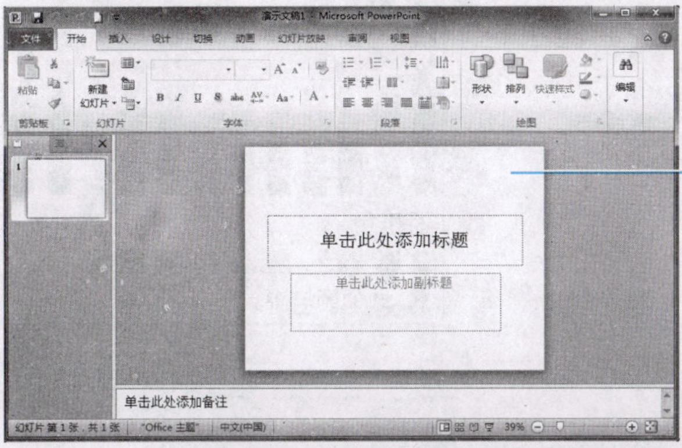

1 打开需要自定义主题的演示文稿。

2 选择“设计”选项卡，单击“主题”工具栏中的“颜色”按钮。

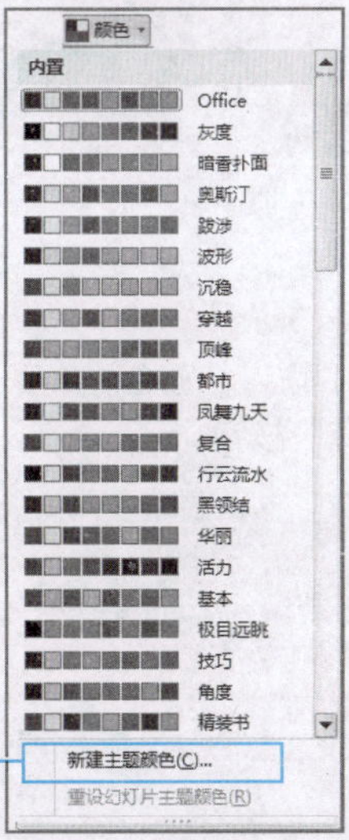

3 在弹出的下拉菜单中选择“新建主题颜色”命令。

视野拓展

如果PowerPoint 2010自带的主题样式不能满足需要，可以自定义需要的主题样式。

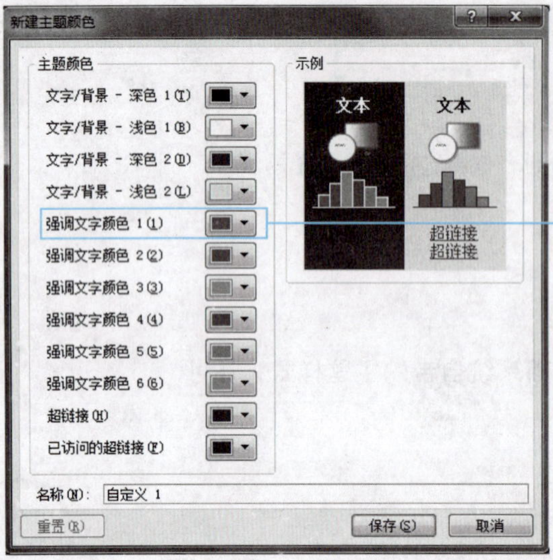

4 打开“新建主题颜色”对话框，选择一个主题颜色，比如单击“强调文字颜色1（1）”按钮。

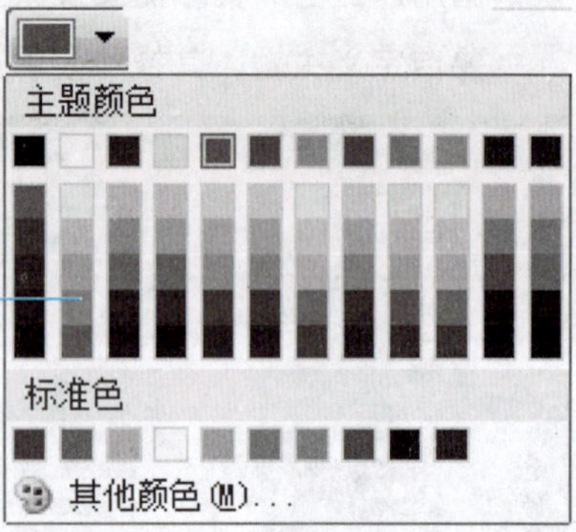

5 在弹出的下拉菜单中选择主题颜色。

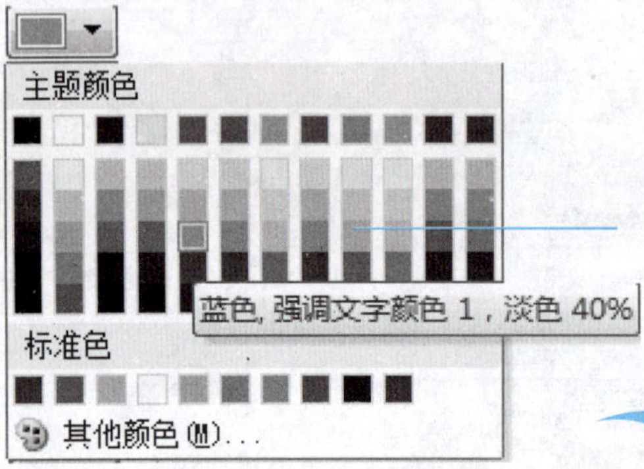

6 比如选择“蓝色，强调文字颜色1，淡色40%”。

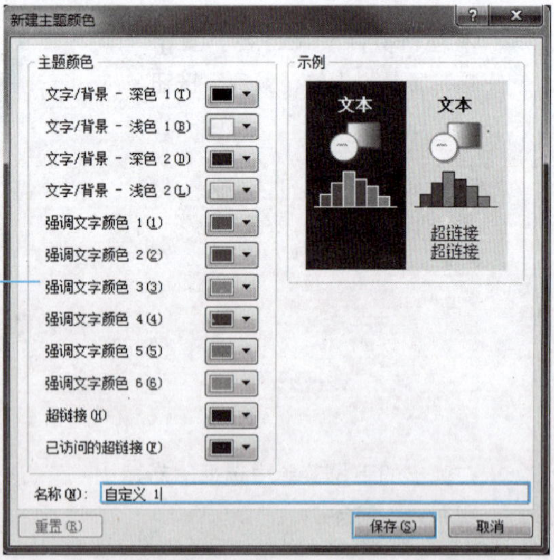

7 在“名称”文本框中输入“蓝色文字”，单击“保存”按钮。

视野拓展

在“设置背景格式”对话框中设置好背景后，若直接单击“关闭”按钮，则设置的背景效果将只应用到当前幻灯片中；若单击“重置背景”按钮，可取消当前设置的背景效果。

8 单击“主题”工具栏中的“字体”按钮。

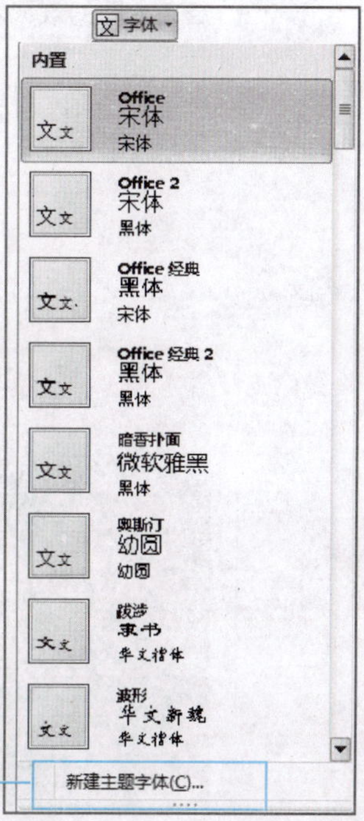

9 在弹出的下拉菜单中选择“新建主题字体”命令。

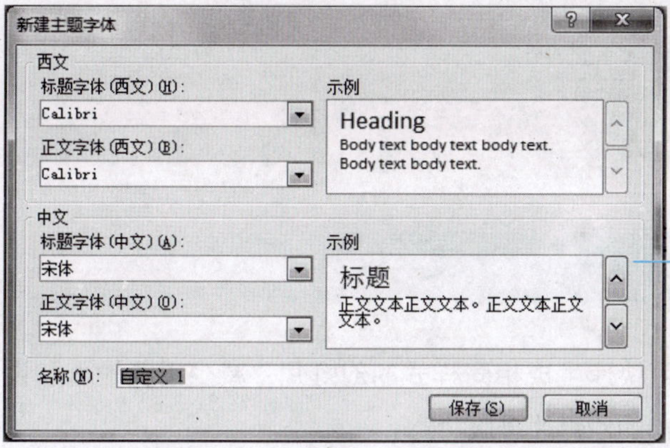

10 打开“新建主题字体”对话框，进行主题字体的新建，新建字体后，在“名称”文本框中输入字体名称，单击“保存”按钮。

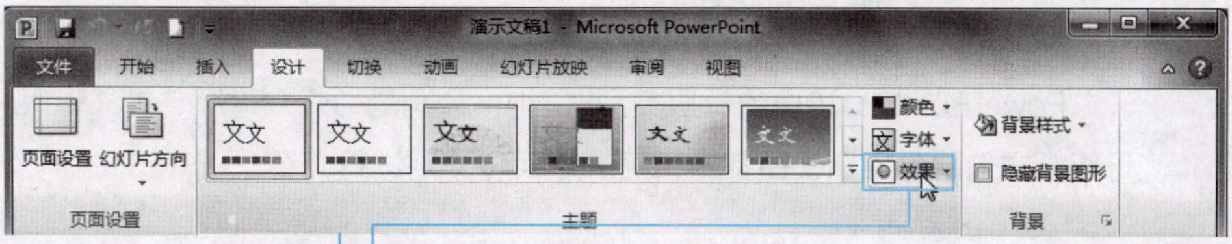

11 单击“主题”工具栏中的“效果”按钮。

视野拓展

与关闭Word文档一样，关闭演示文稿时若没有对各种编辑进行保存，则执行关闭操作后，系统会弹出提示对话框询问是否对演示文稿所做的修改进行保存，此时可根据实际需要进行操作。

12 在弹出的下拉列表中选择主题效果。返回到演示文稿中即可看到自定义主题的效果。

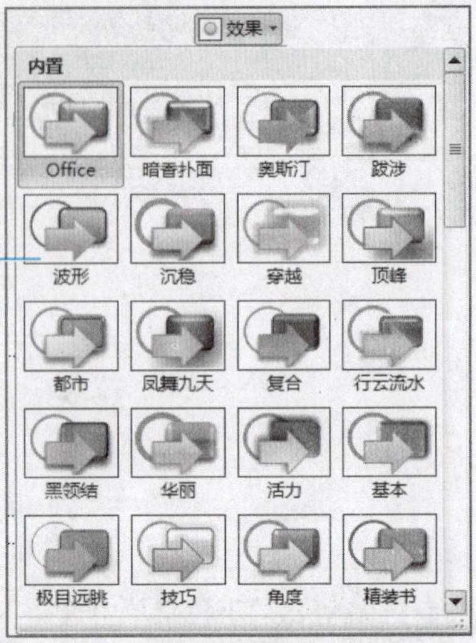

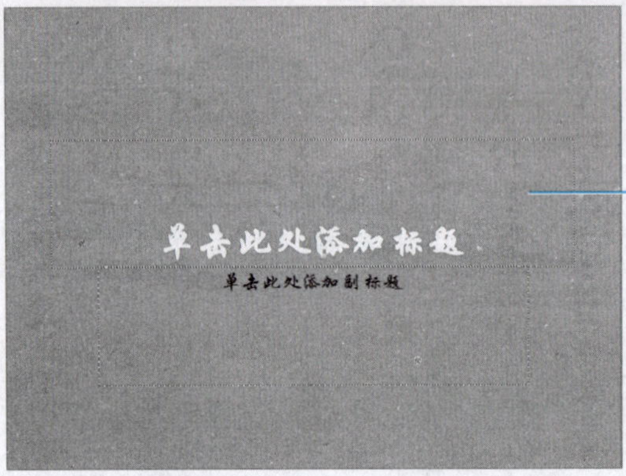

13 设置主题效果后的演示文稿。

10.3 制作幻灯片母版

为了在制作演示文稿时可快速生成相同样式的幻灯片，减少重复输入和设置，可以使用PowerPoint 2010的幻灯片母版功能。

10.3.1 了解母版类型

PowerPoint 2010中的母版类型有3种，分别是幻灯片母版、讲义母版、备注母版，它们的作用和视图都不相同。下面将分别进行介绍。

幻灯片母版

使用幻灯片母版可以为幻灯片设计不同的版式。经过幻灯片母版设计后的幻

视野拓展

插入自选图形后，功能区中将显示“绘图工具/格式”选项卡，通过该选项卡，可对自选图形设置边框、填充颜色等格式。

灯片样式将在“新建幻灯片”按钮的下拉列表框中显示出来，如下图所示。这时就可直接调用这种幻灯片样式了。

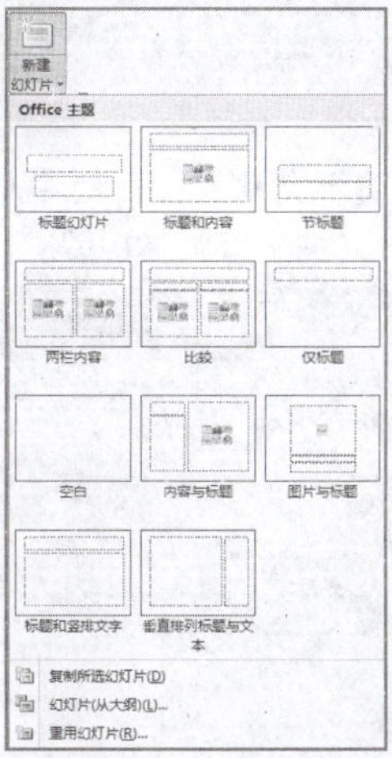

操作步骤

查看幻灯片母版的方法如下所述。

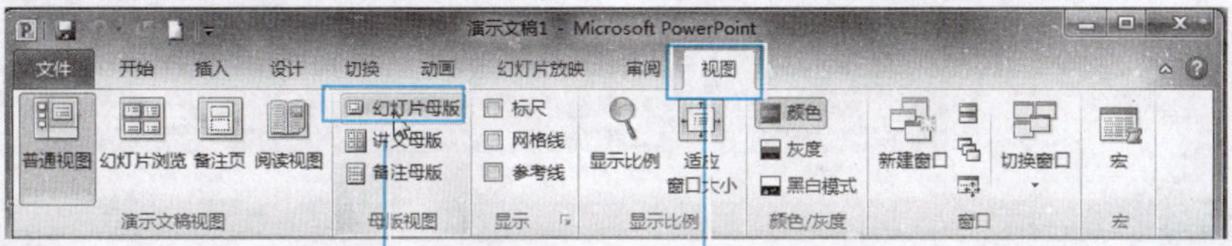

1 选择“视图”选项卡，在“母版视图”工具栏中单击“幻灯片母版”按钮，便可查看幻灯片母版。

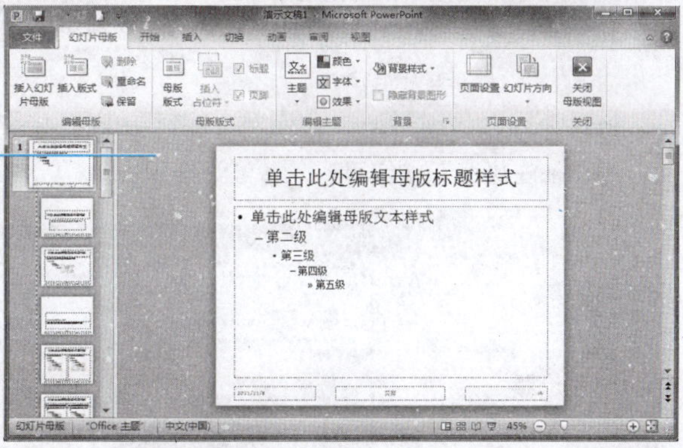

2 单击其中一个母版，即可在右侧幻灯片工作区显示该母版样式。

博学先生，幻灯片母版在制作幻灯片中起到什么作用呢？

幻灯片母版就像一个存储幻灯片信息的模板，它具有同一背景、标志、标题文本及主要文字格式，使用它可将其模板信息运用到整篇文稿的每张幻灯片中。

讲义母版

打开讲义母版视图，可以在其中更改打印设计和版式，如更改页面设置和改变幻灯片的方向；定义在讲义母版中显示的幻灯片数量，如显示1张、2张、3张、4张、6张、9张幻灯片；设置页眉、页脚、日期和页码；编辑主题和设置背景样式。

视野拓展

输入艺术字后将其选中，切换到“绘图工具/格式”选项卡，然后可在“艺术字样式”组中设置填充效果、轮廓样式等格式。

操作步骤

1 选择“视图”选项卡，在“演示文稿视图”栏中单击“讲义母版”按钮，可进入“讲义母版”视图。

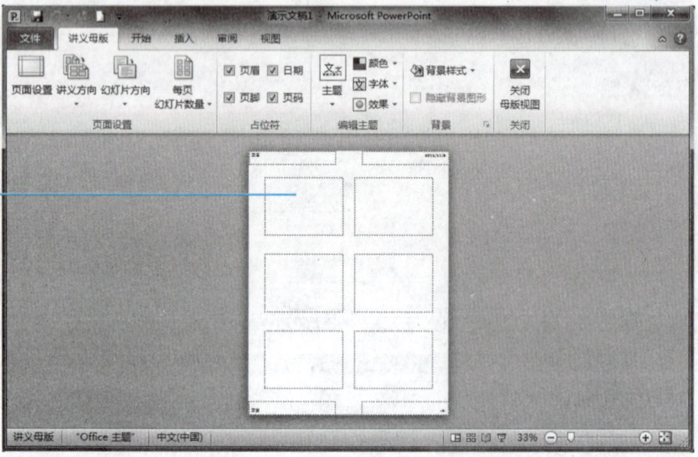

2 “讲义母版”视图如右图所示。

备注母版

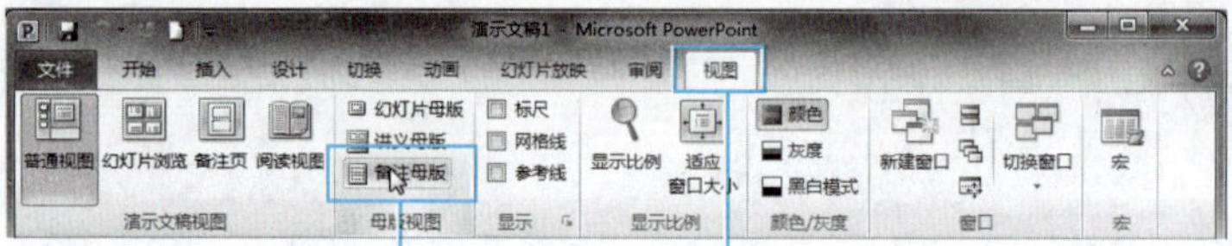

1 选择“视图”选项卡，在“演示文稿视图”栏中单击“备注母版”按钮可进入备注母版视图。

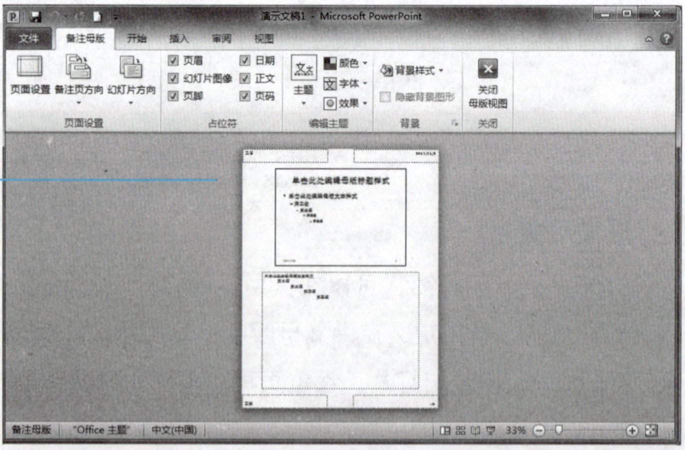

2 备注母版视图如右图所示。

提示： 若在查看幻灯片内容时，需要将幻灯片和备注显示在同一页面中，就可以在备注母版视图中进行查看。与讲义母版相比，备注母版“占位符”工具栏中多了幻灯片图像和正文两个设置对象。

视野拓展

在幻灯片中输入文本内容后将其选中，然后可在“艺术字样式”组中对其进行艺术字加工。

10.3.2 设计母版

为了使制作的幻灯片满足需要，有时需要设计一个母版样式。设计母版样式的方法是：选择第一张幻灯片，在该幻灯片母版视图中设置幻灯片的背景、文本样式、插入图形等所有需要在幻灯片中进行的操作。在应用了幻灯片母版设计的演示文稿中，就可以使用设计的幻灯片母版样式了，至于具体的内容只需在应用该母版的幻灯片上修改即可。

要设计幻灯片母版，其操作步骤如下所述。

操作步骤

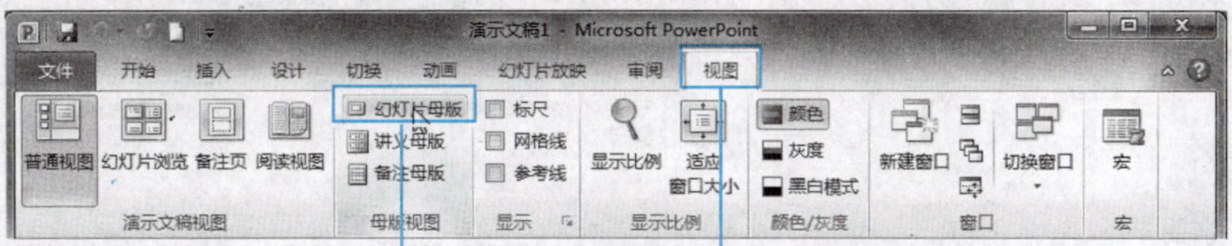

1 启动PowerPoint 2010，选择“视图”选项卡，在“演示文稿视图”工具栏中单击“幻灯片母版”按钮，打开幻灯片母版视图窗口。

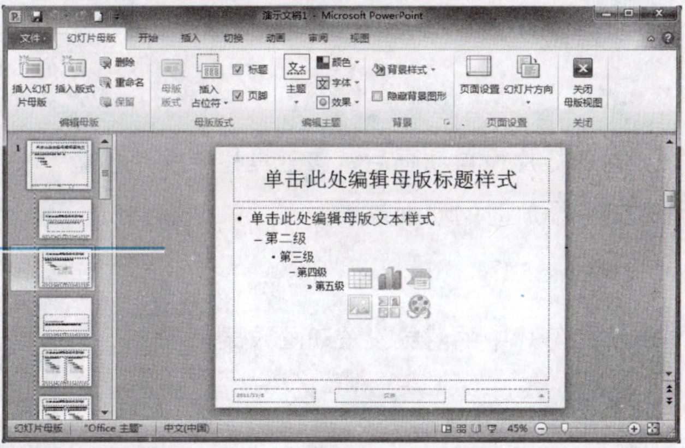

2 在幻灯片母版视图窗格中选择需要设置的幻灯片母版，选择“开始”选项卡，在其中对字体格式、段落格式等进行编辑。选择“插入”选项卡，为母版插入形状、图片、超链接、文本框等对象。选择“幻灯片母版”选项卡，进行插入幻灯片母版、插入占位符、编辑主题、编辑背景等操作。这些操作在前面都有介绍，这里不再赘述。

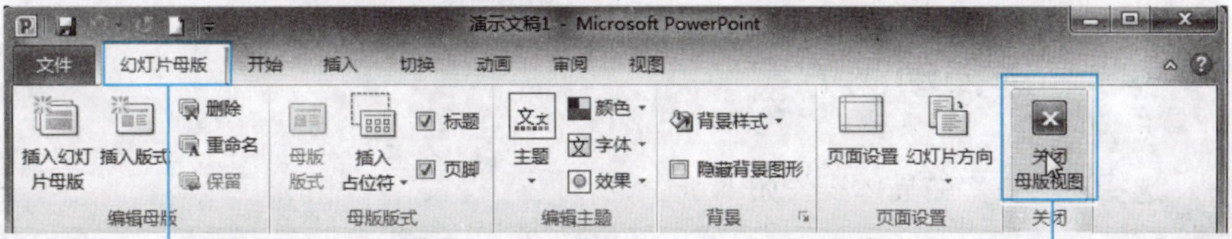

3 单击“幻灯片母版”选项卡中的“关闭”工具栏中的“关闭母版视图”按钮，即可退出母版编辑状态，该演示文稿就可应用设计好的母版了。

博学先生，制作好了母版之后，可以用它来制作其他演示文稿吗？

当然可以。母版文件可继续沿用，但在必要时也可针对不同的内容进行相应的修改。

视野拓展

插入SmartArt图形后，功能区中将显示“SmartArt工具/设计”和“SmartArt工具/格式”两个选项卡，通过这两个选项卡，可对SmartArt图形的布局、样式等进行编辑。

10.4 设置动画

为了使幻灯片更加丰富多彩、更具有观赏性，可以将幻灯片、幻灯片中的标题、文本、图标和图片等对象设置为以动态方式出现在屏幕中，让幻灯片以一种新的方式将演示的内容展现在用户的面前。

设置幻灯片的动画效果都是在“动画”选项卡中进行的，这里先介绍各工具栏的功能。

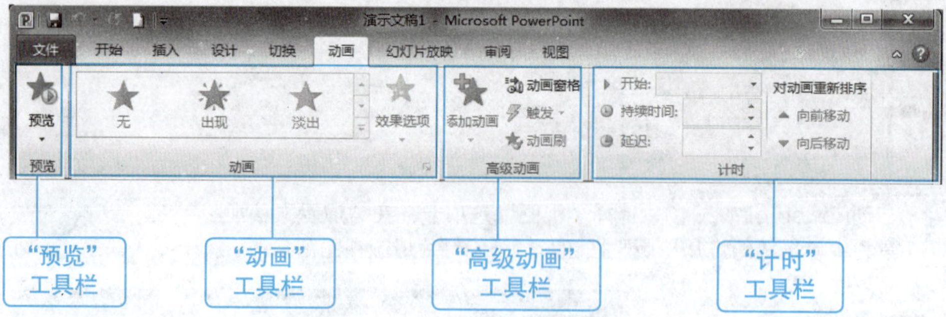

“预览”工具栏

对幻灯片设置动画后，该工具栏中的“预览”按钮被激活，单击该按钮可查看幻灯片播放时的动画效果。

“动画”工具栏

为幻灯片中的对象设置动画效果。

“高级动画”工具栏

为幻灯片添加动画并设置高级动画效果。

“计时”工具栏

设置时间。

10.4.1 选择动画方案

选择动画方案的具体操作如下所述。

视野拓展

如果下拉列表的“进入”栏中没有需要的动画效果，可选择“更多进入效果”选项，在弹出的“更改进入效果”对话框中进行选择。

操作步骤

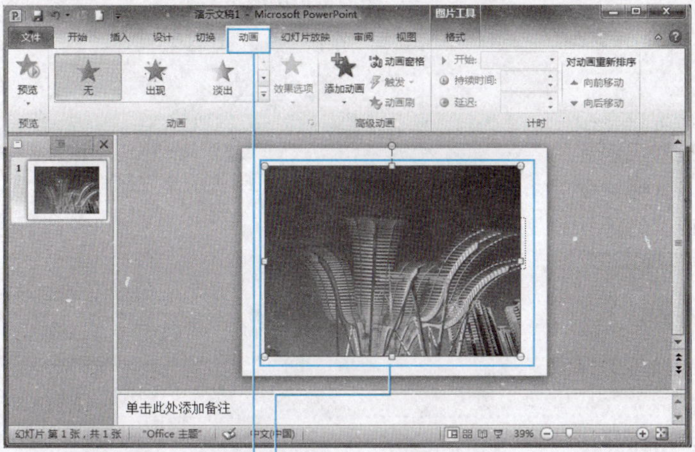

1 单击需要设置动画方案的图片，选择“动画”选项卡，单击“动画”工具栏右侧的按钮。

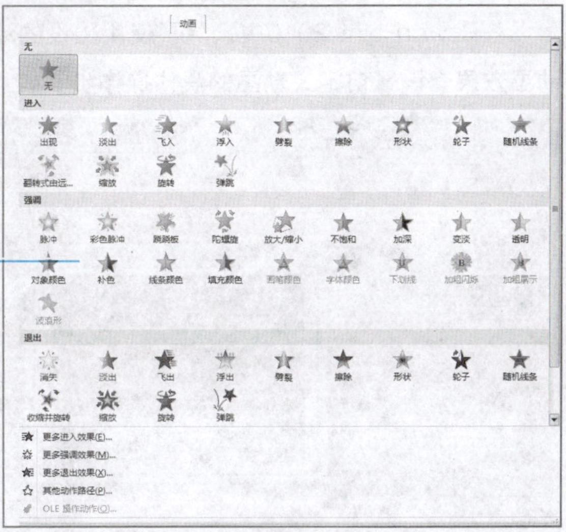

2 在弹出的方案列表中选择其中一种需要设置的方案。

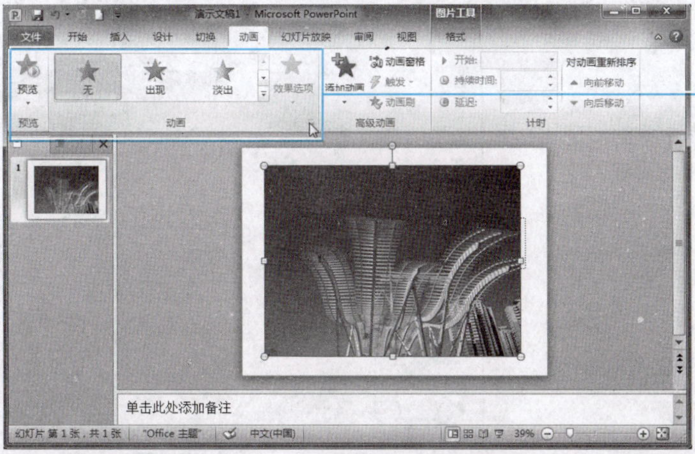

3 单击“动画”工具栏右下角的 按钮。

视野拓展

在“动画窗格”的动画效果列表中，将鼠标指针指向某动画效果时，会弹出浮动窗口显示该效果的名称。

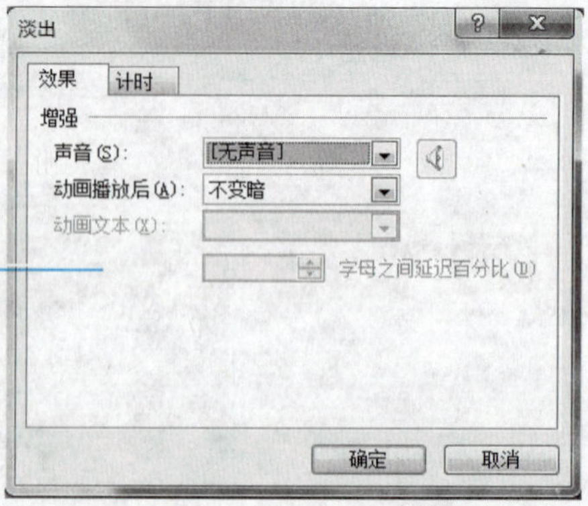

4 在弹出的动画效果中设置动画效果。这里包括对切换声音、切换速度、换片方式等的设置。设置完毕后，单击“确定”按钮，完成动画效果的设置。

10.4.2 自定义动画

在PowerPoint 2010中，除了使用预设的动画方案外，还可以对对象自定义动画效果。设置自定义动画的具体操作步骤如下所述。

操作步骤

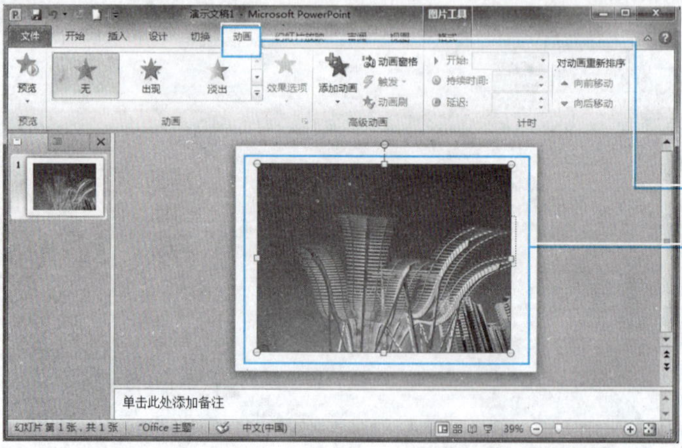

1 单击需要设置动画方案的图片，选择“动画”选项卡，单击“动画”工具栏右侧的按钮。

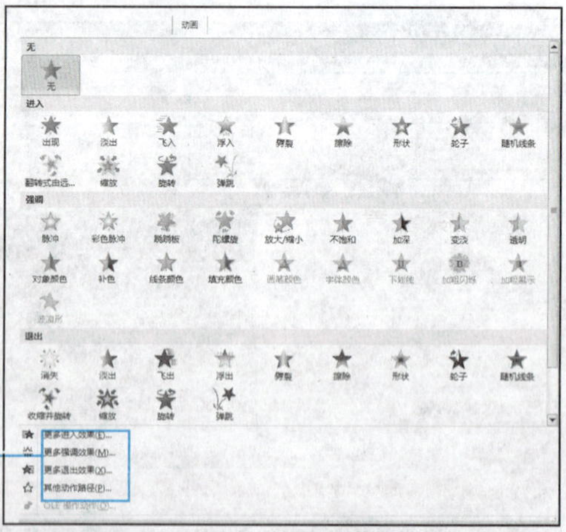

2 在弹出的下拉列表中单击“更多进入效果”按钮设置进入效果，单击“更多强调效果”按钮设置强调效果，单击“更多退出效果”按钮设置退出效果，单击“其他动作路径”按钮设置动作的运动轨迹，设置完毕后，即完成自定义动画。

视野拓展

若对某个对象的动画效果不满意，可对其进行修改，其方法为：选中需要进行修改的动画效果，在“动画”组的列表框中重新选择即可。

10.4.3 删除动画

在PowerPoint 2010中，要删除动画，其操作步骤如下所述。

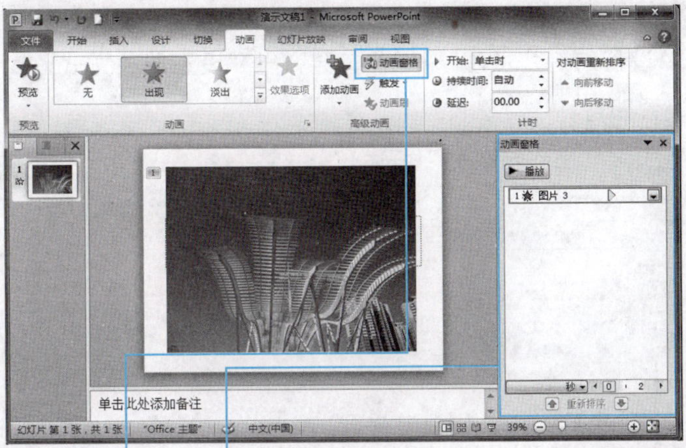

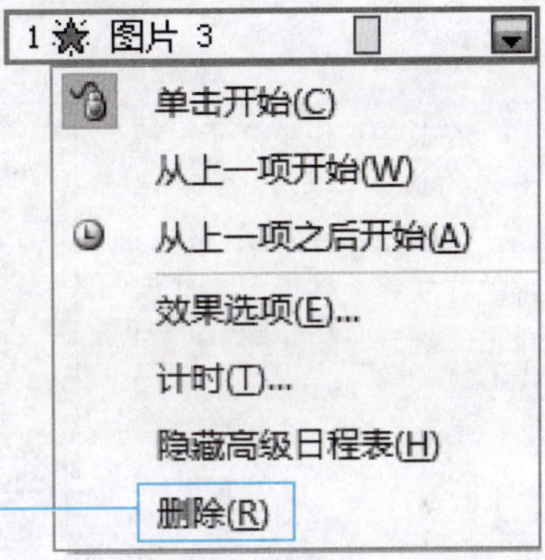

1 选中要删除动画的文本或图片，单击“动画”选项卡中“高级动画”的“动画窗格”按钮，这时会在幻灯片工作区的右侧弹出“动画窗格”显示区。

2 单击动画右侧的▾按钮，在弹出的下拉列表中选择“删除”选项，即可删除该动画。

操作步骤

博学先生，我在设置动画后，如何判断动画已经设置好了呢？

设置动画后，在设置的幻灯片左上角将出现一个小方格，该方格表示动画已经设置完成，按F5键即可观看动画效果。

10.5 放映幻灯片

演示文稿制作完成后，为了适应放映环境的要求，还需对其进行进一步的放映参数设置，以达到最佳展示效果。这些放映参数的设置都集中在“幻灯片放映”选项卡上。

10.5.1 设置幻灯片的放映方式

默认情况下，PowerPoint 2010会按照预设的放映方式来放映演示文稿。为

视野拓展

在“动画窗格”对话框中，若单击“播放”按钮，可播放当前幻灯片中的所有动画效果。

了让放映的演示文稿幻灯片根据实际需要进行放映，可以将其设置为观众自行浏览、手动协作和放映部分幻灯片等。

通过设置幻灯片的放映方式，可以指定希望将演示文稿放映的方式。设置幻灯片的放映方式可以让演示文稿根据实际需要进行播放。在“幻灯片放映”选项卡的“设置”组中单击“设置幻灯片放映”按钮，会弹出“设置放映方式”对话框，从中进行需要的设置即可。

设置幻灯片的放映方式，其操作步骤如下所述。

操作步骤

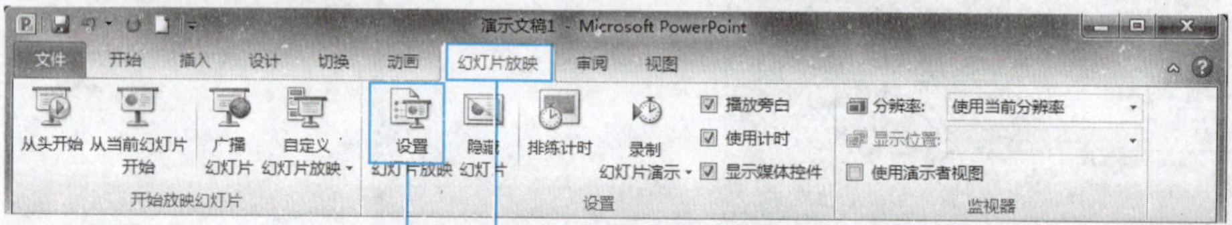

1 在打开的演示文稿的“幻灯片放映”选项卡中，单击“设置”工具栏中的“设置放映方式”按钮，打开“设置放映方式”对话框。

2 在其中可设置演示文稿的放映类型、放映选项、放映范围以及切换幻灯片的方式等，待设置完成后单击“确定”按钮即可。

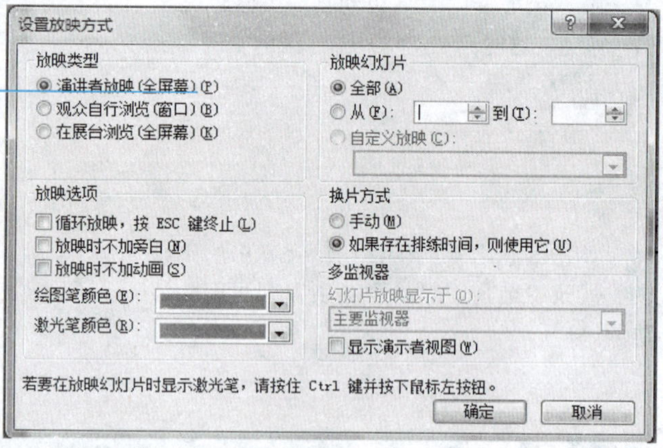

“设置放映方式”对话框中主要选项区的含义简单介绍如下。

“放映类型”选项区：指定放映演示文稿的类型。

“放映选项”选项区：指定声音文件或动画在演示文稿中的运行方式。

“放映幻灯片”选项区：指定哪些幻灯片在演示文稿中可用，或者创建自定义放映。

“换片方式”选项区：指定从一张幻灯片一定能够到另一张幻灯片的方式。

“多监视器”选项区：指定演示文稿的视觉清晰度级别。

在设置幻灯片放映方式时，最常用的有3个设置放映类型的单选按钮，其功

视野拓展

如果希望动画效果只在单击某一个特殊对象的时候才开始播放，就需要使用触发器来指定这一播放条件，方法为：在参数设置对话框的“计时”选项卡中单击“触发器”按钮，在展开的选项中进行设置。

能介绍如下。

"演讲者放映（全屏幕）"单选按钮

选中该单选按钮将幻灯片设置为演讲者放映方式，可全屏显示幻灯片。在演讲者自行播放时，可采用单击一下鼠标才触发一个动作的手动方式放映或自动方式放映，也可以将演示文稿暂停添加会议细节或及时反应；还可以在放映过程中录下旁白。

"观众自行浏览（窗口）"单选按钮

选中该单选按钮可将幻灯片设置为观众自行浏览方式，在标准窗口中放映幻灯片。通过拖动滚动条或单击滚动条两端的"向上"按钮或"向下"按钮选择放映的幻灯片。

"在展台浏览（全屏幕）"单选按钮

选中该单选按钮将幻灯片设置为在展台浏览方式，它是3种放映类型中最简单的。这种方式将自动运行全屏幻灯片放映，并且循环放映演示文稿。在放映过程中，除了保留鼠标光标用于选择屏幕对象进行放映外，其他功能全部失效，终止放映只能使用Esc键。

10.5.2 开始放映

在PowerPoint 2010中放映幻灯片分为从头开始放映、从当前幻灯片开始放映和自定义幻灯片放映3种。

从头开始放映

要想演示文稿从第一张幻灯片开始依次进行放映，可打开需要放映的演示文稿，然后选择"幻灯片放映"选项卡，在"开始放映幻灯片"工具栏中单击"从头开始"按钮即可进行放映。

从当前幻灯片开始放映

在设置幻灯片放映效果时，为了节约时间，或者演讲者在演讲演示文稿时只演示后面的幻灯片，这时可从当前选择的幻灯片处开始放映，其方法是选择"幻灯片放映"选项卡，在"开始放映幻灯片"工具栏中单击"从当前幻灯片开始"按钮即可。

自定义幻灯片放映

在放映幻灯片时，若根据需要只放映演示文稿中的一部分重要的且不连续的幻灯片，这时可使用自定义幻灯片放映方法进行放映。

下面通过设置幻灯片的自定义放映来放映演示文稿。其操作步骤如下所述。

视野拓展

在"切换"选项卡中，当"切换到此幻灯片"组中的列表框为收缩状态时，会显示为"切换方案"按钮。

操作步骤

1 在当前演示文稿中选择“幻灯片放映”选项卡，在“开始放映幻灯片”工具栏中单击“自定义幻灯片放映”按钮，在弹出的下拉菜单中选择 自定义放映(W)... 命令。

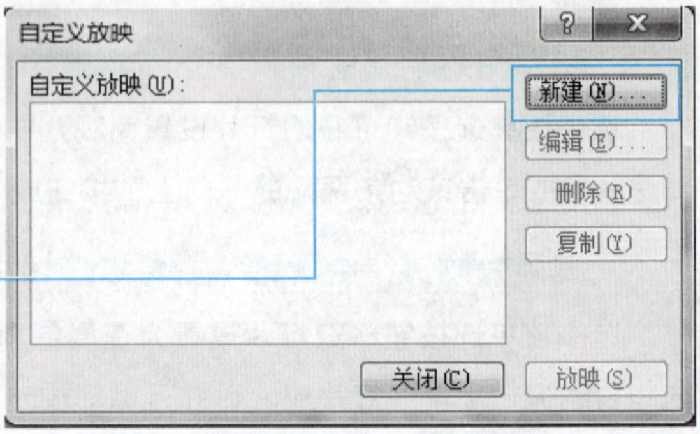

2 在打开的“自定义放映”对话框中单击“新建”按钮。

3 打开“定义自定义放映”对话框，在“在演示文稿中的幻灯片”列表框中选择需要放映的幻灯片，单击“添加”按钮，将其添加到“在自定义放映中的幻灯片”列表框中，在右侧的列表框中选择幻灯片，单击⬆或⬇按钮调整它在放映时的顺序，然后单击“确定”按钮。

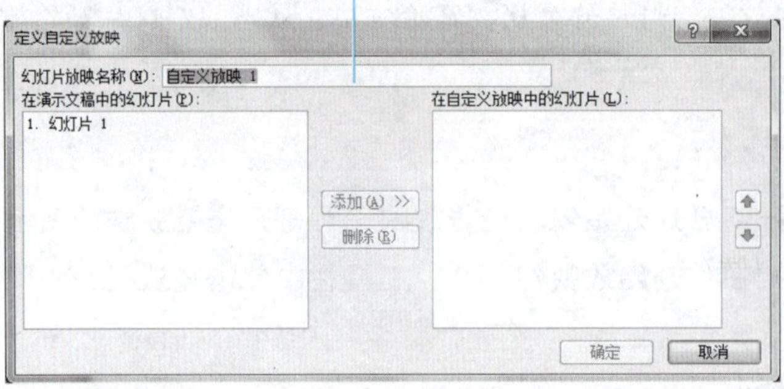

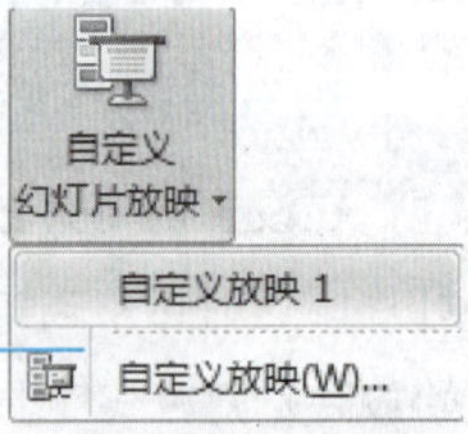

4 返回“自定义放映”对话框，在“自定义放映”列表框中选择定义的放映方式，单击“放映”按钮按自定义的方式进行放映。

10.5.3 放映时的其他控制

如果幻灯片设置为自动换页，则在放映过程中将自动播放。反之则需要人工控制放映过程。此时可根据需要选择按顺序播放幻灯片、在播放时使用暂停播

视野拓展

若在“声音”下拉列表中选择“其他声音”选项，可在弹出的“添加音频”对话框中选择计算机中存储的声音。

放、改变幻灯片播放顺序、为重点内容作上标记和结束放映等。

顺序播放

在幻灯片放映过程中，最常用的方法是顺序播放幻灯片，也就是通过预先设置的放映次序依次放映。它主要有如下几种方法。

- 单击鼠标左键；
- 按回车键；
- 单击屏幕左下角的按钮；
- 单击屏幕左下角的按钮，在弹出的下拉菜单中选择“下一张”命令；
- 单击鼠标右键，在弹出的快捷菜单中选择“下一张”命令；
- 如果在幻灯片中插入了动作按钮，则单击“下一项”按钮也可按放映次序依次放映幻灯片。

暂停放映

暂停放映一般用于自动放映幻灯片，或者在观看播放的演示文稿时，需要进行补充说明而进行的控制操作。

要暂停放映自动放映的幻灯片方法很简单，在放映到要暂停的幻灯片时，单击鼠标右键，在弹出的快捷菜单中选择“暂停”命令即可。

要取消暂停放映，可单击鼠标右键，在弹出的快捷菜单中选择“继续执行”命令即可。

提示： 暂停放映自动放映的幻灯片还可以直接按S键；取消暂停放映还可以单击或者按S键。

改变幻灯片播放顺序

如果想根据需要调整放映幻灯片的顺序，可通过“定位至幻灯片”命令快速切换到需要播放的幻灯片中，从而改变原有的放映顺序。

要改变幻灯片播放顺序，可以通过单击鼠标右键，在弹出的快捷菜单中选择“定位至幻灯片”命令，在弹出的子菜单中选择需要切换到的某一张幻灯片，这样将改变演示文稿原有的放映顺序。

标注重点内容

在放映的幻灯片中标注重点内容就像上课在书本上做笔记一样，在放映幻灯片的过程中，演讲者也可以在屏幕上的相应位置添加注释，勾画重点等。

在PowerPoint 2010中为幻灯片进行标注提供了笔、荧光笔等，只需移动鼠标就可标注重点内容了。另外它还提供了标注颜色的设置。

要在放映的幻灯片中标注重点内容，其操作步骤如下所述。

视野拓展

如果要将当前幻灯片的设置（切换方式、声音及持续时间）应用到该演示文稿的所有幻灯片中，可单击“计时”组中的“全部应用”按钮。

操作步骤

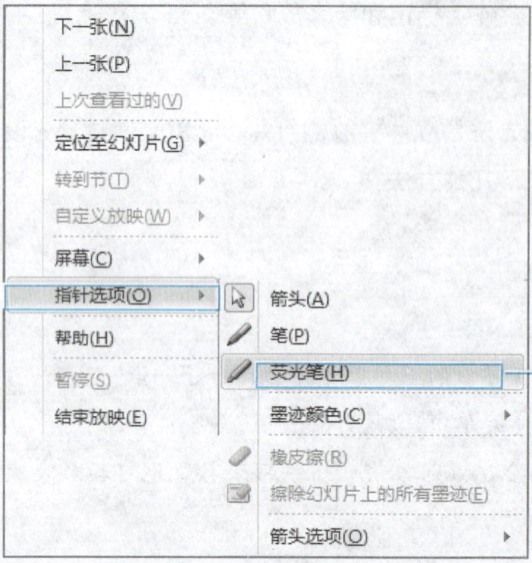

1 放映幻灯片时单击鼠标右键，在弹出的快捷菜单中选择“指针选项”命令，在弹出的子菜单中选择一种绘图笔样式，例如这里选择了“荧光笔”选项。

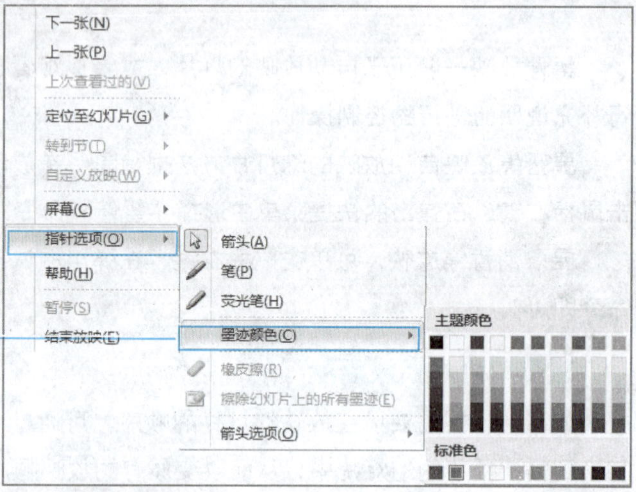

2 单击鼠标右键，在弹出的快捷菜单中选择“指针选项”→“墨迹颜色”命令，在弹出的子菜单中选择绘图笔的颜色。设置好颜色后，用绘图笔在需要画线或标注的地方按住鼠标左键拖动即可。

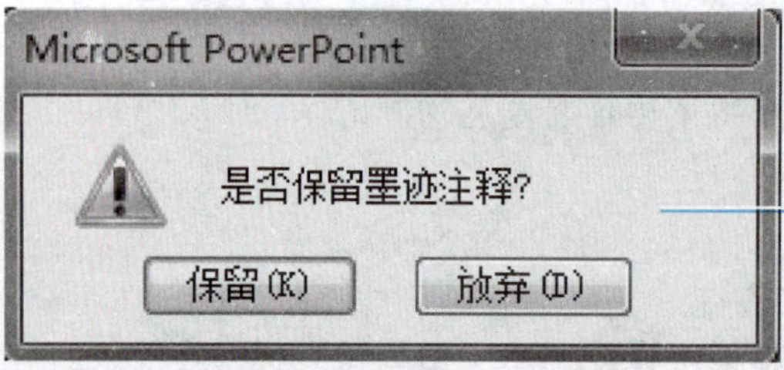

3 放映结束时，单击，将打开一个提示对话框询问是否保存墨迹，单击“保留”按钮将作的标记保存到演示文稿中，单击“放弃”按钮则不进行保存。

结束放映

在放映幻灯片的过程中，遇到特殊情况需要结束放映的演示文稿，这时可以单击鼠标右键，在弹出的快捷菜单中选择“结束放映”命令即可，或者直接按Esc键结束放映。

视野拓展

若先对演示文稿设置幻灯片背景，再应用主题样式，则主题样式中的背景将取代之前的背景。

10.5.4 排练计时

排列好幻灯片的播放时间是放映出优秀演示文稿的关键。通过排列幻灯片放映时间，可知放映完每张幻灯片和放映整个演示文稿所需的时间，从而可使学习和工作有条不紊地进行。

设置演示文稿的排练计时的方法很简单，其操作步骤如下所述。

操作步骤

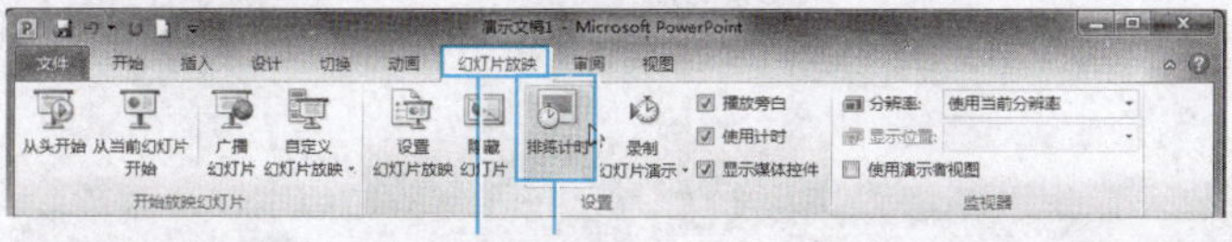

1 打开需要排练计时的演示文稿，选择第一张幻灯片。选择“幻灯片放映”选项卡，在“设置”工具栏中单击“排练计时”按钮。

2 此时开始放映幻灯片，同时打开“录制”工具栏，演示者根据需要对一张张幻灯片进行手动切换，此时“录制”工具栏将对每张幻灯片播放的时间进行计时。

3 放映结束后，屏幕上打开提示对话框，提示排练计时时间以及询问是否采用录制计时的时间控制，单击“是”按钮，使用排练的计时，单击“否”按钮，取消这次排练计时。

10.6 本章小结

本章在上一章的基础上介绍了幻灯片的高级操作，其中着重介绍了给幻灯片添加背景、设置应用主题、制作幻灯片母版、设置动画和放映幻灯片。通过本章的学习，可以制作满足需求的幻灯片。

10.7 趁热打铁

现在做一些练习检验一下自己的学习状况吧。

10.7.1 实例演练

下面完善第9章创建的“毕业答辩”演示文稿，包括设置幻灯片背景、设置

视野拓展

对插入的声音设置跨幻灯片连续播放后，此后在放映演示文稿的过程中，当进入下一张幻灯片时，若当前幻灯片中的声音还未播放完毕，可在下一张的幻灯片中继续播放。

幻灯片的应用主题、插入图片和设置动画。具体操作步骤如下所述。

操作步骤

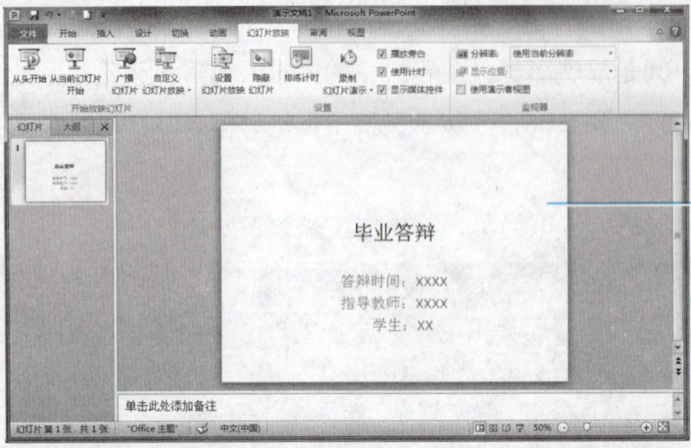

1 打开“毕业答辩”演示文稿，选择要设置背景的幻灯片，这里选择首页。

2 选择“设计”选项卡，在“背景”工具栏中单击“背景样式”按钮。

3 在弹出的下拉菜单中选择一种填充样式，即可将所选背景应用到演示文稿的幻灯片中。

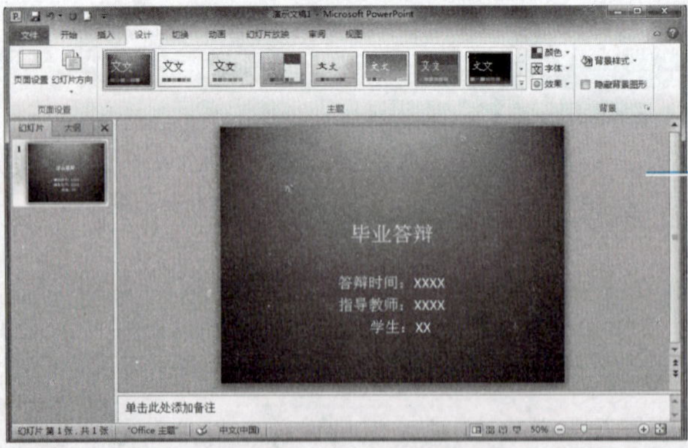

4 这里选择“样式7”，设置完背景后的幻灯片如左图所示。

视野拓展

对同一演示文稿应用多个主题时，不宜用太多的主题，或者使用颜色反差较大的主题，否则会使演示文稿混乱，从而影响正常阅读。

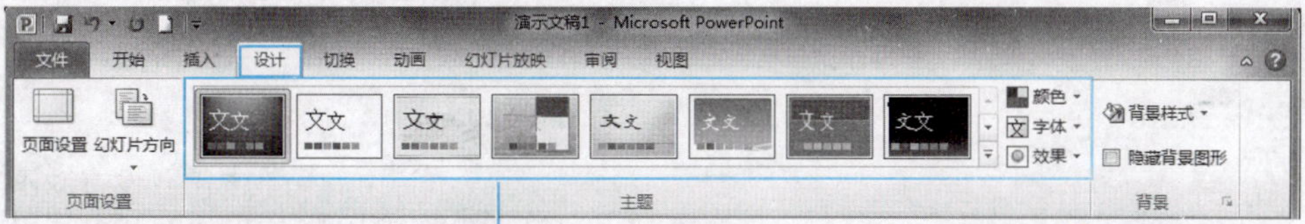

5 选择“设计”选项卡，在“主题”工具栏的列表框中选择需要的主题样式。

6 这里选择第四个主题样式，设置主题后的幻灯片如右图所示。

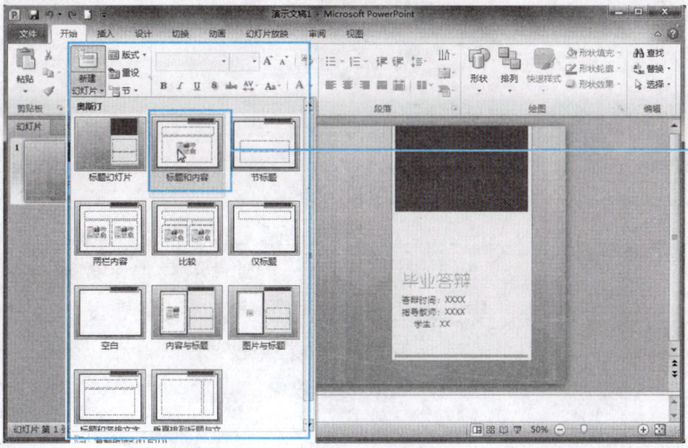

7 在“开始”选项卡中选择“新建幻灯片”选项，在弹出的下拉列表中选择幻灯片版式，这里选择“标题和内容”版式。新建好的幻灯片如左图所示。

8 选择幻灯片中的“插入来自文件的图片”按钮，将文件中要插入的图片插入到幻灯片中。下面为该图片设置动画。

视野拓展

默认情况下，在PowerPoint 2010中，选中文本框添加动画效果后，文本框内的段落（一行的段落）便会逐行显示。

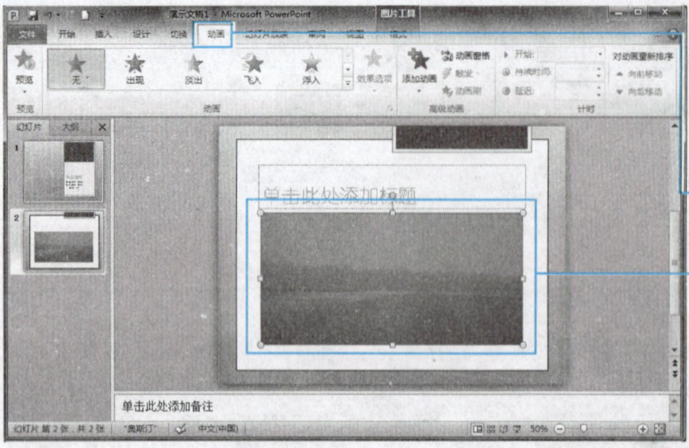

9 单击需要设置动画方案的图片，选择“动画”选项卡，单击“动画”工具栏右侧的按钮。

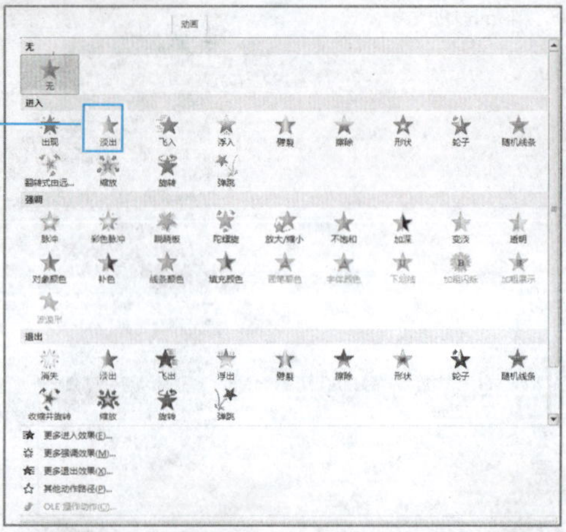

10 在弹出的方案列表中选择其中一种需要设置的方案。这里选择“淡出”方案。

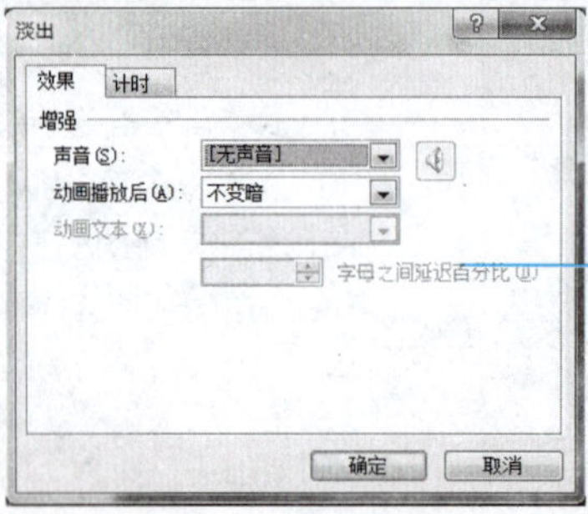

11 单击“动画”工具栏右下角的按钮，在弹出的动画效果中设置动画效果。这里包括对切换声音、切换速度、换片方式等的设置。设置完毕后，单击“确定”按钮，完成动画效果的设置。

到此，“毕业答辩”演示文稿的大部分功能就都可以实现了，可以根据需要对该演示文稿进行个性化设置。

10.7.2 实践题

1. PowerPoint 2010允许向幻灯片插入哪些内容?
2. 如何使用母版来控制幻灯片的外观?
3. 简述创建超链接和设置动作按钮的区别与联系。

视野拓展

若选中文本框添加动画效果后，文本框内的段落没有逐行显示，则可进行设置，其方法为：在“动画”组中单击“效果选项”按钮，在弹出的下拉列表中选择“按段落”选项即可。